·21世纪大学数学精品教材·

数值分析及实验

（第二版）

杜廷松　覃太贵　主编

科学出版社

北京

内 容 简 介

本书结合 Matlab 的使用全面介绍了常用的数值计算方法与技术.内容包括线性代数方程组的数值解法、方程(组)求根的迭代法、插值法、曲线拟合和函数逼近初步、数值微积分、矩阵特征值与特征向量的计算等，每部分均有代表性的例题和习题.本书最明显的特点是对数值分析理论部分着重阐明构造算法的基本思想与原理，既注重理论的严谨性，又注重方法的实用性.

本书的读者对象，一是本科信息与计算科学、数学与应用数学专业和其他理工科的高年级学生，二是研究生中的工学硕士、工程硕士.

图书在版编目(CIP)数据

数值分析及实验/杜廷松，覃太贵主编.—2 版.—北京：科学出版社，2012.10

21 世纪大学数学精品教材

ISBN 978-7-03-035634-5

Ⅰ.①数… Ⅱ.①杜… ②覃… Ⅲ.①数值分析—高等学校—教材

Ⅳ.①O241

中国版本图书馆 CIP 数据核字(2012)第 227144 号

责任编辑：吉正霞 肖 婷 / 责任校对：董艳辉 蔡 莹

责任印制：彭 超 / 封面设计：苏 波

科学出版社 出版

北京东黄城根北街 16 号

邮政编码：100717

http://www.sciencep.com

武汉中科兴业印务有限公司印刷

科学出版社发行 各地新华书店经销

*

2006 年 2 月第 一 版 开本：B5(720×1000)

2012 年 10 月第 二 版 印张：21 3/4

2019 年 7 月第四次印刷 字数：418 000

定价：65.00 元

(如有印装质量问题，我社负责调换)

第二版前言

随着科技的不断发展，越来越多的问题靠数学解析解已远远不能够满足要求，数值解在解决实际问题中的地位显得日益重要.因此，数值分析这门课程得到了更多的重视，不仅数学类专业开设数值分析课程，众多工科专业也开设了数值分析课程.

显然，数值分析已不能作为一门纯粹的理论课程来讲授，应重视数值分析的上机实验环节，将编程语言与教材中给出的算法结合起来，去解决实际问题，进而对数值分析的一些重要特征(如计算速度和数值稳定性问题等)产生深刻的理解和体会.

本教材力求将数学软件真正融入到教材中，努力将数值分析理论学习与利用Matlab编程上机实验紧密结合起来，提供一本真正基于Matlab的、真正将Matlab融合到教材中去实现数值分析的数值算法的教材.

从这几年使用第一版教材的反馈情况来看，高校教师普遍认为本教材取材合理、重点突出、叙述清楚、简明精要、易于教学.本书第二版是应21世纪对理工科学生的科学计算能力的要求，在《数值分析及实验》(科学出版社，2006年2月出版)的基础上修编而成.在主要内容和结构框架上未作大的改动，主要修改部分如下：

(1) 从教学角度出发对书中语句进行了仔细的推敲，改写了一些陈述，加强了算法基本思想的分析和使用的说明，修正了一些错漏.

(2) 针对本书新版的特点，对部分章节的数值实验部分增加了一些算法的通用程序，以方便学生学会其他相关算法的编程与问题求解.

(3) 更换并调整了部分例题和习题，并较详细地给出了书中各章的习题答案和提示.

本书第二版由杜廷松、覃太贵任主编，王敏、陈将宏任副主编，杜廷松统稿、定稿.编者对使用第一版教材的各位教师和读者表示衷心的感谢！正是依据你们使用后提出的宝贵意见和我们在教学实践中的经验与体会，第二版才能更趋准确、精炼、合理与完善.

由于编者水平所限，书中一定还有不少缺点和疏漏之处，敬请同仁和读者批评指正.

编　者

2012年7月

第一版前言

随着科学技术的不断发展,越来越多的问题靠数学解析解已远远不能够满足要求,数值解在解决实际问题中的地位显得日益重要,因此,数值分析这门课程就得到了更多的重视.不仅数学类专业开设数值分析课程,很多工科专业也开设了数值分析课程.长期以来,在数值分析教学中一个很大的遗憾是:将数值分析作为一门纯粹的理论课程来讲授,不重视数值分析的上机实验环节,不重视如何将编程语言与教材中给出的算法结合起来,如何去解决一个实际问题.这样学生就很难对数值分析的一些重要特征(如计算速度和数值稳定性问题等)有深刻的理解、体会.虽然已有少数参考教材附有一些算法程序,但大多是用C语言或Fortran语言给出的,我们发现除了少数的学生外,其他多数学生还必须在真正学透C语言或Fortran语言后,才能具有独立编程的能力.因此,只讲授理论不重视实践教学的传统教学方式让学生感觉不出学习数值分析这门应用非常广泛的学科的乐趣了.究其原因,在于很多数值算法涉及复杂的程序结构,使用C语言或Fortran语言编程效率比较低,很难在有限的教学课时中包含一些复杂而又非常重要的数值计算问题,加上教学软、硬件的限制,造成传统教学中一般都只讲算法原理和误差分析,而不涉及上机实验.

从20世纪90年代开始,国内出现了一些基于数学软件的数值分析教材,但遗憾的是这类教材大多只是用一个附录介绍软件,并没有将数学软件融入到教材中,本教材的目的是努力将数值分析理论学习与利用Matlab编程上机实验紧密结合起来,提供一本真正基于Matlab的、真正将Matlab融合到教材中去实现数值分析的数值算法的教材.

本教材的适用对象,一是本科信息与计算科学专业、数学与应用数学专业和其他理工科的高年级学生,二是研究生中的工学硕士、工程硕士.无疑,这是一个以“使用”数值算法为自己专业服务的群体.当然,也更鼓励他们对数值算法的“创造”做出自己的贡献.不管怎样,通过本课程的数值分析与实验的学习,我们既可以看到计算机求解数学问题的机理过程,也可感受到数值计算如何为数学问题的求解开辟了另一条康庄大道.

本书结合Matlab的使用全面介绍了常用的数值计算方法与技术,内容包括Matlab简介、数值分析的若干基本概念、线性代数方程组的数值解法(直接法和迭代法)、方程(组)求根的迭代法、插值法、曲线拟合和函数逼近初步、数值微积分、常微分方程的数值解法及矩阵特征值与特征向量的计算.书中各章附有精心挑选的例题讲解，所选例题思路独到，极具代表性．每章设计的习题适合手工计算，有助于培养学生的解题能力，巩固和加深学生对理论部分的基本概念、基本原理、基本方法等内容的理解．每一章的数值实验部分不仅对各有关程序的编写、调用方法做了详尽的介绍，还注重介绍有关的数值计算方法的使用条件、计算机输出结果的含义、图形可视化解的显示方法．通过给出完整的程序与实例的介绍，力图使读者全面学会如何分析问题、如何动手编程计算及如何对获得的计算结果进行分析，以提高学生上机实验动手能力和科学计算创新能力．

本教材最明显的特点是：对数值分析理论部分着重阐明构造算法的基本思想与原理；既注重理论的严谨性，又注重方法的实用性；力求写得简明，努力做到深入浅出，通俗易懂．每一章数值实验部分尽量写得详细、丰富，这种写法是基于我们对这门课程的教学理念的新认识．我们认为，只有老师“讲授”，学生“不做实验”，那是学不透多少东西的，更谈不上培养具有真实能力和创新能力的人才．简明带来可读性，可学性，我们用新的眼光对传统的教材内容精心取舍，并力求用现代风格的语言加以演绎．实验部分更是作者经过精心地加工、链接和再创作的结果，我们希望把它制作成一个培养、训练学生独立思考能力、分析处理问题能力和创造能力的“平台”，我们相信，这种写法对学生的学习是有帮助的，对教师的教学是方便的．

本书具有清晰的积木式结构，各章具有相对的独立性，因此教师容易取舍，可构成不同层次、不同要求的教学方案．

本书承蒙武汉大学数学与统计学院博士生导师费浦生教授的主审，作者对费教授提出的许多宝贵和精辟的指导意见表示衷心的感谢．作者也从多年教学所采用和参考国内多所著名大学的多本教材中受益匪浅，也无不受这些教材的启发和指引，在此，也向李庆扬、关治、陈景良、王能超、易大义等多位教授表示深深的敬意．

本书是作者在几年的数值分析教学实践的基础上编写而成的，在教学中注重由浅入深、由特殊到一般．在介绍方法和引进概念时力求揭示问题的实质，对于方法和概念之间着重阐明其联系，着重阐明算法的基本思想．在多年的实践教学中，作者做了如下一些新尝试：注重方法性和实用性；注重对实验上机环节的教学；逼近和近似思想、迭代思想、连续问题离散化的思想一直贯穿于教学的始终．

本书的编写和出版得到了三峡大学理学院数学系同仁及各级领导的大力支持，同时也得到了三峡大学研究生课程建设基金的资助，对此我们表示衷心的感谢．

作为一本希望有新尝试的教材，尽管编者做了认真的努力，但疏漏和不妥之处一定还不少，恳请老师、同学以及其他专家批评指正．

编　者

2005 年 11 月

目　录

第 1 章 Matlab 简介

Matlab 是 Matrix Laboratory 的英文缩写，它是由美国 Mathwork 公司于1967 年推出的适用于不同规格计算机和各种操作系统的数学软件包，现已发展成为一种功能强大的计算机语言，特别适用于科学和工程计算. 结合本课程的需要，本章仅对 Matlab 的有关内容做简要的介绍，要想更详细地了解 Matlab 可参见文献(陆宁，2000；张志涌等，1997；苏金明等，2002；王沫然，2001).

1.1 向量和矩阵的产生

1.1.1 向量的产生

1. 冒号运算符生成向量

例 1.1.1 试探不同的步长，从 $t\in[0,\pi]$区间取出一些点构成向量.

先试一下步长 0.2，可用下面的语句生成一个向量.

```
>>v1=0:0.2:pi     %注意，最终取值为 3 而不是 π
v1=
    Columns 1 through 14
    0     0.2000     0.4000     0.6000     0.8000     1.0000     1.2000
    1.4000     1.6000     1.8000     2.0000     2.2000     2.4000     2.6000
    Columns 15 through 16
      2.8000     3.0000
```

即上述语句生成行向量 v_1 = [0,0.2,0.4,0.6,0.8,1,1.2,1.4,1.6,1.8,2,2.2,2.4,2.6,2.8,3]

```
>>v2=0:-0.1:pi,v3=0:pi,v4=pi:-1:0
v2=
    Empty matrix:1-by-0   %产生的 v2 向量为 1×0 空矩阵
v3=
    0     1     2     3
v4=
   3.1416     2.1416     1.1416     0.1416
```

2. 线性等分函数等分建立向量

(1) linspace(n1,n2)　　包括 n1,n2 元素,生成 100 维向量

(2) linspace(n1,n2,n)　包括 n1,n2 元素,生成 n 维向量

1.1.2 矩阵的产生

1. 简易矩阵

```
>>x=[1 2 3 4 5 6 7 8;4 5 6 7 8 9 10 11]      %以";"区隔开两行元素
x=
   1    2    3    4    5    6    7    8
   4    5    6    7    8    9    10   11
>>x(3)      %提取 x 的第 3 个元素
ans=
     2
>>x(1:5);             %x 的前 5 个元素
>>x(10:end);          %x 的第 10 个元素后的元素
>>x(find(x>5));       %x 中大于 5 的元素
>>x(4)=100;           %给 x 的第 4 个元素重新赋值
>>x(3)=[];            %删除第 3 个元素
>>x(16)=1;            %加入第 16 个元素
```

2. 由多个向量生成矩阵

例 1.1.2　由 $\boldsymbol{x},\boldsymbol{y},\boldsymbol{z}$ 向量生成一个矩阵.

```
>>x=(0:0.2:1.0)';
>>y=exp(-x).*sin(x);
>>z=(1:size(x))';
>>[x,y,z]
ans=
     0         0         1.0000
     0.2000    0.1627    2.0000
     0.4000    0.2610    3.0000
     0.6000    0.3099    4.0000
     0.8000    0.3223    5.0000
     1.0000    0.3096    6.0000
```

3. 用函数建立矩阵

在 Matlab 中不需要预先说明矩阵和向量的维数,但经常要使用维数. 对此有两个测量矩阵大小的函数经常用到:

n=length(A)　　取矩阵 $\boldsymbol{A}$ 的行数和列数的最大值 n

[m,n]=size(A)　　取矩阵 $\boldsymbol{A}$ 的行数 m 和列数 n

由此可见，当 $\boldsymbol{x}$ 为向量时，n=length(x)为 $\boldsymbol{x}$ 的维数.

用于建立矩阵的函数有下列几种：

(1) 函数 eye 产生单位矩阵. 例如：

eye(n)	为 n 阶单位方阵，n 是正整数
eye(m,n)	为 $m\times n$ 阶单位矩阵
eye(size(A))	为与矩阵 **A** 同阶的单位矩阵

其中的单位矩阵理解为对角线元素是 1，其他元素是 0 的矩阵.

(2) 函数 zeros 和 ones 分别产生 0 和 1 矩阵. 例如：

zeros(n)	为 n 阶 **0** 方阵
zeros(m,n)	为 $m\times n$ 阶 **0** 矩阵
zeros(size(A))	为与矩阵 **A** 同阶的 **0** 矩阵

函数 ones 与此类同.

(3) 函数 rand(m,n)产生 $m\times n$ 阶随机数矩阵.

(4) 函数 diag(A)，tril(A)，triu(A)分别取矩阵 **A** 的对角、下三角、上三角部分. 其中，三角矩阵包含对角部分.

4. 下标编辑、调用矩阵

例 1.1.3 下标修改矩阵元素.

```
>>A=[1,2,3;4,5,6;7,8,9]
A=
   1    2    3
   4    5    6
   7    8    9
>>A(3,3)=A(1,3)+A(3,1)
A=
   1    2     3
   4    5     6
   7    8    10
```

Matlab 的一个重要特点是可以用下标的方法调用矩阵的子矩阵. 例如，设 **A** 是已知的10×10阶矩阵，则

A(:,3)	为 **A** 的第 3 列元素构成的列向量
A(5,:)	为 **A** 的第 5 行元素构成的行向量
A(1:5,3)	为 **A** 的前 5 行的第 3 列元素构成的列向量
A(1:5,7:10)	为 **A** 的前 5 行、第 7 到 10 列元素构成的子矩阵
A([1 3 5],[2 4 6])	为 **A** 的第 1,3,5 行、第 2,4,6 列元素构成的子矩阵
A(:,7:−1:3)	为 **A** 的第 7,6,5,4,3 列元素构成的子矩阵

依此类推.

5. 稀疏矩阵生成:sparse

例 1.1.4 将矩阵

$$\begin{bmatrix} 0 & 1 & 0 \\ 0 & 0 & 2 \\ 0 & 0 & 0 \\ 4 & 3 & 0 \\ 0 & 0 & 0 \end{bmatrix}$$

变成稀疏矩阵.

```
>>x=[0 1 0;0 0 2;0 0 0;4 3 0;0 0 0];
>>sp=sparse(x)
sp=
   (4,1)        4
   (1,2)        1
   (4,2)        3
   (2,3)        2
```

例 1.1.5 构造一个带状矩阵

$$\begin{bmatrix} -4 & 1 & & \\ 1 & -4 & 1 & \\ & 1 & -4 & 1 \\ & & 1 & -4 \end{bmatrix}$$

```
>>n=4;
>>sp=sparse(1:n,1:n,-4*ones(1,n),n,n,n)          %计算主对角线各元素
sp=
   (1,1)       -4
   (2,2)       -4
   (3,3)       -4
   (4,4)       -4
>>spl=sparse(2:n,1:n-1,ones(1,n-1),n,n,n-1)     % 计算下次对角线各元素
spl=
     (2,1)      1
     (3,2)      1
     (4,3)      1
>>spu=spl'                 %转置求上次对角线各元素
spu=
     (1,2)      1
     (2,3)      1
     (3,4)      1
```

```
>>ss=sp+spl+spu        %计算三条对角线各元素
ss=
   (1,1)        -4
   (2,1)         1
   (1,2)         1
   (2,2)        -4
   (3,2)         1
   (2,3)         1
   (3,3)        -4
   (4,3)         1
   (3,4)         1
   (4,4)        -4
>>sf=full(ss)
sf=
   -4   1   0   0
    1  -4   1   0
    0   1  -4   1
    0   0   1  -4
```

6. 带状稀疏矩阵生成:spdiags

例 1.1.6 构造一个如同例 1.1.5 的带状矩阵.

```
>>n=4;
>>p=ones(n,1);
>>sp2=spdiags([p,-4*p,p],[-1,0,1],n,n);
%[p,-4*p,p]三条对角线元素,[-1,0,1]三条对角线元素的位置
>>sf=full(sp2)
sf=
   -4     1     0     0
    1    -4     1     0
    0     1    -4     1
    0     0     1    -4
```

1.2 运算符及矩阵运算

1.2.1 运算符

1. 算术运算

算术运算符:

"+"加　"—"减　"∗"乘　"∧"幂　"\"左除　"/"右除

2. 关系运算

关系运算符：

“＜”小于　　“＜＝”小于等于　　“＞”大于

“＞＝”大于等于　　“＝＝”等于　　“～＝”不等于

它们用于比较两个元素的大小关系，结果是 1 表明为真，结果是 0 表明为假.

3. 逻辑运算

逻辑运算符：

“&”与　　“|”或　　“～”非

它们用于元素或 0-1 矩阵的逻辑运算.

1.2.2 矩阵运算

1. 矩阵转置

```
>>x=[1,2,3]'
x=
   1
   2
   3
>>A=[1    2    3
     4    5    6
     7    8    9];
>>B=A'
B=
   1    4    7
   2    5    8
   3    6    9
```

2. 矩阵相加减

同阶矩阵相加减，对应元素相加减.

任何矩阵都可以和标量(即 1×1 阶矩阵)相加减，规则是矩阵的每一个元素和标量相加减.

3. 矩阵的乘法

在 Matlab 中，矩阵的乘、除、乘方及各种函数运算等有两种方式：

(1) 矩阵运算.

(2) 元素运算(. 运算).

矩阵乘(*)：两个内维相同的矩阵相乘.

元素乘(.*):两个同维的矩阵相应元素相乘.

例 1.2.1 比较矩阵的两种乘法.

```
>>A=[1 2 3;4 5 6;7 8 9]
A=
   1    2    3
   4    5    6
   7    8    9
>>B=eye(3);
>>C=A*B
C=
   1    2    3
   4    5    6
   7    8    9
>>D=A.*B
D=
   1    0    0
   0    5    0
   0    0    9
```

4. 矩阵相除

(1) 矩阵除. 有左除和右除两种,分别用符号"\"和"/"表示. 例如,若 $\boldsymbol{A}$ 和 $\boldsymbol{B}$ 都是 n 阶方阵,且 $\boldsymbol{A}$ 非奇异,则

$$\boldsymbol{A}\backslash\boldsymbol{B}=\boldsymbol{A}^{-1}\boldsymbol{B}\qquad \boldsymbol{B}/\boldsymbol{A}=\boldsymbol{B}\boldsymbol{A}^{-1}$$

(2) 元素除. 元素左除为".\",元素右除为"./":两个同维的矩阵相应元素相除.

5. 矩阵的乘方

(1) 方阵 $\boldsymbol{A}$ 的乘方用符号"∧"表示.

当 p 是整数时,$\boldsymbol{A}\wedge p$ 是 $\boldsymbol{A}$ 的 p 次幂;$p=0$ 时,$\boldsymbol{A}\wedge 0$ 为与 $\boldsymbol{A}$ 同维单位矩阵;当 p 为负整数时,只有 $\boldsymbol{A}$ 非奇异才有意义.

例 1.2.2 求矩阵的整数乘方,并验证.

```
>>A=fix(10*rand(3))
A=
   9    4    4
   2    8    0
   6    7    8
>>AB=A∧2
```

```
AB=
    113    96    68
     34    72     8
    116   136    88
>>AA=A*A     %验证上面 AB 的结果
AA=
    113    96    68
     34    72     8
    116   136    88
```

(2) 矩阵 $\mathbf{A}_{m\times n}$ 的 b 元素乘方(.∧)相当于矩阵 $\mathbf{A}$ 中每一个元素的 b 次乘方.

例 1.2.3 求例 1.2.2 中矩阵 $\mathbf{A}$ 的元素运算乘方.

```
>>ABC=A.∧2      %注意结果与例 1.2.2 中的 A∧2 不同
ABC=
     81    16    16
      4    64     0
     36    49    64
```

1.3 函 数 库

Matlab 拥有丰富的函数库,这里只列出常用的初等函数以及与本书有关的部分数值方法函数,供引用.

1.3.1 初等函数

(1) sin——正弦,asin——反正弦,sinh——双曲正弦,asinh——反双曲正弦.

(2) sqrt——开平方,log——自然对数,exp——以 e 为底的指数,log10——以 10 为底的对数.

(3) abs——绝对值或复数模.

(4) sign——正负号函数,max——最大分量,sum——元素和,min——最小分量.

(5) ceil——向 $+\infty$ 取整,fix——向 0 取整,floor——向 $-\infty$ 取整,mod——模除求余,rem——求余数,round——向靠近整数取整.

1.3.2 矩阵函数

在 Matlab 中,对于数值分析常用的有关矩阵函数有如下几个：

rank(A)　　　　秩

norm(A,1)　　　1-范数 $\|A\|_1$

norm(A)　　2-范数 $\|A\|_2$

norm(A,inf)　　无穷范数 $\|A\|_\infty$

norm(A,'fro')　　Frobenius 范数 $\|A\|_F$

condest(A)　　1-条件数 $\mathrm{cond}\,(A)_1=\|A^{-1}\|_1\|A\|_1$

cond(A)　　2-条件数 $\mathrm{cond}\,(A)_2=\|A^{-1}\|_2\|A\|_2$

condest(A')　　无穷条件数 $\mathrm{cond}\,(A)_\infty=\|A^{-1}\|_\infty\|A\|_\infty$

因为 Matlab 中没有求无穷条件数的函数,所以用转置矩阵的 1-条件数计算.

1.3.3 多项式和插值拟合函数

表 1.3.1 多项式和插值拟合函数及其意义

函数	意义
roots(c)	求多项式 $p_n(x)=c_nx^n+\cdots+c_1x+c_0$ 的根. 输入系数 $\boldsymbol{c}=(c_n,\cdots,c_1,c_0)$,输出 $p_n(x)$的根
poly(A)	求方阵 **A** 的特征多项式. 输入 n 阶方阵 **A**,输出特征多项式的系数 $\boldsymbol{c}=(c_n,\cdots,c_1,c_0)$
polyval(c,x)	求多项式 $p_n(\boldsymbol{x})$在点列 $\boldsymbol{x}$ 上的值,$\boldsymbol{x}$ 可以是任何矩阵. 输入多项式的系数 $\boldsymbol{c}$ 和点列 $\boldsymbol{x}$,输出多项式的值
polyfit(x,y,n)	对于离散数据$(\boldsymbol{x},\boldsymbol{y})=\{x_i,y_i\}$,根据最小二乘原理求 n 次多项式拟合. 输入离散数据$(\boldsymbol{x},\boldsymbol{y})$和 n,输出拟合多项式 $p_n(\boldsymbol{x})$的系数 $\boldsymbol{c}$
spline(x,y,xi)	对于离散数据$(\boldsymbol{x},\boldsymbol{y})=\{x_k,y_k\}$进行三次样条插值. 输入离散数据$(\boldsymbol{x},\boldsymbol{y})$和插值点列 x_i,输出点列 x_i 上的三次样条函数值. 点列 $\boldsymbol{x}$ 单调增,x_i 在 $\boldsymbol{x}$ 之中
interp1(x,y,xi,method)	对于离散数据$(\boldsymbol{x},\boldsymbol{y})=\{x_k,y_k\}$进行一维插值. 输入离散数据$(\boldsymbol{x},\boldsymbol{y})$、点列 x_i 和方法选择 method,输出点列 x_i 上的函数值. 方法主要有两种:'linear'——分段线性插值(可缺省);'spline'——三次样条插值. 点列 $\boldsymbol{x}$ 单调增,x_i 在 $\boldsymbol{x}$ 之中. 这里的三次样条插值与函数 spline 等价

1.3.4 数值线性代数

表 1.3.2 求解数值线性代数的函数及其意义

函数	意义
det(A)	求方阵 **A** 的行列式的值
trace(A)	求矩阵 **A** 的迹,trace(A)$=\sum_i a_{ii}$
inv(A)	求非奇异方阵 **A** 的逆矩阵
lu(A)	矩阵的列主元 LU 三角分解
chol(A)	对称正定矩阵 **A** 的 Cholesky 分解 $\boldsymbol{A}=\boldsymbol{R}^{\mathrm{T}}\boldsymbol{R}$,$\boldsymbol{R}$ 是上三角阵. R=chol(A)产生上三角阵 **R**
qr(A)	求矩阵 **A** 的 QR 分解
eig(A)	求方阵 **A** 的特征值和特征向量

1.3.5 数值积分和常微分方程数值解

表 1.3.3 求解数值积分和常微分方程数值解的函数及其意义

函数	意义
quad	低阶数值积分. 用自适应 Simpson 方法进行数值积分，相对误差 $\leqslant 10^{-3}$. Q = quad('f',a,b) 求出 $\int_a^b f(x)\mathrm{d}x$ 的近似值. f 是被积函数 $f(x)$ 的函数名. 一般用法： [Q,cnt]=quad('f',a,b,tol,trace) 其中，a 和 b 可以是同长度的向量，这时的结果 Q 也是同长度的向量；tol 是精度要求，trace≠0 时作出被积函数的图形，tol 和 trace 可以缺省；cnt 是区间[a,b]的分段数
quad8	高阶数值积分. 用自适应 Newton-Cotes 方法进行数值积分. 用法和参数说明同 quad
ode23	低阶法解常微分方程(组)初值问题： $\begin{cases} \dfrac{\mathrm{d}y_i(t)}{\mathrm{d}t}=f_i(t,y_1,\cdots,y_n) \\ y_i(t_0)=y_{i,0} \end{cases} \quad (i=1,2,\cdots,n;\quad t_0\leqslant t\leqslant t_f)$ 用二阶和三阶 Runge-Kutta 方法进行积分，精度不低于 10^{-3}. 一般调用方法： [T,Y]=ode23('F',t0,tf,Y0,tol,trace) 其中，F 是方程的右端函数(向量值函数)；[t0,tf]是积分区间；Y0 是初始值(向量)；tol 是精度要求；trace 是结果屏幕显示控制，它们都可缺省；[T,Y]是积分曲线的点列，可用作图语句 plot(T,Y)作它(或它们)的图形
ode45	高阶法解常微分方程(组)初值问题. 用 4 阶和 5 阶 Runge-Kutta 方法进行积分. 用法和参数说明同 ode23，精度控制 tol 缺省时为 tol=10^{-6}

1.4 Matlab 程序设计初步

1.4.1 M 文件

M 文件有两种形式：命令文件和函数文件.

(1) 命令文件包含一系列 Matlab 命令，当命令窗口调用它时，自动执行这些命令.

(2) 函数文件的第一行是以 function 开头的语句，其中至少有一个输入或输出参数，然后是一系列 Matlab 命令. 函数文件中定义的变量都是局部变量，它们只在本函数内有效.

Matlab 语言中最基本最重要的成分是函数，它的一般形式为

function[a,b,c,…]=fun[d,e,f,…]

其中，fun 是自定义的函数名，只要不与库函数名相重，并且符合字符串的书写规

则即可；d,e,f,…是输入变量，可以是形参，也可以是实参；a,b,c,…是输出变量. 输入和输出变量可以缺省，如没有输入变量或没有输出变量.

Matlab 的函数保存为相互分离的 M 文件，它们等同于其他语言的子程序和函数.

1. 只有一个返回值的函数

考虑如下函数的 M 文件，

$$f(x)=\frac{2x^3+7x^2-1}{x^2+5\mathrm{e}^{-x}} \tag{1.4.1}$$

假设文件名存为 CH1_fun1. m，程序如下：

```
function y=CH1_fun1(x)
y=(2*x.^3+7*x.^2-1)./(x.^2+5*exp(-x));
```

注意到等号右边的函数名和 M 文件的文件名相同. M 文件使用数组算术运算符，所以参数 x 可以是标量，也可以是向量或矩阵. 将文件名存为 CH1_fun1. m 后，就可以在命令窗口或其他 M 文件里调用这个 M 文件了.

在命令窗口调用 CH1_fun1. m：

```
>>y=CH1_fun1(4)
y=
   14.8525
```

2. 具有多个返回值的函数

假定一个函数需要计算均值和标准差，标准差公式为

$$\sigma=\sqrt{\frac{1}{N}\sum_{i=1}^{N}(x_i-\bar{x})^2} \tag{1.4.2}$$

快速求解方式：

$$\sigma=\sqrt{\frac{\sum\limits_{i=1}^{N}x_i^2}{N}-\left(\frac{\sum\limits_{i=1}^{N}x_i}{N}\right)^2} \tag{1.4.3}$$

为了返回两个变量，函数语句的等号左边必须是一个向量，程序如下：

```
function [mean,stdv]=CH1_fun2(x)
n=length(x);
mean=sum(x)/n;
stdv=sqrt(sum(x.^2)/n-mean.^2);
```

注意在调用这个函数时，调用语句的左边也必须是一个向量. 在命令窗口输入下列语句：

```
>>x=[1,3,7,4,6,3,5,8,6];
>>[m,s]=CH1_fun2(x)
```

```
m=
  4.7778
s=
  2.0964
```

3. 在一个函数里调用另一个函数

一个函数的参数可以是另一个函数的函数名. 考虑计算某函数在三个点上加权平均值的函数:

$$f_{av} = \frac{f(a)+2f(b)+f(c)}{4} \tag{1.4.4}$$

其中,$f(x)$是一个在参数中命名的函数.

在M文件窗口编写下列语句,存盘取名为CH1_fun3,程序如下:

```
function average=CH1_fun3(f_name,a,b,c)
average=(feval(f_name,a)+2*feval(f_name,b)+feval(f_name,c))/4;
```

上面程序中f_name是函数$f(x)$的函数名. 如果$f(x)$是cos函数,f_name等于'cos'. feval(f_name,x)是一条Matlab命令,该命令计算以x为参数、名为f_name的函数. 例如,y=feval('cos',x)等价于$y=\cos(x)$.

例如,要计算函数(1.4.1)在$a=1,b=2,c=3$上的加权平均值的函数,其中加权平均值的函数由式(1.4.4)给出:

```
>>av=CH1_fun3('CH1_fun1',1,2,3)
av=
   8.4372
```

1.4.2 控制语句

与其他计算机语言一样,Matlab也有控制流语句,用于控制程序的流程. Matlab的控制语句比较少,但功能很强,主要有for循环、while循环、if和break语句三种.

1. for循环

例 1.4.1 下列循环语句形成n阶Hilbert矩阵$\boldsymbol{H}$.

```
for i=1:n
  for j=1:n
    H(i,j)=1/(i+j-1);
  end
end
```

其中,循环变量的步长默认为1. 循环变量可以从大到小,这时的步长为负整数,如for i=n:−1:1.

2. while 循环

用于控制一个或一组语句在某逻辑条件下重复预先确定或不确定的次数.

例 1.4.2 用下列循环语句求阶乘 $s=n!$.

```
s=1;
i=1;
while(i<n)
i=i+1;
s=s*i;
end
```

其中:循环的重复次数是预先指定的 n.

例 1.4.3 用迭代公式

$$x_{k+1}=e^{-x_k} \quad (k=0,1,2,\cdots)$$

求解方程 $x-e^{-x}=0$ 的根.

初始值 $x_0=0.5$,相对误差容限 $\varepsilon=10^{-8}$,程序如下:

```
eps=10∧(- 8);  dx=1;  x0=0.5;  k=0;
while(dx>eps)
k=k+1;
x=exp(-x0);
dx=abs(x-x0)/(1+abs(x));
x0=x;
end
k
x
```

其中,while 循环的重复次数即收敛迭代次数 k 是预先不知道的.运行的结果为

```
k= 29,x=0.5671
```

3. if 和 break 语句

条件控制语句 if 的常规用法:

```
if     条件式;
       运算式;
end
```

或

```
if     条件式;
       运算式;
elseif     条件式;
           运算式;
end
```

或

```
if    条件式;
      运算式;
else
        运算式;
end
```

在这里,如果表达式为真,则执行第一组命令;如果表达式为否,则执行第二组命令.

还有更多的嵌套,它们根据逻辑判断的结果决定是否运行以下的内容.除此之外,if 可以与 break 配合,使得流程跳出包含 break 的最内层的 for 或者 while 循环.如例 1.4.3 的方程求根迭代法程序,可把其中的循环语句改成等价的如下语句：

```
while(1)
k=k+1;
x=exp(-x0);
dx=abs(x-x0)/(1+abs(x));
if dx<=eps break;end
x0=x;
end
```

其中,while(1)表示循环条件总是真,直到收敛条件 dx<=eps 满足时跳出为止.

1.4.3 数据的输入和输出

当数据量比较少时,可以用键盘输入原始数据,并在屏幕上直接显示计算结果.这样做的缺点是,当退出工作空间时,工作空间的输入数据和计算结果都消失了.

1. 输入语句

(1) 输入数值：

```
>>clear
>>x=input('请输入一个数:')
请输入一个数:100
x=100
```

(2) 输入字符串：

```
>>x=input('your name please:','s')      %其中第二个参数表示通过键盘输入
                                         的是一个字符串
your name please:aaa
x=aaa
```

2. 输出语句

(1) 自由格式输出(disp):

```
>>disp([1,2,3;4,5,6;7,8,9])
1    2    3
4    5    6
7    8    9
>>disp(1+2+3)
6
>>disp('your name please')
your name please
```

(2) 格式化输出:

```
>>r=2;
>>vol=(4/3)*pi*r∧3;
>>sprintf('球的体积:%8.5f\n',vol)
ans=球的体积:33.51032
```

注意 输出格式前须有%符号,这种格式与C语言类似,"\n"是换行符,屏幕上的光标前进到下一行,换行符可以放在字符串的任意位置.如果忽略"\n",则下一行输出将不换行,紧跟在上次输出之后.vol是要按照格式%8.5输出的变量.

1.4.4 绘图功能

Matlab具有二维或三维绘图功能,并且使用非常方便.可以在坐标图上加标题、坐标轴标记、文本注释等.可以指定图线形式(如实线、虚线等)和颜色,也可在同一张图上画不同函数的曲线,对于曲面图可以画出等高线,如此等.

例 1.4.4 在 x-y 直角坐标中绘出两个函数

$$y=\frac{10}{1+x^2} \qquad y=5+4\sin x \quad x\in[-5,5] \tag{1.4.5}$$

的图形.

```
>>x=-5:0.1:5;
>>y=10./(1+x.∧2);
>>z=5+4*sin(x);
>>plot(x,y,x,z,'-.')
```

例 1.4.5 也采用下列两种方法实现例1.4.4中的作图功能.

方法1 首先建立以CH1_fig1.m为名的文本文件,内容为例1.4.4中的语句串,然后在命令窗口输入命令CH1_fig1,即可绘出函数的图形,如图1.4.1所示.

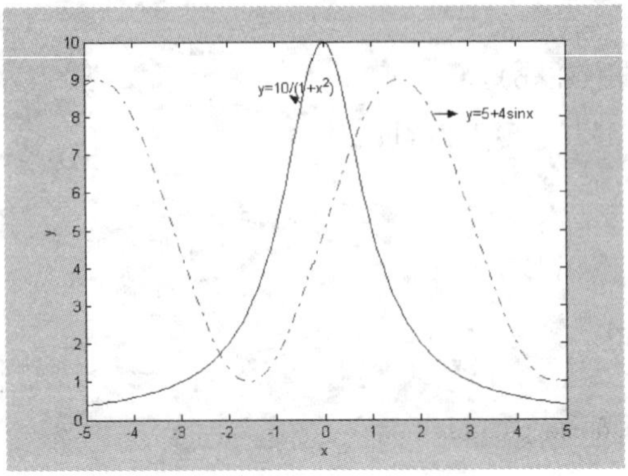

图 1.4.1

方法 2 首先建立两个函数文件，分别用以定义式(1.4.5)中的两个函数，

```
function y=CH1_fun4(x)      %函数名取为 CH1_fun4.m
y=10./(1+x.∧2);
function y=CH1_fun5(x)      %函数名取为 CH1_fun5.m
y=5+4*sin(x);
```

并建立一个以 CH1_fig2.m 为名的命令文本文件，其内容为语句串：

```
x=-5:0.1:5;
y=CH1_fun4(x);
z=CH1_fun5(x);
plot(x,y,x,z,'-.');
```

然后在命令窗口输入命令 CH1_fig2，即可绘出函数的图形.

对于如上两个简单的例题，可以不建立任何 M 文件，只要把语句串直接输入命令窗口，就可实现相应的功能(例 1.4.4 中的方法). 但是，对于较复杂的问题这样做是不利的，因为这会给调试和修改带来困难.

例 1.4.6 函数 $T_n(x)=\cos(n\arccos x)$ ($|x|\leqslant 1$) 称为 Chebyshev 多项式，若令 $x=\cos\theta$，则 $T_n(x)=\cos(n\theta)$ ($0\leqslant\theta\leqslant\pi$)，易知 Chebyshev 多项式有下面重要的递推性质：

$$T_{n+1}(x)=2xT_n(x)-T_{n-1}(x)\quad (n=1,2,\cdots)$$

$$T_0(x)=1\quad T_1(x)=x\quad T_2(x)=2x^2-1\quad T_3(x)=4x^3-3x$$

使用命令 subplot 画出前 4 个 Chebyshev 多项式的图形.

建立以 CH1_fig3.m 为名的文本文件：

```
x=-1:0.01:1;
t0=1+0*x;t1=x;
t2=2*x.*t1-t0;t3=2*x.*t2-t1;
subplot(2,2,1);plot(x,t0);
```

```
title('Chebyshev T0');
xlabel('x');ylabel('y')
subplot(2,2,2);plot(x,t1);
title('Chebyshev T1');
xlabel('x');ylabel('y');
subplot(2,2,3);plot(x,t2);
title('Chebyshev T2');
xlabel('x');ylabel('y');
subplot(2,2,4);plot(x,t3);
title('Chebyshev T3');
xlabel('x');ylabel('y');
```

然后在命令窗口输入命令 CH1_fig3,即可绘出前 4 个 Chebyshev 多项式函数的图形,如图 1.4.2 所示.

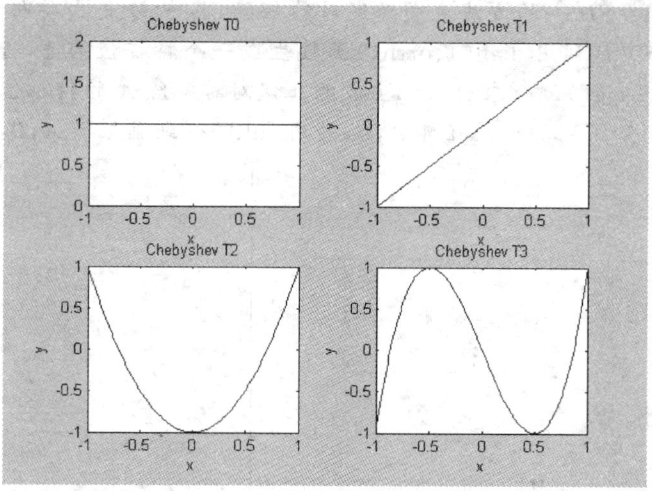

图 1.4.2

由此可见,利用 Matlab 编程的一般结构和调用过程为

窗口命令⇒文本文件⇒函数文件

其中后两个可以缺省.在通常情况下,一个作业最多只需一个文本文件,其主要功能是组织函数文件,完成复杂的计算任务.当有文本文件时,只要在命令窗口输入文本文件的名称,就可自动完成规定的全部任务.当没有文本文件但有一个主函数文件时,只要在命令窗口输入初始数据、该函数文件的函数语句,就可自动完成规定的全部任务.

与 C 语言和 Fortran 语言不同,Matlab 程序没有明显的编译、连接和执行阶段之分,它是一气呵成的,即三者是同时进行的.

注意 对于任何赋值语句,只要句末不加分号,当执行这条语句时就立即显示该语句左端的值. 因此,Matlab 程序可以逐句调试,既方便又快捷. 另外,对于每个函数文件,可以单独进行调试.

实验题

1. 利用 plot()函数绘制出显函数方程 $y=\sin(\tan x)-\tan(\sin x)$ 在 $x\in[-\pi,\pi]$ 区间内的曲线.

2. 利用 ezplot()函数绘制出隐函数 $f(x,y)=x^2\sin(x+y^2)+y^2e^{x+y}+5\cos(x^2+y)=0$ 在 $x\in[-10,10]$ 区间内的曲线.

3. 分别利用 for 循环结构、while 循环结构以及借助 Matlab 的 sum()函数求解 $\sum_{i=1}^{100} i$.

4. 可用 $\boldsymbol{A}=\boldsymbol{SDS}^{\mathrm{T}}$ 的方法生成正定对称矩阵,其中 $\boldsymbol{D}$ 是由特征值构成的对角阵,$\boldsymbol{S}$ 是正交阵. 试利用 diag()、orth()函数生成一个特征值为 1—10 的随机正定对称矩阵;并用 eig()函数求出随机生成的正定对称矩阵 $\boldsymbol{A}$ 的特征值与特征向量.

5. 构造形如下列的稀疏矩阵 $\boldsymbol{A},\boldsymbol{B}$,并用 full()得到满矩阵 $\boldsymbol{A},\boldsymbol{B}$,取 $n=8$.

(1) $$\boldsymbol{A}=\begin{bmatrix} 3 & -1 & 0 & \cdots & 0 & \frac{1}{2} \\ -1 & 3 & -1 & \cdots & \frac{1}{2} & 0 \\ 0 & -1 & 3 & \cdots & 0 & 0 \\ \vdots & \vdots & \vdots & & \vdots & \vdots \\ 0 & \frac{1}{2} & 0 & \cdots & 3 & -1 \\ \frac{1}{2} & 0 & 0 & \cdots & -1 & 3 \end{bmatrix};$$

(2) $$\boldsymbol{B}=\begin{bmatrix} 3 & -\frac{1}{2} & -\frac{1}{4} & & & \\ -\frac{1}{2} & 3 & -\frac{1}{2} & -\frac{1}{4} & & \\ -\frac{1}{4} & -\frac{1}{2} & 3 & -\frac{1}{2} & \ddots & \\ & \ddots & \ddots & \ddots & \ddots & -\frac{1}{4} \\ & & -\frac{1}{4} & -\frac{1}{2} & 3 & -\frac{1}{2} \\ & & & -\frac{1}{4} & -\frac{1}{2} & 3 \end{bmatrix}.$$

6. 由矩阵理论可知，如果一个矩阵 $\boldsymbol{M}$ 可以写成 $\boldsymbol{M}=\boldsymbol{A}+\boldsymbol{BCB}^{\mathrm{T}}$，并且其中 $\boldsymbol{A}$，$\boldsymbol{B}$，$\boldsymbol{C}$ 为相应阶数的矩阵，则 $\boldsymbol{M}$ 矩阵的逆矩阵可以由下面的算法求出.

$$\boldsymbol{M}^{-1}=(\boldsymbol{A}+\boldsymbol{BCB}^{\mathrm{T}})^{-1}=\boldsymbol{A}^{-1}-\boldsymbol{A}^{-1}\boldsymbol{B}(\boldsymbol{C}^{-1}+\boldsymbol{B}^{\mathrm{T}}\boldsymbol{A}^{-1}\boldsymbol{B})^{-1}\boldsymbol{B}^{\mathrm{T}}\boldsymbol{A}^{-1}$$

试根据上面的算法用 Matlab 语句编写一个函数对矩阵 $\boldsymbol{M}$ 进行求逆，并通过一个小例子来检验该程序，并和直接求逆方法进行精度上的比较.

第 2 章 数值分析的若干基本概念

2.1 数值分析的研究对象

2.1.1 数值分析的研究对象与意义

数值分析是什么？数值分析的目的是仅用简单的算术运算和逻辑运算求解复杂的数值问题,并开发和评估由给出的数据计算数值结果的方法.这些计算方法被称为**算法**.

我们将致力于对算法的研究.迄今为止,一方面,仍未找到某些问题的满意算法;另一方面,当存在着几种不同算法时,我们必须从中作出选择,选择这个而非那个算法时存在种种理由,但有两个明显的标准,即速度与精度.速度快显然是一种优势,虽然就适当规模的问题而言,这一优势因计算机的能力而被削弱殆尽,但对于大规模的问题,速度仍是重要的因素.速度慢的算法由于不实用会被淘汰,在其他条件均相同时,速度较快的方法定会被首肯.

为使读者对本课程的基本目的和内容有一个大致的了解,为了搞清楚数值分析所研究的对象和研究它的实际意义,我们先看下面几个例子.

例 2.1.1 (1) 求解线性方程组 $\boldsymbol{A}\boldsymbol{x}=\boldsymbol{b}$,其中:$\boldsymbol{A}$ 为 20 阶可逆方阵,$\boldsymbol{x}=(x_1,x_2,\cdots,x_{20})^{\mathrm{T}}$;

(2) 求超越方程 $x=\mathrm{e}^{-x}$在$[0,1]$上的根 x^*;

(3) 已知 $y=f(x)$为$[x_0,x_1]$上的函数,满足:

x	x_0	x_1
$y=f(x)$	y_0	y_1

$\bar{x}\in(x_0,x_1)$,求 $f(\bar{x})$;

(4) 计算定积分:$I=\int_0^1 \mathrm{e}^{-x^2}\mathrm{d}x$;

(5) 解常微分方程初值问题:$\begin{cases} y'=x+y^2 \\ y(0)=0 \end{cases}$.

解　(1) 由 Gramer 法则需要计算 21 个 20 阶行列式，如果按照行列式的展开计算，由于每个 20 阶行列式有 20! 项，每一项为 20 个元素乘积，共需 $20!\times19\times21\approx10^{21}$ 次乘法，计算量非常大，这项计算即使用百万次每秒的电子计算机去做，也得要连续工作千百万年才能完成；

(2) 原方程可化为 $f(x)=xe^x-1=0$，由于 $f(0)<0, f(1)>0$，根据连续函数介值定理，方程在 $[0,1]$ 上的根 x^* 存在，但无法求得 x^* 的解析形式，只能想办法求其近似值；

(3) 此问题看似无理，但又实实在在，求解如下：

$$f(\bar{x})\approx P(\bar{x})=y_0+\frac{y_1-y_0}{x_1-x_0}(\bar{x}-x_0)$$

(4) 微积分中的 Newton-Leibniz 公式对该问题失效，因为被积函数 $f(x)=e^{-x^2}$ 的原函数不能用初等函数表达成有限形式，可以考虑一些近似求解方法；

(5) 线性常微分方程比较容易得到解析解，而非线性常微分方程一般没有解析解，主要依靠数值解法求其近似解.

例 2.1.2　大量实际问题中的函数关系是用表格法给出的，如测得铜导线在不同温度时的电阻如下所示：

k	1	2	3	4	5	6	7
x	19.1	25.0	30.1	36.0	40.0	45.1	50.0
y	76.30	77.80	79.25	80.80	82.35	83.90	85.10

求电阻和温度之间的关系.

解决这类问题通常的步骤如下：

(1) 利用 Matlab 中的 plot 命令画出离散点图，如图 2.1.1 所示.

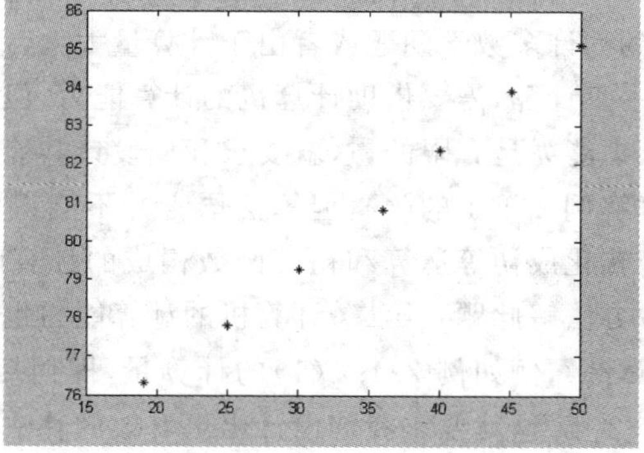

图 2.1.1

(2) 凭视觉知，(x,y) 在一条直线上的两侧附近，于是可设 x 与 y 近似地成直线关系：$y \approx \hat{y} = a + bx$（称为数学模型）.

显然 $\hat{y}_k$ 与实测值 y_k 有误差，它是衡量被确定的参数 a 和 b 好坏的重要标志，可以规定许多原则来确定参数 a 和 b. 例如，可以选择 a 和 b，使残差的平方和达到最小，即使 $\sum_k \varepsilon_k^2$ 为最小. 一般地，给定一组数据 (x_k, y_k) $(k=1,2,\cdots,n)$，涉及如何选择一个最佳逼近多项式：

$$p_n(x) = a_0 + a_1 x + \cdots + a_n x^n \tag{2.1.1}$$

使得

$$\delta(a_0, a_1, \cdots, a_n) = \sum_{k=1}^{n} [f(x_k) - p_n(x_k)]^2 \tag{2.1.2}$$

取最小.

例 2.1.3 对象是连续的，我们只能了解到其有限个数据.

学习微积分之后，我们常常有这样的喜悦：任何曲面的面积及任何物体的体积都可以用积分方法来处理. 但深入一想，我们所学过的方法都有一个共同的要求，就是要求有表示曲线、曲面的公式，也就是在实际中，有没有这样的表达公式？例如，在估计矿藏储量时，有没有一个表示矿体周围的解析公式？又如在估计山坡的面积时，有没有一个 $z=f(x,y)$ 公式表示这曲面的. 在实际情况中是没有的. 一来我们不可能对每一点都进行实测，二来由于即使对矿体测了很多点，但也不能确切求出曲面的表达式，即使拼拼凑凑找出一个公式，但在求积分的时候依然是积不出来的时候多. 因而矿体和山坡虽然是连续分布的，但是我们还是必须用离散的方法才能估计体积及面积.

但这并不是说微积分中求面积、体积的公式没有用了，这里是说，必须看看怎样才能用得上. 理论是有用的，它能给我们提供具体的线索.

上述例子提示我们，高等数学中的算法只能求解一些比较简单特殊的数学模型，而工程实践中遇到的许多数学问题或者由于计算量太大，或者由于没有解析方法，不能有效地使用手工计算，需要借助计算机的计算能力. 但同时，我们必须认识到：第一，计算机的认识能力是有限的，这就要求我们设计其能接受的“算法”，例如我们考虑用算法语言解例 2.1.1 的(4)，但算法语言并不能识别“积分”这个概念，需要我们预先将积分转化成初等运算和初等函数构成的计算问题（在数值微积分一章中我们将有多种方法解此题）；第二，计算机的计算能力也是有限的，这就要求我们为其设计“好的算法”，例如例 2.1.1(1)的计算量，即使用每秒能做 10^{10} 次运算的计算机也需要 162 年. 这就要求我们设计出更有效的算法. 事实上，使用“线性代数方程组的数值解法”一章的方法，我们用普通的微机可以在 1 秒钟内求解此题.

本课程将会给出解决诸如例 2.1.1、例 2.1.2、例 2.1.3 这些问题的算法. 必须指出的是,工程实际问题远比上述问题复杂得多,这里我们只是讨论一些常用的基本数值算法.在实际工程中,不同的算法适合不同的问题,所以我们需要更有针对性的算法,本课程中所介绍的数值计算的一些基本概念和基本思想是具有普遍意义的,读者在学习中应将重点放在各种算法的基本思想方法上,而不是死记硬背一些计算公式.这一点是我们大力提倡的.

2.1.2　计算机解决科学计算问题时经历的几个过程

计算机解决科学计算问题时经历的过程如下:

实际问题 → 数学模型 → 数值计算方法 → 程序设计 → 上机计算求出结果

根据数学模型提出求解的数值计算方法直到编出程序上机算出结果,这一过程是计算数学的任务,也是数值分析研究的对象.

因此,数值分析就是研究用计算机解决数学问题的数值方法及其理论,它的内容包括逼近问题(函数的插值和逼近,数值积分和微分)、线性代数问题(方程组和特征值问题)和非线性方程及方程组的数值解法问题,以及常微和偏微数值解等,都是以数学问题为研究对象的.

2.2　数值计算的误差

2.2.1　误差的分类

在数值计算中,参与计算的数,一般说来都是近似的.首先,用到的数据是由观测得来的,观测的结果是不可能绝对准确;其次,在计算过程中还要利用一些无理数,例如 π,e,$\sqrt{2}$等,在计算机上,这些数只能近似地表示.

近似数的误差对计算结果的影响可能是很大的.通常,数值计算的乐观主义者会问计算结果有多精确,而数值计算的悲观主义者会问结果中已引入了多少误差.显然,这两个问题是相同的.实际问题中给出的数据一般说来是近似值,很少是精确的,因为它通常源于测量过程,从而输入的信息中存在着误差,并且算法本身通常也会带来误差,这样,输出的信息中将包含出自这两种来源的误差.

误差的来源是很复杂的,但主要可分为以下几类:

(1) 模型误差,即数学模型和实际问题之间存在的误差.

(2) 观测误差,即由于数学问题中的参量往往是通过观测得到的而产生的误差.

(3) 舍入误差,即由于计算机字长为有限位而使记载原始数据和进行四则运算时舍入产生的误差.

(4) 截断误差，即用计算机求解数学问题的数值解时用有限过程代替无限过程时所产生的误差.

注意 截断误差和舍入误差是两个不同的概念. 截断误差是由所采用的数值方法而产生的，因而也称方法误差；舍入误差是由数值计算而产生的，因而也称计算误差.

2.2.2 误差与有效数字

1. 绝对误差与相对误差

定义 2.2.1 设 x^* 为精确值，x 为 x^* 的一个近似值，则称

$$e = x^* - x \tag{2.2.1}$$

为近似值 x 的绝对误差，简称误差.

绝对误差具有量的概念，但有时很难以其大小来衡量近似值的"好"或"坏". 例如，马拉松赛全程 42.195 km，由于测量的误差，实际路程仅为 42.185 km，绝对误差为 10 m，按竞赛章程，这样的误差是允许的. 但若百米赛实际路程为 99 m，绝对误差仅 1 m 却不能被竞赛规则所允许. 理由很简单，相对于 42.195 km，10 m 误差微不足道，而相对于 100 m，1 m 的误差是不能接受的. 再例如，测量 1 m 的长度时发生了 1 cm 的误差和测量 0.5 m 的长度时发生了 1 cm 的误差是有区别的，前一种测量比较精确. 可见要解决一个量的近似值的精确度，除了要看绝对误差的大小之外，还必须考虑到该量本身的大小，这就导出了相对误差的概念.

定义 2.2.2 设 x^* 为精确值，x 为 x^* 的一个近似值，称

$$e_r = \frac{x^* - x}{x^*} \quad (x^* \neq 0) \tag{2.2.2}$$

为近似值 x 的相对误差.

关于误差的几点说明：

(1) 上面定义的绝对误差可正可负，所以绝对误差不是误差绝对值.

(2) 实际计算相对误差时，x^* 是未知的，常以 $\bar{e}_r = \dfrac{x^* - x}{x}$ $(x \neq 0)$ 作为 x 的相对误差.

(3) 相对误差是一个无名数，它没有量纲. 例如，测量 100 kg 重的物体发生了 1 kg 的误差和测量 100 m 的物体发生了 1 m 的误差，二者的相对误差都是 $\dfrac{1}{100}$.

(4) 相对误差常表示成百分数，有时也称为百分误差.

2. 绝对误差界、相对误差界

通常，精确值 x^* 是不知道的，因而绝对误差也是不知道的，但可以估计出绝对误差的一个上界 ε，即有下列绝对误差界概念.

定义 2.2.3　若有数 $\varepsilon>0$,使得 $|x^*-x|\leqslant\varepsilon$,则称 ε 是 x 的绝对误差界,简称误差界或精度.称 $\frac{\varepsilon}{|x|}$ 为 x 的相对误差界.

3. 有效数字

定义 2.2.4　设 x 是 x^* 的一个近似值,写成 $x=\pm 10^k\times 0.a_1a_2\cdots a_i\cdots$,其中,$a_i$ $(i=1,2,\cdots)$是 $0,1,2,\cdots,9$ 中的一个数字,$a_1\neq 0$,$k\in\mathbf{Z}$.若

$$|x^*-x|\leqslant\frac{1}{2}\times 10^{k-n}\tag{2.2.3}$$

则称 x 为 x^* 的具有 n 位有效数字的近似值.

例 2.2.1　下列各近似值的误差限都为 0.005.

$$x_1=1.38\qquad x_2=-0.132\qquad x_3=0.86\times 10^{-4}$$

问各个近似值各有几位有效数字?

解　误差限 $0.005=\frac{1}{2}\times 10^{-2}$.

(1) $x_1=1.38=10^1\times 0.138$,$k=1$,由于

$$|x_1^*-x_1|\leqslant\frac{1}{2}\times 10^{-2}$$

故

$$k-n=-2\Rightarrow n=3$$

x_1 有三位有效数字.

(2) $x_2=-0.132=-10^0\times 0.132$,$k=0$,由于

$$|x_2^*-x_2|\leqslant\frac{1}{2}\times 10^{-2}$$

故

$$k-n=-2\Rightarrow n=2$$

x_2 有两位有效数字.

(3) $x_3=0.86\times 10^{-4}$,$k=-4$,由于

$$|x_3^*-x_3|\leqslant\frac{1}{2}\times 10^{-2}$$

故

$$k-n=-2\Rightarrow n=-2$$

即 $x_3=0.000086$没有有效数字.

4. 有效数字与相对误差的关系

有效数字与相对误差之间,也有着基本的联系,我们把它列成两个定理:

定理 2.2.1　若 x 有 n 位有效数字,则

$$\frac{|x^*-x|}{|x|}\leqslant\frac{1}{2a_1}\times10^{1-n}\tag{2.2.4}$$

定理 2.2.2 若近似数 x 的相对误差满足：

$$\frac{|x^*-x|}{|x|}\leqslant\frac{1}{2(a_1+1)}\times10^{1-n}\tag{2.2.5}$$

则 x 至少具有 n 位有效数字.

上面两个定理的证明留给读者练习.

例 2.2.2 已知近似数 x 有两位有效数字,试求其相对误差限.

解 已知条件是有效数字 $n=2$,近似数 x 的第一位有效数字 a_1 未给出,此时,可按第一位有效数字出现的最不利的情况估计,即令 $a_1=1$,则

$$\frac{|x^*-x|}{|x|}\leqslant\frac{1}{2a_1}\times10^{1-n}=\frac{1}{2\times1}\times10^{1-2}=5\%$$

即近似数 x 的相对误差限为 5%.

例 2.2.3 已知近似数 x 的相对误差限为 0.3%,问 x 至少有几位有效数字?

解 设 x 有 n 位有效数字,但 x 的第一个有效数字 a_1 没给出,a_1 一定是 1～9 中的一个数字,又因为

$$0.3\%=\frac{3}{1000}<\frac{1}{2\times10^2}=\frac{1}{2\times(9+1)}\times10^{-1}$$

令

$$1-n=-1\Rightarrow n=2$$

可知 x 至少具有两位有效数字.

关于有效数字的几点说明：

(1) 用四舍五入法取准确值的前 n 位作为近似值,则 x 必有 n 位有效数字.

(2) 有效数字位数相同的两个近似数,绝对误差限不一定相同. 例如,设 $x_1=12345$ 及 $x_2=0.12345$ 均有 5 位有效数字,而它们的绝对误差限分别是 $e(x_1)=0.5$,$e(x_2)=0.000005$.

(3) 将任何数乘以 10^m ($m=0,\pm1,\pm2,\cdots$),等于移动该数的小数点,并不影响它的有效数字的位数. 例如:$g=9.80\ \mathrm{m\cdot s^{-2}}$ 具有三位有效数字,$g=0.00980\times10^3\ \mathrm{m\cdot s^{-2}}$ 亦具有三位有效数字. 但 $9.8\ \mathrm{m\cdot s^{-2}}$ 与 $9.80\ \mathrm{m\cdot s^{-2}}$ 含义是不一样的,前者只有两位有效数字,后者却有三位有效数字.

(4) 准确值被认为具有无穷位有效数字.

2.3 数值计算中误差的传播

2.3.1 Taylor 公式、大 O 记号与广义积分中值定理

Taylor 公式在数值计算方法的构造和误差分析中起着极其重要的作用. 我们

先回忆一下 Taylor 公式，之后补充数学中的大 O 记号，并列举出广义积分中值定理.

需要说明一点的是：针对本课程的实际需要，有关 Taylor 公式的假设条件总是假设得略为宽松.

1. Taylor 公式

设 f 在含有点 x_0 的某个开区间 (a,b) 内具有 $n+1$ 阶导数，则 $\forall x\in(a,b)$ 有

$$f(x)=f(x_0)+f'(x_0)(x-x_0)+\frac{f''(x_0)}{2!}(x-x_0)^2+\cdots$$
$$+\frac{f^{(n)}(x_0)}{n!}(x-x_0)^n+\frac{f^{(n+1)}(\xi)}{(n+1)!}(x-x_0)^{n+1} \qquad (2.3.1)$$

其中，ξ 在 x_0 与 x 之间，前 $n+1$ 项称为 n 次 Taylor 多项式，最后一项称为 n 次 Taylor 多项式的余项（即截断误差）. 为了方便作误差估计，有时还假设 f 的 $n+1$ 阶导数连续.

2. 多元函数 Taylor 公式

以二元函数 $f(x,y)$ 为例. 设 $f\in C^n(D)$，$D=\{(x,y)\,\big|\,|x-x_0|<a,|y-y_0|<b\}$，且 f 在 D 上存在 $n+1$ 阶偏导数，$(x_0,y_0)\in D$，则 $\forall(x,y)\in D$ 有

$$f(x,y)=f(x_0,y_0)+\sum_{k=1}^{n}\frac{1}{k!}\left[(x-x_0)\frac{\partial}{\partial x}+(y-y_0)\frac{\partial}{\partial y}\right]^k f(x_0,y_0)+R_n(x,y) \qquad (2.3.2)$$

其中：$R_n(x,y)=\dfrac{1}{(n+1)!}\left[(x-x_0)\dfrac{\partial}{\partial x}+(y-y_0)\dfrac{\partial}{\partial y}\right]^{n+1}f(\xi,\eta)$，$\xi$ 在 x_0 与 x 之间，η 在 y_0 与 y 之间.

3. 大 O 记号

大 O 记号是数学、计算机科学和技术文献中广泛使用的符号，是为表示近似值而允许我们用“$=$”代替“$\approx$”的方便符号.

设变量 X，Y（其中 $X\neq0$），如果在变化过程的某一时刻以后，有

$$\left|\frac{Y}{X}\right|\leqslant M \quad 或 \quad |Y|\leqslant M|X| \quad (M 为大于 0 的常数) \qquad (2.3.3)$$

便记成

$$Y=O(X) \qquad (2.3.4)$$

这就是说，记号 $O(X)$ 表示这样一个量，我们并不明显地知道它，也不必说出定义中的 M 是多少，它的出现即意味着当 X 变化到某一时刻后，$|O(X)|$ 总是不会超过 $M|X|$. 例如：

$$1^2+2^2+\cdots+n^2=\frac{1}{3}n\left(n+\frac{1}{2}\right)(n+1)=\frac{1}{3}n^3+\frac{1}{2}n^2+\frac{1}{6}n$$

可以记为

$$=\frac{1}{3}n^3+\frac{1}{2}n^2+O(n) \quad 或 \quad =\frac{1}{3}n^3+O(n^2) \quad 或 \quad =O(n^3)$$

又如，利用大 O 记号，Taylor 公式也可以表示为

$$f(x)=f(x_0)+f'(x_0)(x-x_0)+\cdots+\frac{f^{(n)}(x_0)}{n!}(x-x_0)^n+O[(x-x_0)^{n+1}] \tag{2.3.5}$$

注意 大 O 记号具有单向相等性，可以写成 $\frac{1}{2}n^2+n=O(n^2)$，但决不能写成 $O(n^2)=\frac{1}{2}n^2+n$；含大 O 记号的等式的右端只是左端的"粗略化"，右端不能提供比左端更多的信息.

大 O 记号的一些简单运算如下：

(1) $O(X)\pm O(X)=O(X)$.

(2) $mO(X)=O(X)$（m 为不等于 0 的常数）.

(3) $O(X)\cdot O(X)=O(X^2)$.

(4) $O(O(X))=O(X)$.

4. 广义积分中值定理

若函数 $\varphi(x)$ 在区间 $[a,b]$ 上不变号且可积，$f(x)$ 连续，则

$$\int_a^b f(x)\varphi(x)\mathrm{d}x=f(\xi)\int_a^b \varphi(x)\mathrm{d}x \quad \xi\in[a,b] \tag{2.3.6}$$

2.3.2 求函数值和算术运算的误差估计

以二元函数 $y=f(x_1,x_2)$ 为例. 设 x_1^*,x_2^* 为准确值，x_1,x_2 是其近似值，函数准确值为 $y^*=f(x_1^*,x_2^*)$，函数值 y 的误差为

$$\begin{aligned}e(y)&=y^*-y=f(x_1^*,x_2^*)-f(x_1,x_2)\\&\approx\frac{\partial f(x_1,x_2)}{\partial x_1^*}(x_1^*-x_1)+\frac{\partial f(x_1,x_2)}{\partial x_2^*}(x_2^*-x_2)\end{aligned}$$

故

$$e(y)=\frac{\partial f(x_1,x_2)}{\partial x_1^*}e(x_1)+\frac{\partial f(x_1,x_2)}{\partial x_2^*}e(x_2) \tag{2.3.7}$$

其中：

$$e(x_1)=x_1^*-x_1 \qquad e(x_2)=x_2^*-x_2$$

由此得函数值 y 的相对误差

$$e_r(y)=\frac{e(y)}{y}=\frac{\partial f(x_1,x_2)}{\partial x_1^*}\frac{1}{y}e(x_1)+\frac{\partial f(x_1,x_2)}{\partial x_2^*}\frac{1}{y}e(x_2)$$

或

$$e_r(y)=\frac{\partial f(x_1,x_2)}{\partial x_1^*}\frac{x_1}{f(x_1,x_2)}e_r(x_1)+\frac{\partial f(x_1,x_2)}{\partial x_2^*}\frac{x_2}{f(x_1,x_2)}e_r(x_2) \tag{2.3.8}$$

其中，

$$e_r(x_1)=\frac{x_1^*-x_1}{x_1}\qquad e_r(x_2)=\frac{x_2^*-x_2}{x_2}$$

利用式(2.3.7)，式(2.3.8)可得两数的和、差、积、商的误差估计：

$$\begin{cases}e(x_1\pm x_2)\approx e(x_1)\pm e(x_2)\\ e(x_1x_2)\approx x_2e(x_1)+x_1e(x_2)\\ e\left(\dfrac{x_1}{x_2}\right)\approx\dfrac{1}{x_2}e(x_1)-\dfrac{x_1}{x_2^2}e(x_2)\quad(x_2\neq 0)\end{cases} \tag{2.3.9}$$

$$\begin{cases}e_r(x_1+x_2)\approx\dfrac{x_1}{x_1+x_2}e_r(x_1)+\dfrac{x_2}{x_1+x_2}e_r(x_2)\\ e_r(x_1-x_2)\approx\dfrac{x_1}{x_1-x_2}e_r(x_1)-\dfrac{x_2}{x_1-x_2}e_r(x_2)\\ e_r(x_1x_2)\approx e_r(x_1)+e_r(x_2)\\ e_r\left(\dfrac{x_1}{x_2}\right)\approx e_r(x_1)-e_r(x_2)\quad(x_2\neq 0)\end{cases} \tag{2.3.10}$$

进一步还可以得出

$$\begin{cases}|e(x_1\pm x_2)|\approx|e(x_1)\pm e(x_2)|\leqslant|e(x_1)|+|e(x_2)|\\ |e_r(x_1x_2)|\approx|e_r(x_1)+e_r(x_2)|\leqslant|e_r(x_1)|+|e_r(x_2)|\\ \left|e_r\left(\dfrac{x_1}{x_2}\right)\right|\approx|e_r(x_1)-e_r(x_2)|\leqslant|e_r(x_1)|+|e_r(x_2)|\end{cases} \tag{2.3.11}$$

例 2.3.1 设 $x>0$，x 的相对误差界为 δ，求 x^n 和 $\ln x$ 的相对误差界.

解 由条件知 $|e_r(x)|\leqslant\delta$，由函数的相对误差公式(2.3.8)得

$$e_r(y)\approx f'(x)\frac{x}{f(x)}e_r(x)$$

则

(1) $e_r(x^n)\approx nx^{n-1}\cdot\dfrac{x}{x^n}\cdot e_r(x)=ne_r(x)$，$|e_r(x^n)|\approx|ne_r(x)|\leqslant n\delta$；

(2) $e_r(\ln x)\approx\dfrac{1}{x}\cdot\dfrac{x}{\ln x}\cdot e_r(x)=\dfrac{1}{\ln x}e_r(x)$，$|e_r(\ln x)|\approx\left|\dfrac{e_r(x)}{\ln x}\right|\leqslant\dfrac{\delta}{|\ln x|}$.

2.3.3 用差商近似代替导数的误差估计

用差商近似代替导数的误差估计可以利用 Taylor 公式：

$$f(x+h)=f(x)+f'(x)h+\frac{f''(\xi)}{2!}h^2\quad(\xi\text{在}x\text{与}x+h\text{之间}) \tag{2.3.12}$$

将它改写为

$$f'(x)=\frac{f(x+h)-f(x)}{h}-\frac{f''(\xi)}{2}h=\frac{f(x+h)-f(x)}{h}+O(h) \tag{2.3.13}$$

可得导数 $f'(x)$ 用差商 $\frac{f(x+h)-f(x)}{h}$（称为向前差商）近似代替，截断误差余项为

$$R=\frac{M}{2}h \qquad M=\max|f''(x)|$$

或记为 $R=O(h)$，并称这种近似有 1 阶精度.

类似上述推导，也可得到导数 $f'(x)$ 用差商 $\frac{f(x)-f(x-h)}{h}$（称为向后差商）近似代替，截断误差 $R=O(h)$，也有 1 阶精度.

又利用 Taylor 公式：

$$f(x+h)=f(x)+f'(x)h+\frac{f''(x)}{2!}h^2+\frac{f'''(\xi)}{3!}h^3$$

$$f(x-h)=f(x)-f'(x)h+\frac{f''(x)}{2!}h^2-\frac{f'''(\eta)}{3!}h^3$$

两式相减有

$$f(x+h)-f(x-h)=2f'(x)h+\frac{1}{3!}[f'''(\xi)+f'''(\eta)]h^3$$

再改写为

$$\begin{aligned}f'(x)&=\frac{f(x+h)-f(x-h)}{2h}-\frac{1}{12}[f'''(\xi)+f'''(\eta)]h^2\\&=\frac{f(x+h)-f(x-h)}{2h}+O(h^2)\end{aligned}$$

可得到 $f'(x)$ 用差商 $\frac{f(x+h)-f(x-h)}{2h}$（称为中心差商）近似代替，截断误差 $R=O(h^2)$，称有二阶精度.

再利用 Taylor 公式：

$$f(x+h)=f(x)+f'(x)h+\frac{f''(x)}{2!}h^2+\frac{f'''(x)}{3!}h^3+\frac{f^{(4)}(\xi)}{4!}h^4$$

$$f(x-h)=f(x)-f'(x)h+\frac{f''(x)}{2!}h^2-\frac{f'''(x)}{3!}h^3+\frac{f^{(4)}(\eta)}{4!}h^4$$

两式相加有

$$f(x+h)+f(x-h)=2f(x)+f''(x)h^2+\frac{1}{4!}[f^{(4)}(\xi)+f^{(4)}(\eta)]h^4$$

再改写为

$$f''(x)=\frac{f(x+h)-2f(x)+f(x-h)}{h^2}-\frac{1}{4!}[f^{(4)}(\xi)+f^{(4)}(\eta)]h^2$$
$$=\frac{f(x+h)-2f(x)+f(x-h)}{h^2}+O(h^2)$$

可得二阶导数 $f''(x)$ 用二阶差商 $\frac{f(x+h)-2f(x)+f(x-h)}{h^2}$ 近似代替,截断误差 $R=O(h^2)$,称有二阶精度.

2.4　数值稳定性与避免误差伤害

2.4.1　算法的数值稳定性

简而言之,算法是为解决一个问题而采取的方法和步骤,或者说,算法是解题方法的精确描述.那么什么是数值稳定的算法?

在持续的计算中,将可能产生许多舍入误差,这些舍入误差中的每一个误差都可能导致剩下的计算中产生输入误差,并且都对最终的输出结果产生影响.若所有这些误差对算法的累积影响是有限的(即在一定的条件下可控制),算法能获得有用的结果,则称之为稳定算法(stable algorithms).不幸的是,有时候误差的累积是破坏性的,不言而喻,这种算法被称为是不稳定的算法(unstable algorithms)."不稳定"有时也叫"病态".

需要说明的是:

(1) 数值算法总是基于数值计算方法的,因此,算法的数值稳定性也就是数值方法的数值稳定性.分析数值稳定性也往往从数值方法入手.

(2) 在数值稳定性的实际分析中,通常只考虑初始数据误差的影响,而不考虑(也很难考虑)中间过程舍入误差的影响.

(3) 所谓"在一定的条件下可控制",确切地说,设由且仅由 ε 引起的、n 步运算之后的误差为 e_n,如果 $|e_n|\approx cn\varepsilon$($c$ 是与 ε 无关的常数),即误差是线性增长的,从而可通过 ε 来控制 e_n,故算法是稳定的;如果 $|e_n|\approx k^n|\varepsilon|$($k>1$ 的常数),即误差是指数增长的,从而无论 $|\varepsilon|$ 多小,k^n 都有可能使 e_n 失控,故算法是不稳定的.

例 2.4.1　计算积分值:$I_n=\int_0^1\frac{x^n}{x+5}\mathrm{d}x\ (n=0,1,2,\cdots)$.

解　由关系式:

$$I_n+5I_{n-1}=\int_0^1\frac{x^n}{x+5}\mathrm{d}x+\int_0^1\frac{5x^{n-1}}{x+5}\mathrm{d}x=\int_0^1\frac{x^n+5x^{n-1}}{x+5}\mathrm{d}x$$
$$=\int_0^1\frac{x^{n-1}(x+5)}{x+5}\mathrm{d}x=\int_0^1x^{n-1}\mathrm{d}x=\frac{1}{n}$$

且

$$\frac{1}{6(n+1)} < I_n < \frac{1}{5(n+1)}$$

$\left(I_n = \frac{1}{\xi+5}\int_0^1 x^n \mathrm{d}x = \frac{1}{\xi+5}\cdot\frac{1}{n+1} \quad (0<\xi<1)\right)$设计如下两种算法：

解法 1 取 $I_0 = \int_0^1 \frac{1}{x+5}\mathrm{d}x = \ln 1.2$，按公式

$$I_n = \frac{1}{n} - 5I_{n-1} \quad (n=1,2,\cdots) \tag{2.4.1}$$

依次计算 $I_1, I_2, \cdots$的近似值.

解法 2 取 $I_n^* \approx \frac{1}{2}\left[\frac{1}{6(n+1)} + \frac{1}{5(n+1)}\right]$，按公式

$$I_{k-1} = \frac{1}{5}\left(\frac{1}{k} - I_k\right) \quad (k = n, n-1, \cdots, 1)$$

依次计算 $I_{n-1}, I_{n-2}, \cdots, I_0$ 的近似值.

解法 1 是数值不稳定的算法，解法 2 是数值稳定的算法. 原因如下：

对解法 1 而言，设 I_0^* 有误差 e_0，假设计算过程中不产生新的舍入误差，则

$$e_n = I_n - I_n^* = -5I_{n-1} + 5I_{n-1}^* = -5e_{n-1} = \cdots = (-5)^n e_0 \quad (n=1,2,\cdots)$$

即原始数据 I_0^* 的误差 e_0 经公式(2.4.1)计算一次，误差就扩大到 5 倍，因而由解法 1 计算出的 I_n^* 的误差应是 e_0 的 5^n 倍.

对解法 2 而言，从 I_n 计算 I_{n-1}，应有

$$e_{n-1} = -\frac{1}{5}e_n$$

从而 $e_0 = \left(-\frac{1}{5}\right)^n e_n$，因此，从 I_n^* 出发计算 I_0^*，其误差 e_0 已缩小到$\left(\frac{1}{5}\right)^n e_n$.

例 2.4.2 求实系数二次代数方程 $ax^2+bx+c=0$ 的根，其中：$b^2-4ac>0$，$a\neq 0$.

解 考虑下列两种解法：

解法 1

$$x_{1,2} = \frac{-b \pm \sqrt{b^2-4ac}}{2a}$$

解法 2

$$x_1 = \frac{-b - \mathrm{sign}(b)\sqrt{b^2-4ac}}{2a} \qquad x_2 = \frac{c}{ax_1}$$

其中，sign 表示取值的符号，即

$$\mathrm{sign}(b) = \begin{cases} 1 & (b \geqslant 0) \\ -1 & (b < 0) \end{cases}$$

对于解法 1，若 $b^2 \gg 4ac$ 则是不稳定的，否则是稳定的. 原因是前一种情况的分子总

有一式存在相近数相减的情况，会大量损失有效数字，从而必有一个结果的误差很大. 解法 2 不存在这个问题，因此任何情况下都是稳定的. 称解法 1 是条件稳定的，解法 2 是无条件稳定的.

假设计算机的十进制尾数是 4 位，即取十进制 4 位有效数字求解方程

$$x^2+62.10x+1.000=0$$

的根，结果是

解法 1 $x_1\approx-62.08 \quad x_2\approx-0.02000$

解法 2 $x_1\approx-62.08 \quad x_2\approx-0.01611$

方程的准确解是 $x_1\approx-62.083892\cdots$，$x_2\approx-0.016107237\cdots$，这里 $b^2\gg 4ac$，所以解法 1 不稳定，舍入误差对 x_2 的影响很大.

以上事实说明，对于同一数学问题，使用的算法不同，效果也大不相同. 显然，只有选用数值稳定性好的算法，才能求得较准确的结果.

2.4.2 数值计算中应该注意的问题

1. 避免两个相近的数相减

由误差公式知，两数之差 $u=x-y$ 的相对误差为

$$e_r(u)=e_r(x-y)=\frac{e(x)-e(y)}{x-y}$$

当 x 与 y 很接近时，u 的相对误差会很大，有效数字位数将严重丢失.

例 2.4.3 当 N 充分大时，怎样求 $\int_N^{N+1}\frac{\mathrm{d}t}{1+t^2}$？

解 因为

$$\int_N^{N+1}\frac{\mathrm{d}t}{1+t^2}=\arctan(N+1)-\arctan N$$

当 N 充分大时，上述运算会导致有效数字的损失，引起算法的不稳定. 作如下变形：

$$\begin{aligned}\int_N^{N+1}\frac{\mathrm{d}t}{1+t^2}&=\arctan\{\tan[\arctan(N+1)-\arctan N]\}\\&=\arctan\frac{(N+1)-N}{1+(N+1)N}=\arctan\frac{1}{1+(N+1)N}\end{aligned}$$

2. 避免大数“吃”小数的现象

计算机在进行运算时，首先要把参加运算的数对阶，即把两数都写成绝对值小于 1 而阶码相同的数. 如 $\alpha=10^9+1$ 必须写成

$$\alpha=0.1\times10^{10}+0.0000000001\times10^{10}$$

如果计算机只能表示 8 位小数，则算出 $\alpha=0.1\times10^{10}$，大数就“吃”了小数.

3．避免绝对值很小的数作除数

因

$$e\left(\frac{x}{y}\right)=\frac{ye(x)-xe(y)}{y^2}$$

故当$|y|\ll|x|$时，舍入误差可能增大很多.

4．减少运算次数

例 2.4.4 给出一种算法计算 2^{256}，要求乘法次数尽可能少.

解

$$\begin{aligned}2^{256}&=2^{128}\times2^{128}=2^{64}\times2^{64}\times2^{128}=2^{32}\times2^{32}\times2^{64}\times2^{128}\\&=2^{16}\times2^{16}\times2^{32}\times2^{64}\times2^{128}=2^{8}\times2^{8}\times2^{16}\times2^{32}\times2^{64}\times2^{128}\\&=2\times2\times2^{2}\times2^{4}\times2^{8}\times2^{16}\times2^{32}\times2^{64}\times2^{128}\end{aligned}$$

这样共需要 8 次乘法就可以计算出结果.

计算多项式 $f(x)=a_0x^n+a_1x^{n-1}+\cdots+a_{n-1}x+a_n$ 的值. 直接计算 $a_{n-i}x^i$ 再逐步相加，总共需 $n+(n-1)+\cdots+2+1=\dfrac{n(n+1)}{2}$次乘法和 n 次加法.

秦九韶算法 将前 n 项提出，则有

$$f(x)=(a_0x^{n-1}+a_1x^{n-2}+\cdots+a_{n-1})x+a_n$$

括号内是$(n-1)$次多项式，对它再施行同样手续，又有

$$f(x)=[(a_0x^{n-2}+a_1x^{n-3}+\cdots+a_{n-2})x+a_{n-1}]x+a_n$$

……

$$f(x)=\{\cdots[(a_0x+a_1)x+a_2]x+\cdots+a_{n-1}\}x+a_n$$

利用此式结构上的特点，从里往外一层层地计算，设

$$\begin{aligned}b_0&=a_0\\b_1&=b_0x+a_1\\b_2&=b_1x+a_2\\&\cdots\cdots\\b_n&=b_{n-1}x+a_n=f(x)\end{aligned}$$

得递推公式

$$\begin{cases}b_k=b_{k-1}x+a_k \quad (k=1,2,\cdots,n)\\b_0=a_0\end{cases}\tag{2.4.2}$$

按此法求 $f(x)$的值只需作 n 次乘法和 n 次加法，工作量少. 在一个较大规模的运算中，包含着许多多项式的求值运算，减少运算次数(时间)与舍入误差会有重大意义.

秦九韶算法用手算也是方便的，把 $f(x)$的系数按照降幂排列写在第一行，把欲求某点之值 x_0 及 b_kx_0 写在第二行，第三行为一、二两行相应值之和 b_k，最后得

到的 b_n 即为所求 $f(x_0)$ 的值.

	a_0	a_1	a_2	$\cdots$	a_{n-1}	a_n
$x=x_0$		b_0x_0	b_1x_0	$\cdots$	$b_{n-2}x_0$	$b_{n-1}x_0$
	b_0	b_1	b_2	$\cdots$	b_{n-1}	$b_n=f(x_0)$

例 2.4.5 设 $f(x)=x^7-2x^6-3x^4+4x^3-x^2+6x-1$,用秦九韶算法求 $f(2)$.

解 将所给多项式的系数按降幂排列,缺项系数看成零.

	1	−2	0	−3	4	−1	6	−1
2		2	0	0	−6	−4	−10	−8
	1	0	0	−3	−2	−5	−4	−9

故

$$f(2)=-9$$

注 秦九韶算法(1247 年提出)在国外称为 Hornor 法(1819 年提出),其实 Hornor 比秦九韶晚了五六个世纪.

2.5 舍入误差与数值稳定性数值实验

舍入误差在数值计算中是一个很重要的概念.在实际计算中,如果选用了不同的算法,由于舍入误差的影响,将会得到截然不同的结果,因此,选取数值稳定的算法,在数值计算中是十分重要的.

程序与实例:

例 2.5.1 对 $n=0,1,2,\cdots,20$ 计算定积分:

$$y_n=\int_0^1 x^n e^{x-1}\,dx$$

解 **解法 1** 利用递推公式:

$$y_n=1-ny_{n-1}\quad(n=1,2,\cdots,20)$$

$$y_0=\int_0^1 e^{x-1}\,dx=e^{x-1}\Big|_0^1=1-e^{-1}$$

取

$$y_1=1-y_0=e^{-1}\approx0.367879$$

编写 Matlab M 文件 chap2_1 如下:

```
fprintf('数值不稳定算法:\n')
y1=exp(-1);
```

```
n=1;
plot(n,y1,'r*')
hold on
fprintf('y[%2.0f]=%12.6f',n,y1);
for n=2:21
    y2=1-n*y1;
    fprintf('y[%2.0f]=%12.6f',n,y2);
    y1=y2;
    plot(n,y1,'r*')
    if mod(n,3)==0,fprintf('\n'),end
end
```

在命令窗口调用 M 文件 chap2_1：

```
>>chap2_1
```

数值不稳定算法：

```
y[ 1]=    0.367879    y[ 2]=      0.264241    y[ 3]=      0.207277
y[ 4]=    0.170893    y[ 5]=      0.145533    y[ 6]=      0.126802
y[ 7]=    0.112384    y[ 8]=      0.100932    y[ 9]=      0.091612
y[10]=    0.083877    y[11]=      0.077352    y[12]=      0.071773
y[13]=    0.066948    y[14]=      0.062731    y[15]=      0.059034
y[16]=    0.055459    y[17]=      0.057192    y[18]=     -0.029454
y[19]=    1.559620    y[20]=    -30.192395    y[21]=    635.040293
```

解法 2 利用递推公式

$$y_{n-1} = \frac{1 - y_n}{n} \quad (n = 20, 19, \cdots, 1)$$

注意到
$$0 < y_n < \int_0^1 x^n \mathrm{d}x = \frac{1}{n+1}$$

取
$$y_{20} = 0$$

编写 Matlab M 文件 chap2_2 如下：

```
fprintf('数值稳定算法:\n')
y0=0;
n=20;
plot(n,y0,'r*');
hold on
fprintf('y[20]=%10.6f',y0);
while (1)
    y1=(1-y0)/n;
    fprintf('y[%2.0f]=%10.6f',n-1,y1);plot(n-1,y1,'r*')
    if(n<=1)break;end
```

```
    y0=y1;
    n=n-1;
    if mod(n,3)==0,fprintf('\n'),end
end
```

在命令窗口调用 M 文件 chap2_2：

```
>>chap2_2
```

数值稳定算法：

```
y[20]=   0.000000   y[19]=   0.050000   y[18]=   0.050000
y[17]=   0.052778   y[16]=   0.055719   y[15]=   0.059018
y[14]=   0.062732   y[13]=   0.066948   y[12]=   0.071773
y[11]=   0.077352   y[10]=   0.083877   y[ 9]=   0.091612
y[ 8]=   0.100932   y[ 7]=   0.112384   y[ 6]=   0.126802
y[ 5]=   0.145533   y[ 4]=   0.170893   y[ 3]=   0.207277
y[ 2]=   0.264241   y[ 1]=   0.367879   y[ 0]=   0.632121
```

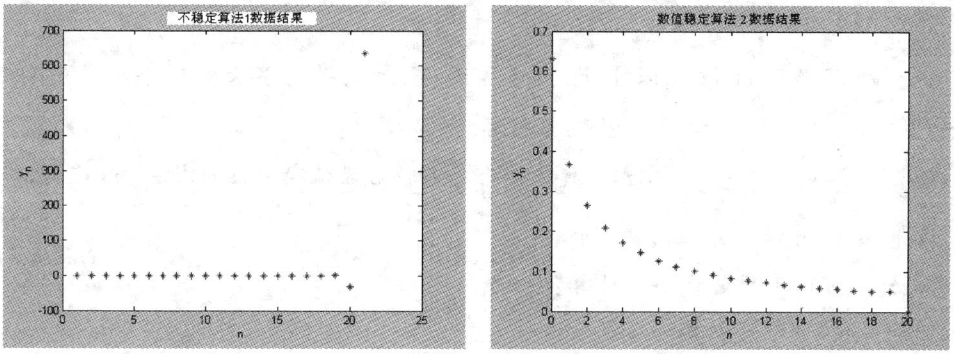

图 2.5.1

说明 从计算结果及数据图 2.5.1 可以看出，解法 1 是不稳定的，误差很大，而解法 2 由于采用从后往前计算，从 I_n 计算 I_{n-1} 误差减少为 e_n 的 $\frac{1}{n}$，若取 n 足够大，初始误差的影响逐步减少到最后甚至可以忽略，因此，解法 2 是稳定的，结果符合实际.

另外，注意到积分

$$y_n = \int_0^1 x^n e^{x-1} dx = e^{-1} \int_0^1 x^n e^x dx > e^{-1} \int_0^1 x^{n+1} e^x dx = \int_0^1 x^{n+1} e^{x-1} dx = y_{n+1}$$

即序列 y_n 单调减. 而由解法 1 计算得 $y[17]=0.057192>y[16]=0.055459$，显然，计算结果是错误的. 此即表明，不稳定的算法不能用，实际计算时应采用数值稳定性好的算法.

习　题

1. 下列数据作为 $x^*=\pi$ 的近似数，试确定它们各有几位有效数字，并确定其相对误差限：$x_1=3.141$，$x_2=3.14$，$x_3=3.15$，$x_4=\dfrac{22}{7}$.（x_i 表示 x^* 的近似数，$\pi=3.1415926\cdots$.）

2. 证明 2.2 节中的定理 2.2.1 和定理 2.2.2.

3. 已知 $\sqrt{20}$ 的近似数 x 相对误差为 0.5%，试问 x 至少有几位有效数字？

4. 为尽量避免有效数字的严重损失，当 $|x|\ll 1$ 时应如何加工下列计算公式：

(1) $\dfrac{1}{1+2x}-\dfrac{1-x}{1+x}$；　　(2) $1-\cos x$；　　(3) e^x-1.

5. 序列 $\{y_n\}$ 满足递推关系：

$$\begin{cases} y_0=\sqrt{2} \\ y_n=10y_{n-1}-1 \quad (n=1,2,\cdots) \end{cases}$$

若取 $y_0=\sqrt{2}\approx 1.41$ 做近似计算，问计算到 y_{10} 时误差有多大？这个计算过程稳定吗？

6. 已知 $y_n=\int_0^1 \dfrac{x^n}{4x+1}dx$，试建立一个具有较好数值稳定性的求 $y_n(n=1,2,\cdots)$ 的递推算法，并证明算法的稳定性.

7. $\sqrt{7}$ 可由下列迭代公式计算：

$$\begin{cases} x_0=2 \\ x_{k+1}=\dfrac{1}{2}\left(x_k+\dfrac{7}{x_k}\right) \quad (k=0,1,2,\cdots) \end{cases}$$

若 x_k 是 $\sqrt{7}$ 的具有 n 位有效数字的近似值，求证 x_{k+1} 是 $\sqrt{7}$ 的具有 $2n$ 位有效数字的近似值.

8. 用秦九韶算法计算多项式 $p(x)=2x^3-3x^2+5x-4$ 在自变量 $x=3$ 时的值.

实验题

1. 已知一元二次方程 $ax^2+bx+c=0$ 的两个实根：

$$x_1=\frac{-b+\sqrt{b^2-4ac}}{2a} \qquad x_2=\frac{-b-\sqrt{b^2-4ac}}{2a}$$

试编写当 $b^2\gg|4ac|$ 时求两个实根的算法程序，并用该程序计算二次方程 x^2-

$56x+1=0$ 的两个根，使它至少具有 4 位有效数字.

2. 用下列两种方法计算 e^{-5} 的近似值，问哪种方法能提供较好的近似值？

(1) $e^{-5} \approx \sum_{i=0}^{9}(-1)^i \frac{5^i}{i!} = x_1^*$；

(2) $e^{-5} \approx \left(\sum_{i=0}^{9}\frac{5^i}{i!}\right)^{-1} = x_2^*$.

3. 给出一个有效的算法和一个无效的算法计算积分：

$$y_n = \int_0^1 \frac{x^n}{x+5}\mathrm{d}x \quad (n = 0,1,2,\cdots,20)$$

4. 编写秦九韶算法程序，并用该程序计算多项式 $f(x)=x^5+3x^3-2x+6$ 在自变量 $x=1.1,1.2,1.3$ 时的值.

第3章 线性代数方程组的数值解法

3.1 引　言

在自然科学的研究中，常常需要求解线性代数方程组

$$Ax = b \tag{3.1.1}$$

其中，$A\in \mathbf{R}^{n\times n}$；$b\in \mathbf{R}^{n}$；$A$ 是可逆的. 这类问题可能来自两个方面：一是广泛的实际应用，如电网络分析、结构分析、电磁场数值计算、数据分析等；二是数学研究本身，如实验数据的曲线、曲面的拟合和用差分法或有限元法解偏微分方程等. 其中最具有挑战性的是求解大规模线性方程组问题(例如上百万阶的方程组)，既需要提高计算速度，又希望能减少存储量.

由于从不同的问题导出的线性代数方程组的系数矩阵不同，比如：矩阵阶数的大小、矩阵中的非零元稠密情况等，线性代数方程组的求解方法也不同，但主要分为直接法和迭代法两大类. 在理论上，直接法是指在没有舍入误差的情况下可以通过有限步的计算得到方程组的精确解的方法. 从本质上讲，直接法的原理就是找到一个可逆矩阵 M，使得 MA 是一个上三角阵，这个过程称为消元过程，消元过后再进行回代，即求解 $MAx=Mb$. 在实际计算中，不必明显地计算出矩阵 M，而只需计算出 MA 和 Mb. 而迭代法则是建立迭代格式，从初始向量出发，产生向量序列，逐次逼近方程组的准确解. 由于直接法的准确性和可靠性，对于中小型方程组($n\leqslant 1000$)及某些大型的稀疏方程组，常选用直接法求解. 但在实际计算中，由于误差的影响，直接法也只能求得方程组的近似解，而对于大型方程组，常选用迭代法.

Gramer 法则是解方程组的一种直接方法，但计算量是很大的. 对于一个 n 阶方程组需要计算 $n+1$ 个 n 阶行列式，而 n 阶行列式采用展开成代数余子式之和的方法来计算的话，需作 $n!$ 次乘法，因此需作 $(n+1)!$ 次乘法运算. 若 $n=20$，则 $(n+1)!\approx 5.109\times 10^{19}$，这个工作量在每秒可做 10^{10} 次运算的计算机上计算也需要 162 年，因而此方法在数值计算上是毫无价值的，必须研究其他数值求解方法. 而作为一类最基本的直接法——Gauss 消元法，其计算工作只有大约 $\frac{2n^3}{3}$ 次加、减、乘、除.

本章先讨论一些最基本的直接法，并在此基础上讨论它的变形情况及误差分析，然后再讨论线性代数方程组的迭代法.

3.2 Gauss 消元法

3.2.1 Gauss 消元法的基本思想

考虑 n 阶线性代数方程组：

$$\begin{cases} a_{11}x_1 + a_{12}x_2 + \cdots + a_{1n}x_n = b_1 \\ a_{21}x_1 + a_{22}x_2 + \cdots + a_{2n}x_n = b_2 \\ \cdots\cdots \\ a_{n1}x_1 + a_{n2}x_2 + \cdots + a_{nn}x_n = b_n \end{cases} \tag{3.2.1}$$

采用矩阵和向量记号，我们可以把式(3.2.1)改写为

$$\boldsymbol{Ax} = \boldsymbol{b} \tag{3.2.2}$$

其中，$\boldsymbol{A}\in \mathbf{R}^{n\times n}$；$\boldsymbol{b}\in \mathbf{R}^n$；$\boldsymbol{A}$ 可逆.

消元法分为消元和回代两个过程，消元过程是将式(3.2.1)化为如下形式的上三角方程组：

$$\begin{cases} a_{11}^{(1)}x_1 + a_{12}^{(1)}x_2 + \cdots + a_{1n}^{(1)}x_n = b_1^{(1)} \\ \qquad\quad a_{22}^{(2)}x_2 + \cdots + a_{2n}^{(2)}x_n = b_2^{(2)} \\ \cdots\cdots \\ \qquad\qquad\qquad\qquad a_{nn}^{(n)}x_n = b_n^{(n)} \end{cases} \tag{3.2.3}$$

回代过程是将方程组(3.2.3)的最后一个方程直接解出 $x_n = b_n^{(n)}/a_{nn}^{(n)}$，然后依公式：

$$x_k = \left(b_k^{(k)} - \sum_{j=k+1}^{n} a_{kj}^{(k)}x_j\right)\Big/a_{kk}^{(k)} \quad (k = n-1,\cdots,3,2,1)$$

依次求出 $x_{n-1}, x_{n-2}, \cdots, x_2, x_1$，这个过程称为回代过程.

显然，消元和回代过程中要求 $a_{kk}^{(k)}\neq 0\ (k=1,2,\cdots,n)$. 消元过程的实质是：对增广矩阵$[\boldsymbol{A} \vdots \boldsymbol{b}]$顺序作初等行变换，使矩阵 $\boldsymbol{A}$ 化为上三角形矩阵，再回代，从而得到线性方程组的解. 每作一次初等行变换，相当于对方程组(3.2.1)作一次同解变换，所以与$(\boldsymbol{A}^{(n)}, \boldsymbol{b}^{(n)})$相对应的上三角形方程组为(3.2.3)，它与方程组(3.2.1)是同解方程组.

下面具体阐述消元与回代过程.

1. 消元过程

第一步，若 $a_{11}^{(1)}\neq 0$，可对 $i=2,3,\cdots,n$ 进行如下计算：令 $l_{i1}=a_{i1}^{(1)}/a_{11}^{(1)}$，用$-l_{i1}$乘方程(3.2.1)两边的第一行加到第 i 行中去，得到

$$
(\boldsymbol{A}^{(2)},\boldsymbol{b}^{(2)})=\left[\begin{array}{cccc:c}
a_{11}^{(1)} & a_{12}^{(1)} & \cdots & a_{1n}^{(1)} & b_1^{(1)} \\
0 & a_{22}^{(2)} & \cdots & a_{2n}^{(2)} & b_2^{(2)} \\
0 & a_{32}^{(2)} & \cdots & a_{3n}^{(2)} & b_3^{(2)} \\
\vdots & \vdots & & \vdots & \vdots \\
0 & a_{n2}^{(2)} & \cdots & a_{nn}^{(2)} & b_n^{(2)}
\end{array}\right] \tag{3.2.4}
$$

第二步，若 $a_{22}^{(2)}\neq 0$，可对 $i=3,4,\cdots,n$ 进行如下计算：令 $l_{i2}=a_{i2}^{(2)}/a_{22}^{(2)}$，用 $-l_{i2}$ 乘(3.2.4)的第二行加到第 i 行中去，得到

$$
(\boldsymbol{A}^{(3)},\boldsymbol{b}^{(3)})=\left[\begin{array}{ccccc:c}
a_{11}^{(1)} & a_{12}^{(1)} & a_{13}^{(1)} & \cdots & a_{1n}^{(1)} & b_1^{(1)} \\
0 & a_{22}^{(2)} & a_{23}^{(2)} & \cdots & a_{2n}^{(2)} & b_2^{(2)} \\
0 & 0 & a_{33}^{(3)} & \cdots & a_{3n}^{(3)} & b_3^{(3)} \\
\vdots & \vdots & \vdots & & \vdots & \vdots \\
0 & 0 & a_{n3}^{(3)} & \cdots & a_{nn}^{(3)} & b_n^{(3)}
\end{array}\right] \tag{3.2.5}
$$

第三步，若 $a_{33}^{(3)}\neq 0$，可对 $i=4,5,\cdots,n$ 进行如下计算：令 $l_{i3}=a_{i3}^{(3)}/a_{33}^{(3)}$，用 $-l_{i3}$ 乘(3.2.5)的第三行加到第 i 行中去，消去 $a_{43}^{(3)},a_{53}^{(3)},\cdots,a_{n3}^{(3)}$. 依次下去，一直做到第 $n-1$ 步，得到

$$
(\boldsymbol{A}^{(n)},\boldsymbol{b}^{(n)})=\left[\begin{array}{ccccc:c}
a_{11}^{(1)} & a_{12}^{(1)} & a_{13}^{(1)} & \cdots & a_{1n}^{(1)} & b_1^{(1)} \\
0 & a_{22}^{(2)} & a_{23}^{(2)} & \cdots & a_{2n}^{(2)} & b_2^{(2)} \\
0 & 0 & a_{33}^{(3)} & \cdots & a_{3n}^{(3)} & b_3^{(3)} \\
\vdots & \vdots & \vdots & & \vdots & \vdots \\
0 & 0 & 0 & \cdots & a_{nn}^{(n)} & b_n^{(n)}
\end{array}\right] \tag{3.2.6}
$$

从而将方程组(3.2.1)化为形如(3.2.3)上三角方程组：

$$
\boldsymbol{A}^{(n)}\boldsymbol{x}=\boldsymbol{b}^{(n)} \tag{3.2.7}
$$

其中，$\boldsymbol{A}^{(n)},\boldsymbol{b}^{(n)}$ 为(3.2.6)的系数矩阵和右端向量.

2. 回代过程

若 $a_{nn}^{(n)}\neq 0$，我们可以从式(3.2.7) 逐次回代计算出方程(3.2.1)的解：

$$
x_n=b_n^{(n)}/a_{nn}^{(n)}
$$

$$
x_k=\left(b_k^{(k)}-\sum_{j=k+1}^{n}a_{kj}^{(k)}x_j\right)\Big/a_{kk}^{(k)}\quad (k=n-1,\cdots,3,2,1)
$$

如果在消元过程的第一步中 $a_{11}^{(1)}=0$，由于矩阵 $\boldsymbol{A}$ 非奇异，所以在 $\boldsymbol{A}^{(1)}$ 的第一列中至少有一个元素 $a_{i_1,1}\neq 0$，于是可以通过对方程两边进行第一行与第 i_1 行的行交换，将 $a_{i_1,1}$ 调到(1,1)位置，然后进行消元计算. 同理，对以后各步都可以进行这样的行交换，以使 $a_{22}^{(2)},a_{33}^{(3)},\cdots,a_{n-1,n-1}^{(n)}$ 均不为零. 最后，由 $\boldsymbol{A}$ 的非奇异性得到 $a_{nn}^{(n)}$ 亦不为零.

定理 3.2.1　如果方程组(3.2.1)的系数矩阵 $\boldsymbol{A}$ 为非奇异,那么它可以通过 Gauss 消元法进行求解.

Gauss 消元法的条件是 $a_{kk}^{(k)}\neq 0$,矩阵在什么条件下才能保证这一条件成立呢?请看下面的定理.

定理 3.2.2　$a_{kk}^{(k)}\neq 0,k=1,2,\cdots,n$ 的充分必要条件是:矩阵 $\boldsymbol{A}$ 的顺序主子式 $D_k\neq 0,k=1,2,\cdots,n$,即

$$D_k=\begin{vmatrix} a_{11} & \cdots & a_{1k} \\ \vdots & & \vdots \\ a_{k1} & \cdots & a_{kk} \end{vmatrix}\neq 0 \quad (k=1,2,\cdots,n)$$

定理的证明可用数学归纳法证明,这里略去.

由定理 3.2.2 可得到如下定理:

定理 3.2.3　若矩阵 $\boldsymbol{A}$ 的顺序主子式 $D_k\neq 0,k=1,2,\cdots,n$,则可通过 Gauss 消元法将方程组约化为上三角形方程组.

例 3.2.1　用 Gauss 消元法解方程组:

$$\begin{cases} x_1+2x_2+x_3=0 \\ 2x_1+2x_2+3x_3=3 \\ x_1+3x_2+0x_3=-2 \end{cases}$$

解　只需对增广矩阵进行初等行变换化为上三角方程组回代求解即可.

对增广矩阵施行 Gauss 消元法,有

$$\left[\begin{array}{ccc:c} 1 & 2 & 1 & 0 \\ 2 & 2 & 3 & 3 \\ 1 & 3 & 0 & -2 \end{array}\right]\rightarrow\begin{cases} l_{21}=2/1=2 \\ a_{22}=2-2\times 2=-2 \\ a_{23}=3-2\times 1=1 \\ a_{24}=3-2\times 0=3 \\ l_{31}=1/1=1 \\ a_{32}=3-1\times 2=1 \\ a_{33}=0-1\times 1=-1 \\ a_{34}=-2-1\times 0=-2 \end{cases}$$

$$\left[\begin{array}{ccc:c} 1 & 2 & 1 & 0 \\ 0 & -2 & 1 & 3 \\ 0 & 1 & -1 & -2 \end{array}\right]\rightarrow\begin{cases} l_{32}=1/(-2)=-1/2 \\ a_{33}=-1-(-1/2)\times 1=-1/2 \\ a_{34}=-2-(-1/2)\times 3=-1/2 \end{cases}$$

$$\left[\begin{array}{ccc:c} 1 & 2 & 1 & 0 \\ 0 & -2 & 1 & 3 \\ 0 & 0 & -\frac{1}{2} & -\frac{1}{2} \end{array}\right]$$

故
$$\begin{cases} x_1+2x_2 \quad +x_3= \quad 0 \\ \quad -2x_2 \quad +x_3= \quad 3 \\ \quad\quad -\dfrac{1}{2}x_3=-\dfrac{1}{2} \end{cases}$$

回代求解得

$$\begin{cases} x_3=\left(-\dfrac{1}{2}\right)\Big/\left(-\dfrac{1}{2}\right)=1 \\ x_2=(3-1\times1)/(-2)=-1 \\ x_1=-2\times(-1)-1\times1=1 \end{cases}$$

即

$$\begin{cases} x_3=1 \\ x_2=-1 \\ x_1=1 \end{cases}$$

例 3.2.2 方程组

$$\begin{cases} 0.0003x_1+3.0000x_2=2.0001 & (3.2.8) \\ 1.0000x_1+1.0000x_2=1.0000 & (3.2.9) \end{cases}$$

的精确解为 $x_1=\dfrac{1}{3}$，$x_2=\dfrac{2}{3}$，用 Gauss 消元法求其数值解.

解 方程(3.2.9)＋方程(3.2.8)×(−1)/0.0003 得

$$\begin{cases} 0.0003x_1+3.0000x_2=2.0001 \\ \quad\quad 9999.0x_2=6666.0 \end{cases}$$

所以 $x_2=0.6667$，代入方程(3.2.8)得 $x_1=0$，由此得到的解完全失真.

如果交换两个方程的顺序，得到等价的方程组：

$$\begin{cases} 1.0000x_1+1.0000x_2=1.0000 \\ 0.0003x_1+3.0000x_2=2.0001 \end{cases}$$

经 Gauss 消元后有

$$\begin{cases} 1.0000x_1+1.0000x_2=1.0000 \\ \quad\quad 2.9997x_2=1.9998 \end{cases}$$

解得
$$x_2=0.6667 \qquad x_1=0.3333$$

由此可以看到，在有些情况下，调换方程组的次序对方程组的解是有影响的，因此，在消元过程中抑制舍入误差的增长是十分重要的.

3.2.2 列主元 Gauss 消元法

Gauss 消元法是在 $a_{kk}^{(k)}\neq0$ 的假定下进行的，我们称元素 $a_{kk}^{(k)}$ $(k=1,2,\cdots,n)$ 为消元过程中的主元素，或简称为主元. 在消元过程每一步都要选取主元. Gauss

消元法仅要求主元非零,但从计算的角度来看主元要作除数,其绝对值愈小,引起的舍入误差愈大,反之,舍入误差就较小,因此,在消元法中,我们应该选取绝对值大的元素作为主元.

选主元的一种简单办法是:第 k 步消元时,选出第 k 列中位于对角线及其以下元素绝对值中的最大者,并将其对换到 (k,k) 位置上,然后再进行消元计算,这样选取的主元叫列主元.

由于选取绝对值中的最大者作为主元,所以在主元消元法中初始误差得到了控制,不再扩大,保证了算法的稳定性.

例 3.2.3 用列主元 Gauss 消元法解如下方程组:

$$\begin{cases} -3x_1+2x_2+6x_3=4 \\ 10x_1-7x_2+0x_3=7 \\ 5x_1-x_2+5x_3=6 \end{cases}$$

解 对增广矩阵按列选取主元后再进行 Gauss 消元:

$$\left[\begin{array}{ccc|c} -3 & 2 & 6 & 4 \\ 10 & -7 & 0 & 7 \\ 5 & -1 & 5 & 6 \end{array}\right] \to \left[\begin{array}{ccc|c} 10 & -7 & 0 & 7 \\ -3 & 2 & 6 & 4 \\ 5 & -1 & 5 & 6 \end{array}\right]$$

$$\to \left[\begin{array}{ccc|c} 10 & -7 & 0 & 7 \\ 0 & -1/10 & 6 & 61/10 \\ 0 & 5/2 & 5 & 5/2 \end{array}\right] \to \left[\begin{array}{ccc|c} 10 & -7 & 0 & 7 \\ 0 & 5/2 & 5 & 5/2 \\ 0 & 0 & 31/5 & 31/5 \end{array}\right]$$

回代求解得 $x_3=1 \quad x_2=-1 \quad x_1=0.$

需要指出的是:系数矩阵为对称正定阵或严格对角占优阵的方程组按 Gauss 消元法计算是数值稳定的,因而也就不必选主元. 证明从略,但此结论是重要的.

列主元 Gauss 消元法的运算量除选主元及行交换外,和 Gauss 消元法的运算量是相同的.

下面给出列主元 Gauss 消元法的具体算法.

将方程组用增广矩阵 $[\boldsymbol{A}|\boldsymbol{b}]=(\boldsymbol{a}_{ij})_{n\times(n+1)}$ 表示.

(1) 消元过程 $(k=1,2,\cdots,n-1)$.

a. 选主元,找 $i_k\in\{k,k+1,\cdots,n\}$,使得 $|a_{i_k,k}|=\max\limits_{k\leqslant i\leqslant n}|a_{ik}|$;

b. 如果 $a_{i_k,k}=0$,则矩阵 $\boldsymbol{A}$ 奇异,程序结束;否则执行 c;

c. 如果 $i_k\neq k$,则交换第 k 行与第 i_k 行对应元素位置,$a_{kj}\leftrightarrow a_{i_kj}$ $(j=k,\cdots,n+1)$;

d. 消元,对 $i=k+1,\cdots,n$,计算 $l_{ik}=a_{ik}/a_{kk}$;对 $j=l+1,\cdots,n+1$,计算 $a_{ij}=a_{ij}-l_{ik}a_{kj}$.

(2) 回代过程.

a. 若 $a_{nn}=0$,则矩阵 $\boldsymbol{A}$ 奇异,程序结束;否则执行 b;

b. $x_n=a_{n,n+1}/a_{nn}$；对 $i=n-1,\cdots,2,1$，计算 $x_i=(a_{i,n+1}-\sum\limits_{j=i+1}^{n}a_{ij}x_j)/a_{ii}$.

3.3 矩阵的直接分解法

3.3.1 Gauss 消元法的矩阵形式

如果用矩阵形式表示，Gauss 消元法的消元过程是对方程组的增广矩阵进行一系列行初等变换，将系数矩阵化成上三角形矩阵的过程，也等价于用一串初等矩阵去左乘增广矩阵，因此消元过程可以通过矩阵运算来表示.

消元过程如下：

第一步，相当于用非奇异矩阵

$$\boldsymbol{L}_1=\begin{bmatrix}1&0&0&\cdots&0\\-l_{21}&1&0&\cdots&0\\-l_{31}&0&1&\cdots&0\\\vdots&\vdots&\vdots&&\vdots\\-l_{n1}&0&0&\cdots&1\end{bmatrix}$$

左乘矩阵 $[\boldsymbol{A}^{(1)},\boldsymbol{b}^{(1)}]=[\boldsymbol{A},\boldsymbol{b}]$，其中：$l_{i1}=a_{i1}^{(1)}/a_{11}^{(1)}\,(i=2,3,\cdots,n)$，即

$$[\boldsymbol{A}^{(2)},\boldsymbol{b}^{(2)}]=\boldsymbol{L}_1[\boldsymbol{A}^{(1)},\boldsymbol{b}^{(1)}]$$

第二步，相当于用非奇异矩阵

$$\boldsymbol{L}_2=\begin{bmatrix}1&0&0&\cdots&0\\0&1&0&\cdots&0\\0&-l_{32}&1&\cdots&0\\\vdots&\vdots&\vdots&&\vdots\\0&-l_{n2}&0&\cdots&1\end{bmatrix}$$

左乘矩阵 $[\boldsymbol{A}^{(2)},\boldsymbol{b}^{(2)}]$，其中：$l_{i2}=a_{i2}^{(2)}/a_{22}^{(2)}\,(i=3,\cdots,n)$，即

$$[\boldsymbol{A}^{(3)},\boldsymbol{b}^{(3)}]=\boldsymbol{L}_2[\boldsymbol{A}^{(2)},\boldsymbol{b}^{(2)}]$$

一般地，第 k 步消元等价于用初等矩阵

$$\boldsymbol{L}_k=\begin{bmatrix}1&&0&0&\cdots&0\\&\ddots&&\vdots&&\vdots\\0&&1&0&\cdots&0\\0&\cdots&-l_{k+1,k}&1&&0\\\vdots&&\vdots&&\ddots&\\0&\cdots&-l_{nk}&0&&1\end{bmatrix}$$

左乘矩阵 $[\boldsymbol{A}^{(k)},\boldsymbol{b}^{(k)}]$，其中：$l_{ik}=a_{ik}^{(k)}/a_{kk}^{(k)}\,(i=k+1,\cdots,n)$. 经过 $n-1$ 次消元后得到

$$[\boldsymbol{A}^{(n)},\boldsymbol{b}^{(n)}]=\boldsymbol{L}_{n-1}[\boldsymbol{A}^{(n-1)},\boldsymbol{b}^{(n-1)}]=\boldsymbol{L}_{n-1}\boldsymbol{L}_{n-2}\cdots\boldsymbol{L}_1[\boldsymbol{A}^{(1)},\boldsymbol{b}^{(1)}]$$

因为 $\boldsymbol{L}_k$ $(k=1,2,\cdots,n-1)$均为非奇异阵，故它们的逆矩阵存在，于是有

$$[\boldsymbol{A},\boldsymbol{b}]=[\boldsymbol{A}^{(1)},\boldsymbol{b}^{(1)}]=\boldsymbol{L}_1^{-1}\boldsymbol{L}_2^{-1}\cdots\boldsymbol{L}_{n-1}^{-1}[\boldsymbol{A}^{(n)},\boldsymbol{b}^{(n)}]$$

即

$$[\boldsymbol{A},\boldsymbol{b}]=[\boldsymbol{L}\boldsymbol{A}^{(n)},\boldsymbol{L}\boldsymbol{b}^{(n)}]$$

其中：

$$\boldsymbol{L}=\boldsymbol{L}_1^{-1}\boldsymbol{L}_2^{-1}\cdots\boldsymbol{L}_{n-1}^{-1}=\begin{bmatrix}1 & 0 & 0 & \cdots & 0 & 0\\ l_{21} & 1 & 0 & \cdots & 0 & 0\\ l_{31} & l_{32} & 1 & \cdots & 0 & 0\\ \vdots & \vdots & \vdots & & \vdots & \vdots\\ l_{n-1,1} & l_{n-1,2} & l_{n-1,3} & \cdots & 1 & 0\\ l_{n1} & l_{n2} & l_{n3} & \cdots & l_{n,n-1} & 1\end{bmatrix}$$

这说明消元过程实际上是把系数矩阵 $\boldsymbol{A}$ 分解成单位下三角阵与上三角矩阵的乘积的过程：

$$\boldsymbol{A}=\boldsymbol{L}\boldsymbol{U}$$

其中，$\boldsymbol{L}$ 为单位下三角矩阵；$\boldsymbol{U}$ 为上三角矩阵. 分别记为

$$\boldsymbol{L}=\begin{bmatrix}1 & 0 & 0 & \cdots & 0 & 0\\ l_{21} & 1 & 0 & \cdots & 0 & 0\\ l_{31} & l_{32} & 1 & \cdots & 0 & 0\\ \vdots & \vdots & \vdots & & \vdots & \vdots\\ l_{n-1,1} & l_{n-1,2} & l_{n-1,3} & \cdots & 1 & 0\\ l_{n1} & l_{n2} & l_{n3} & \cdots & l_{n,n-1} & 1\end{bmatrix}\qquad \boldsymbol{U}=\begin{bmatrix}u_{11} & u_{12} & u_{13} & \cdots & u_{1n}\\ 0 & u_{22} & u_{23} & \cdots & u_{2n}\\ 0 & 0 & u_{33} & \cdots & u_{3n}\\ \vdots & \vdots & \vdots & & \vdots\\ 0 & 0 & 0 & \cdots & u_{n-1,n}\\ 0 & 0 & 0 & \cdots & u_{nn}\end{bmatrix}$$

上述分解称为 Doolittle 分解，也称为 LU 分解.

当系数矩阵进行三角分解后，求解方程组 $\boldsymbol{Ax}=\boldsymbol{b}$ 的问题就变得十分容易，它等价于求解两个三角形方程组 $\boldsymbol{Ly}=\boldsymbol{b}$ 和 $\boldsymbol{Ux}=\boldsymbol{y}$，因此，解线性方程组问题可转化为矩阵的三角分解问题.

定理 3.3.1 （矩阵的 LU 分解）设 n 阶矩阵 $\boldsymbol{A}$ 的顺序主子式不为 0，则矩阵 $\boldsymbol{A}$ 存在唯一的 Doolittle 分解.

证明略，参见文献（丁丽娟，2002）.

例 3.3.1 设 $\boldsymbol{A}=\begin{bmatrix}a+1 & 2\\ 2 & 1\end{bmatrix}$，试讨论 a 取何值时，矩阵 $\boldsymbol{A}$ 可作 Doolittle 分解？

解 由定理 3.3.1 知，当 $\boldsymbol{A}$ 的顺序主子式不为 0 时，矩阵 $\boldsymbol{A}$ 存在唯一的 Doolittle 分解，即

$$a+1\neq 0\quad a+1-4\neq 0\Leftrightarrow a\neq -1\quad a\neq 3$$

例 3.3.2 对矩阵

$$A=\begin{bmatrix}1&2&3\\0&1&2\\2&4&1\end{bmatrix}$$

作 Doolittle 分解(即 LU 分解),且利用该分解解线性方程组:

$$\begin{bmatrix}1&2&3\\0&1&2\\2&4&1\end{bmatrix}\begin{bmatrix}x_1\\x_2\\x_3\end{bmatrix}=\begin{bmatrix}14\\8\\13\end{bmatrix}$$

解

$$A=\begin{bmatrix}1&0&0\\0&1&0\\2&0&1\end{bmatrix}\begin{bmatrix}1&2&3\\0&1&2\\0&0&-5\end{bmatrix}=\boldsymbol{LU}$$

由 $\boldsymbol{Ly}=\boldsymbol{b}$,即

$$\begin{bmatrix}1&0&0\\0&1&0\\2&0&1\end{bmatrix}\begin{bmatrix}y_1\\y_2\\y_3\end{bmatrix}=\begin{bmatrix}14\\8\\13\end{bmatrix}$$

得

$$\begin{bmatrix}y_1\\y_2\\y_3\end{bmatrix}=\begin{bmatrix}14\\8\\-15\end{bmatrix}$$

由 $\boldsymbol{Ux}=\boldsymbol{y}$,即

$$\begin{bmatrix}1&2&3\\0&1&2\\0&0&-5\end{bmatrix}\begin{bmatrix}x_1\\x_2\\x_3\end{bmatrix}=\begin{bmatrix}14\\8\\-15\end{bmatrix}$$

得

$$\begin{bmatrix}x_3\\x_2\\x_1\end{bmatrix}=\begin{bmatrix}3\\2\\1\end{bmatrix}$$

矩阵的三角分解还可按以下格式及顺序进行.这种格式既便于记忆又便于计算,称为紧凑格式.

$(a_{11})u_{11}$	$(a_{12})u_{12}$	$(a_{13})u_{13}$	$\cdots$	$(a_{1n})u_{1n}$
$(a_{21})l_{21}$	$(a_{22})u_{22}$	$(a_{23})u_{23}$	$\cdots$	$(a_{2n})u_{2n}$
$(a_{31})l_{31}$	$(a_{32})l_{32}$	$(a_{33})u_{33}$	$\cdots$	$(a_{3n})u_{3n}$
$\vdots$	$\vdots$	$\vdots$		$\vdots$
$(a_{n1})l_{n1}$	$(a_{n2})l_{n2}$	$(a_{n3})l_{n3}$	$\cdots$	$(a_{nn})u_{nn}$

需要说明的是:

(1) 计算顺序.将 a_{ij},u_{ij},l_{ij} 按上表列好,计算时按框从外到内进行.每一框中

先算行，从左向右依次计算 u_{kj}；再算列，自上而下求 l_{ik}.

（2）计算方法. 按行计算时，需将所求元 u_{kj} 的对应元 a_{kj} 逐项减去 u_{kj} 所在行左面各框的元 l_{kl} 乘以 u_{kj} 所在列上面各框相应的元 u_{lj}；按列计算 l_{ik} 时，在作上述运算后还需除以 l_{ik} 所在框的对角元 u_{kk}.

例 3.3.3　用紧凑格式解线性方程组：

$$\begin{cases} 3x_1+2x_2+5x_3=6 \\ -x_1+4x_2+3x_3=5 \\ x_1-x_2+3x_3=1 \end{cases}$$

解

(3)3	(2)2	(5)5	(6)6
$(-1)\dfrac{(-1)}{3}$	$(4)4-\left[\left(-\dfrac{1}{3}\right)\times 2\right]=\dfrac{14}{3}$	$(3)3-\left[\left(-\dfrac{1}{3}\right)\times 5\right]=\dfrac{14}{3}$	$(5)5-\left[\left(-\dfrac{1}{3}\right)\times 6\right]=7$
$(1)\ \dfrac{1}{3}$	$(-1)\left[(-1)-\left(\dfrac{1}{3}\times 2\right)\right]\Big/\dfrac{14}{3}=-\dfrac{5}{14}$	$(3)3-\left[\dfrac{1}{3}\times 5+\left(-\dfrac{5}{14}\right)\times\dfrac{14}{3}\right]=3$	$(1)1-\left[\dfrac{1}{3}\times 6+\left(-\dfrac{5}{14}\right)\times 7\right]=\dfrac{3}{2}$

故

$$\boldsymbol{L}=\begin{bmatrix} 1 & 0 & 0 \\ -\dfrac{1}{3} & 1 & 0 \\ \dfrac{1}{3} & -\dfrac{5}{14} & 1 \end{bmatrix}\quad \boldsymbol{y}=\begin{bmatrix} 6 \\ 7 \\ \dfrac{3}{2} \end{bmatrix}\quad \boldsymbol{U}=\begin{bmatrix} 3 & 2 & 5 \\ 0 & \dfrac{14}{3} & \dfrac{14}{3} \\ 0 & 0 & 3 \end{bmatrix}$$

解方程组：

$$\boldsymbol{Ux}=\begin{bmatrix} 3 & 2 & 5 \\ 0 & \dfrac{14}{3} & \dfrac{14}{3} \\ 0 & 0 & 3 \end{bmatrix}\begin{bmatrix} x_1 \\ x_2 \\ x_3 \end{bmatrix}=\begin{bmatrix} 6 \\ 7 \\ \dfrac{3}{2} \end{bmatrix}$$

得原方程组的解　　　$x_3=\dfrac{1}{2}\quad x_2=1\quad x_1=\dfrac{1}{2}.$

从三角分解法的推导及例中可以看出，系数矩阵的三角分解与右端项无关，因而在计算系数矩阵相同而右端项不同的一系列方程组时（如求逆矩阵），用三角分解法更为简便. 也可以把矩阵 $\boldsymbol{A}$ 分解成一个下三角矩阵 $\boldsymbol{L}$ 与一个单位上三角矩阵 $\boldsymbol{U}$ 的乘积，矩阵的这种分解称为 Crout 分解. 在这种分解下，解线性方程组问题也转化成求解两个三角形方程组问题.

3.3.2 Cholesky 分解法

设 $\boldsymbol{A}$ 为对称正定矩阵，则 $\boldsymbol{A}$ 可分解为 $\boldsymbol{A}=\boldsymbol{L}\boldsymbol{L}^{\mathrm{T}}$，其中，$\boldsymbol{L}$ 为非奇异下三角形矩阵，当限定 $\boldsymbol{L}$ 的对角元素为正时，此分解是唯一的.

设

$$\boldsymbol{L}=\begin{bmatrix} l_{11} & & & \\ l_{21} & l_{22} & & \\ \vdots & \vdots & \ddots & \\ l_{n1} & l_{n2} & \cdots & l_{nn} \end{bmatrix}$$

直接由矩阵乘法比较 $\boldsymbol{A}$ 与 $\boldsymbol{L}\boldsymbol{L}^{\mathrm{T}}$ 的相应元素可得计算公式，对 $j=1,2,\cdots,n$，有

$$\begin{cases} l_{kk}=\left(a_{kk}-\sum\limits_{j=1}^{k-1} l_{kj}^2\right)^{\frac{1}{2}} & (k=1,2,\cdots,n) \\ l_{ik}=\left(a_{ik}-\sum\limits_{j=1}^{k-1} l_{ij}l_{kj}\right)/l_{kk} & (i=k+1,\cdots,n) \end{cases}$$

由此可逐行求得 $\boldsymbol{L}$ 的全部元素，从而由 $\boldsymbol{L}\boldsymbol{y}=\boldsymbol{b}$ 及 $\boldsymbol{L}^{\mathrm{T}}\boldsymbol{x}=\boldsymbol{y}$ 得到求解方程组 $\boldsymbol{A}\boldsymbol{x}=\boldsymbol{b}$ 的公式：

$$\begin{cases} y_k=\left(b_k-\sum\limits_{j=1}^{k-1} l_{kj}y_j\right)/l_{kk} & (k=1,2,\cdots,n) \\ x_k=\left(y_k-\sum\limits_{j=k+1}^{n} l_{jk}x_j\right)/l_{kk} & (k=n,n-1,\cdots,1) \end{cases}$$

该方法亦称平方根法. 由于

$$a_{kk}=\sum_{j=1}^{k} l_{kj}^2 \Rightarrow |\, l_{kj}\,| \leqslant \sqrt{a_{kk}} \quad (k=1,2,\cdots,n;\quad j=1,2,\cdots,k)$$

元素 l_{kj} 数量级不增长，故方法是数值稳定的.

例 3.3.4 用平方根法（Cholesky 分解法）求解下列线性方程组：

$$\begin{cases} 5x_1+7x_2=12 \\ 7x_1+10x_2=17 \end{cases}$$

解 设

$$\begin{bmatrix} 5 & 7 \\ 7 & 10 \end{bmatrix}=\begin{bmatrix} l_{11} & 0 \\ l_{21} & l_{22} \end{bmatrix}\begin{bmatrix} l_{11} & l_{21} \\ 0 & l_{22} \end{bmatrix}$$

比较矩阵两边的元素可得

$$l_{11}^2=5 \quad l_{11}l_{21}=7 \quad l_{21}^2+l_{22}^2=10 \Longrightarrow l_{11}=\sqrt{5} \quad l_{21}=\frac{7}{\sqrt{5}} \quad l_{22}=\frac{1}{\sqrt{5}}$$

于是

$$\begin{bmatrix} l_{11} & 0 \\ l_{21} & l_{22} \end{bmatrix} \boldsymbol{y} = \begin{bmatrix} \sqrt{5} & 0 \\ \dfrac{7}{\sqrt{5}} & \dfrac{1}{\sqrt{5}} \end{bmatrix} \begin{bmatrix} y_1 \\ y_2 \end{bmatrix} = \begin{bmatrix} 12 \\ 17 \end{bmatrix} \Longrightarrow \begin{bmatrix} y_1 \\ y_2 \end{bmatrix} = \begin{bmatrix} \dfrac{12}{\sqrt{5}} \\ \dfrac{1}{\sqrt{5}} \end{bmatrix}$$

$$\begin{bmatrix} l_{11} & l_{21} \\ 0 & l_{22} \end{bmatrix} \boldsymbol{x} = \begin{bmatrix} \sqrt{5} & \dfrac{7}{\sqrt{5}} \\ 0 & \dfrac{1}{\sqrt{5}} \end{bmatrix} \begin{bmatrix} x_1 \\ x_2 \end{bmatrix} = \begin{bmatrix} \dfrac{12}{\sqrt{5}} \\ \dfrac{1}{\sqrt{5}} \end{bmatrix} \Longrightarrow \begin{bmatrix} x_2 \\ x_1 \end{bmatrix} = \begin{bmatrix} 1 \\ 1 \end{bmatrix}$$

例 3.3.5　设 $\boldsymbol{A}=(a_{ij})\in\mathbf{R}^{n\times n}$ 对称，顺序主子式 $\Delta_i\neq 0\ (i=1,2,\cdots,n)$，则 $\boldsymbol{A}=\boldsymbol{LDL}^{\mathrm{T}}$ 分解存在. 其中，$\boldsymbol{L}$ 为单位下三角形矩阵；$\boldsymbol{D}$ 为对角阵. 试写出求方程组 $\boldsymbol{Ax}=\boldsymbol{b}$ 解的计算步骤(用矩阵表示)，此法称为改进平方根法. 试用它求解方程组：

$$\begin{bmatrix} 16 & 4 & 8 \\ 4 & 5 & -4 \\ 8 & -4 & 22 \end{bmatrix} \begin{bmatrix} x_1 \\ x_2 \\ x_3 \end{bmatrix} = \begin{bmatrix} -4 \\ 3 \\ 10 \end{bmatrix}$$

解　由 $\boldsymbol{A}=\boldsymbol{LDL}^{\mathrm{T}}$，可得 $\boldsymbol{Ax}=\boldsymbol{b}$ 的方程组为 $\boldsymbol{LDL}^{\mathrm{T}}\boldsymbol{x}=\boldsymbol{b}$，令 $\boldsymbol{DL}^{\mathrm{T}}\boldsymbol{x}=\boldsymbol{y}$，则 $\boldsymbol{Ly}=\boldsymbol{b}$. 计算步骤：

(1) 将 $\boldsymbol{A}$ 直接分解 $\boldsymbol{A}=\boldsymbol{LDL}^{\mathrm{T}}$，求出 $\boldsymbol{L},\boldsymbol{D}$；

(2) 求解方程组 $\boldsymbol{Ly}=\boldsymbol{b}$；

(3) 求解方程组 $\boldsymbol{L}^{\mathrm{T}}\boldsymbol{x}=\boldsymbol{D}^{-1}\boldsymbol{y}$.

现有

$$\boldsymbol{A}=\begin{bmatrix} 16 & 4 & 8 \\ 4 & 5 & -4 \\ 8 & -4 & 22 \end{bmatrix} = \begin{bmatrix} 1 & & \\ l_{21} & 1 & \\ l_{31} & l_{32} & 1 \end{bmatrix} \begin{bmatrix} d_1 & & \\ & d_2 & \\ & & d_3 \end{bmatrix} \begin{bmatrix} 1 & l_{21} & l_{31} \\ & 1 & l_{32} \\ & & 1 \end{bmatrix}$$

$$d_1=16 \qquad d_1 l_{21}=4 \qquad l_{21}=\frac{1}{4} \qquad d_1 l_{31}=8 \qquad l_{31}=\frac{1}{2}$$

$$d_2=5-d_1 l_{21}^2=4 \qquad d_2 l_{32}=-4-d_1 l_{21} l_{31} \qquad l_{32}=-\frac{3}{2} \qquad d_3=9$$

即

$$\boldsymbol{L}=\begin{bmatrix} 1 & & \\ \dfrac{1}{4} & 1 & \\ \dfrac{1}{2} & -\dfrac{3}{2} & 1 \end{bmatrix} \qquad \boldsymbol{D}=\begin{bmatrix} 16 & & \\ & 4 & \\ & & 9 \end{bmatrix}$$

由 $\boldsymbol{Ly}=\boldsymbol{b}$ 可得

$$\begin{bmatrix} 1 & & \\ \dfrac{1}{4} & 1 & \\ \dfrac{1}{2} & -\dfrac{3}{2} & 1 \end{bmatrix} \begin{bmatrix} y_1 \\ y_2 \\ y_3 \end{bmatrix} = \begin{bmatrix} -4 \\ 3 \\ 10 \end{bmatrix}$$

解得

$$\begin{bmatrix} y_1 \\ y_2 \\ y_3 \end{bmatrix} = \begin{bmatrix} -4 \\ 4 \\ 18 \end{bmatrix}$$

由 $\boldsymbol{L}^{\mathrm{T}}\boldsymbol{x}=\boldsymbol{D}^{-1}\boldsymbol{y}$ 有

$$\begin{bmatrix} 1 & \frac{1}{4} & \frac{1}{2} \\ & 1 & -\frac{3}{2} \\ & & 1 \end{bmatrix} \begin{bmatrix} x_1 \\ x_2 \\ x_3 \end{bmatrix} = \begin{bmatrix} -\frac{1}{4} \\ 1 \\ 2 \end{bmatrix}$$

解得

$$\begin{bmatrix} x_3 \\ x_2 \\ x_1 \end{bmatrix} = \begin{bmatrix} 2 \\ 4 \\ -\frac{9}{4} \end{bmatrix}$$

$\boldsymbol{LDL}^{\mathrm{T}}$ 分解法与 $\boldsymbol{LL}^{\mathrm{T}}$ 分解法相比，计算量相近，不需要做开方运算，在实际计算中，求解系数矩阵正定的线性代数方程组，广泛使用平方根法及改进的平方根法.

3.4 三对角方程组的求解方法

3.4.1 解三对角方程组的算法 1（基于 Crout 分解的追赶法）

从有些实际问题导出的线性代数方程组的系数矩阵是三对角的，即

$$\boldsymbol{Ax} = \boldsymbol{d} \tag{3.4.1}$$

其中：

$$\boldsymbol{A} = \begin{bmatrix} b_1 & c_1 & & & \\ a_2 & b_2 & c_2 & & \\ & \ddots & \ddots & \ddots & \\ & & a_{n-1} & b_{n-1} & c_{n-1} \\ & & & a_n & b_n \end{bmatrix} \quad \boldsymbol{x} = \begin{bmatrix} x_1 \\ x_2 \\ \vdots \\ x_{n-1} \\ x_n \end{bmatrix} \quad \boldsymbol{d} = \begin{bmatrix} d_1 \\ d_2 \\ \vdots \\ d_{n-1} \\ d_n \end{bmatrix}$$

并且，满足条件：

(1) $c_1 \neq 0, a_i, b_i \neq 0\ (i=2,3,\cdots,n-1), a_n \neq 0$；

(2) $|b_1| > |c_1|, |b_i| > |a_i| + |c_i|\ (i=2,\cdots,n-1), |b_n| > |a_n|$.

条件(1)表示方程组(3.4.1)不能降阶，事实上，若 $a_i=0$，则方程组(3.4.1)可以分解为两个低阶的方程组；条件(2)保证了对这个三对角矩阵的三角分解可以进

行到底.

下面,我们给出求解三对角方程组(3.4.1)的追赶法的计算过程.

(1) 三角分解过程.考虑三角分解:

$$\boldsymbol{A}=\overline{\boldsymbol{L}}\cdot\overline{\boldsymbol{U}} \tag{3.4.2}$$

即

$$\begin{bmatrix} b_1 & c_1 & & & \\ a_2 & b_2 & c_2 & & \\ & \ddots & \ddots & \ddots & \\ & & a_{n-1} & b_{n-1} & c_{n-1} \\ & & & a_n & b_n \end{bmatrix}=\begin{bmatrix} l_1 & & & & \\ m_2 & l_2 & & & \\ & \ddots & \ddots & & \\ & & m_{n-1} & l_{n-1} & \\ & & & m_n & l_n \end{bmatrix}\begin{bmatrix} 1 & u_1 & & & \\ & 1 & u_2 & & \\ & & \ddots & \ddots & \\ & & & 1 & u_{n-1} \\ & & & & 1 \end{bmatrix}$$

比较上式两边的对应元素,可得 m_i,l_i,u_i 的计算公式:

$$\begin{cases} l_1=b_1 \quad u_1=\dfrac{c_1}{l_1} \\ m_i=a_i \quad l_i=b_i-m_iu_{i-1} \quad u_i=\dfrac{c_i}{l_i} \quad (i=2,3,\cdots,n-1) \\ m_n=a_n \quad l_n=b_n-m_nu_{n-1} \end{cases}$$

(2) 回代过程.利用三角分解(3.4.2)可以把方程组(3.4.1)化为如下的等价形式:

$$\begin{cases} \overline{\boldsymbol{L}}\boldsymbol{y}=\boldsymbol{d} \\ \overline{\boldsymbol{U}}\boldsymbol{x}=\boldsymbol{y} \end{cases}$$

这两个方程组都是三角方程组,因此,可以递推计算:

$$\begin{cases} y_1=\dfrac{d_1}{l_1} \\ y_i=\dfrac{1}{l_i}(d_i-m_iy_{i-1}) \quad (i=2,3,\cdots,n) \end{cases} \tag{3.4.3}$$

$$\begin{cases} x_n=y_n \\ x_i=y_i-u_ix_{i+1} \quad (i=n-1,\cdots,2,1) \end{cases} \tag{3.4.4}$$

注意 (1) 三对角方程组的追赶法是三角分解法的一种特殊应用,也可以把系数矩阵 $\boldsymbol{A}$ 采用 Doolittle 分解进行,公式的推导类似上面的推导过程.

(2) 上述三对角方程组系数矩阵要求满足的条件意味着方程组三对角线上不能有零元素,而且是“严格对角占优”(条件可减弱为弱对角占优),这是充分条件,不是必要条件.

例 3.4.1 用追赶法求解三对角线性代数方程组:

$$\boldsymbol{Ax}=\boldsymbol{b}$$

其中,

$$\boldsymbol{A}=\begin{bmatrix}2&2&0&0&0\\-1&1&2&0&0\\0&-1&1&2&0\\0&0&-1&1&2\\0&0&0&-1&1\end{bmatrix}\quad \boldsymbol{b}=\begin{bmatrix}6\\7\\9\\11\\1\end{bmatrix}$$

解 首先考虑追赶法的三角分解：

$$\boldsymbol{A}=\begin{bmatrix}l_1&0&0&0&0\\m_2&l_2&0&0&0\\0&m_3&l_3&0&0\\0&0&m_4&l_4&0\\0&0&0&m_5&l_5\end{bmatrix}\begin{bmatrix}1&u_1&0&0&0\\0&1&u_2&0&0\\0&0&1&u_3&0\\0&0&0&1&u_4\\0&0&0&0&1\end{bmatrix}=\overline{\boldsymbol{L}}\cdot\overline{\boldsymbol{U}}$$

比较两边系数得

$$\begin{cases} & l_1=2 & u_1=1\\ m_2=-1 & l_2=2 & u_2=1\\ m_3=-1 & l_3=2 & u_3=1\\ m_4=-1 & l_4=2 & u_4=1\\ m_5=-1 & l_5=2 & \end{cases}$$

$$\overline{\boldsymbol{L}}=\begin{bmatrix}2&0&0&0&0\\-1&2&0&0&0\\0&-1&2&0&0\\0&0&-1&2&0\\0&0&0&-1&2\end{bmatrix}\quad \overline{\boldsymbol{U}}=\begin{bmatrix}1&1&0&0&0\\0&1&1&0&0\\0&0&1&1&0\\0&0&0&1&1\\0&0&0&0&1\end{bmatrix}$$

令

$$\begin{cases}\overline{\boldsymbol{L}}\boldsymbol{y}=\boldsymbol{b}\\ \overline{\boldsymbol{U}}\boldsymbol{x}=\boldsymbol{y}\end{cases}$$

回代计算得到

$$\boldsymbol{y}=\begin{bmatrix}3\\5\\7\\9\\5\end{bmatrix}\quad \boldsymbol{x}=\begin{bmatrix}1\\2\\3\\4\\5\end{bmatrix}$$

3.4.2 解三对角方程组的算法 2(基于 Gauss 消元的追赶法)

三对角方程组(3.4.1)的系数矩阵是一种特殊的稀疏矩阵，它的非零元素集中分布在主对角线及其相邻两条次对角线上，利用方程组的特点，应用 Gauss 消元法求解时，过程可以大大简化，每步消元只需消一个元素.其消元过程为

$$\begin{cases}\beta_1 = b_1 \qquad y_1 = d_1 \\ l_i = \dfrac{\alpha_i}{\beta_{i-1}} \qquad \beta_i = b_i - l_i c_{i-1} \qquad y_i = d_i - l_i y_{i-1} \quad (i = 2,3,\cdots,n)\end{cases} \tag{3.4.5}$$

得到同解的三角(二对角阵)方程组为

$$\begin{bmatrix}\beta_1 & c_1 & & & & y_1 \\ & \beta_2 & c_2 & & & y_2 \\ & & \ddots & \ddots & & \vdots \\ & & & \ddots & \ddots & \vdots \\ & & & \beta_{n-1} & c_{n-1} & y_{n-1} \\ & & & & \beta_n & y_n\end{bmatrix}$$

回代过程为

$$\begin{cases}x_n = y_n/\beta_n \\ x_i = (y_i - c_i x_{i+1})/\beta_i \quad (i = n-1, n-2, \cdots, 1)\end{cases} \tag{3.4.6}$$

这种把三对角方程组的解用递推公式(3.4.3)、式(3.4.4)或式(3.4.5)、式(3.4.6)表示出来的办法，被形象化地叫做追赶法.因为式(3.4.3)、式(3.4.5)是关于下标 i 由小到大的递推公式，故被称之为追的过程，而式(3.4.4)、式(3.4.6)却是关于下标 i 从大到小的递推公式，故被称之为赶的过程.

例 3.4.2　用追赶法解三对角方程组：

$$\begin{bmatrix}1 & 1 & 0 & 0 \\ 1 & 2 & 1 & 0 \\ 0 & 1 & 3 & 1 \\ 0 & 0 & 1 & 4\end{bmatrix}\begin{bmatrix}x_1 \\ x_2 \\ x_3 \\ x_4\end{bmatrix} = \begin{bmatrix}3 \\ 8 \\ 15 \\ 19\end{bmatrix}$$

解　追：

$$\begin{bmatrix}1 & 1 & 0 & 0 & 3 \\ 1 & 2 & 1 & 0 & 8 \\ 0 & 1 & 3 & 1 & 15 \\ 0 & 0 & 1 & 4 & 19\end{bmatrix} \to \begin{bmatrix}1 & 1 & 0 & 0 & 3 \\ 0 & 1 & 1 & 0 & 5 \\ 0 & 1 & 3 & 1 & 15 \\ 0 & 0 & 1 & 4 & 19\end{bmatrix} \to \begin{bmatrix}1 & 1 & 0 & 0 & 3 \\ 0 & 1 & 1 & 0 & 5 \\ 0 & 0 & 2 & 1 & 10 \\ 0 & 0 & 1 & 4 & 19\end{bmatrix} \to \begin{bmatrix}1 & 1 & 0 & 0 & 3 \\ 0 & 1 & 1 & 0 & 5 \\ 0 & 0 & 2 & 1 & 10 \\ 0 & 0 & 0 & \frac{7}{2} & 14\end{bmatrix}$$

赶：

$$\begin{bmatrix}1 & 1 & 0 & 0 \\ 0 & 1 & 1 & 0 \\ 0 & 0 & 2 & 1 \\ 0 & 0 & 0 & \frac{7}{2}\end{bmatrix}\begin{bmatrix}x_1 \\ x_2 \\ x_3 \\ x_4\end{bmatrix} = \begin{bmatrix}3 \\ 5 \\ 10 \\ 14\end{bmatrix} \to \begin{bmatrix}x_4 \\ x_3 \\ x_2 \\ x_1\end{bmatrix} = \begin{bmatrix}4 \\ 3 \\ 2 \\ 1\end{bmatrix}$$

3.4.3 解三对角方程组的算法 3(递推算法)

仍然考虑三对角方程组(3.4.1).

我们先建立 $\boldsymbol{A}$ 的顺序主子式 Δ_k ($k=1,2,\cdots,n$) 的递推公式,补充记 $\Delta_0=1$,则显然有

$$\Delta_1 = b_1 \qquad \Delta_2 = b_1 b_2 - c_1 a_2 = b_2 \Delta_1 - c_1 a_2 \Delta_0$$

一般地,猜想

$$\Delta_k = b_k \Delta_{k-1} - c_{k-1} a_k \Delta_{k-2} \quad (k = 3,4,\cdots,n)$$

用归纳法证明:当 $k=2$ 时,上式成立;现假设有

$$\Delta_{k-1} = b_{k-1} \Delta_{k-2} - c_{k-2} a_{k-1} \Delta_{k-3}$$

则由

$$\Delta_k = \begin{bmatrix} b_1 & c_1 & & & & \\ a_2 & b_2 & c_2 & & & \\ & \ddots & \ddots & \ddots & & \\ & & a_{k-2} & b_{k-2} & c_{k-2} & \\ & & & a_{k-1} & b_{k-1} & c_{k-1} \\ & & & & a_k & b_k \end{bmatrix} = b_k \Delta_{k-1} - c_{k-1} a_k \Delta_{k-2}$$

可知上述猜想成立.

综上所述,可得递推公式:

$$\begin{cases} \Delta_0 = 1 \\ \Delta_1 = b_1 \\ \Delta_k = b_k \Delta_{k-1} - c_{k-1} a_k \Delta_{k-2} \end{cases} \qquad (k = 2,3,\cdots,n)$$

下面推导算法公式:

由 $\boldsymbol{Ax}=\boldsymbol{d}$ 的第一个方程可得

$$x_1 = -\frac{c_1}{b_1} x_2 + \frac{d_1}{b_1} \tag{3.4.7}$$

即得 x_1 由 x_2 表示的关系式.将它代入第二个方程 $a_2 x_1 + b_2 x_2 + c_2 x_3 = d_2$,又可得 x_2 由 x_3 表示的关系式……,如此继续代入,直到第 $n-1$ 个方程,于是有如下形式的关系式:

$$x_k = f_k x_{k+1} + g_k \quad (k = 2,3,\cdots,n-1) \tag{3.4.8}$$

其中,f_k 和 g_k 待定.现将形式如式(3.4.8)的 x_{k-1} 关系式代入 $\boldsymbol{Ax}=\boldsymbol{d}$ 的第 k($k=2,3,\cdots,n-1$)个方程 $a_k x_{k-1} + b_k x_k + c_k x_{k+1} = d_k$,则有

$$a_k f_{k-1} x_k + a_k g_{k-1} + b_k x_k + c_k x_{k+1} = d_k$$

整理可得

$$x_k = \frac{c_k}{a_k f_{k-1} + b_k} x_{k+1} + \frac{d_k - a_k g_{k-1}}{a_k f_{k-1} + b_k} \quad (k = 2, 3, \cdots, n-1) \tag{3.4.9}$$

与关系式(3.4.8)比较得

$$f_k = -\frac{c_k}{a_k f_{k-1} + b_k} \qquad g_k = \frac{d_k - a_k g_{k-1}}{a_k f_{k-1} + b_k} \quad (k = 2, 3, \cdots, n-1) \tag{3.4.10}$$

注意到方程组中的记号，令 $a_1 = 0, c_n = 0$. 在式(3.4.10)中取 $k=1$，可得 $f_1 = -\frac{c_1}{b_1}, g_1 = \frac{d_1}{b_1}$，代入式(3.4.7)得 $x_1 = f_1 x_2 + g_1$，可见式(3.4.8)对 $k=1$ 也成立；又在式(3.4.10)中取 $k=n$，则可得

$$f_n = 0 \qquad g_n = \frac{d_n - a_n g_{n-1}}{b_n f_{n-1} + b_n}$$

而由于方程组 $\boldsymbol{Ax} = \boldsymbol{d}$ 的第 n 个方程 $a_n x_{n-1} + b_n x_n = d_n$ 可以写成

$$a_n x_{n-1} + b_n x_n + c_n x_{n+1} = d_n$$

其中，

$$c_n = 0 \qquad x_{n+1} \neq 0$$

从而上述的代入可直至第 n 个方程，也就是说式(3.4.8)和式(3.4.9)对 $k=n$ 也成立，于是有 $x_n = g_n$.

综上所述，可得解三对角方程组的算法如下：

$$\begin{cases} f_1 = -\dfrac{c_1}{b_1} \qquad g_1 = \dfrac{d_1}{b_1} \\ f_k = -\dfrac{c_k}{a_k f_{k-1} + b_k} \qquad g_k = \dfrac{d_k - a_k g_{k-1}}{a_k f_{k-1} + b_k} \quad (k = 2, 3, \cdots, n-1) \\ g_n = \dfrac{d_n - a_n g_{n-1}}{b_n f_{n-1} + b_n} \\ x_n = g_n \\ x_k = f_k x_{k+1} + g_k \quad (k = n-1, n-2, \cdots, 2, 1) \end{cases} \tag{3.4.11}$$

3.5 向量范数和矩阵范数

3.5.1 向量范数

定义 3.5.1 设向量 $\boldsymbol{x} \in \mathbf{R}^n$，若 $\boldsymbol{x}$ 的某个实值函数 $N(\boldsymbol{x}) = \|\boldsymbol{x}\|$ 满足条件：

(1)（非负性）$\|\boldsymbol{x}\| \geqslant 0$ 且 $\|\boldsymbol{x}\| = 0$ 的充分必要条件是 $\boldsymbol{x} = \boldsymbol{0}$；

(2)（齐次性）$\|k\boldsymbol{x}\| = |k| \|\boldsymbol{x}\|$（$k$ 为任意实数）；

(3)（三角不等式）对任意 $\boldsymbol{x}, \boldsymbol{y} \in \mathbf{R}^n$，都有 $\|\boldsymbol{x} + \boldsymbol{y}\| \leqslant \|\boldsymbol{x}\| + \|\boldsymbol{y}\|$，则称

$N(\boldsymbol{x})=\|\boldsymbol{x}\|$ 为 $\mathbf{R}^n$ 上的向量 $\boldsymbol{x}$ 的范数.

可见,向量范数其实不过是以实的 n 维向量空间 $\mathbf{R}^n$ 中的一切 n 维向量为定义域的一种特殊函数——满足条件(1)、(2)、(3)的一个实的非负函数.

一个向量空间可以定义多种范数,下面我们给出向量 $\boldsymbol{x}$ 的三种常用范数定义:

定义 3.5.2 设 $\boldsymbol{x}=(x_1,x_2,\cdots,x_n)^{\mathrm{T}}\in\mathbf{R}^n$,则定义

(1) 向量的"2-范数": $\|\boldsymbol{x}\|_2=\sqrt{x_1^2+x_2^2+\cdots+x_n^2}$;

(2) 向量的"∞-范数": $\|\boldsymbol{x}\|_\infty=\max\limits_{1\leqslant i\leqslant n}\{|x_i|\}$;

(3) 向量的"1-范数": $\|\boldsymbol{x}\|_1=\sum\limits_{i=1}^{n}|x_i|$.

例 3.5.1 求下列向量的范数 $\|\boldsymbol{x}\|_\infty$, $\|\boldsymbol{x}\|_1$, $\|\boldsymbol{x}\|_2$:

(1) $\boldsymbol{x}=(4,2,-1,10)^{\mathrm{T}}$;

(2) $\boldsymbol{x}=\left(\dfrac{4}{n+1},\dfrac{2}{n^2},n^2\mathrm{e}^{-n}\right)^{\mathrm{T}}(n\geqslant1)$.

解 (1) $\|\boldsymbol{x}\|_\infty=10\quad\|\boldsymbol{x}\|_1=4+2+1+10=17\quad\|\boldsymbol{x}\|_2=\sqrt{16+4+1+100}=11$

(2)
$$\frac{4}{n+1}-\frac{2}{n^2}=\frac{4n^2-2n-2}{n^2(n+1)}=\frac{2(n-1)(2n+1)}{n^2(n+1)}\geqslant0$$

当 $n\geqslant1$ 时,有

$$\frac{4}{n+1}-\frac{n^2}{\mathrm{e}^n}=\frac{4\mathrm{e}^n-n^2(n+1)}{\mathrm{e}^n(n+1)}\geqslant\frac{4\left(1+n+\dfrac{n^2}{2}+\dfrac{n^3}{6}+\dfrac{n^4}{24}-n^3-n^2\right)}{\mathrm{e}^n(n+1)}$$

$$=\frac{4+4n+n^2+\dfrac{n^3}{6}(n-2)}{\mathrm{e}^n(n+1)}>0$$

于是

$$\|\boldsymbol{x}\|_\infty=\frac{4}{n+1}$$

$$\|\boldsymbol{x}\|_1=\frac{4}{n+1}+\frac{2}{n^2}+n^2\mathrm{e}^{-n}$$

$$\|\boldsymbol{x}\|_2=\sqrt{\frac{16}{(n+1)^2}+\frac{4}{n^4}+n^4\mathrm{e}^{-2n}}$$

例 3.5.2 在二维向量空间 $\mathbf{R}^2$ 中,下列三种常用向量范数表示什么样的点集:

$$\|\boldsymbol{x}\|_1\leqslant1\qquad\|\boldsymbol{x}\|_2\leqslant1\qquad\|\boldsymbol{x}\|_\infty\leqslant1$$

解 设 $\boldsymbol{x}=(x_1,x_2)^{\mathrm{T}}\in\mathbf{R}^2$,则有

$\|\boldsymbol{x}\|_1=|x_1|+|x_2|\leqslant1\qquad\|\boldsymbol{x}\|_2=\sqrt{x_1^2+x_2^2}\leqslant1\qquad\|\boldsymbol{x}\|_\infty=\max\{|x_1|,|x_2|\}\leqslant1$

它们在平面上的图形分别是菱形、单位圆和正方形.这些点集的共同点是:它们都

是有界的、闭的、并且关于原点对称的内部非空的集合.

3.5.2　矩阵范数

定义 3.5.3　设矩阵 $\boldsymbol{A}\in\mathbf{R}^{n\times n}$,若 $\boldsymbol{A}$ 的某个实值函数 $N(\boldsymbol{A})=\|\boldsymbol{A}\|$ 满足条件:

(1) 非负性:$\|\boldsymbol{A}\|\geqslant 0$ 且 $\|\boldsymbol{A}\|=0$ 的充分必要条件是 $\boldsymbol{A}=\boldsymbol{0}$;

(2) 齐次性:$\|k\boldsymbol{A}\|=|k|\|\boldsymbol{A}\|$ (k 为任意实数);

(3) 三角不等式:对任意 $\boldsymbol{A},\boldsymbol{B}\in\mathbf{R}^{n\times n}$,都有 $\|\boldsymbol{A}+\boldsymbol{B}\|\leqslant\|\boldsymbol{A}\|+\|\boldsymbol{B}\|$;

(4) $\|\boldsymbol{AB}\|\leqslant\|\boldsymbol{A}\|\cdot\|\boldsymbol{B}\|$.

则称 $N(\boldsymbol{A})=\|\boldsymbol{A}\|$ 为 $\mathbf{R}^{n\times n}$ 上的矩阵 $\boldsymbol{A}$ 的范数.

定义 3.5.4　对于给定的向量范数 $\|\cdot\|$ 和矩阵范数 $\|\cdot\|$,如果对任一个向量 $\boldsymbol{x}\in\mathbf{R}^n$ 和任一个矩阵 $\boldsymbol{A}\in\mathbf{R}^{n\times n}$,不等式

$$\|\boldsymbol{Ax}\|\leqslant\|\boldsymbol{A}\|\cdot\|\boldsymbol{x}\| \tag{3.5.1}$$

都成立,则称所给的矩阵范数与向量范数是相容的.

下面给出一种定义矩阵范数的方法,它是由向量范数诱导出来的,且这种矩阵范数和向量范数是相容的.

定义 3.5.5　设向量 $\boldsymbol{x}\in\mathbf{R}^n$,矩阵 $\boldsymbol{A}\in\mathbf{R}^{n\times n}$,且给定一种向量范数 $\|\boldsymbol{x}\|_p$,则定义

$$\|\boldsymbol{A}\|_p=\max_{x\neq 0}\frac{\|\boldsymbol{Ax}\|_p}{\|\boldsymbol{x}\|_p}\quad(p=1,2,\infty) \tag{3.5.2}$$

为矩阵 $\boldsymbol{A}$ 的范数,并称为 $\boldsymbol{A}$ 的算子范数.

显然由公式(3.5.2)定义的 $\boldsymbol{A}$ 的范数 $\|\boldsymbol{A}\|_p$ 满足方阵范数定义中的所有条件,称其为 $\mathbf{R}^{n\times n}$ 上从属于向量范数 $\|\cdot\|_p$ 的矩阵范数,或称为由向量范数 $\|\cdot\|_p$ 导出的矩阵范数,也称为矩阵 $\boldsymbol{A}$ 的"p-范数".

下面分别给出从属于向量 1-范数,2-范数,∞-范数的三种常用的方阵范数.

定理 3.5.1　设 $\boldsymbol{A}$ 是 n 阶方阵,则 $\boldsymbol{A}=(a_{ij})_{n\times n}$,且

(1) $\|\boldsymbol{A}\|_1=\max\limits_{1\leqslant j\leqslant n}\sum\limits_{i=1}^{n}|a_{ij}|$;

(2) $\|\boldsymbol{A}\|_\infty=\max\limits_{1\leqslant i\leqslant n}\sum\limits_{j=1}^{n}|a_{ij}|$;

(3) $\|\boldsymbol{A}\|_2=(\text{方阵 }\boldsymbol{A}^{\mathrm{T}}\boldsymbol{A}\text{ 之最大特征值})^{\frac{1}{2}}=\sqrt{\lambda_{\max}(\boldsymbol{A}^{\mathrm{T}}\boldsymbol{A})}$

例 3.5.3　已知 $\boldsymbol{A}=\begin{bmatrix}1&0&0\\0&2&4\\0&-2&4\end{bmatrix}$,求 $\|\boldsymbol{A}\|_1$,$\|\boldsymbol{A}\|_\infty$,$\|\boldsymbol{A}\|_2$.

解

$$\|\boldsymbol{A}\|_1=\max\{1,4,8\}=8\qquad\|\boldsymbol{A}\|_\infty=\max\{1,6,6\}=6$$

$$\|\boldsymbol{A}\|_2=\sqrt{\lambda_{\max}(\boldsymbol{A}^{\mathrm{T}}\boldsymbol{A})}$$

又

$$A^{\mathrm{T}}A=\begin{bmatrix}1&0&0\\0&2&-2\\0&4&4\end{bmatrix}\begin{bmatrix}1&0&0\\0&2&4\\0&-2&4\end{bmatrix}=\begin{bmatrix}1&0&0\\0&8&0\\0&0&32\end{bmatrix}$$

于是 $\lambda_{\max}(A^{\mathrm{T}}A)=32$,从而 $\|A\|_2=\sqrt{32}=4\sqrt{2}$.

定义 3.5.6 设 n 阶方阵 A 的特征值为 $\lambda_1,\lambda_2,\cdots,\lambda_n$,则称

$$\rho(A)=\max_{1\leqslant i\leqslant n}|\lambda_i| \tag{3.5.3}$$

为 A 的谱半径.

矩阵的谱半径与范数有着密切关系.

定理 3.5.2 设 $A\in\mathbf{R}^{n\times n}$,$\|\cdot\|$ 为任一矩阵范数,则 $\rho(A)\leqslant\|A\|$.

证 设 λ 为 A 的按摸最大的特征值,x 为相对应的特征向量,则有

$$Ax=\lambda x \tag{3.5.4}$$

且

$$\rho(A)=|\lambda|$$

若 λ 是实的,则 x 也是实的. 由式(3.5.4)得

$$\|\lambda x\|=\|Ax\|$$

而

$$\|\lambda x\|=|\lambda|\cdot\|x\| \qquad \|Ax\|\leqslant\|A\|\cdot\|x\|$$

故

$$|\lambda|\cdot\|x\|\leqslant\|A\|\cdot\|x\|$$

由于 $\|x\|\neq 0$,两边除以 $\|x\|$ 得到

$$|\lambda|\leqslant\|A\|$$

故

$$\rho(A)\leqslant\|A\|$$

当 λ 是复数时,则一般来说 x 也是复数的. 可以证明上述结论也是成立的.

例 3.5.4 举例说明矩阵的谱半径不是矩阵范数.

解 设 $A=\begin{bmatrix}0&1\\0&0\end{bmatrix}$,该矩阵的谱半径 $\rho(A)=0$,但 $A\neq\mathbf{0}$,这与矩阵范数定义的第一个条件"当且仅当矩阵为零矩阵时,矩阵的范数等于零"相矛盾. 因此,矩阵的谱半径不是矩阵范数.

3.5.3 方程组的状态与条件数

定义 3.5.7 设 A 为非奇异矩阵,称

$$\mathrm{Cond}(A)=\|A\|\cdot\|A^{-1}\| \tag{3.5.5}$$

为矩阵 **A** 的条件数.

对一个确定的线性代数方程组,若系数矩阵的条件数相对的小,我们就称这个方程组是良态的;反之,条件数相对的大,就称方程组是病态的.同时把 **A** 称为(对解方程组而言)良态阵或病态阵.用一个稳定的方法去解一个良态的方程组,必然得到较精确的结果.同样,用一个稳定的方法去解一个病态的方程组,结果就可能很差.

容易验证,条件数有如下性质:

(1) 对任何非奇异矩阵 **A**,有 $\mathrm{Cond}(A)\geqslant 1$;

(2) 对任何非奇异矩阵 **A**,$\alpha\neq 0$,则 $\mathrm{Cond}(\alpha\boldsymbol{A})=\mathrm{Cond}(\boldsymbol{A})$;

(3) $\mathrm{Cond}\,(\boldsymbol{A})_2==\sqrt{\dfrac{\lambda_{\max}(\boldsymbol{A}^{\mathrm{T}}\boldsymbol{A})}{\lambda_{\min}(\boldsymbol{A}^{\mathrm{T}}\boldsymbol{A})}}$;

(4) 当 **A** 为正交阵,即 $\boldsymbol{A}^{\mathrm{T}}\boldsymbol{A}=I$,则 $\mathrm{Cond}(A)_2=1$.

n 阶 Hilbert 矩阵

$$\boldsymbol{H}_n=\begin{bmatrix}1 & \dfrac{1}{2} & \cdots & \dfrac{1}{n}\\ \dfrac{1}{2} & \dfrac{1}{3} & \cdots & \dfrac{1}{n+1}\\ \vdots & \vdots & & \vdots\\ \dfrac{1}{n} & \dfrac{1}{n+1} & \cdots & \dfrac{1}{2n-1}\end{bmatrix}$$

是常见的病态矩阵,它的条件数有下列结果:

$\mathrm{Cond}(\boldsymbol{H}_3)_\infty=748\qquad \mathrm{Cond}(\boldsymbol{H}_5)_\infty=4.77\times 10^5\qquad \mathrm{Cond}(\boldsymbol{H}_7)_\infty=4.75\times 10^8$

例 3.5.5 求矩阵 **A** 的条件数 $\mathrm{Cond}(\boldsymbol{A})_1$,其中:

$$\boldsymbol{A}=\begin{bmatrix}1 & 0\\ 0 & 10^{-10}\end{bmatrix}$$

解

$$\boldsymbol{A}^{-1}=\begin{bmatrix}1 & 0\\ 0 & 10^{10}\end{bmatrix}$$

于是

$$\mathrm{Cond}(\boldsymbol{A})_1=\|\boldsymbol{A}\|_1\cdot\|\boldsymbol{A}^{-1}\|_1=1\times 10^{10}=10^{10}.$$

注意 本题中 $\det(\boldsymbol{A})=10^{-10}\approx 0$,**A** 几乎是一个奇异阵,对此,我们看到 $\mathrm{Cond}(\boldsymbol{A})_1$ 变得非常之大,这一点要充分注意.

3.6 解线性代数方程组的迭代法

线性方程组的迭代解法并不实用于所有问题,但它对一些特定的问题非常有效.当未知量的个数非常大且系数矩阵很稀疏时,Gauss 消元法的效率会变得很低,而且有时还可能超出内存的要求,对于这样的问题就需要使用迭代解法.迭代法的另一个优点是程序简单而且在系数非线性时也能使用.

3.6.1 迭代原理

设线性方程组：

$$Ax = b \tag{3.6.1}$$

这里，$A=(a_{ij})_{n\times n}$非奇异，$b=\begin{bmatrix} b_1 \\ \vdots \\ b_n \end{bmatrix}\neq 0$. 将式(3.6.1)改写成同解方程组：

$$x = Bx + f \tag{3.6.2}$$

由此构造迭代格式：

$$x^{(k+1)} = Bx^{(k)} + f \quad (k = 0,1,2,\cdots) \tag{3.6.3}$$

给定初始向量 $x^{(0)}=\begin{bmatrix} x_1^{(0)} \\ \vdots \\ x_n^{(0)} \end{bmatrix}$，得迭代序列：

$$x^{(k)} = \begin{bmatrix} x_1^{(k)} \\ \vdots \\ x_n^{(k)} \end{bmatrix} \quad (k = 1,2,3,\cdots)$$

若 $x^{(k)}\to x^*=\begin{bmatrix} x_1 \\ \vdots \\ x_n \end{bmatrix}$（等价于 $\| x^{(k)}-x^* \| \xrightarrow{k\to\infty} 0$，$\| \cdot \|$ 为某种向量范数），由式(3.6.3)取极限得

$$x^* = Bx^* + f$$

从而 x^* 为式(3.6.2)的解，即式(3.6.1)的解，当 k 充分大时，$x^*\approx x^{(k)}$.

3.6.2 Jacobi 迭代法

对式(3.6.1)的系数矩阵作分解：

$$A = L + D + U$$

其中，L 为严格下三角矩阵；D 为对角矩阵；U 为严格上三角矩阵. 即

$$L = \begin{bmatrix} 0 & & & \\ a_{21} & 0 & & \\ \vdots & \vdots & \ddots & \\ a_{n1} & a_{n2} & \cdots & 0 \end{bmatrix} \quad D = \begin{bmatrix} a_{11} & & & \\ & a_{22} & & \\ & & \ddots & \\ & & & a_{nn} \end{bmatrix} \quad U = \begin{bmatrix} 0 & a_{12} & \cdots & a_{1n} \\ & 0 & \cdots & a_{2n} \\ & & \ddots & \vdots \\ & & & 0 \end{bmatrix}$$

代入式(3.6.1)中得

$$(L + D + U)x = b \Rightarrow Dx = b - (L + U)x$$

当 $\boldsymbol{D}$ 可逆(即 $a_{ii}\neq 0;i=1,\cdots,n$)时,有

$$\boldsymbol{x}=\boldsymbol{D}^{-1}[\boldsymbol{b}-(\boldsymbol{L}+\boldsymbol{U})\boldsymbol{x}]=\boldsymbol{B}\boldsymbol{x}+\boldsymbol{f} \qquad \boldsymbol{B}=-\boldsymbol{D}^{-1}(\boldsymbol{L}+\boldsymbol{U}) \qquad \boldsymbol{f}=\boldsymbol{D}^{-1}\boldsymbol{b}$$

对应迭代格式为

$$\boldsymbol{x}^{(k+1)}=\boldsymbol{B}\boldsymbol{x}^{(k)}+\boldsymbol{f} \quad (k=0,1,2,\cdots) \tag{3.6.4}$$

其中,

$$\boldsymbol{B}=-\boldsymbol{D}^{-1}(\boldsymbol{L}+\boldsymbol{U})=\boldsymbol{I}-\boldsymbol{D}^{-1}\boldsymbol{A} \qquad \boldsymbol{f}=\boldsymbol{D}^{-1}\boldsymbol{b}$$

称式(3.6.4)为Jacobi迭代格式,它的分量形式为

$$\boldsymbol{x}_i^{(k+1)}=\frac{1}{a_{ii}}\Big[b_i-\sum_{j=1,j\neq i}^{n}a_{ij}\boldsymbol{x}_j^{(k)}\Big] \quad (i=1,2,\cdots,n) \tag{3.6.5}$$

迭代终止条件一般用 $\|\boldsymbol{x}^{(k)}-\boldsymbol{x}^{(k-1)}\|\leqslant\varepsilon$,其中,$\varepsilon$ 为精度要求;$\|\cdot\|$ 为某种向量范数(常用∞-范数).

Jacobi迭代算法如下:

设方程组 $\boldsymbol{A}\boldsymbol{x}=\boldsymbol{b}$ 的系数矩阵的对角线元素 $a_{ii}\neq 0$ $(i=1,2,\cdots,n)$,M 为迭代次数容许的最大值,ε 为容许误差.

(1) 取初始向量 $\boldsymbol{x}=(x_1^{(0)},x_2^{(0)},\cdots,x_n^{(0)})^{\mathrm{T}}$,令 $k=0$.

(2) 对 $i=1,2,\cdots,n$,计算:

$$x_i^{(k+1)}=\frac{1}{a_{ii}}\Big(b_i-\sum_{\substack{j=1\\ j\neq i}}^{n}a_{ij}x_j^{(k)}\Big)$$

(3) 如果 $\sum_{i=1}^{n}|x_i^{(k+1)}-x_i^{(k)}|<\varepsilon$,则输出 $\boldsymbol{x}^{(k+1)}$,结束;否则执行(4).

(4) 如果 $k\geqslant M$,则不收敛,终止程序;否则 $k\leftarrow k+1$,转(2).

3.6.3 Gauss-Seidel迭代法

实际计算时,可以设想,如果Jacobi迭代法是收敛的,那么把式(3.6.5)中第一个方程计算出来的 $x_1^{(k+1)}$ 马上投入第二个方程中使用,把前两个方程已算出的 $x_1^{(k+1)},x_2^{(k+1)}$ 马上投入第三个方程中使用,……这样或许能收到更好的效果,按这样方式建立的迭代格式称为Gauss-Seidel迭代,迭代格式如下:

$$x_i^{(k+1)}=\frac{1}{a_{ii}}\Big[b_i-\sum_{j=1}^{i-1}a_{ij}x_j^{(k+1)}-\sum_{j=i+1}^{n}a_{ij}x_j^{(k)}\Big] \quad (i=1,2,\cdots,n) \tag{3.6.6}$$

矩阵形式为

$$\boldsymbol{x}^{(k+1)}=\boldsymbol{D}^{-1}(\boldsymbol{b}-\boldsymbol{L}\boldsymbol{x}^{(k+1)}-\boldsymbol{U}\boldsymbol{x}^{(k)})$$

解出 $\boldsymbol{x}^{(k+1)}$,则有

$$\boldsymbol{x}^{(k+1)}=-(\boldsymbol{D}+\boldsymbol{L})^{-1}\boldsymbol{U}\boldsymbol{x}^{(k)}+(\boldsymbol{D}+\boldsymbol{L})^{-1}\boldsymbol{b} \tag{3.6.7}$$

Gauss-Seidel迭代算法类似Jacobi迭代算法,请读者自己写出.

比较Jacobi方法和Gauss-Seidel方法,它们有一个共同特点:新的近似解

$x^{(k+1)}$是已知近似解 $x^{(k)}$ 的线性函数，并且 $x^{(k+1)}$ 只与 $x^{(k)}$ 有关. 这类迭代方法叫做单点线性迭代方法.

3.6.4 超松弛(SOR)法

使用迭代法的困难所在是计算量难以估计. 有时迭代过程虽然收敛，但由于收敛速度缓慢，使计算量变得很大而失去使用价值，因此迭代过程的加速具有重要的意义.

所谓松弛法，实质上是 Gauss-Seidel 的一种加速方法. 这种方法将前一步的结果 $x_i^{(k)}$ 与Gauss-Seidel方法的迭代值 $\tilde{x}_i^{(k+1)}$ 适当加权平均，期望获得更好的近似值 $x_i^{(k+1)}$. 其具体公式如下：

迭代：

$$\tilde{x}_i^{(k+1)} = \frac{1}{a_{ii}}\left[b_i - \sum_{j=1}^{i-1} a_{ij}x_j^{(k+1)} - \sum_{j=i+1}^{n} a_{ij}x_j^{(k)}\right]$$

加速：

$$x_i^{(k+1)} = \omega\tilde{x}_i^{(k+1)} + (1-\omega)x_i^k$$

或合并后表为

$$x_i^{(k+1)} = (1-\omega)x_i^{(k)} + \omega/a_{ii}\left[b_i - \sum_{j=1}^{i-1} a_{ij}x_j^{(k+1)} - \sum_{j=i+1}^{n} a_{ij}x_j^{(k)}\right] \quad (i=1,2,\cdots,n) \tag{3.6.8}$$

式(3.6.8)称为逐次超松弛(SOR)迭代法，容易验证，式(3.6.8)定义是合理的，并可以证明其收敛的必要条件是 $0<\omega<2$；当 $\omega=1$ 时，SOR 法退化为 Gauss-Seidel 迭代；当 $0<\omega<1$ 时，称式(3.6.8)为低松弛法；当 $1<\omega<2$ 时，称式(3.6.8)为超松弛法. SOR 法的加速效果依赖因子 ω 的选取.

SOR 算法具体如下：

设方程组 $\boldsymbol{Ax}=\boldsymbol{b}$ 的系数矩阵的对角线元素 $a_{ii}\neq 0$ $(i=1,2,\cdots,n)$，M 为迭代次数容许的最大值，ε 为容许误差.

(1) 取初始向量 $\boldsymbol{x}=(x_1^{(0)},x_2^{(0)},\cdots,x_n^{(0)})^{\mathrm{T}}$，松弛因子 ω，令 $k=0$.

(2) 对 $i=1,2,\cdots,n$，计算：

$$x_i^{(k+1)} = (1-\omega)x_i^{(k)} + \frac{\omega}{a_{ii}}\left(b_i - \sum_{j=1}^{i-1} a_{ij}x_j^{(k+1)} - \sum_{j=i+1}^{n} a_{ij}x_j^{(k)}\right)$$

(3) 若 $\sum_{i=1}^{n} | x_i^{(k+1)} - x_i^{(k)} | < \varepsilon$，则输出 $\boldsymbol{x}^{(k+1)}$，结束；否则执行(4).

(4) 若 $k\geqslant M$，则不收敛，终止程序；否则 $k\leftarrow k+1$，转(2).

3.6.5 收敛性分析

为了分析迭代法的收敛性，我们需要引进一些特殊矩阵，并讨论它们的某些性质.

定义 3.6.1 若矩阵 $\boldsymbol{A}=(a_{ij})_{n\times n}\in\mathbf{R}^{n\times n}$ 中的元素满足：

(1) $|a_{ii}| > \sum_{\substack{j=1\\j\neq i}}^{n} |a_{ij}| \ (i=1,2,\cdots,n)$ 或 $|a_{jj}| > \sum_{\substack{i=1\\i\neq j}}^{n} |a_{ij}| \ (j=1,2,\cdots,n)$，则称 $\boldsymbol{A}$ 为按行或按列严格对角占优；

(2) $|a_{ii}| \geqslant \sum_{\substack{j=1\\j\neq i}}^{n} |a_{ij}| \ (i=1,2,\cdots,n)$ 或 $|a_{jj}| \geqslant \sum_{\substack{i=1\\i\neq j}}^{n} |a_{ij}| \ (j=1,2,\cdots,n)$，且至少有一个不等式是严格成立的，则称 $\boldsymbol{A}$ 为按行或按列弱对角占优.

定义 3.6.2　设矩阵 $\boldsymbol{A}=(a_{ij})_{n\times n}\in\mathbf{R}^{n\times n}$ $(n\geqslant 2)$，若存在置换阵 $\boldsymbol{P}$，使得

$$\boldsymbol{P}^{\mathrm{T}}\boldsymbol{A}\boldsymbol{P}=\begin{bmatrix}\boldsymbol{A}_{11} & \boldsymbol{A}_{12}\\ 0 & \boldsymbol{A}_{22}\end{bmatrix} \tag{3.6.9}$$

其中：$\boldsymbol{A}_{11}$ 为 r 阶方阵；$\boldsymbol{A}_{22}$ 为 $n-r$ 阶方阵 $(1\leqslant r\leqslant n)$. 则称 $\boldsymbol{A}$ 为可约矩阵；否则，若不存在使式(3.6.9)成立的置换矩阵 $\boldsymbol{P}$，则称 $\boldsymbol{A}$ 为不可约矩阵.

引理 3.6.1　若 $\boldsymbol{A}\in\mathbf{R}^{n\times n}$ 为按行(或按列)严格对角占优矩阵，或者为按行(或按列)弱对角占优且为不可约矩阵，则 $\boldsymbol{A}$ 为非奇异矩阵.

引理 3.6.2　矩阵 $\boldsymbol{A}\in\mathbf{R}^{n\times n}$，则下列三个条件等价：

(1) 对任意的 $\boldsymbol{z}\in\mathbf{R}^n$ 成立，$\lim\limits_{k\to\infty}\boldsymbol{A}^k\boldsymbol{z}=\boldsymbol{0}$.

(2) $\lim\limits_{k\to\infty}\boldsymbol{A}^k=\boldsymbol{0}$.

(3) $\boldsymbol{A}$ 的谱半径 $\rho(\boldsymbol{A})<1$.

引理 3.6.3　若矩阵 $\boldsymbol{A}\in\mathbf{R}^{n\times n}$ 的谱半径 $\rho(\boldsymbol{A})<1$，则 $\boldsymbol{I}-\boldsymbol{A}$ 为非奇异矩阵.

证　若 $\boldsymbol{I}-\boldsymbol{A}$ 为奇异矩阵，则

$$\det(\boldsymbol{I}-\boldsymbol{A})=0$$

于是矩阵 $\boldsymbol{A}$ 有一个特征值为 1，与 $\rho(\boldsymbol{A})<1$ 矛盾，所以 $\boldsymbol{I}-\boldsymbol{A}$ 为非奇异矩阵.

下面我们研究一般迭代法的基本收敛结果.

定理 3.6.1(迭代法收敛基本定理)　给定迭代公式：

$$\boldsymbol{x}^{(k+1)}=\boldsymbol{B}\boldsymbol{x}^{(k)}+\boldsymbol{f} \tag{3.6.10}$$

则对任意的 $\boldsymbol{x}^{(0)}\in\mathbf{R}^n$，迭代格式(3.6.10)收敛的充要条件为谱半径 $\rho(\boldsymbol{B})<1$.

定义：$R(\boldsymbol{B})=-\ln[\rho(\boldsymbol{B})]$ 为迭代格式(3.6.10)的渐近收敛速度；$R_k(\boldsymbol{B})=-\ln(\|\boldsymbol{B}^k\|^{1/k})$ 为迭代法格式(3.6.10)的平均收敛速度.

定理 3.6.1 说明迭代是否收敛只与迭代矩阵的谱半径有关，而迭代矩阵 $\boldsymbol{B}$ 是由系数矩阵 $\boldsymbol{A}$ 演变过来的，所以迭代是否收敛与系数矩阵 $\boldsymbol{A}$ 以及演变方式有关，与常数项和初始迭代向量选择无关.

例 3.6.1　给定线性方程组 $\boldsymbol{A}\boldsymbol{x}=\boldsymbol{b}$，其中，$\boldsymbol{A}=\begin{bmatrix}3 & 2\\1 & 2\end{bmatrix}$；$\boldsymbol{b}=\begin{bmatrix}3\\-1\end{bmatrix}$. 用迭代公式 $\boldsymbol{x}^{(k+1)}=\boldsymbol{x}^{(k)}+\alpha(\boldsymbol{b}-\boldsymbol{A}\boldsymbol{x}^{(k)})$ $(k=0,1,2,\cdots)$ 求解 $\boldsymbol{A}\boldsymbol{x}=\boldsymbol{b}$，问取什么实数 α 可使迭代收敛？什么 α 可使迭代收敛最快？

解 所给迭代公式的迭代矩阵为

$$\boldsymbol{B}=\boldsymbol{I}-\alpha\boldsymbol{A}=\begin{bmatrix}1-3\alpha & -2\alpha\\ -\alpha & 1-2\alpha\end{bmatrix}$$

其特征方程为

$$|\lambda\boldsymbol{I}-\boldsymbol{B}|=\begin{vmatrix}\lambda-(1-3\alpha) & 2\alpha\\ \alpha & \lambda-(1-2\alpha)\end{vmatrix}=0$$

即

$$\lambda^2-(2-5\alpha)\lambda+1-5\alpha+4\alpha^2=0$$
$$\lambda^2-(2-5\alpha)\lambda+(1-\alpha)(1-4\alpha)=0$$
$$[\lambda-(1-\alpha)][\lambda-(1-4\alpha)]=0$$

则

$$\lambda_1=1-\alpha\qquad\lambda_2=1-4\alpha$$

$$\rho(\boldsymbol{B})=\max\{|1-\alpha|,|1-4\alpha|\}=\begin{cases}1-4\alpha & (\alpha\leqslant 0)\\ 1-\alpha & \left(0<\alpha<\dfrac{2}{5}\right)\\ 4\alpha-1 & \left(\alpha\geqslant\dfrac{2}{5}\right)\end{cases}$$

当且仅当 $0<\alpha<\frac{1}{2}$ 时，$\rho(\boldsymbol{B})<1$，所以取 $0<\alpha<\frac{1}{2}$，迭代收敛；当 $\alpha=\frac{2}{5}$ 时，$\rho(\boldsymbol{B})$ 达到最小值 $\frac{3}{5}$，所以当 $\alpha=\frac{2}{5}$ 时迭代收敛最快.

定理 3.6.1 的结论为判断迭代法收敛提供了强有力的手段（充要条件）. 然而，谱半径 $\rho(\boldsymbol{B})$ 不容易求出，定理的条件不易验证. 因此，可以利用特征值上界 $\rho(\boldsymbol{B})\leqslant\|\boldsymbol{B}\|$ 的性质，给出如下条件较弱的结果，但要注意下面的定理是迭代法收敛的一个充分条件，而非充要条件.

定理 3.6.2 给定迭代公式 $\boldsymbol{x}^{(k+1)}=\boldsymbol{B}\boldsymbol{x}^{(k)}+\boldsymbol{f}$，则

（1）对任意的 $\boldsymbol{x}^{(0)}\in\mathbf{R}^n$，迭代格式(3.6.10)收敛的充分条件为范数 $\|\boldsymbol{B}\|<1$；

（2）有误差估计式：

$$\|\boldsymbol{x}^{(k)}-\boldsymbol{x}^*\|\leqslant\frac{\|\boldsymbol{B}\|^k}{1-\|\boldsymbol{B}\|}\|\boldsymbol{x}^{(1)}-\boldsymbol{x}^{(0)}\|\tag{3.6.11}$$

（3）有事后误差估计式：

$$\|\boldsymbol{x}^{(k)}-\boldsymbol{x}^*\|\leqslant\frac{\|\boldsymbol{B}\|}{1-\|\boldsymbol{B}\|}\|\boldsymbol{x}^{(k)}-\boldsymbol{x}^{(k-1)}\|\tag{3.6.12}$$

证 （1）由条件 $\|\boldsymbol{B}\|<1$ 及 $\rho(\boldsymbol{B})\leqslant\|\boldsymbol{B}\|$，从而

$$\rho(\boldsymbol{B})\leqslant\|\boldsymbol{B}\|<1$$

根据定理 3.6.1 迭代法收敛.

(2) 因为 $\rho(\boldsymbol{B})\leqslant\|\boldsymbol{B}\|<1$，故 $|\boldsymbol{I}-\boldsymbol{B}|\neq 0$，于是 $(\boldsymbol{I}-\boldsymbol{B})^{-1}$ 存在，方程组 $\boldsymbol{x}=\boldsymbol{B}\boldsymbol{x}+\boldsymbol{f}$ 有唯一解 $\boldsymbol{x}^*$，且 $\boldsymbol{x}^*=(\boldsymbol{I}-\boldsymbol{B})^{-1}\boldsymbol{f}$，从而有

$$\begin{aligned}\boldsymbol{x}^{(k)}-\boldsymbol{x}^* &= \boldsymbol{B}(\boldsymbol{x}^{(k-1)}-\boldsymbol{x}^*)=\boldsymbol{B}^k(\boldsymbol{x}^{(0)}-\boldsymbol{x}^*)\\ &= \boldsymbol{B}^k[\boldsymbol{x}^{(0)}-(\boldsymbol{I}-\boldsymbol{B})^{-1}\boldsymbol{f}]\\ &= \boldsymbol{B}^k(\boldsymbol{I}-\boldsymbol{B})^{-1}[(\boldsymbol{I}-\boldsymbol{B})\boldsymbol{x}^{(0)}-\boldsymbol{f}]\\ &= \boldsymbol{B}^k(\boldsymbol{I}-\boldsymbol{B})^{-1}(\boldsymbol{x}^{(0)}-\boldsymbol{x}^{(1)})\end{aligned}$$

取范数得

$$\|\boldsymbol{x}^{(k)}-\boldsymbol{x}^*\|\leqslant\|\boldsymbol{B}\|^k\cdot\|(\boldsymbol{I}-\boldsymbol{B})^{-1}\|\cdot\|\boldsymbol{x}^{(0)}-\boldsymbol{x}^{(1)}\| \tag{3.6.13}$$

又因为 $(\boldsymbol{I}-\boldsymbol{B})(\boldsymbol{I}-\boldsymbol{B})^{-1}=\boldsymbol{I}$，于是

$$(\boldsymbol{I}-\boldsymbol{B})^{-1}=\boldsymbol{I}+\boldsymbol{B}(\boldsymbol{I}-\boldsymbol{B})^{-1}$$

取范数得

$$\|(\boldsymbol{I}-\boldsymbol{B})^{-1}\|=\|\boldsymbol{I}+\boldsymbol{B}(\boldsymbol{I}-\boldsymbol{B})^{-1}\|\leqslant\|\boldsymbol{I}\|+\|\boldsymbol{B}\|\cdot\|(\boldsymbol{I}-\boldsymbol{B})^{-1}\|$$

移项得

$$\|(\boldsymbol{I}-\boldsymbol{B})^{-1}\|\leqslant\frac{1}{1-\|\boldsymbol{B}\|} \tag{3.6.14}$$

将此式代入式(3.6.13)，即得

$$\|\boldsymbol{x}^{(k)}-\boldsymbol{x}^*\|\leqslant\frac{\|\boldsymbol{B}\|^k}{1-\|\boldsymbol{B}\|}\|\boldsymbol{x}^{(1)}-\boldsymbol{x}^{(0)}\|$$

有了误差估计式(3.6.11)，根据事先给定的精度 ε，可以估算出迭代的次数 k：

$$k\geqslant\frac{\ln\dfrac{\varepsilon(1-\|\boldsymbol{B}\|)}{\|\boldsymbol{x}^{(1)}-\boldsymbol{x}^{(0)}\|}}{\ln\|\boldsymbol{B}\|} \tag{3.6.15}$$

(3) 由于

$$\begin{aligned}\boldsymbol{x}^{(k)}-\boldsymbol{x}^* &= \boldsymbol{B}(\boldsymbol{x}^{(k-1)}-\boldsymbol{x}^*)=\boldsymbol{B}[\boldsymbol{x}^{(k-1)}-(\boldsymbol{I}-\boldsymbol{B})^{-1}f\\ &= \boldsymbol{B}(\boldsymbol{I}-\boldsymbol{B})^{-1}[x^{(k-1)}-\boldsymbol{B}\boldsymbol{x}^{(k-1)}-\boldsymbol{f}]\\ &= \boldsymbol{B}(\boldsymbol{I}-\boldsymbol{B})^{-1}(\boldsymbol{x}^{(k-1)}-\boldsymbol{x}^{(k)})\end{aligned}$$

故

$$\|\boldsymbol{x}^{(k)}-\boldsymbol{x}^*\|\leqslant\|\boldsymbol{B}\|\,\|(\boldsymbol{I}-\boldsymbol{B})^{-1}\|\,\|\boldsymbol{x}^{(k-1)}-\boldsymbol{x}^{(k)}\|\leqslant\frac{\|\boldsymbol{B}\|}{1-\|\boldsymbol{B}\|}\|\boldsymbol{x}^{(k)}-\boldsymbol{x}^{(k-1)}\|$$

由定理 3.6.2 的结论(3)知，为了使 $\|\boldsymbol{x}^{(k)}-\boldsymbol{x}^*\|<\varepsilon$，只要

$$\|\boldsymbol{x}^{(k)}-\boldsymbol{x}^{(k-1)}\|\leqslant\frac{\|\boldsymbol{B}\|}{1-\|\boldsymbol{B}\|}\varepsilon$$

即可.实际计算时，当 $\|\boldsymbol{B}\|$ 不太接近 1 时，可用 $\|\boldsymbol{x}^{(k)}-\boldsymbol{x}^{(k-1)}\|<\varepsilon$ 作为停机准则，$\boldsymbol{x}^{(k)}$ 即为满足精度之近似解.

例 3.6.2　给定线性方程组：

$$\begin{bmatrix}2 & -1 & 1\\ 1 & 1 & 1\\ 1 & 1 & -2\end{bmatrix}\begin{bmatrix}x_1\\ x_2\\ x_3\end{bmatrix}=\begin{bmatrix}1\\ 1\\ 1\end{bmatrix}$$

讨论采用 Jacobi 迭代法和 Gauss-Seidel 迭代法求解时的收敛性.

解 按构造 Jacobi 迭代法和 Gauss-Seidel 迭代法对系数矩阵的分解形式：

$$\boldsymbol{A}=\boldsymbol{L}+\boldsymbol{D}+\boldsymbol{U}$$

有

$$\boldsymbol{A}=\begin{bmatrix}2 & -1 & 1\\ 1 & 1 & 1\\ 1 & 1 & -2\end{bmatrix}=\boldsymbol{L}+\boldsymbol{D}+\boldsymbol{U}=\begin{bmatrix}0 & & \\ 1 & 0 & \\ 1 & 1 & 0\end{bmatrix}+\begin{bmatrix}2 & & \\ & 1 & \\ & & -2\end{bmatrix}+\begin{bmatrix}0 & -1 & 1\\ & 0 & 1\\ & & 0\end{bmatrix}$$

$$\boldsymbol{B}_{\mathrm{J}}=-\boldsymbol{D}^{-1}(\boldsymbol{L}+\boldsymbol{U})=-\begin{bmatrix}\frac{1}{2} & & \\ & 1 & \\ & & -\frac{1}{2}\end{bmatrix}\begin{bmatrix}0 & -1 & 1\\ 1 & 0 & 1\\ 1 & 1 & 0\end{bmatrix}=\begin{bmatrix}0 & \frac{1}{2} & -\frac{1}{2}\\ -1 & 0 & -1\\ \frac{1}{2} & \frac{1}{2} & 0\end{bmatrix}$$

其特征方程为

$$|\lambda\boldsymbol{I}-\boldsymbol{B}_{\mathrm{J}}|=\begin{vmatrix}\lambda & -\frac{1}{2} & \frac{1}{2}\\ 1 & \lambda & 1\\ -\frac{1}{2} & -\frac{1}{2} & \lambda\end{vmatrix}=\lambda^3+\frac{5}{4}\lambda=0$$

解得

$$\lambda_1=0 \qquad \lambda_2=\frac{\sqrt{5}}{2}\mathrm{i} \qquad \lambda_3=-\frac{\sqrt{5}}{2}\mathrm{i}$$

由于 $\rho(\boldsymbol{B}_{\mathrm{J}})=\frac{\sqrt{5}}{2}>1$，故 Jacobi 迭代法发散.

对 Gauss-Seidel 迭代法，其迭代矩阵为

$$\boldsymbol{B}_{\mathrm{G}}=-(\boldsymbol{D}+\boldsymbol{L})^{-1}\boldsymbol{U}=\begin{bmatrix}0 & \frac{1}{2} & -\frac{1}{2}\\ 0 & -\frac{1}{2} & -\frac{1}{2}\\ 0 & 0 & -\frac{1}{2}\end{bmatrix}$$

其特征值为

$$\lambda_1=0 \qquad \lambda_{2,3}=-\frac{1}{2}$$

由于 $\rho(\boldsymbol{B}_{\mathrm{G}})=\frac{1}{2}<1$，故 Gauss-Seidel 迭代法收敛.

例 3.6.3 设有方程组：

$$\begin{cases}10x_1 - x_2 + 2x_3 = 6 \\ -x_1 + 11x_2 - x_3 + 3x_4 = 25 \\ 2x_1 - x_2 + 10x_3 - x_4 = -11 \\ 3x_2 - x_3 + 8x_4 = 15\end{cases}$$

试建立 Jacobi 迭代格式，并考查 Jacobi 迭代的收敛性.

解 先将方程组化为如下等价方程组：

$$\begin{cases}x_1 = \dfrac{1}{10}(6 + x_2 - 2x_3) \\ x_2 = \dfrac{1}{11}(25 + x_1 + x_3 - 3x_4) \\ x_3 = \dfrac{1}{10}(-11 - 2x_1 + x_2 + x_4) \\ x_4 = \dfrac{1}{8}(15 - 3x_2 + x_3)\end{cases}$$

则 Jacobi 迭代格式如下：

$$\begin{cases}x_1^{(k+1)} = \dfrac{1}{10}(6 + x_2^{(k)} - 2x_3^{(k)}) \\ x_2^{(k+1)} = \dfrac{1}{11}(25 + x_1^{(k)} + x_3^{(k)} - 3x_4^{(k)}) \\ x_3^{(k+1)} = \dfrac{1}{10}(-11 - 2x_1^{(k)} + x_2^{(k)} + x_4^{(k)}) \\ x_4^{(k+1)} = \dfrac{1}{8}(15 - 3x_2^{(k)} + x_3^{(k)})\end{cases} \quad (k = 0,1,2,\cdots)$$

其 Jacobi 迭代阵为

$$\boldsymbol{B}_{\mathrm{J}} = \begin{bmatrix} 0 & \dfrac{1}{10} & -\dfrac{2}{10} & 0 \\ \dfrac{1}{11} & 0 & \dfrac{1}{11} & -\dfrac{3}{11} \\ -\dfrac{2}{10} & \dfrac{1}{10} & 0 & \dfrac{1}{10} \\ 0 & -\dfrac{3}{8} & \dfrac{1}{8} & 0 \end{bmatrix}$$

$$\| \boldsymbol{B}_{\mathrm{J}} \|_{\infty} = \max\left\{\frac{3}{10}, \frac{5}{11}, \frac{4}{10}, \frac{4}{8}\right\} = \frac{4}{8} = \frac{1}{2} < 1$$

故解此方程组的 Jacobi 迭代法收敛.

定理 3.6.3 用 Jacobi 迭代或 Gauss-Seidel 迭代求线性代数方程组 $\boldsymbol{Ax}=\boldsymbol{b}$，有下列收敛性结果：

(1) 若 $\boldsymbol{A}$ 为按行(或按列)严格对角占优或者 $\boldsymbol{A}$ 为按行(或按列)弱对角占优且为不可约矩阵，则 Jacobi 迭代和 Gauss-Seidel 迭代收敛.

(2) 若 $\boldsymbol{A}$ 对称正定，则 Gauss-Seidel 迭代收敛.

注意 系数矩阵对称正定并不能保证 Jacobi 迭代法收敛，它只能保证 Gauss-Seidel 迭代法收敛. $\boldsymbol{A}$ 对称正定，Jacobi 迭代收敛必需当且仅当矩阵 $2\boldsymbol{D}-\boldsymbol{A}$ 也对称正定.

例 3.6.4 给定线性方程组 $\boldsymbol{Ax}=\boldsymbol{b}$，其中：$\boldsymbol{A}=\begin{bmatrix}1 & 0.5 & 0.5\\ 0.5 & 1 & 0.5\\ 0.5 & 0.5 & 1\end{bmatrix}$. 证明 Jacobi 迭代法发散，而 Gauss-Seidel 迭代法收敛.

证 (1) Jacobi 迭代矩阵的特征方程为

$$\begin{vmatrix}\lambda & 0.5 & 0.5\\ 0.5 & \lambda & 0.5\\ 0.5 & 0.5 & \lambda\end{vmatrix}=0\Rightarrow\left(\lambda-\frac{1}{2}\right)^2(\lambda+1)=0$$

解得

$$\lambda_1=\frac{1}{2}\qquad \lambda_2=\frac{1}{2}\qquad \lambda_3=-1$$

因而 $\rho(\boldsymbol{B}_{\mathrm{J}})=1$，则 Jacobi 迭代发散.

(2) 显然 $\boldsymbol{A}$ 是对称矩阵，$|\boldsymbol{A}_1|=|1|>0$，$|\boldsymbol{A}_2|=\begin{vmatrix}1 & 0.5\\ 0.5 & 1\end{vmatrix}=0.75>0$，则

$$|\boldsymbol{A}|=\begin{vmatrix}1 & 0.5 & 0.5\\ 0.5 & 1 & 0.5\\ 0.5 & 0.5 & 1\end{vmatrix}=0.5>0$$

因而 $\boldsymbol{A}$ 为对称正定矩阵，故 Gauss-Seidel 迭代收敛.

例 3.6.5 设方程 $\boldsymbol{Ax}=\boldsymbol{b}$，其中：$\boldsymbol{A}=\begin{bmatrix}1 & 2 & -2\\ 1 & 1 & 1\\ 2 & 2 & 1\end{bmatrix}$. 试讨论解此方程的 Jacobi 迭代法和 Gauss-Seidel 迭代法的收敛性.

解 由 Jacobi 迭代法公式易得 Jacobi 迭代法的迭代矩阵 $\boldsymbol{B}_{\mathrm{J}}=\begin{bmatrix}0 & -2 & 2\\ -1 & 0 & -1\\ -2 & -2 & 0\end{bmatrix}$，因此，由

$$|\lambda\boldsymbol{I}-\boldsymbol{B}_{\mathrm{J}}|=\begin{vmatrix}\lambda & 2 & -2\\ 1 & \lambda & 1\\ 2 & 2 & \lambda\end{vmatrix}=\lambda^3=0\rightarrow\lambda_1=\lambda_2=\lambda_3=0$$

即 $\rho(\boldsymbol{B}_J)=0<1$，知 Jacobi 迭代法收敛.

将 $\boldsymbol{A}$ 写成

$$\boldsymbol{A}=\begin{bmatrix}1 & & \\ & 1 & \\ & & 1\end{bmatrix}+\begin{bmatrix}0 & & \\ 1 & 0 & \\ 2 & 2 & 0\end{bmatrix}+\begin{bmatrix}0 & 2 & -2\\ & 0 & 1\\ & & 0\end{bmatrix}$$

易得 Gauss-Seidel 迭代法的迭代矩阵：

$$\boldsymbol{B}_{GS}=\begin{bmatrix}0 & -2 & 2\\ 0 & 2 & -3\\ 0 & 0 & 2\end{bmatrix}$$

又

$$|\lambda\boldsymbol{I}-\boldsymbol{B}_{GS}|=\begin{vmatrix}\lambda & 2 & -2\\ 0 & \lambda-2 & 3\\ 0 & 0 & \lambda-2\end{vmatrix}=\lambda(\lambda-2)^2=0\rightarrow\lambda_1=0,\lambda_{2,3}=2$$

即 $\rho(\boldsymbol{B}_{GS})=2>1$，知 Gauss-Seidel 迭代法不收敛.

注意　一般而言，Gauss-Seidel 迭代法比 Jacobi 迭代法要好，但情况并非总是这样，有时 Gauss-Seidel 迭代法比 Jacobi 迭代法收敛得慢，我们已经举出 Jacobi 迭代法收敛，但 Gauss-Seidel 迭代法反而发散的例子. 例 3.6.5 表明：Gauss-Seidel 迭代法虽是 Jacobi 迭代法的改进，但它们的收敛范围不是包含关系，故不能笼统地说哪一种方法好.

定理 3.6.4　对线性代数方程组 $\boldsymbol{Ax}=\boldsymbol{b}$：

(1) 若 $\boldsymbol{A}$ 为对称正定矩阵，则当 $0<\omega<2$ 时，SOR 迭代收敛.

(2) 若 $\boldsymbol{A}$ 为按行（或按列）严格对角占优矩阵，则当 $0<\omega\leqslant 1$ 时，SOR 迭代收敛.

3.7 数值实验

3.7.1 列主元 Gauss 消元法

程序与实例：

例 3.7.1　解下列方程组：

$$\begin{bmatrix}0.729 & 0.81 & 0.9\\ 1 & 1 & 1\\ 1.331 & 1.21 & 1.1\end{bmatrix}\begin{bmatrix}x_1\\ x_2\\ x_3\end{bmatrix}=\begin{bmatrix}0.6867\\ 0.8338\\ 1.000\end{bmatrix}$$

编写 Matlab 命令 M 文件 chap3_1 如下：

```
clear
fprintf('增广矩阵')
A=[0.729,0.81,0.9,0.6867;1,1,1,0.8338;1.331,1.21,1.1,1.000]
%输入增广矩阵
%第一次选主元,第三行和第一行交换
fprintf('第一次选主元后的增广矩阵')
tempo=A(3,:);A(3,:)=A(1,:);A(1,:)=tempo;A
%第一次消元
fprintf('第一次消元后的增广矩阵')
A(2,:)=A(2,:)-A(1,:)*A(2,1)/A(1,1);
A(3,:)=A(3,:)-A(1,:)*A(3,1)/A(1,1);A
%第二次选主元,第三行和第二行交换
fprintf('第二次选主元后的增广矩阵')
tempo=A(3,:);A(3,:)=A(2,:);A(2,:)=tempo
%第二次消元
fprintf('第二次消元后的增广矩阵')
A(3,:)= A(3,:)- A(2,:)* A(3,2)/A(2,2);A
%回代求解
fprintf('回代求解')
x(3)=A(3,4)/A(3,3);
x(2)=(A(2,4)-A(2,3)*x(3))/A(2,2);
x(1)=(A(1,4)-A(1,2:3)*x(2:3)')/A(1,1);
x
```

在命令窗口调用 M 文件 chap3_1：

```
>>chap3_1
```

增广矩阵：

```
A=
    0.7290    0.8100    0.9000    0.6867
    1.0000    1.0000    1.0000    0.8338
    1.3310    1.2100    1.1000    1.0000
```

第一次选主元后的增广矩阵：

```
A=
    1.3310    1.2100    1.1000    1.0000
    1.0000    1.0000    1.0000    0.8338
    0.7290    0.8100    0.9000    0.6867
```

第一次消元后的增广矩阵：

```
A=
    1.3310    1.2100    1.1000    1.0000
    0         0.0909    0.1736    0.0825
    0         0.1473    0.2975    0.1390
```

第二次选主元后的增广矩阵：

```
A=
   1.3310    1.2100    1.1000    1.0000
   0         0.1473    0.2975    0.1390
   0         0.0909    0.1736    0.0825
```

第二次消元后的增广矩阵：

```
A=
   1.3310    1.2100     1.1000     1.0000
   0         0.1473     0.2975     0.1390
   0         0         -0.0101    -0.0033
```

回代求解：

```
x=
   0.2245    0.2814    0.3279
```

下面给出一个求解线性代数方程组的列主元 Gauss 消元法的通用程序.

```
function x=Gauss_lzy(A,b)
%求解方程组的列主元 Gauss 消元法
%A 为方程组系数矩阵,b 为方程组右端向量,x 为方程组的解
[n,m]=size(A);nb=length(b);
if n~=m
    error('%系数矩阵必须是方的!');
end
if m~=nb
    error('%b 的维数与方程的行数不匹配!');
end
for k=1:n-1
    %选主元
    a_max=0;
    for i=k:n
        if abs(A(i,k))>a_max
            a_max=abs(A(i,k));r=i;
        end
    end
    if a_max<1e-15
        error('%系数矩阵奇异,无法求解方程组');
    end
    %交换两行
    if r>k
        for j=k:n
```

```
            z=A(k,j);A(k,j)=A(r,j);A(r,j)=z;
        end
        z=b(k);b(k)=b(r);b(r)=z;
    end
    %消元过程
    for i=k+1:n
        m=A(i,k)/A(k,k);
        for j=k+1:n
            A(i,j)=A(i,j)-m*A(k,j);
        end
        b(i)=b(i)-m*b(k);
    end
end
%回代过程
if abs(A(n,n))<1e-15
    error('%系数矩阵奇异,无法求解方程组!');
end
x=zeros(size(b));
for k=n:-1:1
    for j=k+1:n
        b(k)=b(k)-A(k,j)*x(j);
    end
    x(k)=b(k)/A(k,k);
end
```

例 3.7.2 用上述给出的列主元通用程序重新求解例 3.7.1.

在命令窗口输入：

```
>>A=[0.729,0.81,0.9;1,1,1;1.331,1.21,1.1];b=[0.6867,0.8338,1.000]';
>>x=Gauss_lzy(A,b)
```

得到结果：

```
x=
    0.2245
    0.2814
    0.3279
```

3.7.2 方程组的状态与条件数

例 3.7.3 n 阶 Hilbert 矩阵

$$H_n=\begin{bmatrix}1 & \frac{1}{2} & \cdots & \frac{1}{n}\\ \frac{1}{2} & \frac{1}{3} & \cdots & \frac{1}{n+1}\\ \vdots & \vdots & & \vdots\\ \frac{1}{n} & \frac{1}{n+1} & \cdots & \frac{1}{2n-1}\end{bmatrix}$$

是常见的病态矩阵，即 $H=[a_{ij}]$，其中，$a_{ij}=\frac{1}{i+j-1}$. 计算从 3×3 到 14×14 的 Hilbert 矩阵的条件数、行列式和 $\det(H)\det(H^{-1})$.

编写 Matlab 命令 M 文件 chap3_2 如下：

```
clear
for n=3:14
    for i=1:n
      for j=1:n
        a(i,j)=1/(i+j-1);
      end
    end
    c=cond(a);
    d=det(a);
    dd=det(a)*det(a∧(-1));
    fprintf('n=%3.0f  cond(a)=%e  det=%e  det*det=%4.2f\n',n,c,d,dd)
end
```

在命令窗口调用 M 文件 chap3_2：

```
>>chap3_2
n=3   cond(a)=5.240568e+002   det=4.629630e-004    det*det=1.00
n=4   cond(a)=1.551374e+004   det=1.653439e-007    det*det=1.00
n=5   cond(a)=4.766073e+005   det=3.749295e-012    det*det=1.00
n=6   cond(a)=1.495106e+007   det=5.367300e-018    det*det=1.00
n=7   cond(a)=4.753674e+008   det=4.835803e-025    det*det=1.00
n=8   cond(a)=1.525758e+010   det=2.737050e-033    det*det=1.00
n=9   cond(a)=4.931544e+011   det=9.720265e-043    det*det=1.00
n=10  cond(a)=1.602529e+013   det=2.164405e-053    det*det=1.00
n=11  cond(a)=5.223946e+014   det=3.027279e-065    det*det=1.00
n=12  cond(a)=1.794510e+016   det=2.858071e-078    det*det=0.95
n=13  cond(a)=3.754394e+018   det=4.448044e-092    det*det=0.55
n=14  cond(a)=4.074634e+017   det=-3.922000e-107   det*det=-2.72
```

计算结果表明：条件数在 $n=5$ 时已很大，并且当 n 增加时以很快的速度增大.

对于病态矩阵、逆矩阵和行列式的计算都会变得不精确，一般而言，具备下列特征的矩阵可认为是病态的：

(1) $\det(\boldsymbol{A})\det(\boldsymbol{A}^{-1})$的计算值与1有较大的偏差.

(2) inv(inv(**A**))的计算值明显不等于**A**.

(3) **A** * inv(**A**)的计算值与单位矩阵有较大的偏差.

(4) cond(**A** * inv(**A**))与1的偏差可作为**A** * inv(**A**)与单位矩阵的偏差精确度.

上面的例3.7.3中，从$n=12$开始$\det(\boldsymbol{A})\det(\boldsymbol{A}^{-1})$与1有了明显的偏差.

例 3.7.4 用MATLAB软件求解线性方程组

$$H_n x = b$$

其中$b=H_n e$，$e=(1,1,\cdots,1)^{\mathrm{T}}$.

这个问题理论上没有什么困难，其解为$x=e=(1,1,\cdots,1)^{\mathrm{T}}$.

```
>>n=5;H=hilb(n);b=H*ones(n,1);
>>x=H\b;x'
ans=
     1.0000    1.0000    1.0000    1.0000    1.0000
```

其解没有任何问题.

```
>>n=10;H=hilb(n);b=H*ones(n,1);
>>x=H\b;x'
ans=
     Columns 1 through 6
        1.0000    1.0000    1.0000    1.0000    0.9999    1.0003
     Columns 7 through 10
        0.9995    1.0005    0.9997    1.0001
```

其解虽然有误差，但解还可以接受.

```
>>n=18;H=hilb(n);b=H*ones(n,1);
>>x=H\b;x'
Warning:Matrix is close to singular or badly scaled.
           Results may be inaccurate. RCOND=1.076656e-019.
ans=
      Columns 1 through 10
        1.0000  1.0000  0.9995  1.0094  0.9125  1.4581  -0.3280  2.
      5715  3.1666  -9.1109
      Columns 11 through 18
        12.7460  3.3412  -15.8304  8.8498  15.8088  -20.7844  12.4242
        -1.2337
```

此时方程组的解已经面目全非了，基本上看不出解的各个分量为1. 为什么会出现这种情况呢？分析其原因，Hilbert 矩阵是严重病态的矩阵.

3.7.3　Jacobi 与 Gauss-Seidel 迭代法

程序与实例：

例 3.7.5　Jacobi 迭代法与 Gauss-Seidel 迭代法的比较.

用 Jacobi 迭代法与 Gauss-Seidel 迭代法解下列方程组：

$$\begin{bmatrix} 1 & 2 & -2 \\ 1 & 1 & 1 \\ 2 & 2 & 1 \end{bmatrix}\begin{bmatrix} x_1 \\ x_2 \\ x_3 \end{bmatrix}=\begin{bmatrix} 6 \\ 6 \\ 11 \end{bmatrix}$$

1. Jacobi 迭代法

(1) 用分量形式进行迭代.

编写 Matlab 命令 M 文件 chap3_3 如下：

```
clear;
fprintf('Jacobi 迭代法')
x1_(1)=0;
x2_(1)=0;
x3_(1)=0;
for i=1:10
x1_(i+1)=6-2*x2_(i)+2*x3_(i);
x2_(i+1)=6-x1_(i)-x3_(i);
x3_(i+ 1)=11-2*x1_(i)-2*x2_(i);
end
x=[x1_',x2_',x3_']
```

在命令窗口调用 M 文件 chap3_3：

```
>>chap3_3
Jacobi 迭代法
x=0     0     0
   6     6    11
  16   -11   -13
   2     3     1
   2     3     1
   2     3     1
   2     3     1
   2     3     1
   2     3     1
   2     3     1
   2     3     1
```

(2) 用矩阵的形式进行迭代.

编写 Matlab 命令 M 文件 Jacobi 如下：

```
function x=Jacobi(A,b,x0,eps)
D=diag(diag(A));
D=inv(D);
L=tril(A,-1);
U=triu(A,1);
B=-D*(L+U);
f=D*b;
k=0;
x0=x0;
x=B*x0+f;
fprintf('k  x1_(k)  x2_(k)  x3_(k)\n')
fprintf('%2d  %4.0f  %4.0f  %4.0f\n',k,x0)
while norm(x-x0)>=eps
     x0=x;
     x=B*x0+f;
     k=k+1;
     fprintf('%2d  %4.0f  %4.0f  %4.0f\n',k,x0)
end
```

在命令窗口调用 M 文件 Jacobi：

```
>>A=[1,2,-2;1,1,1;2,2,1];
>>b=[6;6;11];
>>x0=[0;0;0];
>>eps=1e-3;
>>x=Jacobi(A,b,x0,eps);
```

```
      k      x1_(k)     x2_(k)     x3_(k)
      0        0          0          0
      1        6          6         11
      2       16        -11        -13
      3        2          3          1
```

从结果可以看出，在第 4 步的时候，已经收敛到精确解. 其收敛原因是：在迭代公式中，迭代矩阵

```
>>B=[0 -2 2;-1 0 -1;-2 -2 0]
B=  0    -2     2
   -1     0    -1
   -2    -2     0
```

其特征向量、特征值为

```
>>[v,d]=eig(B)
v=  0.5773+0.0000i      0.5773-0.0000i      0.5774
   -0.5774-0.0000i     -0.5774+0.0000i     -0.5774
   -0.5774             -0.5774             -0.5773
d=1.0e-005*
   -0.4588+0.7946i      0                   0
    0                  -0.4588-0.7946i      0
    0                   0                   0.9175
```

所以 $\boldsymbol{B}$ 的谱半径小于1,Jacobi 迭代法收敛.

2. Gauss-Seidel 迭代法

(1) 用分量形式进行迭代.

编写 Matlab 命令 M 文件 chap3_4 如下:

```
clear;
fprintf('Gauss-Seidel 迭代法:')
x1_(1)=0;
x2_(1)=0;
x3_(1)=0;
for i=1:10
x1_(i+1)=6-2*x2_(i)+2*x3_(i);
x2_(i+1)=6-x1_(i+1)-x3_(i);
x3_(i+1)=11-2*x1_(i+1)-2*x2_(i+1);
end
x=[x1_',x2_',x3_']
```

在命令窗口调用 M 文件 chap3_4:

```
>>chap3_4
```

Gauss-Seidel 迭代法:

```
x=
         0         0         0
         6         0        -1
         4         3        -3
        -6        15        -7
       -38        51       -15
      -126       147       -31
      -350       387       -63
      -894       963      -127
     -2174      2307      -255
     -5118      5379      -511
    -11774     12291     -1023
```

（2）使用矩阵的形式进行迭代.

编写 Matlab 命令 M 文件 Gauss-Seidel 如下：

```
function x=GaussSidel(A,b,x0)
D=diag(diag(A));
L=tril(A,-1);
C=inv(D+L);
U=triu(A,1);
B=-C*U;
f=C*b;
i=0;
x0=x0;
x=B*x0+f;
fprintf('k  x1_(k)  x2_(k)  x3_(k)\n')
fprintf('%2d  %10.4f  %10.4f  %10.4f\n',i,x0)
for i=1:10
    x0=x;
    x=B*x0+f;
    fprintf('%2d  %10.4f  %10.4f  %10.4f\n',i,x)
end
```

在命令窗口调用 M 文件 Gauss-Seidel：

```
>>A=[1,2,-2;1,1,1;2,2,1];
>>b=[6;6;11];
>>x0=[0;0;0];
>>x=Gauss-Seidel(A,b,x0);
 k        x1_(k)       x2_(k)       x3_(k)
 0        0.0000       0.0000       0.0000
 1        4.0000       3.0000      -3.0000
 2       -6.0000      15.0000      -7.0000
 3      -38.0000      51.0000     -15.0000
 4     -126.0000     147.0000     -31.0000
 5     -350.0000     387.0000     -63.0000
 6     -894.0000     963.0000    -127.0000
 7    -2174.0000    2307.0000    -255.0000
 8    -5118.0000    5379.0000    -511.0000
 9   -11774.0000   12291.0000   -1023.0000
10   -26622.0000   27651.0000   -2047.0000
```

注意 本例中 Gauss-Seidel 迭代法明显不收敛. 其不收敛的原因是，在迭代公式迭代阵 $\boldsymbol{B}$ 的谱半径大于 1.

```
>>B=[0 -2 2;0 2 - 3;0 0 2]
B=0     -2      2
  0      2     -3
  0      0      2
>>[v,d]=eig(B)
v=1.0000  -0.7071  -0.7071
  0        0.7071   0.7071
  0        0        0.0000
d=0  0  0
  0  2  0
  0  0  2
```

因此例 3.7.5 中 Gauss-Seidel 迭代法不收敛.

3.7.4 超松弛迭代法

例 3.7.6 用超松弛迭代法求解有一电路得到的方程组：

$$\begin{cases}\left(\dfrac{1}{2}+\dfrac{1}{4}+\dfrac{1}{3}\right)e_a-\dfrac{1}{4}e_b-\dfrac{1}{3}e_c=\dfrac{20}{2}\\-\dfrac{1}{4}e_a+\left(\dfrac{1}{4}+\dfrac{1}{3}+\dfrac{1}{5}\right)e_b-\dfrac{1}{5}e_c=0\\-\dfrac{1}{3}e_a-\dfrac{1}{5}e_b+\left(\dfrac{1}{3}+\dfrac{1}{3}+\dfrac{1}{5}\right)e_c=\dfrac{5}{3}\end{cases}$$

编写 Matlab 命令 M 文件 chap3_5 如下：

```
a(1,1)=1/2+1/4+1/3;a(1,2)=-1/4;a(1,3)=-1/3;
a(2,1)=a(1,2);a(2,2)=1/4+1/3+1/5;a(2,3)=-1/5;
a(3,1)=a(1,3);a(3,2)=a(2,3);a(3,3)=1/3+1/5+1/3;
y(1)=20/2;y(2)=0;y(3)=5/3;
x=zeros(1,3);
w=1.2;
for it=1:50
     error=0;
     for i=1:3
       s=0;xb=x(i);
       for j=1:3
         if i~=j,s=s+a(i,j)*x(j);end
       end
       x(i)=w*(y(i)-s)/a(i,i)+(1-w)*x(i);
       error=error+abs(x(i)-xb);
     end
```

```
    fprintf('It.no.=%3.0f,error=%7.2e\n',it,error)
    if error/3<0.0001,break;end
end
x
```

在命令窗口调用 M 文件 chap3_5：

```
>>chap3_5
 It.no.=1,  error=2.39e+001
 It.no.=2,  error=4.75e+000
 It.no.=3,  error=7.24e-001
 It.no.=4,  error=2.64e-001
 It.no.=5,  error=5.03e-002
 It.no.=6,  error=1.36e-002
 It.no.=7,  error=4.39e-003
 It.no.=8,  error=1.16e-003
 It.no.=9,  error=3.03e-004
 It.no.=10, error=8.55e-005
x=
  13.3453    6.4401    8.5420
```

所以原方程组的解为

$$\begin{cases} e_a = 13.3453 \\ e_b = 6.4401 \\ e_c = 8.5420 \end{cases}$$

习　题

1. 用 Gauss 消元法解下列方程组：

(1) $\begin{cases} 2x_1 + x_2 + 4x_3 = -1 \\ 3x_1 + 2x_2 + x_3 = 4 \\ x_1 + 2x_2 + 4x_3 = -1 \end{cases}$；　(2) $\begin{bmatrix} 1 & 2 & 3 \\ 0 & 1 & 2 \\ 2 & 4 & 1 \end{bmatrix}\begin{bmatrix} x_1 \\ x_2 \\ x_3 \end{bmatrix} = \begin{bmatrix} 14 \\ 8 \\ 13 \end{bmatrix}$.

2. 以二元线性方程组

$$\begin{bmatrix} a_{11} & a_{12} \\ a_{21} & a_{22} \end{bmatrix}\begin{bmatrix} x_1 \\ x_2 \end{bmatrix} = \begin{bmatrix} b_1 \\ b_2 \end{bmatrix}$$

为例，说明用 Gauss 消元法求解时为什么要选主元？

3. 用列主元 Gauss 消元法求解下列方程组：

(1) $\begin{cases} 2x_1 + 3x_2 + 5x_3 = 5 \\ 3x_1 + 4x_2 + 8x_3 = 6 \\ x_1 + 3x_2 + 3x_3 = 5 \end{cases}$；　(2) $\begin{bmatrix} 2 & 4 & 0 \\ 3 & -1 & 1 \\ -2 & -2 & 0 \end{bmatrix}\begin{bmatrix} x_1 \\ x_2 \\ x_3 \end{bmatrix} = \begin{bmatrix} 5 \\ 9 \\ 3 \end{bmatrix}$.

4. 设 $\boldsymbol{A}$ 是对称正定矩阵，经过 Gauss 消元法一步后，$\boldsymbol{A}$ 约化为 $\begin{bmatrix} a_{11} & \boldsymbol{\alpha}_1^{\mathrm{T}} \\ 0 & \boldsymbol{A}_2 \end{bmatrix}$，其中，$\boldsymbol{A}=(a_{ij})_{n\times n}$；$\boldsymbol{A}_2=(a_{ij}^{(2)})_{(n-1)\times(n-1)}$. 证明：

(1) $\boldsymbol{A}$ 的对角元素 $a_{ii}>0$ $(i=1,2,\cdots,n)$；

(2) $\boldsymbol{A}_2$ 是对称正定矩阵；

(3) $a_{ii}^{(2)}\leqslant a_{ii}$ $(i=2,3,\cdots,n)$；

(4) $\boldsymbol{A}$ 的绝对值最大的元素必在对角线上；

(5) $\max\limits_{2\leqslant i,j\leqslant n}|a_{ij}^{(2)}|\leqslant\max\limits_{2\leqslant i,j\leqslant n}|a_{ij}|$；

(6) 如果 $|a_{ij}|<1$，则对所有 k 满足 $|a_{ij}^{(k)}|<1$.

5. 用 Doolittle 分解计算下列线性代数方程组：

$$\boldsymbol{Ax}=\boldsymbol{b}$$

其中，

$$\boldsymbol{A}=\begin{bmatrix} 2 & 1 & 1 \\ 2 & 3 & 2 \\ 2 & 3 & 4 \end{bmatrix} \qquad \boldsymbol{b}=\begin{bmatrix} 4 \\ 7 \\ 9 \end{bmatrix}$$

6. 试用基于 Doolittle 分解的追赶法解下列三对角方程组：

$$\begin{bmatrix} 3 & 1 & 0 \\ 2 & 4 & 1 \\ 0 & 2 & 5 \end{bmatrix}\begin{bmatrix} x_1 \\ x_2 \\ x_3 \end{bmatrix}=\begin{bmatrix} -1 \\ 7 \\ 9 \end{bmatrix}$$

7. 用平方根法(Cholesky 分解法)求解线性方程组 $\boldsymbol{Ax}=\boldsymbol{b}$，其中：

$$\boldsymbol{A}=\begin{bmatrix} 1 & 1 & 1 & \cdots & 1 \\ 1 & 2 & 2 & \cdots & 2 \\ 1 & 2 & 3 & \cdots & 3 \\ \vdots & \vdots & \vdots & & \vdots \\ 1 & 2 & 3 & \cdots & n \end{bmatrix} \qquad \boldsymbol{b}=\begin{bmatrix} n \\ n-1 \\ n-2 \\ \vdots \\ 2 \\ 1 \end{bmatrix}$$

8. 用改进平方根法求解线性方程组：

(1) $\begin{bmatrix} 3 & 3 & 5 \\ 3 & 5 & 9 \\ 5 & 9 & 17 \end{bmatrix}\begin{bmatrix} x_1 \\ x_2 \\ x_3 \end{bmatrix}=\begin{bmatrix} 10 \\ 16 \\ 30 \end{bmatrix}$；　(2) $\begin{bmatrix} 2 & -1 & 1 \\ -1 & -2 & 3 \\ 1 & 3 & 1 \end{bmatrix}\begin{bmatrix} x_1 \\ x_2 \\ x_3 \end{bmatrix}=\begin{bmatrix} 4 \\ 5 \\ 6 \end{bmatrix}$.

9. (1) 设 $\boldsymbol{x}=(3,-1,5,8)^{\mathrm{T}}$，求 $\|\boldsymbol{x}\|_1$，$\|\boldsymbol{x}\|_\infty$，$\|\boldsymbol{x}\|_2$；

(2) 已知 $\boldsymbol{A}=\begin{bmatrix} 4 & -3 \\ -1 & 6 \end{bmatrix}$，求 $\|\boldsymbol{A}\|_1$，$\|\boldsymbol{A}\|_\infty$，$\|\boldsymbol{A}\|_2$.

10. 设 $\boldsymbol{A}=\begin{bmatrix} a+1 & 2 \\ 2 & 1 \end{bmatrix}$，试讨论 a 取何值时，矩阵 $\boldsymbol{A}$ 可作 Cholesky 分解？

11. 若$\boldsymbol{A}=\begin{bmatrix}2a & a & 0\\ 0 & a & 0\\ 0 & 0 & a\end{bmatrix}$，试说明对任意实数$a\neq 0$，线性方程组$\boldsymbol{Ax}=\boldsymbol{b}$都是非病态的.（用$\|\cdot\|_\infty$.）

12. 给定线性代数方程组：

$$\begin{bmatrix}2 & 1\\ 1 & 1\end{bmatrix}\begin{bmatrix}x_1\\ x_2\end{bmatrix}=\begin{bmatrix}6\\ 9\end{bmatrix} \qquad (*)$$

将$(*)$式的第1个方程乘$\lambda(\lambda\neq 0)$后，得到

$$\begin{bmatrix}2\lambda & \lambda\\ 1 & 1\end{bmatrix}\begin{bmatrix}x_1\\ x_2\end{bmatrix}=\begin{bmatrix}6\lambda\\ 9\end{bmatrix} \qquad (**)$$

记$(**)$式的系数矩阵为$\boldsymbol{A}(\lambda)$.

(1) 求$\mathrm{cond}_\infty(\boldsymbol{A}(\lambda))$；

(2) 求λ使得$\mathrm{cond}_\infty(\boldsymbol{A}(\lambda))$取最小值；

(3) 说明所得的结果有何意义.

13. 已知下列线性方程组

$$\begin{bmatrix}10 & 3 & 1\\ 2 & -10 & 3\\ 1 & 3 & 10\end{bmatrix}\begin{bmatrix}x_1\\ x_2\\ x_3\end{bmatrix}=\begin{bmatrix}14\\ -5\\ 14\end{bmatrix}$$

的精确解$\boldsymbol{x}=(1,1,1)^{\mathrm{T}}$. 对于Jacobi迭代法和Gauss-Seidel迭代法求解下列问题：

(1) 求两种迭代格式的迭代矩阵及其∞-范数，并指出收敛性；

(2) 写出两种迭代格式的分量形式，取初始近似$\boldsymbol{x}^{(0)}=(0,0,0)^{\mathrm{T}}$，求迭代1次的近似解.

14. 试构造方程组$\begin{cases}x_1+2x_2=3\\ 3x_1+2x_2=4\end{cases}$收敛的Jacobi迭代格式和Gauss-Seidel迭代格式，说明收敛的理由. 用$\boldsymbol{x}^{(0)}=(0,0)^{\mathrm{T}}$对Gauss-Seidel迭代公式计算前两个迭代值（取到小数点后5位）.

15. 如何对方程组

$$\begin{cases}-x_1+8x_2+0x_3=7\\ -x_1+0x_2+9x_3=8\\ 9x_1-x_2-x_3=7\end{cases}$$

进行调整，使得用Gauss-Seidel方法求解时收敛？

16. 分别写出解线性方程组

$$\begin{cases}x_1-5x_2+x_3=16\\ x_1+x_2-4x_3=7\\ -8x_1+x_2+x_3=1\end{cases}$$

收敛的 Jacobi 迭代格式和 Gauss-Seidel 迭代格式.

17. 给定线性方程组：

$$\begin{bmatrix}1 & 2\\3 & 1\end{bmatrix}\begin{bmatrix}x_1\\x_2\end{bmatrix}=\begin{bmatrix}-1\\2\end{bmatrix}$$

问用 Jacobi 迭代法和 Gauss-Seidel 迭代法求解是否收敛？

18. 讨论参数 a 取什么值时由 Gauss-Seidel 迭代解 $\boldsymbol{Ax}=\boldsymbol{b}$ 时收敛：

(1) $\boldsymbol{A}=\begin{pmatrix}1 & a\\a & 1\end{pmatrix}$； (2) $\boldsymbol{A}=\begin{bmatrix}1 & a & 0\\a & 1 & a\\0 & a & 1\end{bmatrix}$.

19. 试证矩阵 $\boldsymbol{A}=\begin{bmatrix}1 & \alpha & \alpha\\\alpha & 1 & \alpha\\\alpha & \alpha & 1\end{bmatrix}$ 对于 $-0.5<\alpha<1$ 时是正定的，当 $-0.5<\alpha<0.5$ 时，Jacobi 迭代法求解 $\boldsymbol{Ax}=\boldsymbol{b}$ 是收敛的.

20. 对方程组 $\boldsymbol{Ax}=\boldsymbol{b}$，$\boldsymbol{A}=\begin{bmatrix}1 & 2\\0.3 & 1\end{bmatrix}$，$\boldsymbol{b}=\begin{bmatrix}1\\2\end{bmatrix}$，拟用迭代法

$$\boldsymbol{x}^{(k+1)}=\boldsymbol{x}^{(k)}+\alpha(\boldsymbol{Ax}^{(k)}+\boldsymbol{b})\quad(k=0,1,\cdots)$$

求解. 试确定一个 α 的取值范围，使得上述迭代公式收敛.

21. 设线性代数方程组 $\boldsymbol{Ax}=\boldsymbol{b}$，其中：$\boldsymbol{A}\in\mathbf{R}^{n\times n}$ 为对称正定阵（且设 $\boldsymbol{A}$ 的特征值满足：$0<\alpha\leqslant\lambda(A)\leqslant\beta$），又设有迭代法：

$$\boldsymbol{x}^{(k+1)}=\boldsymbol{x}^{(k)}+\omega(\boldsymbol{b}-\boldsymbol{Ax}^{(k)})\quad(k=0,1,\cdots)$$

证明：当 $0<\omega<\dfrac{2}{\beta}$ 时，上述迭代法收敛.

22. 已知下列两个三阶方程组：

① $\begin{cases}x_1+2x_2-2x_3=1\\x_1+x_2+x_3=3\\2x_1+2x_2+x_3=5\end{cases}$，精确解 $\boldsymbol{x}=\begin{bmatrix}1\\1\\1\end{bmatrix}$；

② $\boldsymbol{x}=\boldsymbol{Bx}+\boldsymbol{f}$，$\boldsymbol{B}=\begin{bmatrix}0 & 0.5 & -\frac{1}{\sqrt{2}}\\0.5 & 0 & 0.5\\\frac{1}{\sqrt{2}} & 0.5 & 0\end{bmatrix}$，$\boldsymbol{f}=\begin{bmatrix}-0.5\\1\\-0.5\end{bmatrix}$，精确解 $\boldsymbol{x}=\begin{bmatrix}0\\1\\0\end{bmatrix}$.

试依次解下列问题：

(1) 分别写出①和②的 Jacobi 迭代格式；

(2) 由初值 $\boldsymbol{x}^{(0)}=(0,0,0)^{\mathrm{T}}$ 分别计算①和②的前 4 个迭代值 $\boldsymbol{x}^{(1)}$，$\boldsymbol{x}^{(2)}$，$\boldsymbol{x}^{(3)}$，$\boldsymbol{x}^{(4)}$；

(3) 分别求出两个迭代矩阵的谱半径；

(4) 证明求解 n 阶方程组 $\boldsymbol{x}=\boldsymbol{B}\boldsymbol{x}+\boldsymbol{f}$ 的迭代公式

$$\boldsymbol{x}^{(k+1)} = \boldsymbol{B}\boldsymbol{x}^{(k)} + \boldsymbol{f} \quad (k = 0,1,\cdots)$$

如果谱半径 $\boldsymbol{\rho}(\boldsymbol{B})=0$，则对任意初始向量 $\boldsymbol{x}^{(0)}$，迭代值 $\boldsymbol{x}^{(n)}$ 就是方程组的精确解.

23. 设解线性方程组 $\boldsymbol{A}\boldsymbol{x}=\boldsymbol{b}$ 的 Jacobi 迭代法和 Gauss-Seidel 迭代法的迭代矩阵分别为 $\boldsymbol{B}_J$ 与 $\boldsymbol{B}_{GS}$. 令 $\boldsymbol{A}=\boldsymbol{L}+\boldsymbol{D}+\boldsymbol{U}$，这里，$\boldsymbol{L}$ 为严格下三角矩阵，$\boldsymbol{D}$ 为对角矩阵，$\boldsymbol{U}$ 为严格上三角矩阵，从而可导出迭代矩阵

$$\boldsymbol{B}_J=-\boldsymbol{D}^{-1}(\boldsymbol{L}+\boldsymbol{U}) \qquad \boldsymbol{B}_{GS}=-(\boldsymbol{D}+\boldsymbol{L})^{-1}\boldsymbol{U}$$

而在收敛性理论中，迭代矩阵主要涉及求其特征值，进而求其谱半径. 为此，为了使用上的方便，证明：

(1) 求 $\boldsymbol{B}_J$ 的特征值 λ 等价于特征方程 $|\boldsymbol{L}+\lambda\boldsymbol{D}+\boldsymbol{U}|=0$ 的根；

(2) 求 $\boldsymbol{B}_{GS}$ 的特征值 λ 等价于特征方程 $|\lambda(\boldsymbol{D}+\boldsymbol{L})+\boldsymbol{U}|=0$ 的根；

(3) 进而，也可得解线性方程组 $Ax=b$ 的 Jacobi 迭代法和 Gauss-Seidel 迭代法的充分必要条件是

$$\text{(Jacobi 迭代法)} \quad \begin{vmatrix} a_{11}\lambda & a_{12} & \cdots & a_{1n} \\ a_{21} & a_{22}\lambda & \cdots & a_{2n} \\ \vdots & \vdots & & \vdots \\ a_{n1} & a_{n2} & \cdots & a_{nn}\lambda \end{vmatrix}=0$$

的根模 $|\lambda|<1$；

$$\text{(Gauss-Seidel 迭代法)} \quad \begin{vmatrix} a_{11}\lambda & a_{12} & \cdots & a_{1n} \\ a_{21}\lambda & a_{22}\lambda & \cdots & a_{2n} \\ \vdots & \vdots & & \vdots \\ a_{n1}\lambda & a_{n2}\lambda & \cdots & a_{nn}\lambda \end{vmatrix}=0$$

的根模 $|\lambda|<1$.

24. 已知线性代数方程组 $\boldsymbol{x}=\boldsymbol{B}\boldsymbol{x}+\boldsymbol{f}$ 有唯一解 $\boldsymbol{x}^*$，迭代矩阵 $\boldsymbol{B}$ 的谱半径 $\rho(\boldsymbol{B})>1$，且 $\boldsymbol{B}$ 有一个特征值满足 $|\lambda|<1$. 试

(1) 证明存在初始向量 $\boldsymbol{x}^{(0)}$，使得相应的迭代公式

$$\boldsymbol{x}^{(k+1)}=\boldsymbol{B}\boldsymbol{x}^{(k)}+\boldsymbol{f} \quad (k=0,1,,\cdots)$$

产生的序列 $\{\boldsymbol{x}^{(k)}\}$ 收敛于 $\boldsymbol{x}^*$；

(2) 解释这个结果与迭代法收敛基本定理的结果不矛盾.

25. 已知求解线性代数方程组 $\boldsymbol{A}\boldsymbol{x}=\boldsymbol{b}$ 的分量迭代格式为

$$\boldsymbol{x}_i^{(k+1)} = \boldsymbol{x}_i^{(k)} + \frac{\omega}{a_{ii}}\Big(\boldsymbol{b}_i - \sum_{j=1}^{n} a_{ij}\boldsymbol{x}_j^{(k)}\Big) \quad (i = 1,2,\cdots,n)$$

(1) 试导出其矩阵迭代格式及迭代矩阵；

(2) 证明当 $\boldsymbol{A}$ 是严格对角占优阵，$\omega=\dfrac{1}{2}$ 时，此迭代格式收敛.

实验题

1. 编写用追赶法解三对角线性方程组的程序，并解下列方程组：

$$\begin{cases} 2x_1 - x_2 = 5 \\ -x_1+2x_2-x_3 = -12 \\ -x_2+2x_3-x_4 = 11 \\ -x_3+2x_4 = -1 \end{cases}$$

2. 线性方程组求解与方程组性态讨论.

(1) 求 $\boldsymbol{Ax}=\boldsymbol{b}$ 的解向量 $\boldsymbol{x}$，其中：

$$\boldsymbol{A}=\begin{bmatrix} 1 & 2 & 9 \\ 3000 & 2000 & 1000 \\ 4/10^6 & 3/10^6 & 2/10^6 \end{bmatrix} \quad \boldsymbol{b}=\begin{bmatrix} 1 \\ 2000 \\ 3/10^6 \end{bmatrix}$$

(2) 求系数矩阵 $\boldsymbol{A}$ 的条件数；

(3) 将 a_{33} 改为 $3/10^6$，b_3 改为 $4/10^6$，求解向量 $\tilde{\boldsymbol{x}}$；

(4) 令 $\boldsymbol{P}=\mathrm{diag}(1,10^{-3},10^6)$，求解 $\boldsymbol{PAx}=\boldsymbol{Pb}$，并求系数矩阵 $\boldsymbol{PA}$ 的条件数；

(5) 对 $\boldsymbol{PA}$ 中的 a_{33} 和 Pb 中的 b_3 给以 10^{-6} 的扰动，求解向量 $\hat{\boldsymbol{x}}$.

结合上述结果，讨论以上两个方程组的性态.

3. Jacobi 迭代法与 Gauss-Seidel 迭代法的比较. 用 Jacobi 迭代法与 Gauss-Seidel 迭代法解下列方程组：

(1) $\begin{bmatrix} 1 & 0 & 1 \\ -1 & 1 & 0 \\ 1 & 2 & -3 \end{bmatrix}\begin{bmatrix} x_1 \\ x_2 \\ x_3 \end{bmatrix}=\begin{bmatrix} 5 \\ -7 \\ -17 \end{bmatrix}$；

(2) $\begin{bmatrix} 1 & 0.5 & 0.5 \\ 0.5 & 1 & 0.5 \\ 0.5 & 0.5 & 1 \end{bmatrix}\begin{bmatrix} x_1 \\ x_2 \\ x_3 \end{bmatrix}=\begin{bmatrix} 0 \\ 0.5 \\ -2.5 \end{bmatrix}$.

取 $\boldsymbol{x}^{(0)}=(0,0,0)^{\mathrm{T}}$，$\varepsilon=10^{-6}$. 你能得出什么结论？

4. 试用 SOR(超松弛)迭代法求解下列方程组：

$$\begin{cases} 4x_1+3x_2 = 24 \\ 3x_1+4x_2-x_3 = 30 \\ -x_2+4x_3 = -24 \end{cases}$$

取 $\omega=1.25$，$\boldsymbol{x}^{(0)}=(1,1,1)^{\mathrm{T}}$，要求编制矩阵迭代求解的函数文件，并给出结果.

5. (大型稀疏方程组)设 n 阶方阵：

$$
A=\begin{pmatrix}
3 & -\frac{1}{2} & -\frac{1}{4} & & & \\
-\frac{1}{2} & 3 & -\frac{1}{2} & -\frac{1}{4} & & \\
-\frac{1}{4} & -\frac{1}{2} & 3 & -\frac{1}{2} & \ddots & \\
 & \ddots & \ddots & \ddots & \ddots & -\frac{1}{4} \\
 & & -\frac{1}{4} & -\frac{1}{2} & 3 & -\frac{1}{2} \\
 & & & -\frac{1}{4} & -\frac{1}{2} & 3
\end{pmatrix}
$$

$\boldsymbol{b}$ 为 $\boldsymbol{A}$ 的各行元素之和，显然 $\boldsymbol{Ax}=\boldsymbol{b}$ 的解为 $\boldsymbol{x}=(1,1,\cdots,1)^{\mathrm{T}}$，用下面三种方法对于阶数 $n=100,200,\cdots,500$，精确 $\varepsilon=10^{-2},10^{-3},\cdots,10^{-5}$ 的各种组合求解，分析收敛速度：

（1）选取列主元 Gauss 消元法；

（2）Gauss-Seidel 迭代，普通存储方式；

（3）Gauss-Seidel 迭代，稀疏存储方式.

6. 讨论用 Jacobi 迭代法求解方程组 $\boldsymbol{Ax}=\boldsymbol{b}$ 的收敛性，其中，$\boldsymbol{A}$ 为如下的 100 阶的方阵；$\boldsymbol{b}$ 为如下的 100 维的列向量，并要求写出简单的理由.

$$
A=\begin{bmatrix}
\frac{1}{1}+\frac{1}{2} & \frac{1}{2} & \frac{1}{3} & \cdots & \frac{1}{n} \\
\frac{1}{2} & \frac{1}{3}+\frac{1}{2} & \frac{1}{4} & \cdots & \frac{1}{n+1} \\
\vdots & \vdots & \vdots & & \vdots \\
\frac{1}{n} & \frac{1}{n+1} & \frac{1}{n+2} & \cdots & \frac{1}{2n-1}+\frac{1}{2}
\end{bmatrix}
\qquad
b=\begin{bmatrix} 1 \\ 1 \\ \vdots \\ 1 \\ 1 \end{bmatrix}
$$

7. 对下列几个不同类型的线性代数方程组，选择适当算法计算其解.

（1）线性代数方程组：

$$
\begin{bmatrix}
4 & 2 & -3 & 1 & 2 & 1 & 0 & 0 & 0 & 0 \\
8 & 6 & -5 & -3 & 6 & 5 & 0 & 1 & 0 & 0 \\
4 & 2 & -2 & -1 & 3 & 2 & -1 & 0 & 3 & 1 \\
0 & -2 & 1 & 5 & -1 & 3 & -1 & 1 & 9 & 4 \\
-4 & 2 & 6 & -1 & 6 & 7 & -3 & 3 & 2 & 3 \\
8 & 6 & -8 & 5 & 7 & 17 & 2 & 6 & -3 & 5 \\
0 & 2 & -1 & 3 & -4 & 2 & 5 & 3 & 0 & 1 \\
16 & 10 & -11 & -9 & 17 & 34 & 2 & -1 & 2 & 2 \\
4 & 6 & 2 & -7 & 13 & 9 & 2 & 0 & 12 & 4 \\
0 & 0 & -1 & 8 & -3 & -24 & -8 & 6 & 3 & -1
\end{bmatrix}
\begin{bmatrix} x_1 \\ x_2 \\ x_3 \\ x_4 \\ x_5 \\ x_6 \\ x_7 \\ x_8 \\ x_9 \\ x_{10} \end{bmatrix}
=
\begin{bmatrix} 5 \\ 12 \\ 3 \\ 2 \\ 3 \\ 46 \\ 23 \\ 26 \\ 19 \\ -21 \end{bmatrix}
$$

$$
\boldsymbol{x}^{*}=(1,-1,0,1,2,0,3,1,-1,2)^{\mathrm{T}}
$$

(2) 系数矩阵对称正定的线性方程组：

$$\begin{bmatrix} 4 & 2 & -4 & 0 & 2 & 4 & 0 & 0 \\ 2 & 2 & -1 & -2 & 1 & 3 & 2 & 0 \\ -4 & -1 & 14 & 1 & -8 & -3 & 5 & 6 \\ 0 & -2 & 1 & 6 & -1 & -4 & -3 & 3 \\ 2 & 1 & -8 & -1 & 22 & 4 & -10 & -3 \\ 4 & 3 & -3 & -4 & 4 & 11 & 1 & -4 \\ 0 & 2 & 5 & -3 & -10 & 1 & 14 & 2 \\ 0 & 0 & 6 & 3 & -3 & -4 & 2 & 19 \end{bmatrix} \begin{bmatrix} x_1 \\ x_2 \\ x_3 \\ x_4 \\ x_5 \\ x_6 \\ x_7 \\ x_8 \end{bmatrix} = \begin{bmatrix} 0 \\ -6 \\ 20 \\ 23 \\ 9 \\ -22 \\ -15 \\ 45 \end{bmatrix}$$

$$\boldsymbol{x}^* = (1,-1,0,2,1,-1,0,2)^{\mathrm{T}}$$

(3) 三对角线性方程组：

$$\begin{bmatrix} 4 & -1 & 0 & 0 & 0 & 0 & 0 & 0 & 0 & 0 \\ -1 & 4 & -1 & 0 & 0 & 0 & 0 & 0 & 0 & 0 \\ 0 & -1 & 4 & -1 & 0 & 0 & 0 & 0 & 0 & 0 \\ 0 & 0 & -1 & 4 & -1 & 0 & 0 & 0 & 0 & 0 \\ 0 & 0 & 0 & -1 & 4 & -1 & 0 & 0 & 0 & 0 \\ 0 & 0 & 0 & 0 & -1 & 4 & -1 & 0 & 0 & 0 \\ 0 & 0 & 0 & 0 & 0 & -1 & 4 & -1 & 0 & 0 \\ 0 & 0 & 0 & 0 & 0 & 0 & -1 & 4 & -1 & 0 \\ 0 & 0 & 0 & 0 & 0 & 0 & 0 & -1 & 4 & -1 \\ 0 & 0 & 0 & 0 & 0 & 0 & 0 & 0 & -1 & 4 \end{bmatrix} \begin{bmatrix} x_1 \\ x_2 \\ x_3 \\ x_4 \\ x_5 \\ x_6 \\ x_7 \\ x_8 \\ x_9 \\ x_{10} \end{bmatrix} = \begin{bmatrix} 7 \\ 5 \\ -13 \\ 2 \\ 6 \\ -12 \\ 14 \\ -4 \\ 5 \\ -5 \end{bmatrix}$$

$$\boldsymbol{x}^* = (2,1,-3,0,1,-2,3,0,1,-1)^{\mathrm{T}}$$

要求：

(1) 对上述三个方程组分别利用 Gauss 消元法和 Gauss 列主元消元法，平方根法、改进平方根法，追赶法求解(编出通用程序)；

(2) 对方程组(2)、(3)使用 SOR 方法时，选择松弛因子 $\omega=0.8,0.9,1,1.1,1.2$ 等，试看对算法收敛的影响，并能找出所选用的松弛因子的最佳者.

8. 考虑一种特殊的对角线元素不为 0 的双对角线性代数方程组(以 $N=7$ 为例)：

$$\begin{bmatrix} d_1 & & & & & & \\ a_1 & d_2 & & & & & \\ & a_2 & d_3 & & & & \\ & & a_3 & d_4 & a_4 & & \\ & & & & d_5 & a_5 & \\ & & & & & d_6 & a_6 \\ & & & & & & d_7 \end{bmatrix} \begin{bmatrix} x_1 \\ x_2 \\ x_3 \\ x_4 \\ x_5 \\ x_6 \\ x_7 \end{bmatrix} = \begin{bmatrix} b_1 \\ b_2 \\ b_3 \\ b_4 \\ b_5 \\ b_6 \\ b_7 \end{bmatrix}$$

用 Matlab 语句写出解上述一般的 N(奇数)阶方程组的 M 函数 x=bidiag(N,a,d,b)，其中，x,a,d,b均为长度为 N 的数组.

第4章 非线性方程求根、非线性方程组数值解法初步

4.1 问题的提出

在科学计算中常常遇到求解非线性方程的问题.例如,求 n 次代数方程

$$a_n x^n + a_{n-1} x^{n-1} + \cdots + a_1 x + a_0 = 0$$

的根,或求超越方程

$$\sin x - e^{-x} = 0$$

的根,这些问题都可以归结为解方程

$$f(x) = 0 \tag{4.1.1}$$

的问题,或称为求函数 $f(x)$的零点问题.

定义 4.1.1 设有非线性方程 $f(x)=0$,其中 $f(x)$为实变量 x 的非线性函数,如果有 x^* 使$f(x^*)=0$,则称 x^* 为方程 $f(x)=0$ 的根,或称为函数 $f(x)$的零点.如果 $f(x)=(x-x^*)^m g(x)$,其中 $g(x^*)\neq 0$,m 为正整数,则称 x^* 为方程 $f(x)=0$ 的 m 重根,当 $m=1$ 时,称 x^* 为方程 $f(x)=0$ 的单根.

非线性方程的根可以全是实根或复根,也可以兼有实根和复根,复根总是以共轭形式出现的.一般而言,求解非线性方程的过程大都分为两步:

(1) 用搜索法对给定区间进行搜索,确定出各个仅存在单根的区间,此时区间内任意一点的值均可视为根的粗略位置或根的初值.

(2) 选用一种迭代方法使根精确到所要求的精度.有常用来求方程实根的二分法、逐次迭代法、Newton 迭代法、弦截法和常用来求全部实根和复根的抛物线法——Müller 法以及可以用来求解非线性方程组的 Newton 法.

非线性方程(组)的根能用解析式表示的极少,绝大多数需借助数值方法求近似解.

本章主要介绍几种求解非线性方程的常用数值方法:二分法、逐次迭代法、Newton 迭代法、弦截法,最后介绍非线性方程组数值解法的初步知识.

4.2 区间搜索法及二分法

4.2.1 方程求根需注意的两个问题

对于求解方程的根，有两个问题是我们需要注意的：

(1) 在整个求根区间方程存在的根的个数. 对于高次代数方程，由代数基本定理知，多项式根的数目和方程的阶相同，包括实根和复根. 当 n 为正奇数时，则至少有一个根是实根，但对于超越方程，情况就比较复杂，如果有解，其解可能是一个或几个，也可能是无穷多个.

(2) 根的粗略位置. 在大多数情况下，根的粗略位置事先并不知道，然而在一些情况下，从问题的物理背景或其他信息可以判断出根的所在范围，例如，某物理问题的性质决定了根应该是非负实根等.

对非线性方程(4.1.1)的求根问题，其中 $f(x)\in C[a,b]$. 假设 $f(a)f(b)<0$，根据连续函数的性质，方程 $f(x)=0$ 在区间 (a,b) 内必有一实根，区间 (a,b) 称为方程的有根区间.

4.2.2 区间搜索法

区间搜索法目的是找出长度很小的有根区间. 具体做法如下：

设 $[a,b]$ 是方程 $f(x)=0$ 的一个较大有根区间，选择合适的步长 $h=\dfrac{b-a}{n}$，$x_k=a+kh\ (k=0,1,\cdots,n)$. 由左向右逐个计算 $f(x_k)\ (k=0,1,\cdots,n)$，如果 $f(x_k)f(x_{k+1})<0$，则 $[x_k,x_{k+1}]$ 就是方程 $f(x)=0$ 的一个有根区间.

在一般情况下，只要 h 足够小，就能够把方程的有根区间逐个分离出来，如果再在有根区间 $[x_k,x_{k+1}]$ 上使用区间搜索法，就可以得到方程 $f(x)=0$ 长度更小的有根区间，如果有根区间足够小，此时区间内任意一点均可视为是方程 $f(x)=0$ 的一个近似根.

例 4.2.1 求方程 $f(x)=x^3-11.1x^2+38.8x-41.77=0$ 的有根区间.

解 通常用逐次搜索法求得方程的有根区间，取特殊的点(若干点)：

$f(0)<0\quad f(1)<0\quad f(2)>0\quad f(3)>0\quad f(4)<0\quad f(5)<0\quad f(6)>0$

所以 $(1,2)$，$(3,4)$，$(5,6)$ 是三个有根区间，由于是代数三次方程，于是三个根的区间就找出来了.

4.2.3 二分法(对分法)

二分法是对区间搜索法的一种改进. 具体做法如下：

用$[a,b]$的中点$\frac{a+b}{2}$平分区间，并计算出在中点的函数值$f\left(\frac{a+b}{2}\right)$. 若恰好有$f\left(\frac{a+b}{2}\right)=0$，则$\frac{a+b}{2}$就是方程的根. 若$f\left(\frac{a+b}{2}\right)\neq 0$，记$a_0=a, b_0=b, x_0=\frac{a_0+b_0}{2}$，若$f(a_0)f(x_0)<0$，则令$a_1=a_0, b_1=x_0$，否则，令$a_1=x_0, b_1=b_0$，再取$x_1=\frac{a_1+b_1}{2}$，…，如果预先给定的精度是ε，则若$|x_k-x_{k-1}|<\varepsilon$，就取$x^*\approx x_k$，否则，若$f(a_k)f(x_k)<0$，则令$a_{k+1}=a_k, b_{k+1}=x_k$，若$f(a_k)f(x_k)>0$，则令$a_{k+1}=x_k, b_{k+1}=b_k$，再令$x_{k+1}=\frac{a_{k+1}+b_{k+1}}{2}$ $(k=0,1,\cdots,n)$，这样就得到数列$\{x_k\}$.

注意到每一个区间的长度都是前一个区间长度的一半，最后一个区间的长度为

$$b_k-a_k=\frac{b-a}{2^k} \tag{4.2.1}$$

如果取最后一个区间$[a_k,b_k]$的中点$x_k=\frac{a_k+b_k}{2}$作为$f(x)=0$根的近似值，则有误差估计式：

$$|x^*-x_k|\leqslant\frac{b-a}{2^{k+1}}\quad(k=0,1,2,\cdots) \tag{4.2.2}$$

因此，当$k\to\infty$时，有$x_k\to x^*$，二分法是收敛的.

二分法有根区间次数：

$$k+1\geqslant\frac{\ln(b-a)-\ln\varepsilon}{\ln 2}$$

二分法的优缺点：

(1) 优点. 计算简便，方法可靠，它只要求$f(x)$连续，收敛性总能得到保证，更独特的优越性在于对不解析函数也有效.

(2) 缺点. 收敛较慢，而且只能用于求实根，不能求复根和重根，通常这一方法只适于用在图形分析之后. 二分法主要用来快速(一半一半地)缩小有根区间，从而可提供较好的精确化初值. 如果用来求$[a,b]$内的根，通常不假定$[a,b]$内只有一个根，而是先用一个适当的步长h对$[a,b]$进行扫描搜索，当发现哪个子区间有根时，便调用上述二分算法过程求出其中之根. 所谓适当的步长h，就是既不因h过大而漏掉包含的根，也不因h过小而耗费计算精力.

例 4.2.2 证明：方程$1-x-\sin x=0$在区间$[0,1]$内有且有一个根，且使用二分法求误差不超过0.5×10^{-4}的根至少要迭代 14 次.

证 令$f(x)=1-x-\sin x$，由于

$$f(0)=1>0 \qquad f(1)=-\sin 1<0$$

故

$$f(x)=1-x-\sin x$$

在[0,1]有根. 又

$$f'(x)=-1-\cos x<0 \quad (\forall x\in[0,1])$$

故

$$f(x)=0$$

在区间[0,1]内有唯一实根. 给定误差限 $\varepsilon=0.5\times10^{-4}$,有

$$n\geqslant\frac{\ln(b-a)-\ln\varepsilon}{\ln2}-1=\frac{-\ln0.5+4\ln10}{\ln2}-1=13.2877$$

只要取 $n=14$.

二分法的算法很简单,具体如下:

给定区间$[a,b]$,并设 $f(a)$与 $f(b)$符号相反,取 ε 为根的容许误差,δ 为$|f(x)|$的容许误差. ①令 $c=(a+b)/2$;②如果 $c-a<\varepsilon$ 或 $|f(c)|<\delta$,则输出 c,结束;否则执行③;③如果 $f(a)f(c)>0$,则令 $a=c$;否则令 $b=c$,重复①、②、③.

4.3 迭 代 法

4.3.1 迭代法的基本思想

定义 4.3.1 求解非线性方程:

$$f(x)=0 \tag{4.3.1}$$

迭代法是指从给定的一个或几个初始近似值(简称初始值)$x_0,x_1,\cdots,x_r$ 出发,按某种方法产生一个序列 $x_0,x_1,\cdots,x_r,x_{r+1},\cdots,x_k,\cdots$,该序列称之为迭代序列,使得此序列收敛于非线性方程$f(x)=0$ 的一个根 x^*,即$\lim\limits_{k\to\infty}x_k=x^*$.

迭代法分为两类:

(1) 一类是从任何可取的初始值出发都能保证收敛,称之为大范围收敛方法.

(2) 另一类称之为局部收敛方法,即为了保证收敛性,必须选取初始值充分接近于所要求的根(解).

注意 通常,局部收敛方法比大范围收敛方法收敛得更快,因此,一个合理的算法是先用一种大范围收敛方法求得接近于根的近似值后,再以其作为新的初始值使用局部收敛方法.

迭代法的基本思想是一种逐次逼近的方法,首先给定一个粗糙的初始值,然后用一个迭代公式,反复校正这个初值,直到满足预先给出的精度要求为止.

4.3.2 简单迭代法

将方程 $f(x)=0$ 改写为下列等价形式:

$$x=\varphi(x) \tag{4.3.2}$$

其中,$\varphi(x)$为连续函数. 当然最简单的可取 $\varphi(x)=x+f(x)$,再作迭代

$$x_{k+1}=\varphi(x_k)\quad(k=0,1,\cdots)\tag{4.3.3}$$

当给定 x_0 后，可以利用式(4.3.3)计算 x_1，再把 x_1 代入式(4.3.3)的右端，则可以算出 x_2，依此类推.这种迭代方法称为简单迭代法，又叫逐次代换法或不动点迭代法.其优点在于形式简便，$\varphi(x)$的选择具有灵活性；缺点在于不是对任意选取的 $\varphi(x)$，迭代法都收敛.若迭代数列$\{x_k\}$收敛于 x^*，即 $\lim\limits_{k\to\infty}x_k=x^*$，则称 x^* 是方程 $f(x)=0$ 的根.

例 4.3.1 用迭代法求方程 $f(x)=x^3-x-1=0$ 在 1.5 附近的实根.

解 方程可以改写成下面几种形式：

$$x=\sqrt[3]{1+x}\qquad x=x^3-1\qquad x=\sqrt{1+\frac{1}{x}}\qquad x=\frac{x^3+x-1}{2}\qquad\cdots$$

取
$$\varphi(x)=\sqrt[3]{1+x},x_0=1.5$$
代入公式
$$x_{k+1}=\sqrt[3]{1+x_k}$$
解得
$$x_1=1.35721\qquad x_2=1.33086\quad\cdots\quad x_9=x_8=1.32472$$

注意到，将方程 $f(x)=0$ 改写为等价形式 $x=\varphi(x)$不是唯一的，所以迭代情况不一样，有的收敛快，有的收敛慢，甚至有的不收敛.

例如，在上例中取 $\varphi(x)=x^3-1$，按 $x_{k+1}=x_k^3-1$ 进行迭代，则有

$$x_1=2.375\qquad x_2=12.3965\qquad x_3=1904.01\quad\cdots$$

显然是不收敛的.那么迭代函数 $\varphi(x)$满足什么样的条件，才能保证迭代过程 $x_{k+1}=\varphi(x_k)$是收敛的呢？

定理 4.3.1 若函数 $\varphi(x)$在区间$[a,b]$上具有一阶连续的导数，且满足条件：①映内性，即当 $x\in[a,b]$时，$\varphi(x)\in[a,b]$；②压缩性.存在正常数 $L<1$（L 称为压缩系数），使得对任意 $x\in[a,b]$有$|\varphi'(x)|\leqslant L$.则

(1) 方程 $x=\varphi(x)$在$[a,b]$上有唯一根 x^*（即函数 $\varphi(x)$在$[a,b]$上存在唯一的不动点 x^*）.

(2) 对任意 $x_0\in[a,b]$，迭代格式(4.3.3)收敛，且 $\lim\limits_{k\to\infty}x_k=x^*$.

(3)（误差事后估计式）$|x_k-x^*|\leqslant\dfrac{L}{1-L}|x_k-x_{k-1}|\,(k=1,2,\cdots)$.

(4)（误差事前估计式）$|x_k-x^*|\leqslant\dfrac{L^k}{1-L}|x_1-x_0|\,(k=1,2,\cdots)$.

(5) $\lim\limits_{k\to\infty}\dfrac{x_{k+1}-x^*}{x_k-x^*}=\varphi'(x^*)$.

证 (1) 作函数 $g(x)=x-\varphi(x)$，由条件①知

$$g(a)=a-\varphi(a)\leqslant 0\qquad g(b)=b-\varphi(b)\geqslant 0$$

因而 $g(x)=0$ 在$[a,b]$内至少存在 1 个根，又由条件②知当 $x\in[a,b]$时

$$g'(x)=1-\varphi'(x)\geqslant 1-L>0$$

$g(x)=0$ 在$[a,b]$内至多存在 1 个根，因此 $g(x)=0$ 在$[a,b]$内存在唯一根，即 $x=\varphi(x)$在$[a,b]$内存在唯一根，记为 x^*.

(2) 由 $x_0\in[a,b]$及条件①知 $x_k\in[a,b]$ $(k=1,2,\cdots)$，将式(4.3.3)和 $x^*=\varphi(x^*)$相减，并应用微分中值定理得到

$$x_{k+1}-x^*=\varphi(x_k)-\varphi(x^*)=\varphi'(\zeta_k)(x_k-x^*)\quad(k=0,1,2,\cdots)\tag{4.3.4}$$

其中，ζ_k 介于 x_k 和 x^*之间. 再应用条件②，得

$$|x_{k+1}-x^*|\leqslant L|x_k-x^*|\quad(k=0,1,2,\cdots)\tag{4.3.5}$$

递推可得

$$|x_k-x^*|\leqslant L^k|x_0-x^*|\quad(k=1,2,3,\cdots)\tag{4.3.6}$$

由于 $L<1$，得

$$\lim_{k\to\infty}x_k=x^*$$

(3) 由式(4.3.5)得

$$\begin{aligned}|x_k-x^*|&=|x_{k+1}-x^*+x_k-x_{k+1}|\leqslant|x_{k+1}-x^*|+|x_k-x_{k+1}|\\&\leqslant L|x_k-x^*|+|x_{k+1}-x_k|\end{aligned}$$

因而

$$|x_k-x^*|\leqslant\frac{1}{1-L}|x_{k+1}-x_k|$$

注意到

$$\begin{aligned}|x_{k+1}-x_k|&=|\varphi(x_k)-\varphi(x_{k-1})|=|\varphi'(\eta_k)(x_k-x_{k-1})|\\&\leqslant L|x_k-x_{k-1}|\quad(k=1,2,\cdots)\end{aligned}\tag{4.3.7}$$

其中：η_k 介于 x_k 与 x_{k-1}之间. 即得

$$|x_k-x^*|\leqslant\frac{L}{1-L}|x_k-x_{k-1}|\quad(k=1,2,\cdots)$$

(4) 由式(4.3.7)递推可得

$$|x_k-x_{k-1}|\leqslant L^{k-1}|x_1-x_0|\quad(k=1,2,\cdots)$$

将它代入定理 4.3.1 的(3)式右端易得

$$|x_k-x^*|\leqslant\frac{L}{1-L}|x_k-x_{k-1}|\leqslant\frac{L^k}{1-L}|x_1-x_0|\quad(k=1,2,\cdots)$$

(5) 由式(4.3.4)得

$$\frac{x_{k+1}-x^*}{x_k-x^*}=\varphi'(\zeta_k)\quad(k=0,1,2,\cdots)$$

将上式两端取极限，并注意到$\lim\limits_{k\to\infty}\zeta_k=x^*$，得

$$\lim_{k\to\infty}\frac{x_{k+1}-x^*}{x_k-x^*}=\varphi'(x^*)$$

两点说明：

(1) 函数 $\varphi(x)$ 的不动点 x^*，在几何上是直线 $y=x$ 与曲线 $y=\varphi(x)$ 的交点的横坐标.

(2) 误差事后估计式表明，可以用相邻两个迭代点之间的差距来估计迭代点的误差. 因为压缩系数 L 一般是未知的，故迭代终止准则通常采用

$$\frac{|x_k - x_{k-1}|}{1+|x_k|} < \varepsilon \tag{4.3.8}$$

其中：$\varepsilon>0$ 为给定的相对误差容限；分母加 1，是考虑到可能 $|x_k|=0$.

例 4.3.2 已知极限 $\lim\limits_{k\to\infty}\underbrace{\sqrt{2+\sqrt{2+\cdots+\sqrt{2}}}}_{k个2}$，试：

(1) 把它写成迭代格式；

(2) 证明其所构造的迭代格式收敛；

(3) 求出其极限值.

解 (1) 考虑迭代格式：

$$\begin{cases} x_0 = 0 \\ x_{k+1} = \sqrt{2+x_k} \quad (k=0,1,2,\cdots) \end{cases} \tag{4.3.9}$$

则

$$x_1 = \sqrt{2} \qquad x_2 = \sqrt{2+\sqrt{2}} \quad \cdots \quad x_k = \sqrt{2+\sqrt{2+\cdots+\sqrt{2}}}$$

(2) 记 $\varphi(x)=\sqrt{2+x}$，则 $\varphi'(x)=\dfrac{1}{2\sqrt{2+x}}$. 当 $x\in[0,2]$ 时，有

$$\varphi(x) \in [\varphi(0),\varphi(2)] = [\sqrt{2},2] \subset [0,2]$$

$$|\varphi'(x)| \leqslant \varphi'(0) = \frac{1}{2\sqrt{2}} < 1$$

因此，对 $\forall x_0\in[0,2]$，由迭代格式(4.3.9)产生的序列 $\{x_k\}_{k=0}^{\infty}$ 收敛.

(3) 设迭代收敛于 x^*，迭代公式两边取极限得

$$x^* = \sqrt{2+x^*} \Rightarrow x^* = 2 \quad 或 \quad x^* = -1(舍去)$$

即

$$\lim_{k\to\infty} x_k = 2$$

4.3.3 迭代法局部收敛性

定理 4.3.1 中要求对任意 $x\in[a,b]$，均有 $|\varphi'(x)|\leqslant L$，这个条件的验证是比较困难的，通常用局部收敛性来刻画格式的收敛性.

定义 4.3.2 对于 $x^*=\varphi(x^*)$，若存在邻域 $U(x^*,\delta)$，迭代过程对于任意

$x_0 \in U(x^*,\delta)$均收敛，则称迭代过程 $x_{k+1}=\varphi(x_k)$在 x^* 的邻域 $U(x^*,\delta)$内局部收敛.

定理 4.3.2 设 $\varphi(x)$在 $x=\varphi(x)$的根 x^* 的邻近有连续的一阶导数，且 $|\varphi'(x^*)|<1$，则 $x_{k+1}=\varphi(x_k)$具有局部收敛性.

证 由于$|\varphi'(x^*)|<1$，且 $\varphi'(x)$在 x^* 的邻近连续，所以存在充分小的邻域 $U(x^*,\delta)$，在此邻域内恒有$|\varphi'(x)|\leqslant L<1$. 又对于任意 $x\in U(x^*,\delta)$，有

$$|\varphi(x)-x^*|=|\varphi(x)-\varphi(x^*)|=|\varphi'(\xi)||x-x^*|<|x-x^*|<\delta$$

即 $\varphi(x)$也落在$U(x^*,\delta)$内，这样，就满足了定理 4.3.1 中的两个条件. 可知迭代格式 $x_{k+1}=\varphi(x_k)$对于任意初值 $x_0\in U(x^*,\delta)$ 均收敛，即具有局部收敛性.

对定理 4.3.2 可能有一个疑问：根 x^* 还没有求出来，如何判断$|\varphi'(x^*)|<1$呢？其实，由于 $\varphi'(x)$的连续性，在 x^* 的某个邻域就应该有$|\varphi'(x)|<1$. 应用中有时可采用这样一个不严格的准则：只要在一个不大的有根区间上，$|\varphi'(x)|$明显地小于 1，那么从该区间内一点 x_0 出发，由式(4.3.3)产生的迭代序列$\{x_k\}$一般是收敛的.

4.3.4 迭代法的收敛速度

定义 4.3.3 记迭代误差为 $e_k=x^*-x_k$，若存在 $c\neq 0$ 和正常数 p，有

$$\lim_{k\to\infty}\frac{e_{k+1}}{e_k^p}=c \quad (c\neq 0) \tag{4.3.10}$$

则称迭代过程 p 阶收敛. 特别当 $p=1$ 且 $0<|c|<1$ 时，称为线性收敛；$p=2$ 时，称为平方收敛；$p>1$ 时，称为超线性收敛.

由此可见，收敛速度是指在接近收敛时迭代误差的下降速度. 式(4.3.10)表明，当 $k\to\infty$时，e_{k+1}是 e_k 的 p 阶无穷小量，因此，阶数 p 越大收敛越快.

定理 4.3.3 设 $\varphi(x)$在 $x=\varphi(x)$的根 x^* 邻近有连续的二阶导数，且$|\varphi'(x^*)|<1$，则当$\varphi'(x^*)\neq 0$时，线性收敛；当 $\varphi'(x^*)=0$，$\varphi''(x^*)\neq 0$ 时，平方收敛.

定理 4.3.4 若 $\varphi(x)$在 x^* 附近的某个邻域内有 p $(p\geqslant 1)$阶连续导数，且

$$\varphi(x^*)=x^* \qquad \varphi'(x^*)=0 \quad \cdots \quad \varphi^{(p-1)}(x^*)=0 \qquad \varphi^{(p)}(x^*)\neq 0$$

则对一个任意靠近 x^* 的初始值，迭代公式：

$$x_{k+1}=\varphi(x_k) \quad (k=0,1,\cdots) \tag{4.3.11}$$

是 p 阶收敛的，且有

$$\lim_{k\to\infty}\frac{x_{k+1}-x^*}{(x_k-x^*)^p}=\frac{\varphi^{(p)}(x^*)}{p!} \tag{4.3.12}$$

如果 $p=1$，要求$|\varphi'(x^*)|<1$. 参看定理 4.3.3.

定理的证明留作习题.

例 4.3.3 对于迭代函数 $\varphi(x)=x+c(x^2-2)$，试讨论：

(1) 当 c 为何值时，$x_{k+1}=\varphi(x_k)$ $(k=0,1,2,\cdots)$ 产生的序列 $\{x_k\}$ 收敛于 $\sqrt{2}$；

(2) c 取何值时收敛最快？

解 (1) $\varphi'(x)=1+2cx$，当

$$|\varphi'(\sqrt{2})|=|1+2\sqrt{2}c|<1$$

亦即 $-\frac{1}{\sqrt{2}}<c<0$ 时迭代收敛.

(2) 当
$$\varphi'(\sqrt{2})=1+2\sqrt{2}c=0$$
即 $c=-\frac{1}{2\sqrt{2}}$ 时，迭代至少是二阶收敛的，收敛最快.

4.3.5 不动点迭代算法

(1) 对 $k=1,2,\cdots,K$，做：① $x_1=\varphi(x_0)$；② 如果 $|x_1-x_0|<\varepsilon$，则输出 x_1,k 并停机；③ $x_0=x_1$.

(2) 输出“经 K 次迭代仍无法满足要求的解”.

如果出现(2)中的情况，可适当调高 K 值再试算. 算法中使用 $|x_1-x_0|<\varepsilon$ 就是前面所说的使问题简化，即认为只要 $|x_1-x_0|<\varepsilon$，就有 $|x^*-x_1|<\varepsilon$. 此外，$|x_1-x_0|<\varepsilon$ 也可换为检验是否有 $\Delta<\varepsilon$，其中：

$$\Delta=\begin{cases}|x_1-x_0| & (|x_1|<C)\\ \dfrac{|x_1-x_0|}{|x_1|} & (|x_1|\geqslant C)\end{cases}$$

其中，C 可根据具体问题而定，通常取 $C=1$. 为了防止出现 $x_1=0$ 的情况，上述相对误差也可使用下式来表示：

$$\Delta=\frac{|x_1-x_0|}{1+|x_1|}$$

4.4 迭代加速技术

4.4.1 Aitken 加速法

由定理 4.3.4，我们可以看到简单迭代法

$$x_{k+1}=\varphi(x_k)\quad(k=0,1,\cdots)\tag{4.4.1}$$

的收敛速度与迭代函数 $\varphi(x)$ 有关. 在许多情况下，可以由迭代函数 $\varphi(x)$ 构造一个新的迭代函数 $\Phi(x)$，使得

(1) 方程 $x=\Phi(x)$ 和 $x=\varphi(x)$ 具有相同的根 x^*.

(2) 由迭代公式

$$x_{k+1}=\Phi(x_k)\quad(k=0,1,\cdots)\tag{4.4.2}$$

产生的迭代序列收敛于 x^* 的阶高于由迭代格式(4.4.1)产生的迭代序列收敛于 x^* 的阶.

由迭代格式(4.4.1)产生收敛较快的迭代格式(4.4.2)的方法通常称为加速方法.下面讨论一个很重要的加速方法,即 Aitken 加速法.

设$\{x_k\}$是一个线性收敛的序列,收敛于方程 $x=\varphi(x)$的根 x^*,因$\{x_k\}$线性收敛于根 x^*,故对充分大的 k,有

$$\frac{x_{k+1}-x^*}{x_k-x^*}\approx c\quad(c\neq 0)$$

$$\frac{x_{k+2}-x^*}{x_{k+1}-x^*}\approx c$$

由上面两式得

$$\frac{x_{k+1}-x^*}{x_k-x^*}\approx\frac{x_{k+2}-x^*}{x_{k+1}-x^*}$$

解得

$$x^*\approx\frac{x_kx_{k+2}-x_{k+1}^2}{x_{k+2}-2x_{k+1}+x_k}=x_{k+2}-\frac{(x_{k+2}-x_{k+1})^2}{x_{k+2}-2x_{k+1}+x_k}\tag{4.4.3}$$

或

$$x^*\approx x_k-\frac{(x_{k+1}-x_k)^2}{x_{k+2}-2x_{k+1}+x_k}\tag{4.4.4}$$

把式(4.4.3)右端的值作为新的近似值 $\tilde{x}_k$,可望获得更好的近似结果,于是提出 Aitken 加速方案.

迭代:

$$x_{k+1}=\varphi(x_k)$$

再迭代:

$$x_{k+2}=\varphi(x_{k+1})$$

加速:

$$\tilde{x}_k=x_k-\frac{(x_{k+1}-x_k)^2}{x_{k+2}-2x_{k+1}+x_k}\tag{4.4.5}$$

注意 (1) 上面公式中的分母 $x_{k+2}-2x_{k+1}+x_k=(x_{k+2}-x_{k+1})+(x_k-x_{k+1})$,由于收敛慢才需要加速,右端的二项中均相差不大,要注意有效数字的损失.因此,这种方法一般最好在双倍字位字长的机器上使用.

(2) 如果用式(4.4.4)和差分记号把式(4.4.5)中的“加速”环节换为

加速:

$$\tilde{x}_k=x_k-\frac{(\Delta x_k)^2}{\Delta^2 x_k}$$

其中：

$$\Delta x_k = x_{k+1} - x_k \qquad \Delta^2 x_k = \Delta(\Delta x_k) = x_{k+2} - 2x_{k+1} + x_k$$

称为 AitkenΔ^2 加速方案.

定义新序列$\{\tilde{x}_k\}$,其中：

$$\tilde{x}_k = x_k - \frac{(x_{k+1} - x_k)^2}{x_{k+2} - 2x_{k+1} + x_k} \quad (k = 0,1,\cdots) \tag{4.4.6}$$

下面的定理指出$\{\tilde{x}_k\}$的确比$\{x_k\}$更快地收敛于 x^*.

定理 4.4.1 设序列$\{x_k\}$线性收敛于 x^*, $\lim\limits_{k\to\infty}\dfrac{x_{k+1}-x^*}{x_k-x^*}=c\ (0<c<1)$,则由

$$\tilde{x}_k = x_k - \frac{(x_{k+1} - x_k)^2}{x_{k+2} - 2x_{k+1} + x_k} \quad (k = 0,1,\cdots)$$

定义的序列$\{\tilde{x}_k\}$比$\{x_k\}$更快地收敛于 x^*,即有

$$\lim_{k\to\infty}\frac{\tilde{x}_k - x^*}{x_k - x^*} = 0$$

证 因序列$\{x_k\}$线性收敛于 x^*,故有

$$\lim_{k\to\infty}\frac{x_{k+1}-x^*}{x_k-x^*} = c \qquad \lim_{k\to\infty}\frac{x_{k+2}-x^*}{x_k-x^*} = c^2$$

而

$$\begin{aligned}\tilde{x}_k - x^* &= x_k - \frac{(x_{k+1}-x_k)^2}{x_{k+2}-2x_{k+1}+x_k} - x^* \\ &= x_k - x^* - \frac{[(x_{k+1}-x^*)-(x_k-x^*)]^2}{(x_{k+2}-x^*)-2(x_{k+1}-x^*)+(x_k-x^*)}\end{aligned}$$

于是

$$\frac{\tilde{x}_k - x^*}{x_k - x^*} = 1 - \frac{\left(\dfrac{x_{k+1}-x^*}{x_k-x^*}-1\right)^2}{\dfrac{x_{k+2}-x^*}{x_k-x^*} - 2\dfrac{x_{k+1}-x^*}{x_k-x^*} + 1}$$

$$\lim_{k\to\infty}\frac{\tilde{x}_k - x^*}{x_k - x^*} = 1 - \frac{(c-1)^2}{c^2-2c+1} = 0$$

4.4.2 Steffensen 迭代法

Aitken 加速方案是对任意线性收敛序列$\{x_k\}$构建的,并不限定$\{x_k\}$是如何获得的. 因此,针对一种不动点迭代函数 φ,其不动点为 x^*,由 x_0 出发构建迭代公式

$$\begin{cases} y_k = \varphi(x_k) \\ z_k = \varphi(y_k) \\ x_{k+1} = x_k - \dfrac{(y_k - x_k)^2}{z_k - 2y_k + x_k} \end{cases} \quad (k = 0,1,2,\cdots) \tag{4.4.7}$$

或干脆写成不动点形式 $x_{k+1}=\Psi(x_k)$，即

$$x_{k+1}=x_k-\frac{[\varphi(x_k)-x_k]^2}{\varphi[\varphi(x_k)]-2\varphi(x_k)+x_k}\quad(k=0,1,2,\cdots)\tag{4.4.8}$$

其中，迭代函数 Ψ 为

$$\Psi(x)=x-\frac{[\varphi(x)-x]^2}{\varphi[\varphi(x)]-2\varphi(x)+x}=\frac{x\varphi[\varphi(x)]-[\varphi(x)]^2}{\varphi[\varphi(x)]-2\varphi(x)+x}\tag{4.4.9}$$

这就是著名收敛加速方案——Steffensen 迭代法.

现在的问题是：φ 和 Ψ 是否有共同的不动点 x^*？Steffensen 迭代在什么条件下有多高的收敛速度？且看下面定理：

定理 4.4.2 设迭代函数 Ψ 由 φ 按式(4.4.9)定义.

(1) 若 x^* 是 φ 的不动点，φ' 在 x^* 邻域存在、连续，且 $\varphi'(x^*)\neq1$，则 x^* 是 Ψ 的不动点；反之，若 x^* 是 Ψ 的不动点，则 x^* 也是 φ 的不动点.

(2) 若 x^* 是 φ 的不动点，φ'' 在 x^* 邻域存在、连续，且 $\varphi'(x^*)\neq1$，则 Steffensen 迭代至少是二阶收敛的.

这里略去定理的证明(可利用洛必达法则). 由定理可见，只要 $\varphi'(x^*)\neq1$，则不论原迭代法 $x_k=\varphi(x_k)$ 是线性收敛还是不收敛，由它构建的 Steffensen 迭代式(4.4.7)或式(4.4.8)至少有二阶收敛. 当然，如果原迭代法的收敛阶已经大于等于二，那么就没有必要再使用 Steffensen 迭代法加速. Steffensen 迭代法主要用于改善线性收敛或不收敛的迭代.

4.5 Newton 法

迭代法是解非线性方程(组)的主要方法，Newton 法就是最有效的迭代方法之一，它在单根附近具有较高阶的收敛速度，而且还能求方程的复根(这时的初值必须是复数).

4.5.1 Newton 法公式的导出

解非线性方程(组)的高阶的迭代公式，一般都不是原方程经过恒等变形得到的. 为了得到高阶的收敛公式，通常是在方程 $f(x)=0$ 的根 x^* 附近，用 $f(x)$ 的某个近似式去代替 $f(x)$，再令这个近似式为零，解出的根就作为根 x^* 的新的近似值，从而建立起迭代公式，Newton 法就是其中之一.

首先，我们导出 Newton 法的计算公式. 对于方程 $f(x)=0$，设它的近似根为 x_k，函数 $f(x)$ 可以在 x_k 附近作 Taylor 展开：

$$f(x)=f(x_k)+f'(x_k)(x-x_k)+\cdots\tag{4.5.1}$$

利用其线性部分作为函数 $f(x)$ 的近似，即

$$f(x_k)+f'(x_k)(x-x_k)=0 \tag{4.5.2}$$

并求其根，把求出的根记为 x_{k+1}，即将

$$x=x_k-\frac{f(x_k)}{f'(x_k)}$$

记为 x_{k+1}，可见相应的迭代函数就是 $\varphi(x)=x-\dfrac{f(x)}{f'(x)}$，即 Newton 公式为

$$x_{k+1}=x_k-\frac{f(x_k)}{f'(x_k)}\quad (k=0,1,2,\cdots) \tag{4.5.3}$$

下面我们来看 Newton 法的几何意义.

方程 $f(x)=0$ 的根 x^* 即为曲线 $y=f(x)$ 与 x 轴的交点的横坐标. 设 x_k 是 x^* 的某个近似值，过曲线 $y=f(x)$ 上相应的点 $(x_k,f(x_k))$ 作切线，并将该切线与 x 轴的交点的横坐标 x_{k+1} 作为 x^* 的新的近似值，注意到此切线方程即为

$$y=f(x_k)+f'(x_k)(x-x_k)$$

它与 x 轴交点的横坐标（即令 $y=0$，解出 x）正是 Newton 公式结果. 因此，Newton 法也称为切线法，它的基本思想就是将非线性方程 $f(x)=0$ 一次次地用切线方程来求解.

4.5.2 Newton 法的局部收敛性

由迭代函数 $\varphi(x)=x-\dfrac{f(x)}{f'(x)}$，有 $\varphi'(x)=\dfrac{f(x)f''(x)}{[f'(x)]^2}$，可见：

(1) Newton 法局部收敛条件为 $|\varphi'(x^*)|=\left|\dfrac{f(x^*)f''(x^*)}{[f'(x^*)]^2}\right|<1$.

(2) 若 x^* 是 $f(x)$ 的一个单根，即 $f(x^*)=0$，$f'(x^*)\neq 0$，则 $\varphi'(x^*)=0$；若 $f''(x^*)\neq 0$，则 $\varphi''(x^*)\neq 0$，这时，由定理 4.3.3 可知，Newton 法生成的序列 $\{x_k\}$ 在 x^* 附近平方收敛，这说明 Newton 法收敛很快.

(3) 若 x^* 是 $f(x)=0$ 的 m $(m\geqslant 2)$ 重根时，Newton 法不是平方收敛的，这时可将迭代过程改为

$$x_{k+1}=x_k-m\frac{f(x_k)}{f'(x_k)}$$

这时，仍能使其保持平方收敛，这里就不再展开讨论.

(4) Newton 法的收敛是指局部收敛，这就是说，它对初始值的选取有一定的要求，即要 x_0 充分靠近 x^*，才能保证有平方收敛. 因此，只要初值比较靠近所求根，收敛是很快的. 如果已知一个不太大的根的隔离区间，取该区间的中点作为迭代初值是一个较好的选择.

例 4.5.1 对于给定的正数 c，应用 Newton 法解二次方程 $x^2-c=0$.

解 令 $f(x)=x^2-c$，即 $f'(x)=2x$，Newton 迭代法为

$$x_{k+1}=x_k-\frac{f(x_k)}{f'(x_k)}=x_k-\frac{x_k^2-c}{2x_k}=\frac{1}{2}\left(x_k+\frac{c}{x_k}\right)$$

可以这样理解：x_k 是$\sqrt{c}$的近似值，$\frac{c}{x_k}$也是$\sqrt{c}$的近似值，它们二者的算术平均将是$\sqrt{c}$的更好的近似.

例 4.5.2　证明例 4.5.1 中的迭代公式对于任意初值 $x_0>0$ 皆平方收敛.

证　对于 $x_{k+1}=\frac{1}{2}\left(x_k+\frac{c}{x_k}\right)$，右端配方可得

$$x_{k+1}-\sqrt{c}=\frac{1}{2x_k}(x_k-\sqrt{c})^2 \tag{4.5.4}$$

或

$$x_{k+1}+\sqrt{c}=\frac{1}{2x_k}(x_k+\sqrt{c})^2 \tag{4.5.5}$$

两式相除，得

$$\frac{x_{k+1}-\sqrt{c}}{x_{k+1}+\sqrt{c}}=\left(\frac{x_k-\sqrt{c}}{x_k+\sqrt{c}}\right)^2$$

递推可得

$$\frac{x_{k+1}-\sqrt{c}}{x_{k+1}+\sqrt{c}}=\left(\frac{x_0-\sqrt{c}}{x_0+\sqrt{c}}\right)^{2^{k+1}}$$

记 $q=\frac{x_0-\sqrt{c}}{x_0+\sqrt{c}}$，则

$$x_k-\sqrt{c}=(x_k+\sqrt{c})q^{2^k}$$

即

$$x_k=\frac{1+q^{2^k}}{1-q^{2^k}}\sqrt{c}$$

对任意初值 $x_0>0$，总有 $|q|<1$，故

$$x_k\to\sqrt{c}\quad(k\to\infty)$$

记 $e_k=x_k-\sqrt{c}$，则由式(4.5.4)，可得

$$\frac{e_{k+1}}{e_k^2}=\frac{1}{2x_k}\to\frac{1}{2\sqrt{c}}$$

即为平方收敛.

例 4.5.3　对于给定的正数 c，应用 Newton 法于方程$\frac{1}{x}-c=0$，并证明：当初值 x_0 满足$0<x_0<\frac{2}{c}$时收敛.

解　$$f(x)=\frac{1}{x}-c\qquad f'(x)=-\frac{1}{x^2}$$

Newton 迭代公式为

$$x_{k+1}=x_k-\frac{\frac{1}{x_k}-c}{-\frac{1}{x_k^2}}=x_k(2-cx_k)$$

记第 k 步的误差为

$$e_k=x^*-x_k\quad(k=0,1,2,\cdots)$$

记

$$r_k=ce_k=c(x^*-x_k)=cx^*-cx_k=1-cx_k$$

从而有

$$\begin{aligned}r_{k+1}&=1-cx_{k+1}=1-cx_k(2-cx_k)=1-cx_k(1+r_k)\\&=r_k-cx_kr_k=r_k(1-cx_k)=r_k^2\end{aligned}$$

迭代可得

$$r_k=r_0^{2^k}\qquad 0<x_0<\frac{2}{c}$$

则

$$-1<r_0=1-cx_0<1$$

即

$$|r_0|<1$$

故 $r_0^{2^k}\to0\ (k\to\infty)$，即 $r_k\to0$ 迭代收敛.

4.5.3 Newton 下山法

现在我们讨论 Newton 法的一种重要变形——Newton 下山法. Newton 法的收敛与初值 x_0 的选取有很大关系. 若 x_0 偏离 x^* 较远，就有可能发散.

例如，对于 $x^3-x-1=0$，Newton 迭代法为

$$x_{k+1}=x_k-\frac{x_k^3-x_k-1}{3x_k^2-1}$$

若选取 $x_0=1.5$，则迭代三次，便已有六位有效数字；若选取初值 $x_0=0.6$，则 $x_1=17.9$，离 x^* 更远，发散了.

为了防止迭代发散，我们对迭代过程再附加一个要求，即具有单调(下降)性：$|f(x_{k+1})|<|f(x_k)|$. 这是因为，我们最终目标是使 $f(x^*)=0$，若一直保持上述下降要求，就可保证收敛，满足这个要求的算法称为下山法. 我们将 Newton 法与之结合使用，即在下山法保证函数值单调下降的前提下，用 Newton 法加快收敛速度.

处理措施：将 Newton 法计算结果 $\bar{x}_{k+1}=x_k-\dfrac{f(x_k)}{f'(x_k)}$ 与前一步的近似值 x_k 适当加权平均作为新的改进值，即

$$x_{k+1}=\lambda\bar{x}_{k+1}+(1-\lambda)x_k=\lambda\left[x_k-\frac{f(x_k)}{f'(x_k)}\right]+(1-\lambda)x_k$$
$$=x_k-\lambda\frac{f(x_k)}{f'(x_k)}\quad(0<\lambda\leqslant 1)$$

希望挑选下山因子,使得单调性条件$|f(x_{k+1})|<|f(x_k)|$成立.一般情况,从$\lambda=1$开始,反复将λ减半进行试算,一旦单调下降条件成立,则称下山成功;若在上述过程中,找不到使单调条件成立的下山因子,称下山失败,此时,需另选初值x_0.再以$x^3-x-1=0$说明此方法.选$x_0=0.6$,则$\bar{x}_1=17.9$,一直选到$\lambda=\frac{1}{2^5}=\frac{1}{32}$时,得到

$$x_1=17.9\times\frac{1}{32}+\left(1-\frac{1}{32}\right)\times 0.6=1.140625$$

这时纠正了$\bar{x}_1$的严重偏差.

4.5.4 Newton 迭代法的优缺点及算法

优点:收敛速度快.

缺点:要求计算$f(x)$的导数,以及要求给出足够靠近所求真根的初值,特别是在方程存在多个根及分布较密时,不合适的初值可能导致不收敛或收敛于非所求或已求过的根上,此外,它也不能求出方程的重根.

另外,Newton 迭代法当采用复数运算时,亦可用来求方程复根;若与劈因子法结合,即每求出一根,譬如x_r,随之将因子$(x-x_r)$从$f(x)$中除去,继续求根,则可使对初值的"足够靠近真根"要求有所放宽,并易避免收敛于已求过的根上去.由于劈去因子时求得的根的有限精度会引入误差,故宜用双精度计算.

算法:

给定初始值x_0,ε为根的容许误差,η为$|f(x)|$的容许误差,N为迭代次数的容许值.

(1) 如果$f'(x_0)=0$或迭代次数大于N,则算法失败,程序结束;否则执行(2).

(2) 计算$x_1=x_0-\frac{f(x_0)}{f'(x_0)}$.

(3) 若$|x_1-x_0|<\varepsilon$或$|f(x_1)|<\eta$,则输出x_1,程序结束;否则执行(4).

(4) 令$x_0=x_1$,转向(1).

4.6 弦 截 法

4.6.1 单点弦截法

Newton 法突出的优点是收敛速度快,但它也有明显的缺点:公式中带有导

数，当 $f(x)$ 较复杂时，使用 Newton 法不大方便. 代替导数的常用方法是用差商.

若用 $\dfrac{f(x_k)-f(x_0)}{x_k-x_0}\approx f'(x_k)$，则 Newton 迭代即为

$$x_{k+1}=x_k-\frac{f(x_k)}{f(x_k)-f(x_0)}(x_k-x_0)\quad(k=1,2,\cdots)\tag{4.6.1}$$

其中：x_{k+1} 即为弦 $\overline{P_0P_k}$ 与 x 轴交点的横坐标，因为 $\overline{P_0P_k}$ 的方程为

$$y-f(x_k)=\frac{f(x_k)-f(x_0)}{x_k-x_0}(x-x_k)\tag{4.6.2}$$

令 $y=0$，即得式(4.6.1).

迭代式(4.6.1)迭代时，x_0 固定不变，x_k 变化，称为单点弦截法.

迭代式(4.6.1)的几何意义就是通过 P_0，P_k 点的弦线与 x 轴的交点横坐标 x_{k+1} 不断逼近真根 x^* 的过程.

4.6.2 单点弦截法的收敛性

考察迭代函数：

$$\varphi(x)=x-\frac{f(x)}{f(x)-f(x_0)}(x-x_0)$$

$$\begin{aligned}\varphi'(x^*)&=1-\frac{f'(x^*)[f(x^*)-f(x_0)]-0}{[f(x^*)-f(x_0)]^2}(x^*-x_0)-0\\&=1+\frac{f'(x^*)}{f(x_0)}(x^*-x_0)=1-\frac{f'(x^*)}{\dfrac{f(x^*)-f(x_0)}{x^*-x_0}}\end{aligned}$$

当 x_0 充分接近 x^* 时，$\dfrac{f(x^*)-f(x_0)}{x^*-x_0}$ 充分接近 $f'(x^*)$，分子与分母这两项同号，且比值→1(当 x_0 充分接近 x^* 时)，故有 $0<|\varphi'(x^*)|<1$，迭代法为线性收敛.

为了使收敛速度加快，我们用差商 $\dfrac{f(x_k)-f(x_{k-1})}{x_k-x_{k-1}}$ 近似代替 Newton 迭代公式中的 $f'(x_k)$，得

$$x_{k+1}=x_k-\frac{f(x_k)}{f(x_k)-f(x_{k-1})}(x_k-x_{k-1})\quad(k=1,2,\cdots)\tag{4.6.3}$$

这个 x_{k+1} 即为弦 $\overline{P_{k-1}P_k}$ 与 x 轴交点的横坐标，故也称为双点弦截法. 可以证明，在一定条件下，它的收敛速度是超线性的.（按阶 $p=\dfrac{1+\sqrt{5}}{2}\approx1.618$ 收敛到根 x^*.）

需要注意的是：

(1) 双点弦截法与 Newton 法虽然都是线性化方法，但两者有本质区别. 切线法是单步法，而在使用双点弦截法时，必须给出 x_0，x_1 两个初始值，它为两步法，不属于不动点迭代法.

(2) 我们也可从另一角度推导出双点弦截法，即用插值多项式的方法(可参看插值法一章中的内容). 设 x_{k-1}, x_k 为 $f(x)=0$ 的近似根，则利用 $f(x_{k-1}), f(x_k)$ 可以构造一次插值多项式(Newton 插值型)：

$$p_1(x) = f(x_k) + f[x_k, x_{k-1}](x - x_k)$$

作为 $f(x)$的近似，即可推得双点弦截法的公式.

(3) 用同样的思想，若把 x_k, x_{k-1}, x_{k-2}作为 $f(x)=0$ 的近似根，则由三点及其函数值，可作二次插值多项式 $p_2(x)$，并令其等于 0，解出 x，作为 $f(x)=0$ 的近似根，即可推得抛物线法(Müller)的迭代公式.

(4) 双点弦截法又称为离散的 Newton 法.

弦截法的算法请读者自己写出.

4.7　非线性方程组的解法

4.7.1　不动点迭代法

设有非线性方程组：

$$\begin{cases} f_1(x_1, x_2, \cdots, x_n) = 0 \\ f_2(x_1, x_2, \cdots, x_n) = 0 \\ \cdots\cdots \\ f_n(x_1, x_2, \cdots, x_n) = 0 \end{cases} \tag{4.7.1}$$

若记 $\boldsymbol{x}=(x_1, x_2, \cdots, x_n)^{\mathrm{T}}$，$\boldsymbol{F}(\boldsymbol{x})=(f_1(\boldsymbol{x}), f_2(\boldsymbol{x}), \cdots, f_n(\boldsymbol{x}))^{\mathrm{T}}$，则方程组(4.7.1)可简记成向量形式

$$\boldsymbol{F}(\boldsymbol{x}) = \boldsymbol{0} \tag{4.7.2}$$

首先把式(4.7.2)转化成等价方程：

$$\boldsymbol{x} = \boldsymbol{\Phi}(\boldsymbol{x}) \tag{4.7.3}$$

其中，

$$\boldsymbol{\Phi}(\boldsymbol{x}) = (\varphi_1(\boldsymbol{x}), \varphi_2(\boldsymbol{x}), \cdots, \varphi_n(\boldsymbol{x}))^{\mathrm{T}}$$

$$\boldsymbol{x}^{(k+1)} = \boldsymbol{\Phi}(\boldsymbol{x}^{(k)}) \quad (k = 0, 1, \cdots) \tag{4.7.4}$$

对于给定的初始点 $\boldsymbol{x}^{(0)}$，若由此生成的序列收敛($\lim\limits_{k\to\infty}\boldsymbol{x}^{(k)} = \boldsymbol{x}^*$)，则 $\boldsymbol{x}^*$ 满足 $\boldsymbol{x}^* = \boldsymbol{\Phi}(\boldsymbol{x}^*)$，即 $\boldsymbol{x}^*$ 是迭代函数 $\boldsymbol{\Phi}(\boldsymbol{x})$的不动点，从而 $\boldsymbol{x}^*$ 是非线性方程组(4.7.2)的解.

定理 4.7.1　设 $\boldsymbol{\Phi}: D\subset \mathbf{R}^n \to \mathbf{R}^n$ 在区域 $D_0 \subset D$ 上满足条件：

(1) $\boldsymbol{\Phi}$ 将 D_0 映入自身，即 $\boldsymbol{\Phi}(D_0)\subset D_0$.

(2) $\boldsymbol{\Phi}$ 在 D_0 上是压缩映射，即存在常数 $\alpha\in(0,1)$，使得对任意 $\boldsymbol{x}, \boldsymbol{y}\in D_0$，有

$$\| \boldsymbol{\Phi}(\boldsymbol{x}) - \boldsymbol{\Phi}(\boldsymbol{y}) \| \leqslant \alpha \| \boldsymbol{x} - \boldsymbol{y} \| \tag{4.7.5}$$

则

(1) 对任意初始向量 $\boldsymbol{x}^{(0)} \in D_0$，由迭代格式(4.7.4)产生的序列$\{\boldsymbol{x}^{(k)}\} \subset D_0$，且收敛于方程组(4.7.3)在 D_0 的唯一解 $\boldsymbol{x}^*$（即 G 在 D_0 的唯一不动点）.

(2) 成立误差估计：

$$\| \boldsymbol{x}^{(k)} - \boldsymbol{x}^* \| \leqslant \frac{\alpha^k}{1-\alpha} \| \boldsymbol{x}^{(1)} - \boldsymbol{x}^{(0)} \| \tag{4.7.6}$$

$$\| \boldsymbol{x}^{(k)} - \boldsymbol{x}^* \| \leqslant \frac{\alpha^k}{1-\alpha} \| \boldsymbol{x}^{(k)} - \boldsymbol{x}^{(k-1)} \| \tag{4.7.7}$$

本定理的证明类似于单个方程的情形，在此从略.

例 4.7.1 用简单迭代法求非线性方程组：

$$\begin{cases} e^{x_2-x_1} - 10x_1 = 0 \\ \sin(x_1+x_2) - 10x_2 + 1 = 0 \end{cases}$$

在 $D=\{(x_1,x_2) \mid -0.50 \leqslant x_1 \leqslant 0.50, -0.75 \leqslant x_2 \leqslant 0.75\}$ 中的近似解.（取向量 $\boldsymbol{x}^{(0)}=(0,0)^{\mathrm{T}}$.）

解 将上述方程组改写成不动点方程组的形式：

$$\boldsymbol{x} = \boldsymbol{\Phi}(\boldsymbol{x})$$

其中：

$$\boldsymbol{x} = \begin{pmatrix} x_1 \\ x_2 \end{pmatrix} \qquad \boldsymbol{\Phi}(\boldsymbol{x}) = \begin{pmatrix} \varphi_1(\boldsymbol{x}) \\ \varphi_2(\boldsymbol{x}) \end{pmatrix} = \begin{bmatrix} \frac{1}{10}e^{x_2-x_1} \\ \frac{1}{10}\sin(x_1+x_2)+0.1 \end{bmatrix}$$

迭代格式为

$$\begin{cases} x_1^{(k+1)} = \frac{1}{10}\exp(x_2^{(k)} - x_1^{(k)}) \\ x_2^{(k+1)} = 0.1 + \frac{1}{10}\sin(x_1^{(k)} + x_2^{(k)}) \end{cases} \quad (k=0,1,2,\cdots) \tag{4.7.8}$$

现验证定理 4.7.1 中的条件：

(1) 关于 $\boldsymbol{\Phi}(D) \subset D$：对任意 $\boldsymbol{x}=(x_1,x_2) \in D$，有

$$|\varphi_1(x_1,x_2)| = \frac{1}{10}e^{x_2-x_1} < \frac{1}{10}e^{1.25} < 0.5$$

$$|\varphi_2(x_1,x_2)| = \left|0.1 + \frac{1}{10}\sin(x_1+x_2)\right| < 0.2$$

故有 $\boldsymbol{\Phi}(\boldsymbol{x}) \subset D$.

(2) 关于 G 的压缩性：$\forall\, \boldsymbol{x},\boldsymbol{y} \in D$，则

$$|\varphi_1(\boldsymbol{x}) - \varphi_1(\boldsymbol{y})| = \left| \frac{1}{10}e^{x_2-x_1} - \frac{1}{10}e^{y_2-y_1} \right| \leqslant \frac{1}{10}e^{x_2-x_1} \leqslant \frac{1}{10}e^{1.25} < 0.5$$

$$|\varphi_2(\boldsymbol{x})-\varphi_2(\boldsymbol{y})|=\left|0.1+\frac{1}{10}\sin(x_1+x_2)-\left[0.1+\frac{1}{10}\sin(y_1+y_2)\right]\right|\leqslant 0.2$$

故

$$\|\boldsymbol{\Phi}(\boldsymbol{x})-\boldsymbol{\Phi}(\boldsymbol{y})\|_1\leqslant 0.7\|\boldsymbol{x}-\boldsymbol{y}\|_1$$

即 $\boldsymbol{\Phi}$ 满足压缩条件，从而由定理4.7.1，按迭代格式(4.7.8)产生的序列$\{\boldsymbol{x}^{(k)}\}$收敛于 $\boldsymbol{\Phi}$ 在 D 的唯一不动点.

4.7.2 解非线性方程组的 Newton 法

这是4.5节中 Newton 法的直接推广.设给定方程组(4.7.2)的第 k 次近似解 $\boldsymbol{x}^{(k)}=(x_1^{(k)},x_2^{(k)},\cdots,x_n^{(k)})^{\mathrm{T}}$，以函数 $\boldsymbol{F}(\boldsymbol{x})$在 $\boldsymbol{x}^{(k)}$ 处的一阶 Taylor 多项式近似函数，得到线性方程组：

$$\boldsymbol{F}(\boldsymbol{x}^{(k)})+\boldsymbol{F}'(\boldsymbol{x}^{(k)})\Delta\boldsymbol{x}^{(k)}=\boldsymbol{0}$$

即

$$\boldsymbol{F}'(\boldsymbol{x}^{(k)})\Delta\boldsymbol{x}^{(k)}=-\boldsymbol{F}(\boldsymbol{x}^{(k)}) \tag{4.7.9}$$

其中：

$$\boldsymbol{F}'(\boldsymbol{x}^{(k)})=\begin{bmatrix}\dfrac{\partial f_1}{\partial x_1} & \dfrac{\partial f_1}{\partial x_2} & \cdots & \dfrac{\partial f_1}{\partial x_n}\\ \vdots & \vdots & & \vdots\\ \dfrac{\partial f_n}{\partial x_1} & \dfrac{\partial f_n}{\partial x_2} & \cdots & \dfrac{\partial f_n}{\partial x_n}\end{bmatrix}_{\boldsymbol{x}=\boldsymbol{x}^{(k)}}$$

称为向量函数 $\boldsymbol{F}(\boldsymbol{x})$的 Jacobi 矩阵，$\Delta\boldsymbol{x}^{(k)}=\boldsymbol{x}-\boldsymbol{x}^{(k)}=(\Delta x_1^{(k)},\cdots,\Delta x_n^{(k)})^{\mathrm{T}}$，关于增量 $\Delta\boldsymbol{x}^{(k)}$ 的线性方程组(4.7.9)称为 Newton 方程组，可用直接法如列主元三角分解法求解.如果 $\boldsymbol{F}(\boldsymbol{x})$的 Jacobi 矩阵在 $\boldsymbol{x}^{(k)}$ 处非奇异，方程组(4.7.9)有唯一解 $\Delta\boldsymbol{x}^{(k)}$，则 $\boldsymbol{x}^{(k+1)}=\boldsymbol{x}^{(k)}+\Delta\boldsymbol{x}^{(k)}$ 为方程组(4.7.2)的第$k+1$次近似解.按上述过程求非线性方程组(4.7.2)的近似解称为 Newton 方法.

计算过程中的终止准则一般采用以下两种：

(1) $\|\boldsymbol{F}(\boldsymbol{x}^{(k+1)})\|_\infty=\max\limits_{1\leqslant i\leqslant n}|f_i(x_1^{(k+1)},x_2^{(k+1)},\cdots,x_n^{(k+1)})|<\varepsilon$.

(2) $\|\boldsymbol{x}^{(k+1)}-\boldsymbol{x}^{(k)}\|_\infty=\max\limits_{1\leqslant i\leqslant n}|x_i^{(k+1)}-x_i^{(k)}|<\varepsilon$.

当$\|\boldsymbol{x}^{(k)}\|$较大时，也可用两次迭代的相对误差充分小作为终止准则.

例4.7.2 求方程组

$$\begin{cases}4x_1^2+3x_2^2=1\\ x_1^3-8x_2^3=1\end{cases}$$

邻近(0.25,−0.5)的解.

解 由于

$$F(x)=\begin{bmatrix}4x_1^2+3x_2^2-1\\ x_1^3-8x_2^3-1\end{bmatrix}\qquad F'(x)=\begin{bmatrix}8x_1 & 6x_2\\ 3x_1^2 & -24x_2^2\end{bmatrix}$$

又 $x^{(0)}=(0.25,-0.5)^{\mathrm T}$，故 Newton 方程组为

$$F'(x^{(0)})\Delta x^{(0)}=\begin{bmatrix}2 & -3\\ 0.1875 & -6\end{bmatrix}\begin{bmatrix}\Delta x_1^{(0)}\\ \Delta x_2^{(0)}\end{bmatrix}=-\begin{bmatrix}0\\ 0.015625\end{bmatrix}$$

其解为 $\Delta x_1^{(0)}=0.00409836$，$\Delta x_2^{(0)}=0.00273224$，故

$$x^{(1)}=x^{(0)}+\Delta x^{(0)}=(0.25409836,-0.49726776)^{\mathrm T}$$

继续迭代下去，可得到近似解为 $x^*\approx(0.2540786,-0.4972512)^{\mathrm T}$.

对于 Newton 迭代法，我们有如下局部收敛性定理：

定理 4.7.2 设 $F:D\subset\mathbf{R}^n\to\mathbf{R}^n$ 在 x^* 的开邻域 $S_0\subset D$ 上可导，$F'(x^*)$ 非奇异，x^* 为方程组(4.7.2)的解，则存在闭球 $S=\overline{S}(x^*,\delta)\subset S_0$，使映射 $\Phi(x)=x-[F'(x)]^{-1}F(x)$ 在 S 上有意义，且 Newton 迭代公式

$$x^{(k+1)}=x^{(k)}-[F'(x^{(k)})]^{-1}F(x^{(k)})\quad(k=0,1,\cdots)$$

产生的序列 $\{x^{(k)}\}$ 超线性收敛到 $x^{(k)}$. 又若假定：

$$\|F'(x)-F'(x^*)\|\leqslant L\|x-x^*\|\quad(\forall x\in S)$$

其中：$L>0$ 为常数，则序列 $\{x^{(k)}\}$ 至少二阶收敛.

本定理的证明可参阅文献(李庆扬等，2000).

Newton 法具有收敛快、形式简单等优点，但它对初始值的要求较高. 另外，Newton 法每迭代一次，需计算 $n+n^2$ 个函数值及导数值，求解一个 n 阶线性方程组(实际计算时一般不求 $F'(x^{(k)})$ 的逆，而是解一个 n 阶线性方程组)，计算量也较大. 如果 $F(x)$ 的 Jacobi 矩阵在 $x^{(k)}$ 处奇异，从而导致数值计算失败或产生数值不稳定，此时可采用“阻尼 Newton 法”求解，即把式(4.7.9)改为如下迭代格式：

$$\begin{aligned}&[F'(x^{(k)})+\mu_k I]\Delta x^{(k)}=-F(x^{(k)})\\ &x^{(k+1)}=x^{(k)}+\Delta x^{(k)}\quad(k=0,1,\cdots)\end{aligned}\tag{4.7.10}$$

其中，参数 μ_k 称为阻尼因子；$\mu_k I$ 称为阻尼项. 加进阻尼项的目的，是使线性方程组的系数矩阵非奇异并良态. 当 μ_k 选得合适时，阻尼 Newton 法是线性收敛的.

4.7.3 拟 Newton 法

我们知道 Newton 法平方收敛，但在具体实施时，每一步要计算 Jacobi 矩阵 $F'(x^{(k)})$，并需求解与这个矩阵相关的 n 阶线性方程组，计算量很大，而且对初值 $x^{(0)}$ 也有一定的要求.

为了减少计算量而引进了各种 Newton 方法的变形算法，其本质就是在某种近似意义下，以矩阵 A_k 近似代替 $F'(x^{(k)})$，而 A_k 非奇异且比计算 $F'(x^{(k)})$ 更方便，

概括为如下形式的迭代程序：

$$x^{(k+1)} = x^{(k)} - A_k^{-1} \cdot F(x^{(k)}) \quad (k = 0,1,2,\cdots) \tag{4.7.11}$$

式(4.7.11)称为拟 Newton 程序.不同的 A_k 就得到了不同的变形 Newton 程序.

下面简单介绍 Broyden 算法.

设非线性方程组 $F(x)=0$ 的解 x^* 的初始近似为 $x^{(0)}$，像 Newton 法那样，用相同的算法计算下一个近似 $x^{(1)}$. 由 $F(x)$的 Taylor 展开式有

$$F(x^{(0)}) \approx F(x^{(1)}) + F'(x^{(1)})(x^{(0)} - x^{(1)})$$

且当 $\| x^{(0)} - x^{(1)} \|_2$ 越小，近似程度越好.

由于

$$F'(x^{(1)}) \approx \frac{F(x^{(1)}) - F(x^{(0)})}{x^{(1)} - x^{(0)}} \quad (x^{(1)} - x^{(0)} \neq 0)$$

因此，若以 A_1 表示 $F'(x^{(1)})$的近似，于是得近似方程：

$$A_1(x^{(1)} - x^{(0)}) = F(x^{(1)}) - F(x^{(0)}) \tag{4.7.12}$$

常称式(4.7.12)为拟 Newton 方程. 它是各种拟 Newton 方法的出发点.

一般地，取 $A_{k+1} \approx F'(x^{(k+1)})$，得近似方程：

$$A_{k+1}(x^{(k+1)} - x^{(k)}) = F(x^{(k+1)}) - F(x^{(k)}) \tag{4.7.13}$$

注意到：对多元($n>1$)函数 $F(x)$来说，这是一个只有 n 个方程而有 n^2 个未知量 A_{k+1}的方程组，故即使 $x^{(k+1)}$，$x^{(k)}$ 已知也不能确定 A_{k+1}，为此，需附加如下条件：令

$$A_{k+1} = A_k + \Delta A_k \tag{4.7.14}$$

其中：ΔA_k 为增量矩阵，设它的秩 $\text{rank}(\Delta A_k) = m \geqslant 1$，则由式(4.7.11)、式(4.7.13)、式(4.7.14)便构成 Broyden 拟 Newton 法. 通常考虑 $m=1$ 或 $m=2$ 的情形，并对应称为 Broyden 秩 1 方法和 Broyden 秩 2 方法. 下面考虑前者.

事实上，当矩阵 ΔA_k 的秩为 1 时，可表示为

$$\Delta A_k = u^{(k)} (v^{(k)})^{\mathrm{T}} \tag{4.7.15}$$

其中：$u^{(k)}, v^{(k)} \in \mathbf{R}^n$，又记

$$s^{(k)} = x^{(k+1)} - x^{(k)} \qquad y^{(k)} = F(x^{(k+1)}) - F(x^{(k)})$$

现在，选择 $u^{(k)}$，$v^{(k)}$，使得矩阵 $A_{k+1} = A_k + \Delta A_k$ 满足拟 Newton 方程(4.7.13)，即满足：

$$[A_k + u^{(k)} (v^{(k)})^{\mathrm{T}}] s^{(k)} = y^{(k)}$$

$$u^{(k)} (v^{(k)})^{\mathrm{T}} s^{(k)} = y^{(k)} - A_k s^{(k)}$$

或若 $(v^{(k)})^{\mathrm{T}} s^{(k)} \neq 0$，则可解得

$$u^{(k)} = \frac{1}{(v^{(k)})^{\mathrm{T}} s^{(k)}} (y^{(k)} - A_k s^{(k)}) \tag{4.7.16}$$

即 $u^{(k)}$ 由 $v^{(k)}$ 唯一确定，而向量 $v^{(k)}$ 通常取

$$\boldsymbol{v}^{(k)}=\boldsymbol{s}^{(k)} \tag{4.7.17}$$

这时，只要迭代未收敛，就有 $\boldsymbol{x}^{(k+1)}-\boldsymbol{x}^{(k)}\neq\boldsymbol{0}$，于是

$$(\boldsymbol{u}^{(k)})^{\mathrm{T}}\boldsymbol{s}^{(k)}=(\boldsymbol{s}^{(k)})^{\mathrm{T}}\boldsymbol{s}^{(k)}=\|\boldsymbol{s}^{(k)}\|_2^2\neq 0$$

把 $\boldsymbol{u}^{(k)}$，$\boldsymbol{v}^{(k)}$ 代入式(4.7.15)可得

$$\Delta\boldsymbol{A}_k=\frac{1}{\|\boldsymbol{s}^{(k)}\|_2^2}(\boldsymbol{y}^{(k)}-\boldsymbol{A}_k\boldsymbol{s}^{(k)})(\boldsymbol{s}^{(k)})^{\mathrm{T}}$$

综合上述各式，可得求解方程组 $\boldsymbol{F}(\boldsymbol{x})=0$ 的 Broyden 秩 1 迭代公式：

$$\begin{cases}\boldsymbol{x}^{(k+1)}=\boldsymbol{x}^{(k)}-\boldsymbol{A}_k^{-1}\boldsymbol{F}(\boldsymbol{x}^{(k)})\\ \boldsymbol{s}^{(k)}=\boldsymbol{x}^{(k+1)}-\boldsymbol{x}^{(k)}\\ \boldsymbol{y}^{(k)}=\boldsymbol{F}(\boldsymbol{x}^{(k+1)})-\boldsymbol{F}(\boldsymbol{x}^{(k)})\\ \boldsymbol{A}_{k+1}=\boldsymbol{A}_k+\dfrac{1}{\|\boldsymbol{s}^{(k)}\|_2^2}(\boldsymbol{y}^{(k)}-\boldsymbol{A}_k\boldsymbol{s}^{(k)})(\boldsymbol{s}^{(k)})^{\mathrm{T}}\end{cases}\quad(k=0,1,\cdots) \tag{4.7.18}$$

其中：需给定初值 $\boldsymbol{x}^{(0)}$，而 $\boldsymbol{A}_0$ 通常取 $\boldsymbol{F}'(\boldsymbol{x}^{(0)})$（如果不太麻烦的话），或取单位矩阵 $\boldsymbol{I}$.

显然，式(4.7.18)有一个麻烦的地方，就是每一步均要求 $\boldsymbol{A}_k$ 的逆阵 $\boldsymbol{A}_k^{-1}$. 利用 Sherman 和 Morrison 的矩阵求逆公式，这一麻烦是可能避开的.

定理 4.7.3 如果 $\boldsymbol{A}\in\mathbf{R}^{n\times n}$ 是非奇异阵且 $\boldsymbol{u},\boldsymbol{v}\in\mathbf{R}^n$ 是向量，当 $\boldsymbol{v}^{\mathrm{T}}\boldsymbol{A}^{-1}\boldsymbol{u}\neq-1$ 时，则 $\boldsymbol{A}+\boldsymbol{u}\boldsymbol{v}^{\mathrm{T}}$ 是非奇异阵，且逆阵为

$$(\boldsymbol{A}+\boldsymbol{u}\boldsymbol{v}^{\mathrm{T}})^{-1}=\boldsymbol{A}^{-1}-\frac{\boldsymbol{A}^{-1}\boldsymbol{u}\boldsymbol{v}^{\mathrm{T}}\boldsymbol{A}^{-1}}{1+\boldsymbol{v}^{\mathrm{T}}\boldsymbol{A}^{-1}\boldsymbol{u}} \tag{4.7.19}$$

为此，记 $\boldsymbol{B}_k=\boldsymbol{A}_k^{-1}$，则与式(4.7.19)等号左端相对应的有

$$[\boldsymbol{A}_k+\boldsymbol{u}^{(k)}(\boldsymbol{v}^{(k)})^{\mathrm{T}}]^{-1}=(\boldsymbol{A}_k+\Delta\boldsymbol{A}_k)^{-1}=\boldsymbol{A}_{k+1}^{-1}=\boldsymbol{B}_{k+1} \tag{4.7.20}$$

而与式(4.7.19)等号右端中 $\boldsymbol{A}^{-1}\boldsymbol{u}$ 部分对应的有（利用式(4.7.16)和式(4.7.17)）

$$\begin{aligned}\boldsymbol{A}_k^{-1}\boldsymbol{u}^{(k)}&=\boldsymbol{A}_k^{-1}\frac{1}{(\boldsymbol{v}^{(k)})^{\mathrm{T}}\boldsymbol{s}^{(k)}}(\boldsymbol{y}^{(k)}-\boldsymbol{A}_k\boldsymbol{s}^{(k)})=\frac{1}{\|\boldsymbol{s}^{(k)}\|_2^2}(\boldsymbol{A}_k^{-1}\boldsymbol{y}^{(k)}-\boldsymbol{A}_k^{-1}\boldsymbol{A}_k\boldsymbol{s}^{(k)})\\&=\frac{1}{\|\boldsymbol{s}^{(k)}\|_2^2}(\boldsymbol{B}_k\boldsymbol{y}^{(k)}-\boldsymbol{s}^{(k)})\end{aligned}$$

从而又有

$$\begin{aligned}1+(\boldsymbol{v}^{(k)})^{\mathrm{T}}\boldsymbol{A}_k^{-1}\boldsymbol{u}^{(k)}&=1+(\boldsymbol{s}^{(k)})^{\mathrm{T}}\frac{1}{\|\boldsymbol{s}^{(k)}\|_2^2}(\boldsymbol{B}_k\boldsymbol{y}^{(k)}-\boldsymbol{s}^{(k)})\\&=1+\frac{1}{\|\boldsymbol{s}^{(k)}\|_2^2}[(\boldsymbol{s}^{(k)})^{\mathrm{T}}\boldsymbol{B}_k\boldsymbol{y}^{(k)}-(\boldsymbol{s}^{(k)})^{\mathrm{T}}]\boldsymbol{s}^{(k)}\\&=\frac{1}{\|\boldsymbol{s}^{(k)}\|_2^2}(\boldsymbol{s}^{(k)})^{\mathrm{T}}\boldsymbol{B}_k\boldsymbol{y}^{(k)}\end{aligned} \tag{4.7.21}$$

这时，如果 $(\boldsymbol{s}^{(k)})^{\mathrm{T}}\boldsymbol{B}_k\boldsymbol{y}^{(k)}\neq0$，根据式(4.7.19)和式(4.7.20)、式(4.7.21)及记号 $\boldsymbol{B}_k=\boldsymbol{A}_k^{-1}$，$\boldsymbol{v}^{(k)}=\boldsymbol{s}^{(k)}$，有

$$B_{k+1}=B_k-\frac{\frac{1}{\|s^{(k)}\|_2^2}(B_ky^{(k)}-s^{(k)})(s^{(k)})^TB_k}{\frac{1}{\|s^{(k)}\|_2^2}(s^{(k)})^TB_ky^{(k)}}$$
$$=B_k-\frac{1}{(s^{(k)})^TB_ky^{(k)}}(B_ky^{(k)}-s^{(k)})(s^{(k)})^TB_k$$

这样一来，得到与式(4.7.18)互逆的所谓逆 Broyden 秩 1 公式：

$$\begin{cases}x^{(k+1)}=x^{(k)}-B_kF(x^{(k)})\\ s^{(k)}=x^{(k+1)}-x^{(k)}\\ y^{(k)}=F(x^{(k+1)})-F(x^{(k)})\\ B_{k+1}=B_k+\frac{1}{(s^{(k)})^TB_ky^{(k)}}(s^{(k)}-B_ky^{(k)})(s^{(k)})^TB_k\end{cases}\quad(k=0,1,\cdots)\tag{4.7.22}$$

这里，同样要给定初值 $x^{(0)}$，而 B_0 取 $(F'(x^{(0)}))^{-1}$ 或单位矩阵 I. 更深入的证明可知，在一定条件下，逆 Broyden 秩 1 方法具有超线性收敛性.

4.8　数值实验

4.8.1　二分法

程序与实例：

例 4.8.1　求方程 $f(x)=x^3+x^2-3x-3=0$ 在 1.5 附近的根.

编写 Matlab 函数 M 文件 bisecMethod 如下：

```
function bisecMethod(f_name,a,b)
fprintf('二分法求非线性方程的根\n\n');
tolerance=1e-6;  it_limit=30;
fprintf('It.   a    c    b   fa=f(a)   ');
fprintf('   fb=f(b)   abs(fb-fa)\n');
it=0;
Y_a=feval(f_name,a);Y_b=feval(f_name,b);
if (Y_a*Y_b>0)
    fprintf('\n\n 停止,因为 f(a)f(b)>0\n');
    fprintf('\n 重新给出端点 a 或 b.\n');
else
  while 1
    it=it+1;
    c=(a+b)/2; Y_c=feval(f_name,c);
    fprintf('%3.0f%10.6f%10.6f',it,a,c);
```

```
    fprintf('%10.6f  %10.6f  %10.6f  %12.3e\n',b,Y_a,Y_b,abs(Y_b-Y_a));
    %fprintf('%12.3e\n',abs(Y_b-Y_a))
    if(abs(b-a)<=tolerance)
      fprintf('结果满足允许误差 tolerance=1e-6.\n');break
    end
    if(it>it_limit)
      fprintf('迭代超过限定次数.\n');break
    end
    if(Y_a*Y_c<=0) b=c;Y_b=Y_c;
    else a=c;Y_a=Y_c;
    end
  end
  fprintf('最终结果:x*=%12.6f \n',c);
end
```

编写 Matlab 函数 M 文件 chap4_fun1 如下：

```
function f=chap4_fun1(x)
f=x^3+x^2-3*x-3;
```

在命令窗口调用 M 文件 bisecMethod('f_name',a,b)：

```
>>bisecMethod('chap4_fun1',1,2)
```

二分法求非线性方程的根：

It.	a	c	b	fa=f(a)	fb=f(b)	abs(fb-fa)
1	1.000000	1.500000	2.000000	-4.000000	3.000000	7.000e+000
2	1.500000	1.750000	2.000000	-1.875000	3.000000	4.875e+000
3	1.500000	1.625000	1.750000	-1.875000	0.171875	2.047e+000
4	1.625000	1.687500	1.750000	-0.943359	0.171875	1.115e+000
5	1.687500	1.718750	1.750000	-0.409424	0.171875	5.813e-001
6	1.718750	1.734375	1.750000	-0.124786	0.171875	2.967e-001
7	1.718750	1.726563	1.734375	-0.124786	0.022030	1.468e-001
8	1.726563	1.730469	1.734375	-0.051755	0.022030	7.379e-002
9	1.730469	1.732422	1.734375	-0.014957	0.022030	3.699e-002
10	1.730469	1.731445	1.732422	-0.014957	0.003513	1.847e-002
11	1.731445	1.731934	1.732422	-0.005728	0.003513	9.241e-003
12	1.731934	1.732178	1.732422	-0.001109	0.003513	4.622e-003
13	1.731934	1.732056	1.732178	-0.001109	0.001201	2.311e-003
14	1.731934	1.731995	1.732056	-0.001109	0.000046	1.155e-003
15	1.731995	1.732025	1.732056	-0.000532	0.000046	5.776e-004
16	1.732025	1.732040	1.732056	-0.000243	0.000046	2.888e-004
17	1.732040	1.732048	1.732056	-0.000098	0.000046	1.444e-004

```
18    1.732048 1.732052  1.732056 -0.000026  0.000046   7.221e-005
19    1.732048 1.732050  1.732052 -0.000026  0.000010   3.610e-005
20    1.732050 1.732051  1.732052 -0.000008  0.000010   1.805e-005
21    1.732050 1.732050  1.732051 -0.000008  0.000001   9.026e-006
```

结果满足允许误差 tolerance=1e-6.

最终结果：

```
x*=1.732050
```

4.8.2 不动点迭代

例 4.8.2 用不动点迭代格式

$$x_{k+1} = \frac{1}{(x_k+1)^2} \quad (k=0,1,2,\cdots)$$

求解方程 $f(x)=x(x+1)^2-1=0$ 在区间[0,1]的一个实根.初始值 $x_0=0.4$,精确至4位有效数字.

编写 Matlab 命令 M 文件 chap4_1 如下：

```
eps=5e-5; dx=1; x0=0.4; k=0;
fprintf('It.no=%2d  x[%2d]=%10.6f',k,k,x0)
plot(k,x0,'r*')
hold on
while(dx>eps)
k=k+1;
x=1/(x0+1)^2;
dx=abs(x-x0)/(1+abs(x));
plot(k,x,'r*')
fprintf('It.no=%2d  x[%2d]=%10.6f',k,k,x)
if mod(k+1,3)==0,fprintf('\n'),end
x0=x;
end
fprintf('\n满足精度要求的迭代次数 k=%2d',k)
x
```

在命令窗口调用 M 文件 chap4_1：

```
>>chap4_1
It.no=0   x[0]=0.400000   It.no=1   x[1]=0.510204   It.no=2   x[2]=0.438459
It.no=3   x[3]=0.483287   It.no=4   x[4]=0.454516   It.no=5   x[5]=0.472675
It.no=6   x[6]=0.461090   It.no=7   x[7]=0.468431   It.no=8   x[8]=0.463759
It.no=9   x[9]=0.466724   It.no=10  x[10]=0.464839  It.no=11  x[11]=0.466037
It.no=12  x[12]=0.465276  It.no=13  x[13]=0.465759  It.no=14  x[14]=0.465452
It.no=15  x[15]=0.465647  It.no=16  x[16]=0.465523  It.no=17  x[17]=0.465602
It.no=18  x[18]=0.465552
```

满足精度要求的迭代次数 $k=18$. 最终结果：

```
x=
  0.4656
```

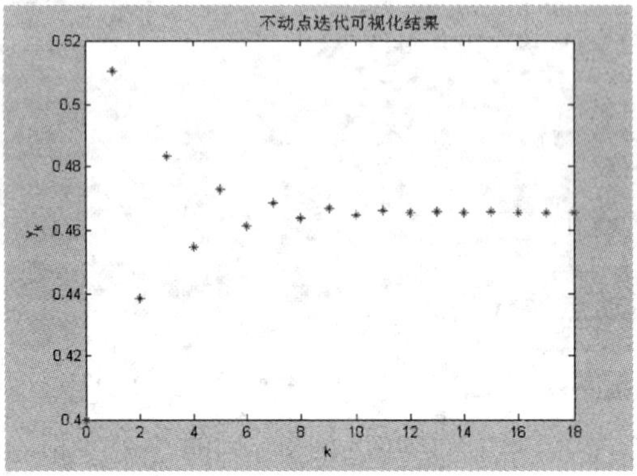

图 4.8.1

4.8.3 Aitken 加速收敛方法

程序与实例：

例 4.8.3 对于圆周率 π 的计算一直是数学家感兴趣的事，在我国古代，祖冲之曾计算了当时最好的结果. 阿基米德也曾利用圆的外接正多边形逼近圆，从而得到 π 的近似值.

如今数值分析的发展使我们可以选择不同的算法来计算圆周率，我们通过数值实验比较不同方法的优劣，发现数值计算技巧是很有意义的事情.

算法 1 由反正切函数的 Taylor 展开式：

$$\arctan x=\sum_{n=0}^{\infty}(-1)^n\frac{x^{2n+1}}{2n+1}$$

取 $x=1$，级数收敛到 $\frac{\pi}{4}$，记

$$x_n=4\sum_{k=0}^{n}(-1)^k\frac{x^{2k+1}}{2k+1}$$

有

$$\lim_{n\to\infty}x_n=\pi$$

算法 2 用算法 1 产生的数列，使用 Aitken 加速收敛方法：

$$y_n=x_n-\frac{(x_n-x_{n-1})^2}{x_n-2x_{n-1}+x_{n-2}}$$

将 x_n 的表达式代入得

$$y_n = x_n - (-1)^n \frac{(2n-1)}{4n(2n+1)}$$

编写 Matlab 命令 M 文件 chap4_2 如下：

```
k=0;n=1;f=1;s=1;error=1;
while error>0.00005
    f=-f;n=n+2;
    s1=1/n;
    s=s+f*s1;
    k=k+1;
    error=abs(4*s-pi);k=k+1;
end
s=4*s
fprintf('算法迭代次数 k=%5d',k)
```

在命令窗口调用 M 文件 chap4_2，输出结果如下：

```
>>chap4_2
s=
  3.1415
```

算法迭代次数 $k=39998$.

编写 Matlab 命令 M 文件 chap4_3 如下：

```
k=2;n=5;f=1;error=1;
s=1-1/3+1/5;
while error>0.00005
    y=s-f*(n-2)/(4*k*n);
    f=-f;n=n+2;s=s+f/n;
    error=abs(4*y-pi);k=k+1;
end
s=4*y
fprintf('算法迭代次数 k=%5d',k-2)
```

在命令窗口调用 M 文件 chap4_3，输出结果如下：

```
>>chap2_2
s=
  3.1416
```

算法迭代次数 $k=17$.

4.8.4 Newton 迭代法

程序和实例：

例 4.8.4 公元 1225 年，Lenardo 宣布他求得方程

$$x^3 + 2x^2 + 10x - 20 = 0$$

的一个根 $x^* \approx 1.368808107$. 当时颇为轰动，但无人知道他是用什么方法得到的. 现在，请你试试用 Newton 迭代法解读这个结果.

编写 Matlab 函数 M 文件 Newton 如下：

```
function x=Newton(fname,dfname,x0,e,N)
%用途:Newton 迭代法解非线性方程 f(x)=0
%fname 和 dfname 分别表示 f(x)及其导函数的 M 函数句柄或内嵌函数表达式
%x0 为迭代初值,e 为精度(默认值 1e-4)
%x 为返回数值解,并显示计算过程,设置迭代次数上限 N 以防发散(默认 500 次)
if nargin<5,N=500;end
if nargin<4,e=1e-4;end
x=x0;x0=x+2*e;k=0;
fprintf('It.no=%2d   x%[2d]=%12.9f\n',k,k,x)
while abs(x0-x)>e&k<N,
    k=k+1;
    x0=x;x=x0-feval(fname,x0)/feval(dfname,x0);
    fprintf('It.no=%2d  x[%2d]=%12.9f\n',k,k,x)
end
if k==N,fprintf('已达到迭代次数上限');end
```

在命令窗口编写内嵌函数表达式，并调用函数 M 文件 Newton：

```
>>fun=inline('x^3+2*x^2+10*x-20');
>>dfun=inline('3*x^2+4*x+10');
>>Newton(fun,dfun,1.5,0.5e-6);
It.no=0    x[0]=1.500000000
It.no=1    x[1]=1.373626374
It.no=2    x[2]=1.368814820
It.no=3    x[3]=1.368808108
It.no=4    x[4]=1.368808108
```

4.8.5 弦截法

例 4.8.5 用弦截法求方程 $f(x)=x(x+1)^2-1=0$ 在 0.4 附近的一个实根. 初始值 $x_0=0.4$, $x_1=0.6$，精确至 4 位有效数字.

编写 Matlab 函数 M 文件 XianjieMethod 和 chap4_fun 如下：

```
function f=XianjieMethod(x0,x1)
x2=x1-chap4_fun(x1)*(x1-x0)/(chap4_fun(x1)-chap4_fun(x0));
eps=1e-4;
n=0;
```

```
fprintf('迭代次数  x_n        feval(x_n)\n')
fprintf('n=%3.0f  x_%d=%10.5f  %10.6e\n',n,n,x0,chap4_fun(x0))
while abs(x1-x0)>eps&(n<600)
    x0=x1;x1=x2;
    x2=x1-chap4_fun(x1)*(x1-x0)/(chap4_fun(x1)-chap4_fun(x0));
    n=n+1;
    fprintf('n=%3.0f  x_%d=%10.5f  %10.6e\n',n,n,x0,chap4_fun(x0))
end
fprintf('\n迭代次数n=%3.0f  x* =%10.5f',n,x0)
function f=chap4_fun(x)
f=x*(x+1)^2-1;
```

取 $x_0=0.4,x_1=0.6$,在命令窗口调用函数 M 文件 XianjieMethod 输出结果如下：

```
>>XianjieMethod(0.4,0.6)
迭代次数    x_n               feval(x_n)
n=0        x_0=0.40000    -2.160000e-001
n=1        x_1=0.60000     5.360000e-001
n=2        x_2=0.45745    -2.831381e-002
n=3        x_3=0.46460    -3.410914e-003
n=4        x_4=0.46558     2.698819e-005
迭代次数n=4  x* =0.46558
```

4.8.6 拟 Newton 法

例 4.8.6 用拟 Newton 法求非线性方程组

$$\begin{cases} f_1(x_1,x_2)=x_1^2+x_2^2-5=0 \\ f_2(x_1,x_2)=(x_1+1)x_2-(3x_1+1)=0 \end{cases}$$

取初始点 $\boldsymbol{x}^{(0)}=(1,1)^{\mathrm{T}}$,精度 $\varepsilon=10^{-3}$.

求解非线性方程组的拟 Newton 算法如下：

(1) 取初始点 $\boldsymbol{x}^{(0)}$,初始矩阵 $\boldsymbol{A}_0$,最大迭代次数 N 和精度 ε,置 $k=0$.

(2) 求解线性方程组 $\boldsymbol{A}_k\boldsymbol{s}=-\boldsymbol{F}(\boldsymbol{x}^{(k)})$,其解为 $\boldsymbol{s}^{(k)}$.

(3) 若 $\|\boldsymbol{s}^{(k)}\|<\varepsilon$,则停止计算;否则,置 $\boldsymbol{x}^{(k+1)}=\boldsymbol{x}^{(k)}+\boldsymbol{s}^{(k)}$.

(4) 令 $\boldsymbol{y}^{(k)}=\boldsymbol{F}(\boldsymbol{x}^{(k+1)})-\boldsymbol{F}(\boldsymbol{x}^{(k)})$,置

$$\boldsymbol{A}_{k+1}=\boldsymbol{A}_k+\frac{1}{(\boldsymbol{s}^{(k)})^{\mathrm{T}}\boldsymbol{s}^{(k)}}(\boldsymbol{y}^{(k)}-\boldsymbol{A}_k\boldsymbol{s}^{(k)})(\boldsymbol{s}^{(k)})^{\mathrm{T}}$$

(5) 若 $k=N$,则停止计算;否则,置 $k=k+1$,转(2).

编写 Matlab 函数 M 文件 Quasi_New 如下：

```
function[x_star,it]=Quasi_New(fun,x,ep,it_max)
%fun 为函数,提供函数值;x 为初始点;ep 为精度;省却值为 1e-5
%it_max 为最大迭代次数;省却值为 100
%x_star 为得到的解;it 为求解所需的迭代次数
if nargin<4 it_max=100;end
if nargin<3 ep=1e-5;end
k=1;n=length(x);A=eye(n);
f=feval(fun,x);
while k<=it_max
     s=-A\f;x1=x+s;
     if norm(s)<ep break;end
     f1=feval(fun,x1);y=f1-f;
     A=A+((y-A*s)*s')/(s'*s);
     x=x1;f=f1;k=k+1;
end
x_star=x1;it=k;
```

易知

$$\boldsymbol{F}(x)=\begin{bmatrix} f_1(x_1,x_2) \\ f_2(x_1,x_2) \end{bmatrix}=\begin{bmatrix} x_1^2+x_2^2-5 \\ (x_1+1)x_2-(3x_1+1) \end{bmatrix}$$

$$\boldsymbol{J}(x)=\begin{bmatrix} \dfrac{\partial f_1}{\partial x_1} & \dfrac{\partial f_1}{\partial x_2} \\ \dfrac{\partial f_2}{\partial x_1} & \dfrac{\partial f_2}{\partial x_2} \end{bmatrix}=\begin{bmatrix} 2x_1 & 2x_2 \\ x_2-3 & x_1+1 \end{bmatrix}$$

编写外部函数 $\boldsymbol{F}(x)$和 $\boldsymbol{J}(x)$：

```
function [f,J]=funs(x)
x1=x(1);x2=x(2);
f=[x1^2+x2^2-5;(x1+1)*x2-(3*x1+1)];
J=[2*x1,2*x2;x2-3,x1+1];
```

在命令窗口调用拟 Newton 法程序：

```
>>[x_star,it]=Quasi_New(@ funs,[1,1]',1e-3)
```

得到结果：

```
x_star=
    1.0000
    2.0000
it=
     8
```

习 题

1. 已知方程 $e^x-4x=0$,试求:

(1) 方程的有根区间;

(2) 在有根区间上构造收敛的不动点迭代公式.

2. 已知 $x=F(x)$ 在 $[a,b]$ 内仅有一个根,而当 $x\in[a,b]$ 时 $|F'(x)|\geqslant L>1$ (L 为常数),试问如何将 $x=F(x)$ 化为收敛的迭代形式?

3. 已知 $x=\varphi(x)$ 中的 $\varphi'(x)$ 满足 $|\varphi'(x)-3|<1$,试问如何利用 $\varphi(x)$ 构造一个收敛的简单迭代函数 $\psi(x)$,使 $x_{k+1}=\psi(x_k)$ $(k=0,1,\cdots)$ 收敛?

4. 基于迭代原理证明:

$$\sqrt{1+\sqrt{1+\sqrt{1+\cdots}}}=\frac{1+\sqrt{5}}{2}$$

5. 试用迭代技术求极限

$$A=\lim\cfrac{a}{a+\cfrac{a}{a+\cfrac{a}{a+\cdots}}}\quad(a>1)$$

6. 设 x^* 是 $f(x)=0$ 在区间 $[a,b]$ 上的根,$x_k\in[a,b]$ 是 x^* 的近似值,且 $m=\min\limits_{a\leqslant x\leqslant b}|f'(x)|\neq0$,求证:

$$|x_k-x^*|\leqslant\frac{|f(x_k)|}{m}$$

7. 已知方程 $x^3-x^2-1=0$ 在 $[1.3,1.6]$ 内有根,试判断下列迭代格式的收敛性:

(1) $x_{n+1}=1+\dfrac{1}{x_n^2}$;　　(2) $x_{n+1}=\dfrac{1}{\sqrt{x_n-1}}$;

(3) $x_{n+1}=\sqrt[3]{1+x_n^2}$.

8. 改写方程 $x^2=2$ 为 $x=\dfrac{x}{2}+\dfrac{1}{x}$,证明这一迭代过程对于任给初值 $x_0>0$ 均收敛于 $\sqrt{2}$.

9. 设 $\varphi(x)$ 是一个连续可微函数,若迭代格式 $x_{k+1}=\varphi(x_k)$ $(k=0,1,2,\cdots)$ 是局部线性收敛的,对于 $\lambda\in\mathbf{R}$,构造新的迭代格式:

$$x_{k+1}=\frac{\lambda}{1+\lambda}x_k+\frac{1}{1+\lambda}\varphi(x_k)\quad(k=0,1,2,\cdots)$$

那么如何选取 λ 使得新的迭代格式有更高的收敛阶?

10. 设 $f(x)=(x^3-a)^2$.

(1) 写出 $f(x)=0$ 解的 Newton 迭代格式；

(2) 证明此迭代格式是线性收敛的.

11. 试就下列函数讨论 Newton 法的收敛性和收敛速度：

(1) $f(x)=\begin{cases}\sqrt{x} & (x\geqslant 0)\\ -\sqrt{-x} & (x<0)\end{cases}$；　　(2) $f(x)=\begin{cases}\sqrt[3]{x^2} & (x\geqslant 0)\\ -\sqrt[3]{-x^2} & (x<0)\end{cases}$.

12. 设 a 为正实数，试建立求 $\frac{1}{a}$ 的 Newton 迭代公式，要求在迭代公式中不含有除法运算，并考虑迭代公式的收敛性.

13. 证明：对于 $f(x)=0$ 的多重根 x^*，Newton 法仅为线性收敛.

14. 设 $f(x)\in \mathbf{C}^2[a,b]$，且 $x^*\in(a,b)$ 是 $f(x)=0$ 的单根，证明迭代格式

$$x_{k+1}=x_k-\frac{f(x_k)}{f(x_k)-f(x_0)}(x_k-x_0)\quad (k=1,2,3,\cdots)$$

是局部收敛的.

15. 解方程 $12-3x+2\cos x=0$ 的迭代格式为 $x_{n+1}=4+\frac{2}{3}\cos x_n$.

(1) 证明：对任意 $x_0\in\mathbf{R}$，均有 $\lim\limits_{n\to\infty}x_n=x^*$（$x^*$ 为方程的根）；

(2) 此迭代法的收敛阶是多少？

16. 记方程 $f(x)=0$ 的根为 x^*，若将方程改写成等价形式：

$$x=x+\lambda f(x)\quad (\lambda \text{ 为待定的非零常数})$$

又设 $f'(x)$ 连续且 $f'(x^*)\neq 0$，试确定 λ，使相应的迭代公式

$$x_{k+1}=x_k+\lambda f(x_k)\quad (k=0,1,2,\cdots)$$

收敛于 x^*，且尽可能收敛得快.

17. 对迭代公式 $x_{k+1}=x_k+x_k^3\ (k=0,1,\cdots)$，即 $\varphi(x)=x+x^3$，显然 $x=0$ 为 φ 的一个不动点，试证明：上述迭代对 $x_0\neq 0$ 是不收敛的，但用 Steffensen 迭代法却是收敛的.

18. 用 Newton 迭代法求方程组

$$\begin{cases}f_1(x_1,x_2)=x_1^2+x_2^2-5=0\\ f_2(x_1,x_2)=(x_1+1)x_2-(3x_1+1)=0\end{cases}$$

在(1,1)附近的解，迭代两步即可.

实验题

1. 用对分区间法求方程

$$1-x-\sin x=0$$

在区间[0,1]上的误差小于10^{-4}的一个根,并记录对分区间的次数.

2. 用二分法和 Newton 迭代法求下列方程的正根:

$$x\ln\left(\sqrt{x^2-1}+x\right)-\sqrt{x^2-1}-0.5x=0$$

3. 用不动点迭代格式求解方程

$$x-\ln x=2\quad(x>1)$$

要求相对误差容限$\varepsilon=10^{-8}$.

4. 用 Newton 法求方程

$$x^3-x-1=0$$

在区间[-3,3]上误差不大于10^{-5}的根.分别取初值$x_0=1.5$,$x_0=0$,$x_0=-1$进行计算,比较它们的迭代次数.

5.(悬索垂度与张力的计算问题)公路和铁路设计中常出现高架悬索桥梁,由于桥梁的质量,在设计中需计算各个支撑部件所承受的张力.设高架悬索系统如图所示,其中:a表示悬索的的跨度;x是悬索的垂度;m是悬索承受的质量.

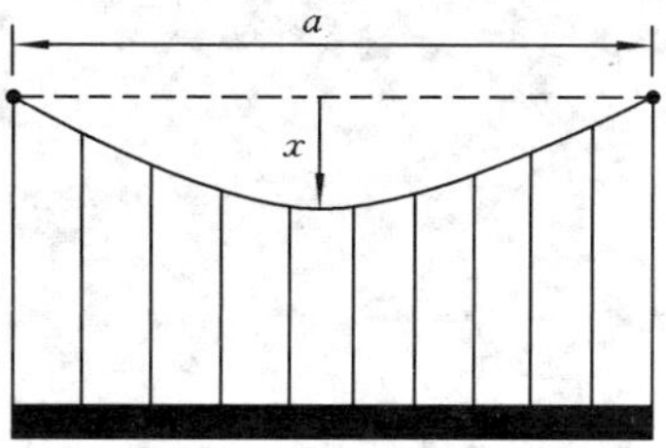

实验题5图

设悬索承受的质量是均匀分布的,$g=9.78\ \text{m}\cdot\text{s}^{-2}$表示重力加速度,则悬索承受的负荷密度为$\omega=\frac{mg}{a}$.若不计温度变化的影响,悬索端点的张力由公式$T=\frac{\omega a}{2}\sqrt{1+\left(\frac{a}{x}\right)^2}$确定,为此需要计算悬索的垂度$x$.设悬索的长度为$L>a$,垂度$x$近似满足如下的非线性代数方程:

$$L=a\left[1+\frac{8}{3}\left(\frac{x}{a}\right)^2-\frac{32}{5}\left(\frac{x}{a}\right)^4+\frac{256}{7}\left(\frac{x}{a}\right)^6\right]$$

不妨设$a=120$ m,$L=125$ m,$m=1500$ kg,则悬索的负荷密度$\omega=122.25\ \text{N}\cdot\text{m}^{-1}$.采用 Newton 迭代法求解非线性方程,取迭代初值$x_0=\frac{a}{2}$,误差精度$\varepsilon=10^{-6}$计算,悬索垂度和悬索端点承受张力.

6. 利用单点弦截法求方程$4\cos x=e^x$的根,取$x_0=\frac{\pi}{4}$计算结果取4位有效数字.要求输出迭代次数及每一步结果.

7. 编写 Newton 迭代函数 M 文件求解下列方程组:

$$\begin{cases}x_1^2-10x_1+x_2^2+8=0\\x_1x_2^2+x_1-10x_2+8=0\end{cases}$$

8. 已知非线性方程组

$$\begin{cases} 2x_1 - x_2^2 + \ln x_1 = 0 \\ x_1^2 - x_1 x_2 - x_1 + 1 = 0 \end{cases} \quad (x_1 > 0)$$

在区域 $D=\{(x_1,x_2)\mid 1<x_1<7,-2<x_2<7\}$ 内有两个解.

(1) 画出两曲线的草图,则其交点为该方程组的近似解；

(2) 写出第 k 次迭代时求解线性方程组 $\boldsymbol{F}'(\boldsymbol{x}^{(k)})\Delta\boldsymbol{x}^{(k)}=-\boldsymbol{F}(\boldsymbol{x}^{(k)})$ 的具体形式；

(3) 以草图中的某个交点坐标作为初始近似值 $\boldsymbol{x}^{(0)}=(x_1^{(0)},x_2^{(0)})$，用 Newton 法求出这个解的较精确的近似,计算每次迭代结果的函数值 $\boldsymbol{F}(\boldsymbol{x}^{(k)})$ $(k=1,2,\cdots,5)$，观察是否是二阶收敛性态.

第5章 插值法

5.1 代数插值问题

5.1.1 问题的提出

在生产实际及科学实验中,经常要研究变量之间的函数关系,但是在很多情况下,又很难找到具体的函数表达式,往往只能通过测量或者观察获得一张数据表,即

x	x_0	x_1	…	x_n
y	y_0	y_1	…	y_n

这种用表格形式给出的函数,就无法求出不在表中的点的函数值,也不能进一步研究函数的分析性质,如函数的导数及积分等. 有的虽然能给出一个函数的分析表达式,但式子很复杂,不适合使用. 为了解决这些问题,我们设法通过这张表格求一个简单函数 $P(x)$,使 $P(x_j)=y_j \ (j=0,1,\cdots,n)$,这种求 $P(x)$的方法称为插值法.

5.1.2 插值函数的基本概念

设区间$[a,b]$上的实值函数在 $n+1$ 个互异节点 $\{x_i\}_{i=0}^n$ 的函数值为 $\{f(x_i)\}_{i=0}^n$,要求估算 f 在(a,b)中某点 x 的值.

插值法:用一个便于计算的简单的函数 $\psi(x)$(取决于使用上的需要,可以是代数多项式,可以是三角多项式或有理函数,可以是区间上任意光滑函数,也可以是分片光滑函数)去代替 f,使得

$$\psi(x_i) = f(x_i) \quad (i = 0,1,2,\cdots,n) \tag{5.1.1}$$

则称 f 为被插值函数;$x_0,x_1,\cdots,x_n$ 为插值节点;ψ 为插值函数;式(5.1.1)为插值条件.

注意 对于同一个问题来讲,在不同的插值函数类中求得的插值函数 $\psi(x)$逼近 $f(x)$效果是不同的,当选择 $\psi(x)$为代数多项式时就称为代数插值.

5.1.3 代数插值多项式

定义 5.1.1 设函数 $y=f(x)$ 在区间 $[a,b]$ 上有定义，且已知它在点 $a\leqslant x_0<x_1<\cdots<x_n\leqslant b$ 上的函数值 $y_0,y_1,\cdots,y_n$，若存在一个次数不超过 n 次的多项式：

$$p_n(x)=a_0+a_1x+a_2x^2+\cdots+a_nx^n \tag{5.1.2}$$

其中，a_i 为实数，满足条件

$$p_n(x_i)=f(x_i)=y_i \quad (i=0,1,2,\cdots,n) \tag{5.1.3}$$

则称 $p_n(x)$ 为函数 $f(x)$ 的 n 次代数插值多项式.

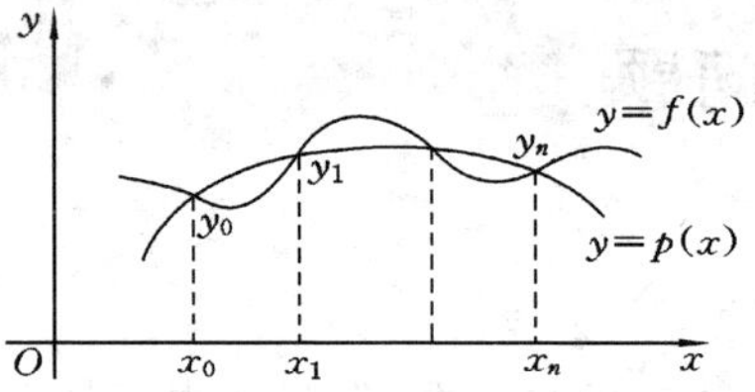

图 5.1.1

代数插值的几何意义：通过平面上给定的 $n+1$ 个互异点 (x_i,y_i) $(i=0,1,2,\cdots,n)$，作一条 n 次代数曲线 $y=p_n(x)$ 近似去表示曲线 $y=f(x)$，如图 5.1.1 所示.

定理 5.1.1 n 次代数插值问题的解存在且唯一.

证 设 n 次多项式

$$p_n(x)=a_0+a_1x+a_2x^2+\cdots+a_nx^n$$

是函数 $y=f(x)$ 在 $[a,b]$ 上的 $n+1$ 个互异的节点 x_i $(i=0,1,2,\cdots,n)$ 上的插值多项式，则求 $p(x)$ 归结为求它的系数 a_i $(i=0,1,2,\cdots,n)$，由插值条件 (5.1.3) 可得关于系数 $a_0,a_1,\cdots,a_n$ 为未知元的 $n+1$ 阶线性代数方程组：

$$\begin{cases} a_0+a_1x_0+a_2x_0^2+\cdots+a_nx_0^n=y_0 \\ a_0+a_1x_1+a_2x_1^2+\cdots+a_nx_1^n=y_1 \\ \cdots\cdots \\ a_0+a_1x_n+a_2x_n^2+\cdots+a_nx_n^n=y_n \end{cases} \tag{5.1.4}$$

上述方程组的系数行列式是 Vandermonde 行列式：

$$V(x_0,x_1,\cdots,x_n)=\begin{vmatrix} 1 & x_0 & x_0^2 & \cdots & x_0^n \\ 1 & x_1 & x_1^2 & \cdots & x_1^n \\ \vdots & \vdots & \vdots & & \vdots \\ 1 & x_n & x_n^2 & \cdots & x_n^n \end{vmatrix}=\prod_{0\leqslant j<i\leqslant n}(x_i-x_j)$$

而 x_i 又互不相同，所以上式不为零，由线性方程组的 Gramer 法则，方程组的解 a_i 存在唯一，从而 $p_n(x)$ 被唯一确定，得证.

例 5.1.1 考虑下列插值问题：求一个二次多项式 $p_2(x)$，使得

$$p_2(x_0)=y_0 \qquad p_2'(x_1)=m \qquad p_2(x_2)=y_2$$

其中，$x_0\neq x_2$，y_0，m，y_2 为已知数据. 试给出这一问题的解存在唯一的条件.

解 设

$$p_2(x)=a+bx+cx^2 \Rightarrow p_2'(x)=b+2cx$$

要存在唯一的二次多项式 $p_2(x)$满足插值条件,当且仅当下列方程组:

$$\begin{cases} a+bx_0+cx_0^2=y_0 \\ b+2cx_1=m \\ a+bx_2+cx_2^2=y_2 \end{cases}$$

存在唯一解.方程组系数矩阵行列式:

$$D=\begin{vmatrix} 1 & x_0 & x_0^2 \\ 0 & 1 & 2x_1 \\ 1 & x_2 & x_2^2 \end{vmatrix}=\begin{vmatrix} 1 & x_0 & x_0^2 \\ 0 & 1 & 2x_1 \\ 0 & x_2-x_0 & x_2^2-x_0^2 \end{vmatrix}=(x_2-x_0)(x_2+x_0-2x_1)$$

由于 $x_0 \neq x_2$,故

$$D \neq 0 \Leftrightarrow x_1 \neq \frac{1}{2}(x_0+x_2)$$

所以插值问题存在唯一解的充分必要条件为

$$x_1 \neq \frac{1}{2}(x_0+x_2)$$

5.2 Lagrange 插值

通过解 5.1 节方程组(5.1.4)求得插值多项式 $p_n(x)$的方法并不可取,这是因为当 n 较大时,解方程组的计算量较大,而且方程组系数矩阵的状态数一般较大,不容易得到精度较高的数值计算结果.

是否可以不通过求解方程组而获得插值多项式呢?或者要解方程组,但是所要求解的方程组系数矩阵呈三角状?回答是肯定的.Lagrange 插值就是不需要求解方程组就可以构造插值多项式的一种方法.

5.2.1 Lagrange 插值公式的导出

先考虑一个简单的插值问题:求一个 n 次插值多项式 $l_k(x)$,使它在各节点 x_i $(i=0,1,\cdots,n)$上的值为

$$l_k(x_i)=\begin{cases} 0 & (i \neq k) \\ 1 & (i=k) \end{cases} \quad (i,k=0,1,2,\cdots,n) \tag{5.2.1}$$

事实上,由条件 $l_k(x_i)=0$ $(i \neq k)$,可知 $x_0,x_1,\cdots,x_{k-1},x_{k+1},\cdots,x_n$ 都是 n 次多项式 $l_k(x)$的零点,故可设

$$l_k(x)=A_k(x-x_0)(x-x_1)\cdots(x-x_{k-1})(x-x_{k+1})\cdots(x-x_n)$$

其中，A_k 为待定系数. 由条件 $l_k(x_k)=1$，可求得

$$A_k=\frac{1}{(x_k-x_0)(x_k-x_1)\cdots(x_k-x_{k-1})(x_k-x_{k+1})\cdots(x_k-x_n)}$$

故

$$l_k(x)=\frac{(x-x_0)(x-x_1)\cdots(x-x_{k-1})(x-x_{k+1})\cdots(x-x_n)}{(x_k-x_0)(x_k-x_1)\cdots(x_k-x_{k-1})(x_k-x_{k+1})\cdots(x_k-x_n)}=\prod_{\substack{j=0\\j\neq k}}^{n}\frac{x-x_j}{x_k-x_j} \tag{5.2.2}$$

取 $k=0,1,2,\cdots,n$，就得到满足条件(5.2.1)的插值基函数 $l_0(x),l_1(x),\cdots,l_n(x)$.

注意到插值基函数 $l_i(x)$满足关系：

$$l_i(x_k)=\begin{cases}0 & (k\neq i)\\1 & (k=i)\end{cases}$$

定理 5.2.1 n 次代数插值问题的解可表示为 $p_n(x)=\sum\limits_{k=0}^{n}l_k(x)y_k$.

证 由于 $l_k(x)$ $(k=0,1,2,\cdots,n)$都是 n 次多项式，所以它们的线性组合

$$p_n(x)=\sum_{k=0}^{n}l_k(x)y_k$$

是次数不超过 n 次的多项式，且

$$l_k(x_i)\triangleq\delta_{ki}=\begin{cases}1 & (i=k)\\0 & (i\neq k)\end{cases}$$

可得

$$p_n(x_i)=\sum_{k=0}^{n}l_k(x_i)y_k=\sum_{k=0}^{n}\delta_{ki}y_k=y_i\quad(i=0,1,2,\cdots)$$

因而 $p_n(x)$满足插值条件，定理 5.2.1 中的公式就是要求的 n 次代数插值多项式.

我们称形如式 $p_n(x)=\sum\limits_{k=0}^{n}l_k(x)y_k$ 的插值多项式为 n 次 Lagrange 插值多项式，并记为$L_n(x)$，即

$$L_n(x)=\sum_{k=0}^{n}l_k(x)y_k \tag{5.2.3}$$

由定理 5.1.1 知，式(5.2.3)必定与解方程组(5.2.2)所确定的多项式相同，因而，它只是插值多项式的另一种表示方式.

例 5.2.1 Lagrange 插值多项式的另一种表示形式：

$$L_n(x)=\sum_{i=0}^{n}f_i\frac{\omega_{n+1}(x)}{(x-x_i)\omega_{n+1}'(x_i)} \tag{5.2.4}$$

其中，$\omega_{n+1}(x)=\prod\limits_{i=0}^{n}(x-x_i)$.

解 $\omega'_{n+1}(x_i)=\lim\limits_{x\to x_i}\dfrac{\omega_{n+1}(x)-\omega_{n+1}(x_i)}{x-x_i}=\lim\limits_{x\to x_i}\dfrac{\omega_{n+1}(x)-0}{x-x_i}=\lim\limits_{x\to x_i}\dfrac{\omega_{n+1}(x)}{x-x_i}$

$$=\lim_{x\to x_i}(x-x_0)\cdots(x-x_{i-1})(x-x_{i+1})\cdots(x-x_n)$$

$$=(x_i-x_0)\cdots(x_i-x_{i-1})(x_i-x_{i+1})\cdots(x_i-x_n)$$

于是

$$l_i(x)=\frac{(x-x_0)\cdots(x-x_{i-1})(x-x_{i+1})\cdots(x-x_n)}{(x_i-x_0)\cdots(x_i-x_{i-1})(x_i-x_{i+1})\cdots(x_i-x_n)}$$

$$=\frac{(x-x_0)\cdots(x-x_{i-1})(x-x_i)(x-x_{i+1})\cdots(x-x_n)}{(x-x_i)\omega'_{n+1}(x_i)}$$

$$=\frac{\omega_{n+1}(x)}{(x-x_i)\omega'_{n+1}(x_i)}$$

故

$$L_n(x)=\sum_{i=0}^{n}f_il_i(x)=\sum_{i=0}^{n}f_i\frac{\omega_{n+1}(x)}{(x-x_i)\omega'_{n+1}(x_i)}$$

5.2.2 线性插值与抛物线插值

当 $n=1$ 时，Lagrange 插值多项式为

$$L_1(x)=l_0(x)y_0+l_1(x)y_1=\frac{x-x_1}{x_0-x_1}y_0+\frac{x-x_0}{x_1-x_0}y_1 \tag{5.2.5}$$

用 $L_1(x)$ 近似代替 $f(x)$ 称为线性插值，相应的公式称为线性插值公式. 在利用各种函数表计算函数值时，常常用到线性插值.

在几何上，用 $L_1(x)$ 近似代替 $f(x)$ 就是通过两点 (x_0,y_0) 与 (x_1,y_1) 的直线 $y=L_1(x)$ 近似代替曲线 $y=f(x)$，如图 5.2.1 所示.

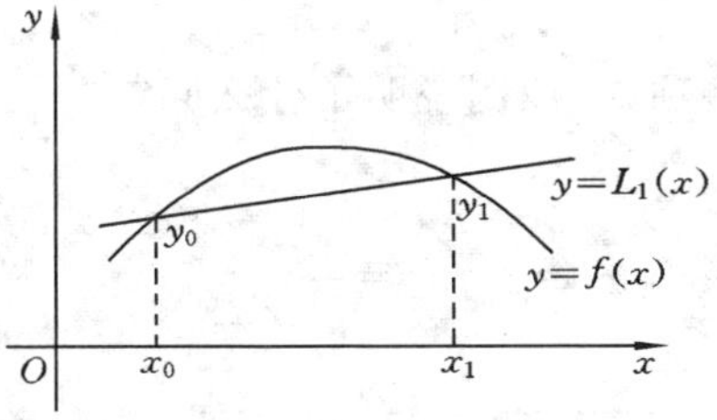

图 5.2.1

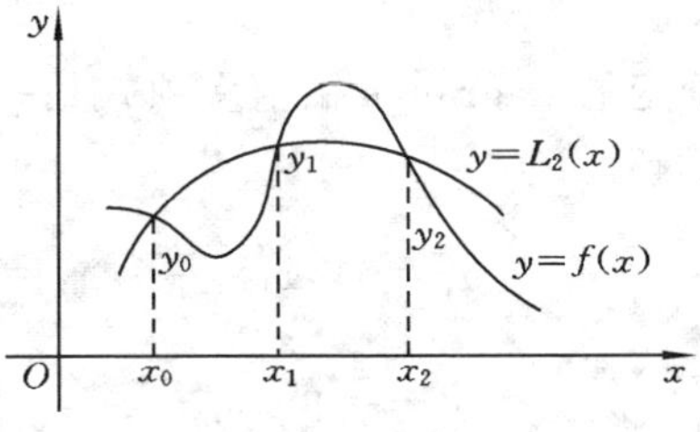

图 5.2.2

当 $n=2$ 时，Lagrange 插值多项式为

$$L_2(x)=\frac{(x-x_1)(x-x_2)}{(x_0-x_1)(x_0-x_2)}y_0+\frac{(x-x_0)(x-x_2)}{(x_1-x_0)(x_1-x_2)}y_1+\frac{(x-x_0)(x-x_1)}{(x_2-x_0)(x_2-x_1)}y_2 \tag{5.2.6}$$

用 $L_2(x)$ 近似代替 $f(x)$ 称为二次插值，在几何上就是通过三点 (x_0,y_0)，(x_1,y_1) 与 (x_2,y_2) 的抛物线 $y=L_2(x)$ 近似地代替曲线 $y=f(x)$，如图 5.2.2 所示，因此二

次插值又称为抛物线插值.抛物线插值是工程技术中广泛应用的一种插值方法.

例 5.2.2 求过 $A(0,1)$,$B(1,2)$,$C(2,3)$三个样点的插值多项式.

解 **解法 1** 记

$$(x_0,y_0)=(0,1)\qquad (x_1,y_1)=(1,2)\qquad (x_2,y_2)=(2,3)$$

由 Lagrange 插值公式得

$$\begin{aligned}L_2(x)&=\frac{(x-x_1)(x-x_2)}{(x_0-x_1)(x_0-x_2)}y_0+\frac{(x-x_0)(x-x_2)}{(x_1-x_0)(x_1-x_2)}y_1+\frac{(x-x_0)(x-x_1)}{(x_2-x_0)(x_2-x_1)}y_2\\&=\frac{(x-1)(x-2)}{(0-1)(0-2)}\times 1+\frac{(x-0)(x-2)}{(1-0)(1-2)}\times 2+\frac{(x-0)(x-1)}{(2-0)(2-1)}\times 3\\&=x+1\end{aligned}$$

解法 2 设所求的插值多项式为

$$L_2(x)=a_0+a_1x+a_2x^2$$

把三个样点代入得

$$\begin{cases}a_0=1\\a_0+a_1+a_2=2\\a_0+2a_1+4a_2=3\end{cases}\Rightarrow\begin{cases}a_0=1\\a_1=1\\a_2=0\end{cases}$$

则有

$$L_2(x)=x+1$$

两种不同方法结论完全一样,这是因为这种插值多项式存在且唯一.

例 5.2.3 证明由下列插值条件

x	0	$\frac{1}{2}$	1	$\frac{3}{2}$	2	$\frac{5}{2}$
$f(x)$	-1	$-\frac{3}{4}$	0	$\frac{5}{4}$	3	$\frac{21}{4}$

所确定的 Lagrange 插值多项式是一个二次多项式.该例说明了什么问题?

解 记

$$x_0=0\quad x_1=\frac{1}{2}\quad x_2=1\quad x_3=\frac{3}{2}\quad x_4=2\quad x_5=\frac{5}{2}$$

$$y_0=-1\quad y_1=-\frac{3}{4}\quad y_2=0\quad y_3=\frac{5}{4}\quad y_4=3\quad y_5=\frac{21}{4}$$

以 x_0,x_2,x_4 为插值节点作 $f(x)$的二次插值多项式,则

$$\begin{aligned}L_2(x)&=\frac{(x-x_2)(x-x_4)}{(x_0-x_2)(x_0-x_4)}y_0+\frac{(x-x_0)(x-x_4)}{(x_2-x_0)(x_2-x_4)}y_2+\frac{(x-x_0)(x-x_2)}{(x_4-x_0)(x_4-x_2)}\times y_4\\&=\frac{(x-1)(x-2)}{(0-1)(0-2)}\times(-1)+\frac{(x-0)(x-2)}{(1-0)(1-2)}\times 0+\frac{(x-0)(x-1)}{(2-0)(2-1)}\times 3\\&=x^2-1\end{aligned}$$

经验证

$$L_2(x_1)=y_1 \qquad L_2(x_3)=y_3 \qquad L_2(x_5)=y_5$$

因而6个点(x_i,y_i) $(i=0,1,\cdots,5)$均在二次曲线$L_2(x)=x^2-1$上，即满足插值条件$L_2(x_i)=y_i$ $(i=0,1,2,\cdots,5)$的Lagrange插值多项式为$L_2(x)=x^2-1$.

由Lagrange插值多项式存在唯一性定理知，满足题设插值条件的5次多项式是唯一存在的，但该5次多项式并不一定是一个真正的5次多项式，而把小于等于4次的多项式看成特殊的5次多项式.

5.2.3 插值多项式的余项

将被插值函数$f(x)$与插值多项式$L_n(x)$之差

$$R_n(x)=f(x)-L_n(x) \tag{5.2.7}$$

称为插值多项式的余项.

当$x=x_i(i=0,1,2,\cdots,n)$时，$R_n(x_i)=0$，所以$R_n(x)$至少有$n+1$个零点，因此，$R_n(x)$具有如下的形式：

$$R_n(x)=k(x)\omega_{n+1}(x) \quad x\in[a,b]$$

其中：$k(x)$为待定函数.为确定它，引进辅助函数：

$$F(t)=f(t)-L_n(t)-k(x)\omega_{n+1}(t)$$

此处视x为异于节点的一固定点，这样，$F(t)$至少有$n+2$个互异的零点：$x,x_0,x_1,\cdots,x_n$，假定$f(t)$在$[a,b]$上$n+1$次可微，则$F(t)$在$[a,b]$也是$n+1$次可微.根据Rolle定理，$F'(t)$在(a,b)内至少有$n+1$个不同的零点，$F''(t)$在(a,b)内至少有n个不同的零点，……$F^{n+1}(t)$于(a,b)内至少有一个零点ξ.注意到$L_n^{(n+1)}(t)=0$，则有

$$F^{(n+1)}(\xi)=f^{(n+1)}(\xi)-(n+1)!k(x)=0$$

于是

$$k(x)=\frac{f^{(n+1)}(\xi)}{(n+1)!}$$

于是便有如下定理：

定理5.2.2 假设$f(x)$在$[a,b]$上有$n+1$阶导数，x_i $(i=0,1,2,\cdots,n)$是$[a,b]$上互异的点，则对$\forall x\in[a,b]$，存在与x有关的$\xi\in(a,b)$，使

$$R_n(x)=f(x)-L_n(x)=\frac{f^{(n+1)}(\xi)}{(n+1)!}\omega_{n+1}(x) \tag{5.2.8}$$

记

$$M_{n+1}=\max_{a\leqslant x\leqslant b}|f^{(n+1)}(x)|$$

于是

$$|R_n(x)|\leqslant\frac{M_{n+1}}{(n+1)!}|\omega_{n+1}(x)| \tag{5.2.9}$$

或者

$$\max_{a\leqslant x\leqslant b}|R_n(x)|\leqslant\frac{M_{n+1}}{(n+1)!}\max_{a\leqslant x\leqslant b}|\omega_{n+1}(x)| \tag{5.2.10}$$

Lagrange 余项定理在理论上有重要价值，它刻画了 Lagrange 插值的某些基本特征：

(1) 余项中含有因子 $\omega_{n+1}(x)=\prod_{i=0}^{n}(x-x_i)$，如果插值点 x 偏离插值节点 x_i 比较远，插值效果可能不理想. 如何选择节点 x_i，使 $\max_{a\leqslant x\leqslant b}|\omega_{n+1}(x)|$ 尽可能小？这一问题实质上是最小零偏差的问题.

(2) 称插值节点所界定的范围 $[\min_{0\leqslant i\leqslant n}x_i, \max_{0\leqslant i\leqslant n}x_i]$ 为插值区间，如果插值点 x 位于插值区间内，这种插值过程称为内插，否则称为外推. 余项定理表明，外推是不可靠的.

(3) 余项中含有高阶导数 $f^{(n+1)}(\xi)$，这就要求 $f(x)$ 是足够光滑的，如果所逼近的函数 $f(x)$ 光滑性差，那么代数插值不一定能奏效. 因为代数多项式是任意光滑的，所以原则上只适用于逼近光滑性好的函数.

(4) Lagrange 插值与 Taylor 插值的比较. Taylor 插值问题是，求一个 n 次多项式 $p_n(x)$，使满足条件：

$$p_n^{(k)}(x_0)=f^{(k)}(x_0)\quad (k=0,1,\cdots,n)$$

对于给定的 $f(x)$，若导数值 $f^{(k)}(x_0)$ 已知，则 Taylor 插值问题的解为

$$p_n(x)=f(x_0)+f'(x_0)(x-x_0)+\frac{f''(x_0)}{2!}(x-x_0)^2+\cdots+\frac{f^{(n)}(x_0)}{n!}(x-x_0)^n$$

其余项为

$$f(x)-p_n(x)=\frac{f^{(n+1)}(\xi)}{(n+1)!}(x-x_0)^{n+1}$$

由此可看出，$p_n(x)$ 在点 x_0 邻域会很好地逼近 $f(x)$，但 Taylor 插值要求提供 $f(x)$ 在点 x_0 处的各阶导数值，这项要求很苛刻，函数 $f(x)$ 的表达式必须相当简单才行. 如果仅仅给出了一系列节点上的函数值 $f(x_i)=y_i$ $(i=0,1,2,\cdots,n)$，那么应采用 Lagrange 插值.

例 5.2.4 设函数 $y=f(x)$ 在区间 $[a,b]$ 上有定义，且 $f(x)$ 在 (a,b) 内具有二阶导数，如果当 $x\in(a,b)$ 时，有 $|f''(x)|\leqslant M$. 试证明：

$$|R_1(x)|\leqslant\frac{M}{8}(b-a)^2$$

证 构造线性插值函数

$$L_1(x)=\frac{b-x}{b-a}f(a)+\frac{x-a}{b-a}f(b)$$

由 Lagrange 插值余项定理，有

$$R_1(x)=f(x)-L_1(x)=\frac{f''(\xi)}{2}(x-a)(x-b)\quad \xi\in(a,b)$$

令

$$h(x) = |(x-a)(x-b)|$$

显然

$$\max_{a \leqslant x \leqslant b} h(x) = h\left(\frac{a+b}{2}\right) = \frac{(b-a)^2}{4}$$

故

$$|R_1(x)| \leqslant \frac{M}{8}(x_1 - x_0)^2$$

例 5.2.4 的结果指出了“插值误差的大小和两个插值节点距离平方成正比”. 这一理论结果可用于构造函数表,也可用于读一个已有的函数表,计算表中没有的数据时做误差估计.

例 5.2.5 设 $f(x)=x^4$,试利用 Lagrange 插值余项定理写出 $-1,0,1,2$ 为插值节点的三次插值多项式.

解 记 $f(x)$以$-1,0,1,2$ 为插值节点的三次插值多项式为 $L_3(x)$,由插值余项定理有

$$\begin{aligned} f(x) - L_3(x) &= \frac{f^{(4)}(\xi)}{4!}(x+1)(x-0)(x-1)(x-2) \\ &= (x+1)(x-0)(x-1)(x-2) \end{aligned}$$

故

$$\begin{aligned} L_3(x) &= f(x) - (x+1)(x-0)(x-1)(x-2) \\ &= x^4 - x(x^2-1)(x-2) \\ &= 2x^3 + x^2 - 2x \end{aligned}$$

如果只提供了 $f(x)$的一些离散值,并没有给出具体分析式,就无法利用余项公式估计误差了.

下面介绍另一种误差分析方法,即误差的事后估计.

考察三个节点 x_0,x_1,x_2,用 x_0,x_1 作线性插值,求出 $y=f(x)$的一个近似值,记为 y_1,再用 x_0,x_2 作线性插值求得另一个近似值,记为 y_2,由余项定理 5.2.2 有

$$y - y_1 = \frac{f''(\xi_1)}{2}(x-x_0)(x-x_1) \quad \xi_1 \in [a,b]$$

$$y - y_2 = \frac{f''(\xi_2)}{2!}(x-x_0)(x-x_2) \quad \xi_2 \in [a,b]$$

设 $f''(x)$在$[a,b]$内改变不大,则

$$y \approx \frac{x-x_2}{x_1-x_2}y_1 + \frac{x-x_1}{x_2-x_1}y_2 \tag{5.2.11}$$

故有

$$y - y_1 \approx \frac{x-x_1}{x_2-x_1}(y_2 - y_1) \tag{5.2.12}$$

上式表明，插值结果 y_1 的误差 $y-y_1$ 可以通过两个结果的偏差 y_2-y_1 来估计，这种直接用计算结果估计误差的方法称为事后估计法.

例 5.2.6 (1) 用 100,121 的平方值求 $y=\sqrt{115}$；

(2) 再用 100,121,144 的平方值求 $y=\sqrt{115}$；

(3) 考虑(1)的误差.

解 (1)

x	100	121
y	10	11

作线性插值后令 $x=115$，则 $y=10.71428$.

(2)

x	100	121	144
y	10	11	12

作二次插值后令 $x=115$，则 $y=10.7228$(精确值为 10.723805…).

(3) 设再取 $x_0=100, x_2=144$ 作为节点，用线性插值可得另一个结果：$y_2=10.68182$. 由估计式

$$y-y_1\approx\frac{x-x_1}{x_2-x_1}(y_2-y_1)$$

有

$$y-y_1\approx\frac{115-121}{144-121}(10.68182-10.71428)\approx 0.00847$$

用这个误差来修正结果 y_1，得到新的近似值

$$y=10.71428+0.00847=10.7228$$

通过这一途径获得近似值 $y=10.7228$ 与例中(2)问抛物线插值的结果相同.

最后给出 Lagrange 插值算法：

a. 输入 x_i, y_i $(i=0,1,2,\cdots,n)$，令 $L_n(x)=0$；

b. 对 $i=0,1,2,\cdots,n$，计算

$$l_i(x)=\prod_{\substack{j=0\\ j\neq i}}^{n}\frac{x-x_j}{x_i-x_j}$$

$$L_n(x)\leftarrow L_n(x)+l_i(x)y_i$$

5.3 差商与 Newton 插值公式

Lagrange 插值多项式作为一种计算方案有一些缺点. 譬如要确定 $f(x)$ 在某一点 x^* 处的近似值，预先不知道要选择多少个插值节点为宜. 通常的办法是依次

算出 $L_1(x^*)$，$L_2(x^*)$，$L_3(x^*)$，…，直至（根据估计）求出足够精确的 $f(x^*)$ 的近似值 $L_k(x^*)$ 为止. 在确定 $L_k(x)$ 的过程中，希望最好能利用已算出的 $L_{k-1}(x)$，但是 Lagrange 插值多项式却不能满足这一要求，利用 Lagrange 公式计算 $L_k(x)$ 时，只能再从头开始. 即是说 Lagrange 插值公式计算缺少递推关系，每次新增加节点都要重新计算，高次插值无法利用低次插值结果.

本节通过引进差商的概念，给出一种可在增加节点时对 Lagrange 插值多项式进行递推计算的方法，揭示出不同阶 Lagrange 插值多项式的内在联系，该方法称为 Newton 插值.

5.3.1 差商及其性质

定义 5.3.1 设已知函数 $f(x)$ 在 $n+1$ 个互异节点 $x_0,x_1,\cdots,x_n$ 上的函数值为 $f(x_0),f(x_1),\cdots,f(x_n)$，称

$$\frac{f(x_j)-f(x_i)}{x_j-x_i}$$

为 $f(x)$ 关于节点 x_i,x_j 的一阶差商（或称均差），记作 $f[x_i,x_j]$，即

$$f[x_i,x_j]=\frac{f(x_j)-f(x_i)}{x_j-x_i} \tag{5.3.1}$$

称一阶差商 $f[x_i,x_j]$ 及 $f[x_j,x_k]$ 的差商：

$$\frac{f[x_j,x_k]-f[x_i,x_j]}{x_k-x_i}$$

为 $f(x)$ 关于节点 x_i,x_j 和 x_k 的二阶差商，记作 $f[x_i,x_j,x_k]$，即

$$f[x_i,x_j,x_k]=\frac{f[x_j,x_k]-f[x_i,x_j]}{x_k-x_i} \tag{5.3.2}$$

一般地，称 $k-1$ 阶差商的差商为 k 阶差商，即

$$f[x_0,x_1,\cdots,x_k]=\frac{f[x_1,x_2,\cdots,x_k]-f[x_0,x_1,\cdots,x_{k-1}]}{x_k-x_0} \tag{5.3.3}$$

约定 $f(x_i)$ 为 $f(x)$ 关于节点 x_i 的零阶差商，并记为 $f[x_i]$.

根据差商定义，如果已知一个函数表数据，可计算出各阶差商. 差商表的计算一般按如下格式进行：

$$\begin{array}{llllll}
x_0 & f[x_0] & & & & \\
x_1 & f[x_1] & f[x_0,x_1] & & & \\
x_2 & f[x_2] & f[x_1,x_2] & f[x_0,x_1,x_2] & & \\
\vdots & \vdots & \vdots & \vdots & \ddots & \\
x_n & f[x_n] & f[x_{n-1},x_n] & f[x_{n-2},x_{n-1},x_n] & \cdots & f[x_0,x_1,\cdots,x_n]
\end{array}$$

由函数表出发，从上至下、从左至右依次计算出一阶，二阶，……，各阶差商.

例 5.3.1 已知 $f(0)=1,f(-1)=5,f(2)=-1$，分别求 $f[0,-1,2]$ 和 $f[-1,2,0]$.

解
$$f[0,-1]=\frac{5-1}{-1-0}=-4$$
$$f[0,2]=\frac{(-1)-1}{2-0}=-1\Longrightarrow f[0,-1,2]=\frac{(-1)-(-4)}{2-(-1)}=1$$
$$f[-1,2]=\frac{(-1)-5}{2-(-1)}=-2$$
$$f[-1,0]=\frac{1-5}{0-(-1)}=-4\Longrightarrow f[-1,2,0]=\frac{(-4)-(-2)}{0-2}=1$$

差商的一些性质：

性质 5.3.1 k 阶差商 $f[x_0,x_1,\cdots,x_k]$ 是由函数值 $f(x_0),f(x_1),\cdots,f(x_k)$ 线性组合而成的，即

$$f[x_0,x_1,\cdots,x_k]=\sum_{m=0}^{k}\frac{f(x_m)}{\prod\limits_{\substack{i=0\\i\neq m}}^{k}(x_m-x_i)}=\sum_{m=0}^{k}\frac{f(x_m)}{\omega'(x_m)}\qquad \omega(x)=\prod_{m=0}^{k}(x-x_m)\tag{5.3.4}$$

证 用数学归纳法. 当 $k=0$ 时，左边 $=f[x_0]=f(x_0)$，右边 $=f(x_0)$，所以结论成立.

现设 $k=l-1$ 时结论成立，即有

$$f[x_0,x_1,\cdots,x_{l-1}]=\sum_{m=0}^{l-1}\frac{f(x_m)}{\prod\limits_{\substack{i=0\\i\neq m}}^{l-1}(x_m-x_i)}$$

和

$$f[x_1,x_2,\cdots,x_l]=\sum_{m=1}^{l}\frac{f(x_m)}{\prod\limits_{\substack{i=1\\i\neq m}}^{l}(x_m-x_i)}$$

于是

$$\begin{aligned}f[x_0,x_1,\cdots,x_l]&=\frac{1}{x_l-x_0}\{f[x_1,x_2,\cdots,x_l]-f[x_0,x_1,\cdots,x_{l-1}]\}\\&=\frac{1}{x_l-x_0}\left[\sum_{m=1}^{l}\frac{f(x_m)}{\prod\limits_{\substack{i=1\\i\neq m}}^{l}(x_m-x_i)}-\sum_{m=0}^{l-1}\frac{f(x_m)}{\prod\limits_{\substack{i=0\\i\neq m}}^{l-1}(x_m-x_i)}\right]\\&=\frac{1}{x_0-x_l}\frac{f(x_0)}{\prod\limits_{i=1}^{l-1}(x_0-x_i)}+\frac{1}{x_l-x_0}\sum_{m=1}^{l-1}\left[\frac{1}{\prod\limits_{\substack{i=1\\i\neq m}}^{l}(x_m-x_i)}-\frac{1}{\prod\limits_{\substack{i=0\\i\neq m}}^{l-1}(x_m-x_i)}\right]f(x_m)\\&\quad+\frac{1}{x_l-x_0}\frac{f(x_l)}{\prod\limits_{i=1}^{l-1}(x_l-x_i)}=\sum_{m=0}^{l}\frac{f(x_m)}{\prod\limits_{\substack{i=0\\i\neq m}}^{l}(x_m-x_i)}\end{aligned}$$

即式(5.3.4)对 $k=l$ 成立. 由归纳原理,性质 5.3.1 成立.

性质 5.3.2(对称性) 任意改变节点的次序,$f[x_0,x_1,\cdots,x_k]$的值不变.

5.3.2 Newton 插值公式

设所构造的 $L_k(x)$是对 $L_{k-1}(x)$作一个简单的修正,为此考察

$$h(x)=L_k(x)-L_{k-1}(x)$$

显然$h(x)$是一个次数不高于 k 的多项式,且对 $j=0,1,\cdots,k-1$,有

$$h(x_j)=L_k(x_j)-L_{k-1}(x_j)=f(x_j)-f(x_j)=0$$

这样 $h(x)$有零点 $x_0,x_1,\cdots,x_{k-1}$,因而存在一个常数 a_k 使得

$$h(x)=a_k(x-x_0)(x-x_1)\cdots(x-x_{k-1})$$

故

$$L_k(x)=L_{k-1}(x)+a_k(x-x_0)(x-x_1)\cdots(x-x_{k-1}) \tag{5.3.5}$$

如果常数 a_k 可以确定,那么知道 $L_{k-1}(x)$,就可应用式(5.3.5)来确定 $L_k(x)$,由式(5.3.5)递推得

$$L_n(x)=a_0+a_1(x-x_0)+a_2(x-x_0)(x-x_1)+\cdots+a_n(x-x_0)(x-x_1)\cdots(x-x_{n-1}) \tag{5.3.6}$$

在式(5.3.5)中令 $x=x_k$,并解出 a_k 得

$$a_k=\frac{L_k(x_k)-L_{k-1}(x_k)}{(x_k-x_0)(x_k-x_1)\cdots(x_k-x_{k-1})}=\frac{f(x_k)-\sum\limits_{m=0}^{k-1}\prod\limits_{\substack{i=0\\i\neq m}}^{k-1}\frac{x_k-x_i}{x_m-x_i}f(x_m)}{\prod\limits_{i=0}^{k-1}(x_k-x_i)}$$
$$=\frac{f(x_k)}{\prod\limits_{i=0}^{k-1}(x_k-x_i)}-\sum_{m=0}^{k-1}\frac{f(x_m)}{(x_k-x_m)\prod\limits_{\substack{i=0\\i\neq m}}^{k-1}(x_m-x_i)}=\sum_{m=0}^{k}\frac{f(x_m)}{\prod\limits_{\substack{i=0\\i\neq m}}^{k}(x_m-x_i)} \tag{5.3.7}$$

按照式(5.3.7)计算 a_k 仍比较麻烦,为此利用前面差商的概念. 由式(5.3.4)和式(5.3.7),有

$$a_k=f[x_0,x_1,\cdots,x_k]$$

将此表达式代入式(5.3.6),得到

$$L_n(x)=f[x_0]+f[x_0,x_1](x-x_0)+f[x_0,x_1,x_2](x-x_0)(x-x_1)+\cdots+f[x_0,x_1,\cdots,x_n](x-x_0)(x-x_1)\cdots(x-x_{n-1})$$

称之为 n 次 Newton 插值多项式,记为 $N_n(x)$,即

$$N_n(x)=f[x_0]+f[x_0,x_1](x-x_0)+f[x_0,x_1,x_2](x-x_0)(x-x_1)+\cdots+f[x_0,x_1,\cdots,x_n](x-x_0)(x-x_1)\cdots(x-x_{n-1}) \tag{5.3.8}$$

Newton 插值的优点：每增加一个节点，插值多项式只增加一项，即

$$N_{n+1}(x) = N_n(x) + (x - x_0)(x - x_1)\cdots(x - x_n) f[x_0, x_1, \cdots, x_{n+1}]$$

便于递推运算.

若记

$$\omega_0(x) = 1 \qquad \omega_k(x) = \prod_{j=0}^{k-1}(x - x_j) \quad (k = 1, 2, \cdots, n) \tag{5.3.9}$$

则 Newton 插值多项式可以写成

$$N_n(x) = f(x_0)\omega_0(x) + f[x_0, x_1]\omega_1(x) + \cdots + f[x_0, x_1, \cdots, x_n]\omega_n(x)$$

其中，$\omega_0(x), \omega_1(x), \cdots, \omega_n(x)$ 为 Newton 插值的基函数.

下面给出 Newton 插值公式的插值余项定理.

定理 5.3.1 若 x 是异于插值节点 $x_0, x_1, \cdots, x_n$ 的数，则 n 次 Newton 插值多项式的误差为

$$R_n(x) \equiv f(x) - N_n(x) = f[x, x_0, x_1, \cdots, x_n]\omega_{n+1}(x) \tag{5.3.10}$$

由插值多项式的唯一性可知，n 次 Newton 插值多项式与 n 次 Lagrange 插值多项式是相等的，即 $N_n(x) = L_n(x)$，它们只是表示形式不同. 因此 Newton 余项与 Lagrange 余项也是相等的，即

$$R_n(x) = \omega_{n+1}(x) f[x, x_0, x_1, \cdots, x_n] = \frac{f^{(n+1)}(\xi)}{(n+1)!}\omega_{n+1}(x) \quad \xi \in [a, b]$$

由此得差商与导数之间如下重要关系：

$$f[x_0, x_1, \cdots, x_n] = \frac{f^{(n)}(\xi)}{n!} \quad \xi \in (\alpha, \beta) \tag{5.3.11}$$

其中，$\alpha = \min\limits_{0\leqslant i\leqslant n}\{x_i\}$；$\beta = \max\limits_{0\leqslant i\leqslant n}\{x_i\}$.

例 5.3.2 设 $f(x) = 3x^2 + 5, x_k = kh\ (k = 0, 1, 2, \cdots)$，求 $f[x_n, x_{n+1}, x_{n+2}]$ 和 $f[x_n, x_{n+1}, x_{n+2}, x_{n+3}]$.

解 利用差商与导数之间重要关系：

$$f(x) = 3x^2 + 5 \rightarrow f'(x) = 6x \qquad f''(x) = 6 \qquad f'''(x) = 0$$

可知

$$f[x_n, x_{n+1}, x_{n+2}] = \frac{1}{2!}f''(\xi) = \frac{1}{2}\times 6 = 3$$

$$f[x_n, x_{n+1}, x_{n+2}, x_{n+3}] = \frac{1}{3!}f'''(\xi) = 0$$

例 5.3.3 给定数据表：

x_i	1	2	4	6	7
$f(x_i)$	4	1	0	1	1

求 4 次 Newton 插值多项式，并写出插值余项.

解 构造差商表：

x_i	$f(x_i)$	一阶差商	二阶差商	三阶差商	四阶差商
1	4				
2	1	-3			
4	0	$-\frac{1}{2}$	$\frac{5}{6}$		
6	1	$\frac{1}{2}$	$\frac{1}{4}$	$-\frac{7}{60}$	
7	1	0	$-\frac{1}{6}$	$-\frac{1}{12}$	$\frac{1}{180}$

故

$$N_4(x)=4-3(x-1)+\frac{5}{6}(x-1)(x-2)-\frac{7}{60}(x-1)(x-2)(x-4)$$
$$+\frac{1}{180}(x-1)(x-2)(x-4)(x-6)$$

插值余项为

$$f(x)-N_4(x)=\frac{f^{(5)}(\xi)}{5!}(x-1)(x-2)(x-4)(x-6)(x-7)$$
$$\xi\in(\min(x,1),\max(x,7))$$

5.4 差分与等距节点插值公式

5.3节讨论的是节点任意分布时的Newton插值公式，但在实际使用中，经常碰到等距节点的情况，即节点为

$$x_i=x_0+ih\quad(i=0,1,\cdots,n)$$

其中，h 称为步长.

5.4.1 差分的概念

定义5.4.1 设已知函数在等距节点 $x_i=x_0+ih\ (i=0,1,2,\cdots,n)$ 上的函数值为 $f(x_i)=f_i$，其中，h 称为步长.

$$\boldsymbol{\Delta}f_i=f(x_i+h)-f(x_i)=f_{i+1}-f_i$$

称为函数 $f(x)$ 在点 x_i 处步长为 h 的一阶差分.

一阶差分的差分：

$$\boldsymbol{\Delta}^2 f_i=\boldsymbol{\Delta}(\boldsymbol{\Delta}f_i)=\boldsymbol{\Delta}f_{i+1}-\boldsymbol{\Delta}f_i=f_{i+2}-2f_{i+1}+f_i$$

称为函数 $f(x)$ 在点 x_i 处的二阶差分.

一般地，把 $n-1$ 阶差分的差分定义为 n 阶差分，记为

$$\Delta^n f_i = \Delta^{n-1} f_{i+1} - \Delta^{n-1} f_i \quad (n = 2,3,\cdots)$$

并规定：

$$\Delta^0 f_i = f_i$$

为 $f(x)$在 x_i 处的零阶差分.

以上定义的各阶差分统称为向前差分，符号 Δ 叫做向前差分算子.

计算各阶差分，可列表进行：

x_k	f_k	Δf_k	$\Delta^2 f_k$	$\Delta^3 f_k$
x_0	f_0			
x_1	f_1	Δf_0		
x_2	f_2	Δf_1	$\Delta^2 f_0$	
x_3	f_3	Δf_2	$\Delta^2 f_1$	$\Delta^3 f_0$
⋮	⋮	⋮	⋮	⋮

类似地，还可以定义向后差分. 称

$$\nabla f_i = f(x_i) - f(x_i - h) = f_i - f_{i-1}$$

为 $f(x)$在 x_i 处步长为 h 的一阶向后差分. 称

$$\nabla^2 f_i = \nabla(\nabla f_i) = \nabla f_i - \nabla f_{i-1} = f_i - 2f_{i-1} + f_{i-2}$$

为 $f(x)$在 x_i 处二阶向后差分.

一般地，n 阶向后差分定义为

$$\nabla^n f_i = \nabla^{n-1} f_i - \nabla^{n-1} f_{i-1} \quad (n = 2,3,\cdots)$$

向前差分与向后差分只是记写形式上的不同，其实，容易看出它们之间存在关系：

$$\nabla^k f_i = \Delta^k f_{i-k} \quad (k \geqslant 1)$$

例如，当 $k=2$ 时，$\nabla^2 f_i = f_i - 2f_{i-1} + f_{i-2}$ 与 $\Delta^2 f_{i-2} = f_i - 2f_{i-1} + f_{i-2}$ 是相等的.

5.4.2 差分与差商的关系

性质 5.4.1 在 $x_i = x_0 + ih$ $(i=0,1,2,\cdots)$时，由差分和差商的定义：

$$f[x_0,x_1] = \frac{f[x_1]-f[x_0]}{x_1-x_0} = \frac{\Delta f_0}{h} = \frac{\Delta f_0}{1!\cdot h}$$

$$f[x_0,x_1,x_2] = \frac{f[x_1,x_2]-f[x_0,x_1]}{x_2-x_0} = \frac{\dfrac{\Delta f_1}{h}-\dfrac{\Delta f_0}{h}}{2h} = \frac{\Delta^2 f_0}{2!\cdot h^2}$$

一般地：k 阶差商与 k 阶向前差分的关系为

$$f[x_0,x_1,\cdots,x_k] = \frac{\Delta^k f_0}{k!\cdot h^k} \quad (k = 1,2,\cdots,n)$$

同理，k 阶差商与 k 阶向后差分之间也有如下关系：

$$f[x_n, x_{n-1}, \cdots, x_{n-k}] = \frac{\nabla^k f_n}{k! \cdot h^k} \quad (k = 1, 2, \cdots, n)$$

性质 5.4.2 差分的分部求和公式：

$$\sum_{k=0}^{n-1} f_k \Delta g_k = f_n g_n - f_0 g_0 - \sum_{k=0}^{n-1} g_{k+1} \Delta f_k$$

证
$$\begin{aligned}\sum_{k=0}^{n-1} f_k \Delta g_k &= f_0(g_1 - g_0) + f_1(g_2 - g_1) + f_2(g_3 - g_2) + \cdots \\ &\quad + f_{n-2}(g_{n-1} - g_{n-2}) + f_{n-1}(g_n - g_{n-1}) \\ &= -g_0 f_0 + g_1(f_0 - f_1) + g_2(f_1 - f_2) + \cdots + g_{n-1}(f_{n-2} - f_{n-1}) \\ &\quad + g_n(f_{n-1} - f_n) + g_n f_n \\ &= g_n f_n - g_0 f_0 - \sum_{k=0}^{n-1} g_{k+1} \Delta f_k\end{aligned}$$

5.4.3 等距节点的插值公式

利用差分与差商的关系，可得 Newton 插值多项式的几种变形.

1. Newton 向前插值公式

令 $x_i = x_0 + ih \ (i = 0, 1, 2, \cdots, n)$ 为等距插值节点，则 Newton 插值公式可写为

$$\begin{aligned}N_n(x) = f_0 &+ \frac{(x - x_0)}{1!h} \Delta f_0 + \frac{(x - x_0)(x - x_1)}{2!h^2} \Delta^2 f_0 + \cdots \\ &+ \frac{(x - x_0)(x - x_1)\cdots(x - x_{n-1})}{n!h^n} \Delta^n f_0\end{aligned}$$

当 $x_0 \leqslant x \leqslant x_1$ 时，令 $x = x_0 + th \ (0 \leqslant t \leqslant 1)$，即得

$$\begin{aligned}N_n(x) &= N_n(x_0 + th) \\ &= f_0 + \frac{t}{1!} \Delta f_0 + \frac{t(t-1)}{2!} \Delta^2 f_0 + \cdots + \frac{t(t-1)\cdots(t-n+1)}{n!} \Delta^n f_0\end{aligned}$$

称为 Newton 向前插值公式，其余项为

$$\begin{aligned}R_n(x) &= \frac{f^{(n+1)}(\xi)}{(n+1)!}(x - x_0)(x - x_1)\cdots(x - x_n) \\ &= \frac{t(t-1)\cdots(t-n)}{(n+1)!} h^{n+1} f^{(n+1)}(\xi) \quad \xi \in (x_0, x_n)\end{aligned}$$

2. Newton 向后插值公式

当 $x_{n-1} \leqslant x \leqslant x_n$ 时，令 $x = x_n + th \ (-1 \leqslant t \leqslant 0)$，利用向后差分与差商的关系代入 Newton 插值公式，可得用各阶向后差分表示的 Newton 向后插值公式：

$$\begin{aligned}N_n(x) &= N_n(x_n + th) \\ &= f_n + \frac{t}{1!} \nabla f_n + \frac{t(t+1)}{2!} \nabla^2 f_n + \cdots + \frac{t(t+1)\cdots(t+n-1)}{n!} \nabla^n f_n\end{aligned}$$

其余项为

$$R_n(x)=\frac{t(t+1)\cdots(t+n)}{(n+1)!}h^{n+1}f^{(n+1)}(\xi)\quad \xi\in(x_0,x_n)$$

注意 当插值节点 x 接近数据表头时，一般用 Newton 向前插值公式；当插值节点 x 接近数据表尾时，一般用 Newton 向后插值公式；至于 x 在函数表中间的情形，则取节点为 $x_{-k},\cdots,x_{-1},x_0,x_1,\cdots,x_k$，并按 $x_0,x_1,x_{-1},x_2,x_{-2},\cdots$ 的次序重新把 Newton 差商插值公式改写，类似地可推出适当的公式.

例 5.4.1 设 f 为 m 次多项式，记 $\boldsymbol{\Delta} f(x)=f(x+h)-f(x)$，试证明 f 的 k 阶差分 $\boldsymbol{\Delta}^k f(x)$ $(0\leqslant k\leqslant m)$ 是 $m-k$ 次多项式.

证 因 $f(x)$ 为 m 次多项式，则当 $k=1$ 时，由

$$\boldsymbol{\Delta} f(x)=f(x+h)-f(x)=f'(x)h+\frac{1}{2!}f''(x)h^2+\cdots$$

知，$\boldsymbol{\Delta} f(x)$ 是 $m-1$ 次多项式.

设 $f(x)$ 的 $k-1$ 阶差分为 $m-(k-1)$ 次多项式，并记为 $g(x)$，即 $g(x)=\boldsymbol{\Delta}^{k-1}f(x)$，则

$$\begin{aligned}\boldsymbol{\Delta}^k f(x)&=\boldsymbol{\Delta}(\boldsymbol{\Delta}^{k-1}f(x))=\boldsymbol{\Delta} g(x)\\&=g(x+h)-g(x)=g'(x)h+\frac{1}{2!}g''(x)h^2+\cdots\end{aligned}$$

是 $[m-(k-1)]-1$ 次多项式 $(0\leqslant k\leqslant m)$，即 $m-k$ 次多项式.

当 $k=m$ 时，$\boldsymbol{\Delta}^k f(x)$ 为零次多项式，所以当 $k>m$ 时，$\boldsymbol{\Delta}^k f(x)=0$.

综上所述，若 $f(x)$ 为 m 次多项式，则当 $0\leqslant k\leqslant m$ 时，$\boldsymbol{\Delta}^k f(x)$ 为 $m-k$ 次多项式，当 $k>m$ 时，$\boldsymbol{\Delta}^k f(x)=0$.

5.5 Hermite 插值

在实际问题中要求的插值多项式，有时不仅要求在给定节点处函数值相等，而且还要求在某些节点处若干阶导数值也相等. 例如，飞机的机翼外形是由几条不同的曲线衔接起来的，为保证衔接处足够光滑，不仅要求这些点上有相同的函数值，而且要求有相同的导数值.

5.5.1 Hermite 插值问题

定义 5.5.1 设已知函数 $f(x)$ 在插值区间 $[a,b]$ 上 $n+1$ 个互异的节点 x_i $(i=0,1,\cdots,n)$ 处的函数值 $f(x_i)=f_i$ 及一阶导数值 $f'(x_i)=f'_i$ $(i=0,1,\cdots,n)$，若存在函数 $H(x)$ 满足条件：

(1) $H(x)$ 是一个次数不超过 $2n+1$ 次的多项式.

(2) $H(x_i)=f(x_i)$，$H'(x_i)=f'(x_i)$ $(i=0,1,\cdots,n)$. (5.5.1)

则称 $H(x)$ 为 $f(x)$ 在 $n+1$ 个节点 x_i 上的 Hermite 插值多项式.

问题的几何意义：要求代数曲线 $y=H(x)$ 与函数曲线 $y=f(x)$ 不仅在 $n+1$ 个互异的节点 x_i 处完全重合，而且还要求在 x_i 处有公切线.

下面采用构造插值基函数的方法来求 Hermite 插值多项式. 可以设想，如果有两组函数 $h_i(x)$，$H_i(x)$ $(i=0,1,\cdots,n)$，它们满足：

(1) $h_i(x)$，$H_i(x)$ $(i=0,1,\cdots,n)$ 都是至多 $2n+1$ 次多项式；

(2)
$$h_i(x_j)=\begin{cases}0 & (j\neq i)\\ 1 & (j=i)\end{cases}\qquad h_i'(x_j)=0\quad (j=0,1,\cdots,n) \tag{5.5.2}$$

$$H_i(x_j)=0\qquad H_i'(x_j)=\begin{cases}0 & (j\neq i)\\ 1 & (j=i)\end{cases}\quad (j=0,1,\cdots,n)$$

则多项式

$$H(x)=\sum_{i=0}^{n}[y_ih_i(x)+y_i'H_i(x)]$$

必定满足插值要求(5.5.1)，且次数不超过 $2n+1$. 按条件(5.5.2)，$h_i(x)$ 在 x_j $(j\neq i)$ 处的函数值与导数值均为 0，故它们应含因子 $(x-x_j)^2$ $(j\neq i)$，因此可以设为

$$h_i(x)=[a+b(x-x_i)]l_i^2(x) \tag{5.5.3}$$

其中，$l_i(x)=\omega_{n+1}(x)/(x-x_i)\omega_{n+1}'(x_i)$ 为 Lagrange 插值基函数. 由条件(5.5.2)，$h_i(x)$ 还应满足：

$$h_i(x_i)=1\qquad h_i'(x_i)=0$$

代入式(5.5.3)，得

$$h_i(x_i)=al_i^2(x_i)=a=1$$

$$h_i'(x_i)=bl_i^2(x_i)+2[a+b(x_i-x_i)]l_i(x_i)l_i'(x_i)=b+2al_i'(x_i)=0$$

其解为 $b=-2l_i'(x_i)$，故

$$h_i(x)=[1-2(x-x_i)l_i'(x_i)]l_i^2(x)\quad (i=0,1,\cdots,n) \tag{5.5.4}$$

同理，由于 $H_i(x)$ 在 x_j $(j\neq i)$ 处函数值与导数均为 0，而 $H_i(x_i)=0$，故可设

$$H_i(x)=c(x-x_i)l_i^2(x)$$

代入条件(5.5.2)得

$$H_i'(x_i)=cl_i^2(x_i)=1$$

于是 $c=1$，因此

$$H_i(x)=(x-x_i)l_i^2(x)\quad (i=0,1,\cdots,n) \tag{5.5.5}$$

所以 Hermite 插值多项式为

$$\begin{aligned}H(x)&=\sum_{i=0}^{n}[y_ih_i(x)+y_i'H_i(x)]\\&=\sum_{i=0}^{n}\{[1-2(x-x_i)l_i'(x_i)]l_i^2(x)y_i\\&\quad+(x-x_i)l_i^2(x)y_i'\}\end{aligned} \tag{5.5.6}$$

特别地，当 $n=1$ 时，有

$$h_0(x)=\left(1+2\frac{x-x_0}{x_1-x_0}\right)\left(\frac{x-x_1}{x_0-x_1}\right)^2 \qquad h_1(x)=\left(1+2\frac{x-x_1}{x_0-x_1}\right)\left(\frac{x-x_0}{x_1-x_0}\right)^2$$

$$H_0(x)=(x-x_0)\left(\frac{x-x_1}{x_0-x_1}\right)^2 \qquad H_1(x)=(x-x_1)\left(\frac{x-x_0}{x_1-x_0}\right)^2$$

所以，两个节点的三次 Hermite 插值多项式为

$$H(x)=\left(1+2\frac{x-x_0}{x_1-x_0}\right)\left(\frac{x-x_1}{x_0-x_1}\right)^2 y_0+\left(1+2\frac{x-x_1}{x_0-x_1}\right)\left(\frac{x-x_0}{x_1-x_0}\right)^2 y_1$$
$$+(x-x_0)\left(\frac{x-x_1}{x_0-x_1}\right)^2 y_0'+(x-x_1)\left(\frac{x-x_0}{x_1-x_0}\right)^2 y_1' \tag{5.5.7}$$

5.5.2 误差估计

与 Lagrange 插值的误差估计相类似，可导出 Hermite 插值的误差估计.

定理 5.5.1 设 $x_0, x_1, \cdots, x_n$ 为区间$[a,b]$上的互异节点，$H(x)$为 $f(x)$的过这组节点的$2n+1$次 Hermite 插值多项式. 若 $f(x)$在$[a,b]$上 $2n+2$ 次连续可导，则对任意 $x\in[a,b]$，插值余项为

$$R(x)=f(x)-H(x)=\frac{f^{(2n+2)}(\xi)}{(2n+2)!}\omega_{n+1}^2(x) \quad \xi\in(a,b) \tag{5.5.8}$$

作辅助函数 $\psi(x)=f(t)-H(t)-\dfrac{R(x)}{\omega_{n+1}^2(x)}\omega_{n+1}^2(t)$ $(\xi\in(a,b))$之后，定理的证明与 Lagrange 插值余项定理证明类似.

例 5.5.1 设 $f(x)$在$[x_0, x_1]$上有 4 阶连续导数，用基函数构造法作三次多项式 $p(x)$，使得

$$p(x_j)=f(x_j), p'(x_j)=f'(x_j) \quad (j=0,1) \tag{5.5.9}$$

并证明：

$$f(x)-p(x)=\frac{f^{(4)}(\xi)}{4!}(x-x_0)^2(x-x_1)^2 \quad x\in[x_0,x_1], \xi\in(x_0,x_1)$$

解 (1) 作三次多项式 $h_0(x)$，使得

$$h_0(x_0)=1 \qquad h_0(x_1)=0 \qquad h_0'(x_0)=0 \qquad h_0'(x_1)=0$$

(2) 作三次多项式 $h_1(x)$，使得

$$h_1(x_0)=0 \qquad h_1(x_1)=1 \qquad h_1'(x_0)=0 \qquad h_1'(x_1)=0$$

(3) 作三次多项式 $H_0(x)$，使得

$$H_0(x_0)=0 \qquad H_0(x_1)=0 \qquad H_0'(x_0)=1 \qquad H_0'(x_1)=0$$

(4) 作三次多项式 $H_1(x)$，使得

$$H_1(x_0)=0 \qquad H_1(x_1)=0 \qquad H_1'(x_0)=0 \qquad H_1'(x_1)=1$$

则易知多项式

$$p(x) = f(x_0)h_0(x) + f(x_1)h_1(x) + f'(x_0)H_0(x) + f'(x_1)H_1(x) \tag{5.5.10}$$

满足插值条件(5.5.9)，由 $h_0(x_1)=0, h_0'(x_1)=0$ 可知 x_1 为 $h_0(x)$的二重零点.因此，$h_0(x)$可写为

$$h_0(x) = [A + B(x - x_0)](x - x_1)^2 \tag{5.5.11}$$

求导，得

$$h_0'(x) = B(x - x_1)^2 + 2[A + B(x - x_0)](x - x_1)$$

再由 $h_0(x_0)=1$ 及 $h_0'(x_0)=0$，得

$$\begin{cases} A(x_0 - x_1)^2 = 1 \\ B(x_0 - x_1)^2 + 2A(x_0 - x_1) = 0 \end{cases}$$

解得

$$A = \frac{1}{(x_0 - x_1)^2} \qquad B = -\frac{2}{(x_0 - x_1)^3}$$

代入式(5.5.11)得

$$\begin{aligned} h_0(x) &= \left[\frac{1}{(x_0 - x_1)^2} - \frac{2(x - x_0)}{(x_0 - x_1)^3}\right](x - x_1)^2 \\ &= \left[1 + \frac{2(x - x_0)}{x_1 - x_0}\right]\left(\frac{x - x_1}{x_0 - x_1}\right)^2 \end{aligned} \tag{5.5.12}$$

类似地，可得

$$h_1(x) = \left[1 + \frac{2(x - x_1)}{x_0 - x_1}\right]\left(\frac{x - x_0}{x_1 - x_0}\right)^2 \tag{5.5.13}$$

由 $H_0(x_0)=0, H_0(x_1)=0, H_0'(x_1)=0$，知 x_0 为 $H_0(x)$的单零点，x_1 为 $H_0(x)$的二重零点，因此 $H_0(x)$可写为

$$H_0(x) = c(x - x_0)(x - x_1)^2 \tag{5.5.14}$$

求导，得

$$H_0'(x) = c[(x - x_1)^2 + 2(x - x_0)(x - x_1)]$$

由 $H_0'(x_0)=1$ 得

$$c(x_0 - x_1)^2 = 1$$

因而

$$c = \frac{1}{(x_0 - x_1)^2}$$

代入式(5.5.14)得

$$H_0(x) = (x - x_0)\left(\frac{x - x_1}{x_0 - x_1}\right)^2 \tag{5.5.15}$$

类似地，可得

$$H_1(x) = (x - x_1)\left(\frac{x - x_0}{x_1 - x_0}\right)^2 \tag{5.5.16}$$

将式(5.5.12),(5.5.13),(5.5.15),(5.5.16)代入式(5.5.10)得

$$p(x)=f(x_0)\left[1+\frac{2(x-x_0)}{x_1-x_0}\right]\left(\frac{x-x_1}{x_0-x_1}\right)^2+f(x_1)\left[1+\frac{2(x-x_1)}{x_0-x_1}\right]\left(\frac{x-x_0}{x_1-x_0}\right)^2$$
$$+f'(x_0)(x-x_0)\left(\frac{x-x_1}{x_0-x_1}\right)^2+f'(x_1)(x-x_1)\left(\frac{x-x_0}{x_1-x_0}\right)^2$$

下面估计余项：

$$R(x)=f(x)-p(x)$$

易知

$$R(x_j)=f(x_j)-p(x_j)=0\qquad R'(x_j)=f'(x_j)-p'(x_j)=0\quad (j=0,1)$$

即 x_0 和 x_1 均为 $R(x)$ 的二重零点,因而 $R(x)$ 具有如下形式：

$$R(x)=K(x)(x-x_0)^2(x-x_1)^2$$

即

$$f(x)-p(x)=K(x)(x-x_0)^2(x-x_1)^2\tag{5.5.17}$$

当 $x=x_0,x_1$ 时,式(5.5.17)的两边均为零,因而对任何有界的 $K(x)$ 均成立.

现设 $x\neq x_0,x_1$ $(x_0<x<x_1)$,作辅助函数

$$\varphi(t)=f(t)-p(t)-K(x)(t-x_0)^2(t-x_1)^2$$

则

$$\varphi(x_0)=0\qquad \varphi(x)=0\qquad \varphi(x_1)=0\qquad \varphi'(x_0)=0\qquad \varphi'(x_1)=0$$

由 Rolle 定理,$\exists\,\xi_1\in(x_0,x)$,$\xi_2\in(x,x_1)$,使得

$$\varphi'(\xi_1)=0\qquad \varphi'(\xi_2)=0$$

因而 $\varphi'(x)$ 有 4 个互异零点 $x_0<\xi_1<\xi_2<x_1$,再根据 Rolle 定理,$\exists\,\eta_1\in(x_0,\xi_1)$,$\eta_2\in(\xi_1,\xi_2)$,$\eta_3\in(\xi_2,x_1)$,使得

$$\varphi''(\eta_1)=0\qquad \varphi''(\eta_2)=0\qquad \varphi''(\eta_3)=0$$

再由 Rolle 定理,$\exists\,\zeta_1\in(\eta_1,\eta_2)$,$\zeta_2\in(\eta_2,\eta_3)$,使得

$$\varphi'''(\zeta_1)=0\qquad \varphi'''(\zeta_2)=0$$

最后由 Rolle 定理,知 $\exists\,\xi\in(\zeta_1,\zeta_2)\subset(x_0,x_1)$,使得

$$\varphi^{(4)}(\xi)=0\tag{5.5.18}$$

对 $\varphi(t)$ 求 4 阶导数得

$$\varphi^{(4)}(t)=f^{(4)}(t)-4!K(x)$$

由式(5.5.18)得

$$f^{(4)}(\xi)-4!K(x)=0$$

因而

$$K(x)=\frac{f^{(4)}(\xi)}{4!}$$

代入式(5.5.17)得

$$f(x)-p(x)=\frac{f^{(4)}(\xi)}{4!}(x-x_0)^2(x-x_1)^2$$

即

$$R(x)=\frac{f^{(4)}(\xi)}{4!}(x-x_0)^2(x-x_1)^2$$

定理 5.5.2 设 $x_0,x_1,\cdots,x_n$ 为区间$[a,b]$上的互异节点，$f(x)\in C^1[a,b]$，则满足插值条件(5.5.1)的 $2n+1$ 次 Hermite 插值多项式是唯一的.

证 假设 $H(x)$与 $\overline{H}(x)$是满足相同插值要求的 $2n+1$ 次 Hermite 插值多项式，容易看出，$\overline{H}(x)$也是 $H(x)$的 $2n+1$ 次 Hermite 插值多项式，由余项公式(5.5.8)有

$$H(x)-\overline{H}(x)=\frac{H^{(2n+2)}(\xi)}{(2n+2)!}\omega_{n+1}^2(x)$$

因为 $H(x)$为至多 $2n+1$ 次多项式，故 $H^{(2n+2)}(x)\equiv 0$，于是 $H(x)-\overline{H}(x)=0$，所以 Hermite 插值多项式是唯一的.

由此导出以下结论：

(1) 至多 $2n+1$ 次多项式在任意 $n+1$ 个互异节点上的 Hermite 插值多项式就是其自身.

(2) $\sum\limits_{i=0}^{n}h_i(x)=1$.

事实上，令 $f(x)=1$，则有 $f(x_i)=1,f'(x_i)=0\ (i=0,1,\cdots,n)$. 显然 $H(x)=\sum\limits_{i=0}^{n}h_i(x)$ 满足这组插值条件，由定理 5.5.2 即得结论.

5.6 分段低次插值

5.6.1 高次插值的误差分析

以 Lagrange 插值为例，插值余项的大小既与插值节点的个数 $n+1$ 有关，也与 $f(x)$的高阶导数有关：

$$|R_n(x)|=|f(x)-L_n(x)|=\left|\frac{f^{(n+1)}(\xi)}{(n+1)!}\omega_{n+1}(x)\right| \tag{5.6.1}$$

上述余项表达式只有在 $f(x)$的 $n+1$ 阶导数存在时才能使用，由于 ξ 不能具体求出，因此一般利用$\max\limits_{a\leqslant x\leqslant b}|f^{(n+1)}(x)|=M_{n+1}$，求出误差限，即有

$$|R_n(x)|\leqslant\frac{M_{n+1}}{(n+1)!}|\omega_{n+1}(x)| \tag{5.6.2}$$

现在假设 $f(x)$在$[a,b]$上存在任意阶导数，且存在与 n 无关的常数 M，使

$$\max_{a\leqslant x\leqslant b} | f^{(n)}(x) | \leqslant M$$

则由式(5.6.2)，有

$$\max_{a\leqslant x\leqslant b} | f(x)-L_n(x) | \leqslant \frac{M}{(n+1)!}(b-a)^{n+1}\to 0 \quad (n\to\infty) \qquad (5.6.3)$$

由此看出，当插值节点的个数越多（即 $n+1$ 越大），误差越小，但我们不能简单地认为对所有插值问题当插值节点的个数越多，误差就越小，这是由于估计式(5.6.3)是有条件的，在$[a,b]$上函数 $f(x)$要有高阶导数，而且高阶导数要一致有界. 如果 M_{n+1} 无限增大，就不能保证 $L_n(x)$无限接近 $f(x)$.

例如，已知区间$[-5,5]$上 $f(x)=\dfrac{1}{1+x^2}$取等距节点（给定 n，共取 n 个点）：

$$x_i=-5+10\cdot\frac{i-1}{n-1} \quad (i=1,2,\cdots,n)$$

图 5.6.1(a)、(b)分别画出了 $n=5$，$n=15$ 时 Lagrange 插值多项式的图像，图 5.6.1(a)还画出了函数 $f(x)$的图像（山形曲线）.

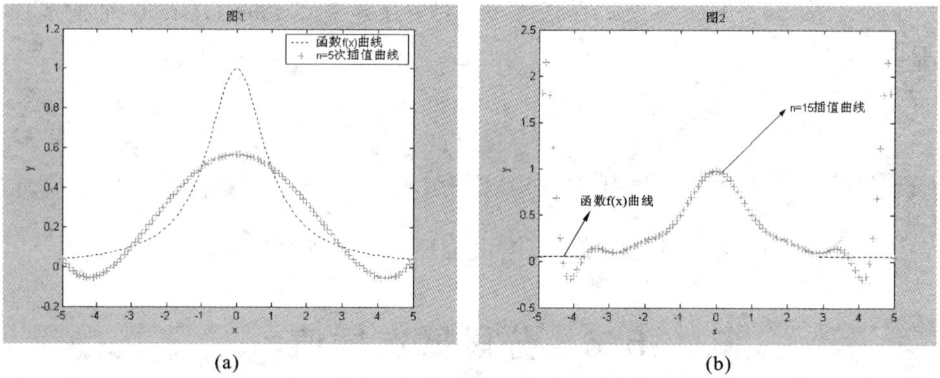

图 5.6.1

上图表明：Lagrange 多项式 $L_{15}(x)$在区间中部对被插值函数比 $L_4(x)$逼近要好得多，但在端点附近对被插值函数的逼近很糟糕，可以证明，当节点无限加密时，在两端的波动越来越大，当然更不能保证在 n 越接近无穷大时，$L_n(x)$一致地接近于 $f(x)$，这种现象叫 Runge 现象. 正是这个原因，在用多项式插值时不宜选取高次多项式插值（七八次以上）.

Runge 现象给我们的启示：对于本例，如果我们不是在区间$[-5,5]$来建立插值函数，而是将区间分成 10 个小区间，在每一个小区间内应用低次插值，插值函数 $\varphi_i(x)$在小区间内能较好地逼近 $f(x)$. 这就是说，如果不是用任意光滑的高次多项式去逼近 $f(x)$，而是用一分段光滑的低次插值多项式去逼近$f(x)$，逼近效果后者将优于前者.

5.6.2 分段线性插值

给定 $f(x)$ 在 $n+1$ 个节点 $a=x_0<x_1<\cdots<x_n=b$ 的数据表：

x	x_0	x_1	$\cdots$	x_{n-1}	x_n
$f(x)$	$f(x_0)$	$f(x_1)$	$\cdots$	$f(x_{n-1})$	$f(x_n)$

记 $h_i=x_{i+1}-x_i$，$h=\max\limits_{0\leqslant i\leqslant n-1} h_i$，在每个小区间 $[x_i,x_{i+1}]$ 上利用数据 $\max\limits_{0\leqslant i\leqslant n-1} h_i$：

x	x_i	x_{i+1}
$f(x)$	$f(x_i)$	$f(x_{i+1})$

作线性插值函数：

$$L_{1,i}(x)=f(x_i)\frac{x-x_{i+1}}{x_i-x_{i+1}}+f(x_{i+1})\frac{x-x_i}{x_{i+1}-x_i}$$

由线性插值的余项估计有

$$\max_{a\leqslant x\leqslant b}|f(x)-L_{1,i}(x)|\leqslant\max_{x_i\leqslant x\leqslant x_{i+1}}\left|\frac{f''(\xi)}{2!}(x-x_i)(x-x_{i+1})\right|\leqslant\frac{h_i^2}{8}\max_{x_i\leqslant x\leqslant x_{i+1}}|f''(x)|$$

令

$$\widetilde{L}_1(x)=\begin{cases}L_{1,0}(x) & (x\in[x_0,x_1])\\ L_{1,1}(x) & (x\in[x_1,x_2])\\ \quad\vdots & \\ L_{1,n-1}(x) & (x\in[x_{n-1},x_n])\end{cases}$$

即

$$\widetilde{L}_1(x_i)=f(x_i)\quad(i=0,1,\cdots,n)$$

即 $\widetilde{L}_1(x)$ 满足插值条件，称 $\widetilde{L}_1(x)$ 为 $f(x)$ 的分段线性插值函数.

5.6.3 分段线性插值的误差分析

$$\begin{aligned}\max_{a\leqslant x\leqslant b}|f(x)-\widetilde{L}_1(x)|&=\max_{x_0\leqslant x\leqslant x_n}|f(x)-\widetilde{L}_1(x)|\\&=\max_{0\leqslant i\leqslant n-1}\max_{x_i\leqslant x\leqslant x_{i+1}}|f(x)-L_{1,i}(x)|\\&\leqslant\max_{0\leqslant i\leqslant n-1}\frac{h_i^2}{8}\max_{x_i\leqslant x\leqslant x_{i+1}}|f''(x)|\leqslant\frac{h^2}{8}\max_{0\leqslant i\leqslant n-1}\max_{x_i\leqslant x\leqslant x_{i+1}}|f''(x)|\\&=\frac{h^2}{8}\max_{a\leqslant x\leqslant b}|f''(x)|\end{aligned}$$

分段线性插值的余项只依赖于二阶导数的界，只要 $f(x)$ 在 $[a,b]$ 存在二阶连续的导数，当 $h\to 0$ 时就有余项一致趋于 0.

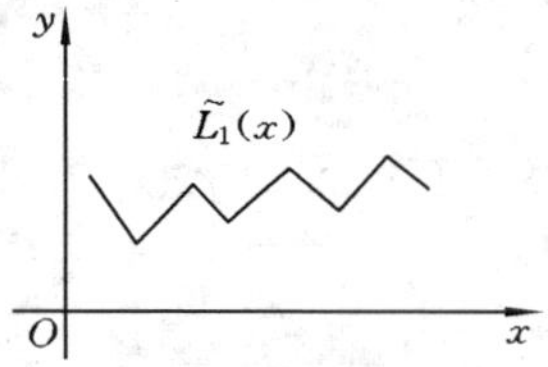

图 5.6.2

分段线性插值如图 5.6.2 所示.

分段插值法的利弊：

(1) 分段插值法是一种显式算法，其算法简单，收敛性能得到保证. 只要节点间距充分小，分段插值法总能获得所要求的精度，而不会像高次插值那样发生 Runge 现象.

(2) 分段插值的另一个重要特点是它的局部性质. 如果修改某个数据，那么插值曲线仅仅在某个局部范围内受到影响，而代数插值却会影响到整个区间.

例 5.6.1 求 $f(x)=x^2$ 在$[a,b]$上的分段线性插值函数 $L_1(x)$，并估计误差.

解 设采用节点：

$$a = x_0 < x_1 < \cdots < x_n = b$$

定义 $h_i=x_{i+1}-x_i\ (0\leqslant i\leqslant n-1)$，$h=\max\limits_{0\leqslant i\leqslant n-1} h_i$，在$[x_i,x_{i+1}]$上线性插值函数：

$$\begin{aligned} L_1^{(i)}(x) &= f(x_i)\frac{x-x_{i+1}}{x_i-x_{i+1}}+f(x_{i+1})\frac{x-x_i}{x_{i+1}-x_i} \\ &= \frac{x_i^2}{h_i}(x_{i+1}-x)+\frac{x_{i+1}^2}{h_i}(x-x_i) \end{aligned}$$

分段线性插值函数：

$$L_1(x) = L_1^{(i)}(x) = \frac{x_i^2}{h_i}(x_{i+1}-x)+\frac{x_{i+1}^2}{h_i}(x-x_i)$$
$$x\in[x_i,x_{i+1}],(i=0,1,2,\cdots,n-1)$$

误差估计：

$$\begin{aligned} |f(x)-L_1^{(i)}(x)| &= \left|\frac{1}{2!}f''(\xi)(x-x_i)(x-x_{i+1})\right| \\ &\leqslant \frac{1}{2}\max_{a\leqslant x\leqslant b}|f''(x)|\max_{x_i\leqslant x\leqslant x_{i+1}}|(x-x_i)(x-x_{i+1})| \\ &= \frac{1}{2}\times 2\times\left(\frac{h_i}{2}\right)^2 \quad (\text{由于 } f(x)=x^2\text{，故 } f''(x)=2) \\ &= \frac{h_i^2}{4} \quad x\in[x_i,x_{i+1}] \end{aligned}$$

从而

$$|f(x)-L_1(x)|\leqslant \max_{0\leqslant i\leqslant n-1}|f(x)-L_1^{(i)}(x)|\leqslant \max_{0\leqslant i\leqslant n-1}\frac{h_i^2}{4}=\frac{h^2}{4}$$

5.7 三次样条插值

分段插值有很好的收敛性，计算比较简单，还可根据函数 $f(x)$的具体情况在不同的小区间上采用不同次数的插值公式. 分段插值虽然连续但在节点处导数不一定存在,因而光滑性较差,本节介绍的三次样条插值函数将克服这一缺点.

5.7.1 三次样条插值函数

定义 5.7.1 对于给定的函数表:

x_i	x_0	x_1	…	x_n
$y_i=f(x_i)$	y_0	y_1	…	y_n

其中,$a=x_0<x_1<x_2<\cdots<x_n=b$. 若存在函数 $s(x)$满足条件:

(1) $s(x)$在每一个子区间$[x_{j-1},x_j]$$(j=1,2,\cdots,n)$上是一个不超过三次的多项式.

(2) $s(x)$在每一个内接点 x_j $(j=1,2,\cdots,n-1)$上具有直到二阶的连续导数,即 $s(x)\in C^2[a,b]$.

则称 $s(x)$为节点 $x_0,x_1,x_2,\cdots,x_n$ 上的三次样条函数.

若 $s(x)$在所有节点上还满足插值条件:

(3) $s(x_j)=y_j$ $(j=0,1,2,\cdots,n)$.

则称 $s(x)$为三次样条插值函数.

由此可见,三次样条插值函数就是全部通过样点的二阶连续可微的分段三次多项式函数. 但要注意,$s(x)$在整个$[a,b]$上不是一个三次多项式函数.

由样条插值函数定义知,$s(x)$在每一个小区间$[x_{j-1},x_j]$上是一个三次多项式,记为 $s_j(x)$,设其为

$$s_j(x)=a_jx^3+b_jx^2+c_jx+d_j \quad (j=1,2,\cdots,n)$$

从而有

$$s(x)=\begin{cases} s_1(x) \\ s_2(x) \\ \vdots \\ s_n(x) \end{cases}$$

因此要确定整个$[a,b]$上的三次样条插值函数,必须确定 $4n$ 个未知数

$$\{a_j,b_j,c_j,d_j\} \quad (j=1,2,\cdots,n)$$

下面分析这 $4n$ 个未知系数,能否由已知条件确定:

(1) $s(x),s'(x),s''(x)$在内节点 $x_1,x_2,\cdots,x_{n-1}$上是连续的,有

$$s(x_j-0)=s(x_j+0) \qquad s'(x_j-0)=s'(x_j+0)$$
$$s''(x_j-0)=s''(x_j+0) \quad (j=1,2,\cdots,n-1)$$

这样的等式共有 $3(n-1)$个,可提供包含未知系数 a_j,b_j,c_j,d_j 的 $3n-3$ 个方程.

(2) $s(x_j)=y_j$ $(j=0,1,2,\cdots,n)$，则提供了 $n+1$ 个方程.

这样，一共可以得到$(3n-3)+n+1=4n-2$ 个方程，与要确定的 $4n$ 个未知系数相比较，还差两个条件，于是按定义得到的样条插值函数 $s(x)$中含有两个自由度. 为了确定一个特定的样条插值函数，还需要增加两个条件，这两个条件通常在$[a,b]$的两个端点处给出，称之为边界(或端点)条件，从力学的角度看，附加边界条件相当于在细梁的两端加上约束，是有意义的.

常见的边界条件类型如下：

(1) 第一种边界条件：给定端点处的一阶导数值，即

$$s'(x_0)=y'(x_0) \qquad s'(x_n)=y'(x_n)$$

(2) 第二种边界条件：给定端点处的二阶导数值，即

$$s''(x_0)=y''(x_0) \qquad s''(x_n)=y''(x_n)$$

作为特例，$s''(x_0)=s''(x_n)=0$ 称为自然边界条件，满足自然边界条件的样条函数叫做自然样条函数.

补充了两个端点条件即增加了两个方程，也得到了关于未知数$\{a_j,b_j,c_j,d_j\}$的 $4n$ 个方程，一般可定出 $4n$ 个未知系数.

理论上，只要求解 $4n$ 阶线性代数方程组即可得到 $s(x)$在各个小区间上的表达式 $s_j(x)$的各项系数，从而得到 $s(x)$. 但实际上，这种做法的工作量大，且上述方程组一般是病态的，所以，上述这种将样条插值函数的求解归结为求解 $4n$ 个方程组成的线性代数方程组的方法在实际计算中很少用.

下面介绍一种计算量小得多的切实可行的构造 $s(x)$的方法.

5.7.2 三次样条插值函数的求法

注意到 $s(x)$在每个小区间$[x_{j-1},x_j]$上是一个三次多项式 $s_j(x)$，故 $s_j''(x)$在$[x_{j-1},x_j]$上是一次多项式，如果 $s''(x)$在$[x_{j-1},x_j]$的两个端点上的值可以知道，设$s''(x_{j-1})=M_{j-1}$，$s_j''(x_j)=M_j$，则

$$s_j''(x)=\frac{x_j-x}{h_j}M_{j-1}+\frac{x-x_{j-1}}{h_j}M_j \tag{5.7.1}$$

其中，$h_j=x_j-x_{j-1}$. 将 $s_j''(x)$积分得

$$s_j'(x)=\int s_j''(x)\mathrm{d}x=-\frac{(x_j-x)^2}{2h_j}M_{j-1}+\frac{(x-x_{j-1})^2}{2h_j}M_j+\tilde{c}_j \tag{5.7.2}$$

$$\begin{aligned}s_j(x)&=\int s_j'(x)\mathrm{d}x=\frac{(x_j-x)^3}{6h_j}M_{j-1}+\frac{(x-x_{j-1})^3}{6h_j}M_j+\tilde{c}_jx+\tilde{d}_j\\&=\frac{(x_j-x)^3}{6h_j}M_{j-1}+\frac{(x-x_{j-1})^3}{6h_j}M_j+c_j(x_j-x)+d_j(x-x_{j-1})\end{aligned}$$

(5.7.3)

其中:c_j 和 d_j 可由插值条件

$$s_j(x_{j-1}) = y_{j-1} \qquad s_j(x_j) = y_j$$

确定,即要求 c_j 和 d_j 满足:

$$\left.\begin{aligned} s_j(x_{j-1}) &= \frac{1}{6}M_{j-1}h_j^2 + c_jh_j = y_{j-1} \\ s_j(x_j) &= \frac{1}{6}M_jh_j^2 + d_jh_j = y_j \end{aligned}\right\} \Longrightarrow \begin{aligned} c_j &= \frac{1}{h_j}\left(y_{j-1} - \frac{1}{6}M_{j-1}h_j^2\right) \\ d_j &= \frac{1}{h_j}\left(y_j - \frac{1}{6}M_jh_j^2\right) \end{aligned}$$

于是得 $s_j(x)$的表达式:

$$\begin{aligned} s_j(x) =& \frac{(x_j - x)^3}{6h_j}M_{j-1} + \frac{(x - x_{j-1})^3}{6h_j}M_j + \left(y_{j-1} - \frac{M_{j-1}h_j^2}{6}\right)\frac{x_j - x}{h_j} \\ &+ \left(y_j - \frac{M_jh_j^2}{6}\right)\frac{x - x_{j-1}}{h_j} \quad (j = 1,2,\cdots,n, x \in [x_{j-1}, x_j]) \end{aligned} \tag{5.7.4}$$

其中,$M_0, M_1, \cdots, M_n$ 共 $n+1$ 个是未知,需设法将其求出.利用函数 $s(x)$在插值区间$[a,b]$上各内节点 x_j $(j=1,2,\cdots,n-1)$处有一阶连续导数的条件:$s_j'(x_j-0)=s_{j+1}'(x_j+0)$,对 $s(x)$求导一次,得

$$s_j'(x) = -\frac{(x_j - x)^2}{2h_j}M_{j-1} + \frac{(x - x_{j-1})^2}{2h_j}M_j + \frac{y_j - y_{j-1}}{h_j} - \frac{M_j - M_{j-1}}{6}h_j$$

从而在右端点 x_j 上有

$$\begin{aligned} s_j'(x_j - 0) &= \frac{h_j}{2}M_j - \frac{h_j}{6}(M_j - M_{j-1}) + \frac{y_j - y_{j-1}}{h_j} \\ &= \frac{h_j}{6}M_{j-1} + \frac{h_j}{3}M_j + \frac{y_j - y_{j-1}}{h_j} \end{aligned} \tag{5.7.5}$$

在左端点 x_{j-1}上有

$$\begin{aligned} s_j'(x_{j-1} + 0) &= -\frac{h_j}{2}M_{j-1} - \frac{h_j}{6}(M_j - M_{j-1}) + \frac{y_j - y_{j-1}}{h_j} \\ &= -\frac{h_j}{3}M_{j-1} - \frac{h_j}{6}M_j + \frac{y_j - y_{j-1}}{h_j} \end{aligned} \tag{5.7.6}$$

将上式中的 $j-1$ 改为 j,即得

$$s_{j+1}'(x_j + 0) = -\frac{h_{j+1}}{3}M_j - \frac{h_{j+1}}{6}M_{j+1} + \frac{y_{j+1} - y_j}{h_{j+1}} \tag{5.7.7}$$

利用 $s'(x)$在内接点的连续性,即 $s_j'(x_j-0)=s_{j+1}'(x_j+0)$,就得到关于参数 M_{j-1},M_j,M_{j+1}的一个方程:

$$\begin{aligned} &\frac{h_j}{6}M_{j-1} + \frac{h_j + h_{j+1}}{3}M_j + \frac{h_{j+1}}{6}M_{j+1} \\ &= \frac{y_{j+1} - y_j}{h_{j+1}} - \frac{y_j - y_{j-1}}{h_j} \quad (j=1,2,\cdots,n-1) \end{aligned} \tag{5.7.8}$$

这就是在 $n-1$ 个内节点 x_j $(j=1,2,\cdots,n-1)$处关于 $n+1$ 个待定参数 M_j $(j=0,1,2,\cdots,n)$的$n-1$个方程式.

为了进一步化简，对式(5.7.8)两边乘上$\frac{6}{h_j+h_{j+1}}$，并由差商

$$f[x_{j-1},x_j,x_{j+1}]=\frac{1}{h_j+h_{j+1}}\left\{\frac{y_{j+1}-y_j}{h_{j+1}}-\frac{y_j-y_{j-1}}{h_j}\right\}$$

可将式(5.7.8)化为

$$\frac{h_j}{h_j+h_{j+1}}M_{j-1}+2M_j+\frac{h_{j+1}}{h_j+h_{j+1}}M_{j+1}=6f[x_{j-1},x_j,x_{j+1}]\quad(j=1,2,\cdots,n-1)\tag{5.7.9}$$

令

$$\lambda_j=\frac{h_{j+1}}{h_j+h_{j+1}}\qquad\mu_j=1-\lambda_j=\frac{h_j}{h_j+h_{j+1}}\qquad d_j=6f[x_{j-1},x_j,x_{j+1}]$$

则 $n-1$ 个方程(5.7.9)可化为

$$\mu_jM_{j-1}+2M_j+\lambda_jM_{j+1}=d_j\quad(j=1,2,\cdots,n-1)\tag{5.7.10}$$

由于式(5.7.10)是关于 $n+1$ 个待定参数 $M_0,M_1,\cdots,M_n$ 的 $n-1$ 个方程，所以有无穷多组解，所以要完全确定 M_j $(j=0,1,2,\cdots,n)$的值还需补充两个条件，这两个条件通常根据实际问题的要求，根据插值区间$[a,b]$的两个端点处的边界条件来补充.

例如：

(1)第一边界条件：

$$s'(x_0)=y_0'\qquad s'(x_n)=y_n'$$

令 $j=0$，由式(5.7.7)得

$$s_1'(x_0+0)=s'(x_0)=-\frac{h_1}{3}M_0-\frac{h_1}{6}M_1+\frac{y_1-y_0}{h_1}=y_0'$$

两边乘$\left(-\frac{6}{h_1}\right)$，整理得

$$2M_0+M_1=\frac{6}{h_1}\left(\frac{y_1-y_0}{h_1}-y_0'\right)\triangleq d_0\tag{5.7.11}$$

同样在式(5.7.5)中，令 $j=n$，得

$$s_n'(x_n-0)=s'(x_n)=\frac{h_n}{6}M_{n-1}+\frac{h_n}{3}M_n+\frac{y_n-y_{n-1}}{h_n}=y_n'$$

两边乘$\left(\frac{6}{h_n}\right)$，整理得

$$M_{n-1}+2M_n=\frac{6}{h_n}\left(y_n'-\frac{y_n-y_{n-1}}{h_n}\right)\triangleq d_n\tag{5.7.12}$$

于是得 $n+1$ 个参数 $M_0,M_1,\cdots,M_n$ 的 $n+1$ 阶线性代数方程组为

$$\begin{bmatrix} 2 & 1 & & & & \\ \mu_1 & 2 & \lambda_1 & & & \\ & \mu_2 & 2 & \lambda_2 & & \\ & & \ddots & \ddots & \ddots & \\ & & & \ddots & \ddots & \ddots \\ & & & \mu_{n-1} & 2 & \lambda_{n-1} \\ & & & & 1 & 2 \end{bmatrix} \begin{bmatrix} M_0 \\ M_1 \\ M_2 \\ \vdots \\ \vdots \\ M_{n-1} \\ M_n \end{bmatrix} = \begin{bmatrix} d_0 \\ d_1 \\ d_2 \\ \vdots \\ \vdots \\ d_{n-1} \\ d_n \end{bmatrix} \tag{5.7.13}$$

其中，$\mu_j+\lambda_j=1$，且 $\lambda_j\geqslant 0$，$\mu_j\geqslant 0$ 系数矩阵是严格对角占优阵.

(2) 第二边界条件：

$$s''(x_0)=y''(x_0) \qquad s''(x_n)=y''(x_n)$$

由于在区间端点处二阶导数 $M_0=y_0''$ 与 $M_n=y_n''$ 已知，所以方程组(5.7.13)中实际上只包含有 $n-1$ 个末知数：$M_1, M_2, \cdots, M_{n-1}$，从而得方程组

$$\begin{bmatrix} 2 & \lambda_1 & & & & \\ \mu_2 & 2 & \lambda_2 & & & \\ & \ddots & \ddots & \ddots & & \\ & & \ddots & \ddots & \ddots & \\ & & & \mu_{n-2} & 2 & \lambda_{n-2} \\ & & & & \mu_{n-1} & 2 \end{bmatrix} \begin{bmatrix} M_1 \\ M_2 \\ \vdots \\ \vdots \\ M_{n-2} \\ M_{n-1} \end{bmatrix} = \begin{bmatrix} d_1-\mu_1 y_0'' \\ d_2 \\ \vdots \\ \vdots \\ d_{n-2} \\ d_{n-1}-\lambda_{n-1} y_n'' \end{bmatrix} \tag{5.7.14}$$

其中，第 1 个方程为(由 $\mu_j M_{j-1}+2M_j+\lambda_j M_{j+1}=d_j$，$j$ 取 1 即得)

$$2M_1+\lambda_1 M_2=d_1-\mu_1 M_0=d_1-\mu_1 y_0''$$

第 $n-1$ 个方程为

$$\mu_{n-1}M_{n-2}+2M_{n-1}=d_{n-1}-\lambda_{n-1}M_n=d_{n-1}-\lambda_{n-1}y_n''$$

特别地，$M_0=M_n=0$ 时为自然边界条件，方程组(5.7.14)的右端成为$[d_1, d_2, \cdots, d_{n-1}]^{\mathrm{T}}$，其形式特别简单.

三次样条插值函数有较好的收敛性.

定理 5.7.1 设 $f\leqslant(x)$ 在$[a,b]$上四次连续可微，$s(x)$为 $f(x)$在$[a,b]$上的三次样条插值函数，则

$$|f^{(l)}(x)-s^{(l)}(x)|\leqslant c_1 h^{4-l}\max_{a\leqslant x\leqslant b}|f^{(4)}(x)| \quad (x\in[a,b], l=0,1,2,3) \tag{5.7.15}$$

其中：$h=\max\limits_{0\leqslant j\leqslant n-1}h_j$；$c_0=\dfrac{5}{384}$；$c_1=\dfrac{1}{24}$；$c_2=\dfrac{3}{8}$；$c_3=\dfrac{\beta+\beta^{-1}}{2}$；$\beta=\max\limits_{0\leqslant j\leqslant n-1}h_j/\min\limits_{0\leqslant j\leqslant n-1}h_j$，称为分划比.

证明略，参见文献(Steore k et al.，1995).

定理 5.7.1 表明，当分划小区间的长度趋于零时，$s(x)$及其一至二阶导数分别

一致收敛到$f(x)$及其一至二阶导数，因而，为提高精度只需加密分划节点，不需要提高样条函数的次数. 由于样条插值有这样好的性质，因此它的应用十分广泛，在外形设计及其计算机辅助设计的许多领域中，都是十分有效的数学工具.

简单地比较前面所述的几种插值方法，它们各有优缺点. 多项式插值宜用于较低次多项式，例如$n \leqslant 6$，当次数较高时，收敛性与稳定性均较差；分段线性插值或分段低次插值具有较好的稳定性与收敛性，且计算方便，但光滑程度较差；样条插值克服了这一缺点，并具有良好的收敛性，但其计算复杂，稳定性不如分段插值. 进一步的讨论可参看有关文献.

例 5.7.1 已知函数表：

x_i	1	2	4	5
$y_i=f(x_i)$	1	3	4	2

在区间[1,5]上求满足上述函数表所给出的插值条件的三次自然样条插值函数.

解 这是第二种边界条件下的插值问题，故确定 M_0, M_1, M_2, M_3 的方程形如式(5.7.14). 由已知自然边界条件，有 $M_0=M_3=0$，则求解 M_1, M_2 的方程组为

$$\begin{bmatrix} 2 & \lambda_1 \\ \mu_2 & 2 \end{bmatrix}\begin{bmatrix} M_1 \\ M_2 \end{bmatrix}=\begin{bmatrix} d_1 \\ d_2 \end{bmatrix}$$

作差商表：

i	x_i	$f(x_i)$	一阶差商	二阶差商
0	1	1		
1	2	3	2	
2	4	4	$\frac{1}{2}$	$-\frac{1}{2}$
3	5	2	-2	$-\frac{5}{6}$

由 $x_0=1, x_1=2, x_2=4, x_3=5$，得

$$h_1=x_1-x_0=1 \qquad h_2=x_2-x_1=2 \qquad h_3=x_3-x_2=1$$

故

$$\lambda_1=\frac{h_2}{h_1+h_2}=\frac{2}{1+2}=\frac{2}{3} \qquad \mu_2=\frac{h_2}{h_2+h_3}=\frac{2}{2+1}=\frac{2}{3}$$

$$d_1=6f[x_0,x_1,x_2]=6\times\left(-\frac{1}{2}\right)=-3$$

$$d_2=6f[x_1,x_2,x_3]=6\times\left(-\frac{5}{6}\right)=-5$$

代入方程组，得

$$\begin{cases} 2M_1 + \dfrac{2}{3}M_2 = -3 \\ \dfrac{2}{3}M_1 + 2M_2 = -5 \end{cases} \Rightarrow \begin{cases} M_1 = -\dfrac{3}{4} \\ M_2 = -\dfrac{9}{4} \end{cases}$$

又 $M_3=M_0=0$，代入公式(5.7.4)，得 $s(x)$ 在 $[x_0,x_1]$ 上的表达式为

$$s_1(x) = \frac{(x_1-x)^3}{6h_1}M_0 + \frac{(x-x_0)^3}{6h_1}M_1 + \left(y_0 - \frac{M_0h_1^2}{6}\right)\frac{x_1-x}{h_1} + \left(y_1 - \frac{M_1h_1^2}{6}\right)\frac{x-x_0}{h_1}$$

将 $x_0=1, x_1=2, y_0=1, y_1=3, h_1=1, M_0=0, M_1=-\dfrac{3}{4}$ 代入上式，化简得

$$s_1(x) = -\frac{1}{8}x^3 + \frac{3}{8}x^2 + \frac{7}{4}x - 1$$

同理，可得 $s(x)$ 在 $[x_1,x_2]$ 上的表达式为

$$s_2(x) = -\frac{1}{8}x^3 + \frac{3}{8}x^2 + \frac{7}{4}x - 1$$

$s(x)$ 在 $[x_2,x_3]$ 上的表达式为

$$s_3(x) = \frac{3}{8}x^3 - \frac{45}{8}x^2 + \frac{103}{4}x - 33$$

故

$$s(x) = \begin{cases} -\dfrac{1}{8}x^3 + \dfrac{3}{8}x^2 + \dfrac{7}{4}x - 1 & (1 \leqslant x \leqslant 2) \\ -\dfrac{1}{8}x^3 + \dfrac{3}{8}x^2 + \dfrac{7}{4}x - 1 & (2 \leqslant x \leqslant 4) \\ \dfrac{3}{8}x^3 - \dfrac{45}{8}x^2 + \dfrac{103}{4}x - 33 & (4 \leqslant x \leqslant 5) \end{cases}$$

5.8 多元函数插值

5.8.1 二元函数的双线性插值方法

二元函数的简单插值方法是一元线性插值方法的直接推广，将一维空间中的线段推广为二维空间中的矩形，由此产生了双线性插值，在一元函数的线性插值公式：

$$L_1(x) = \frac{x-x_0}{x_1-x_0}y_1 + \frac{x_1-x}{x_1-x_0}y_0$$

令 $\mu = \dfrac{x-x_0}{x_1-x_0}$，则有

$$L_1(x) = \mu y_1 + (1-\mu)y_0$$

这是通过自变量的变换而构造的线性插值公式，在计算中需要计算中间变量 μ 的

值，将这一公式推广到二元函数插值，即二元函数 $f(x,y)$ 的双线性插值.

已知平面上一矩形域内 4 个顶点 P_1, P_2, P_3, P_4 处的函数值分别为

$$z_1 = f(x_1, y_1) \qquad z_2 = f(x_2, y_1) \qquad z_3 = f(x_2, y_2) \qquad z_4 = f(x_1, y_2)$$

求双线性函数：

$$P(x,y) = ax + by + cxy + d$$

使其满足条件：

$$P(x_1, y_1) = z_1 \qquad P(x_2, y_1) = z_2 \qquad P(x_2, y_2) = z_3 \qquad P(x_1, y_2) = z_4$$

令

$$u = \frac{x - x_1}{x_2 - x_1} \qquad v = \frac{y - y_1}{y_2 - y_1}$$

则矩形区域的 4 个顶点的 $u-v$ 坐标分别为(0,0)，(1,0)，(1,1)，(0,1). 考虑 4 个基函数 $l_1(u,v), l_2(u,v), l_3(u,v), l_4(u,v)$ 满足的插值条件，数据如下：

(u,v)	(0,0)	(1,0)	(1,1)	(0,1)
$l_1(u,v)$	1	0	0	0
$l_2(u,v)$	0	1	0	0
$l_3(u,v)$	0	0	1	0
$l_4(u,v)$	0	0	0	1

由此直接构造基函数：

$$l_1(u,v) = (1-u)(1-v) \qquad l_2(u,v) = u(1-v)$$

$$l_3(u,v) = uv \qquad l_4(u,v) = (1-u)v$$

故

$$P(x,y) = z_1(1-u)(1-v) + z_2 u(1-v) + z_3 uv + z_4(1-u)v \qquad (5.8.1)$$

对于较大的矩形区域，将其剖分后得一系列的小矩形，做分片双线性插值. 这一计算公式可用于简单的照片放大算法.

5.8.2 三角形区域上的线性插值

考虑平面上的三角形区域上的线性插值问题. 设已知平面三角形域三个顶点 P_1, P_2, P_3 处的函数值分别为

$$z_1 = f(x_1, y_1) \qquad z_2 = (x_2, y_2) \qquad z_3 = (x_3, y_3)$$

求线性函数：

$$P(x,y) = ax + by + c$$

使其满足条件：

$$P(x_1, y_1) = z_1 \qquad P(x_2, y_2) = z_2 \qquad P(x_3, y_3) = z_3$$

由此得线性方程组问题：

$$\begin{cases} ax_1 + by_1 + c = z_1 \\ ax_2 + by_2 + c = z_2 \\ ax_3 + by_3 + c = z_3 \end{cases}$$

显然,该方程组有唯一解的充要条件是系数矩阵行列式不为零.而该行列式恰好是所给三角形区域面积的两倍.事实上:

$$D = \begin{vmatrix} x_1 & y_1 & 1 \\ x_2 & y_2 & 1 \\ x_3 & y_3 & 1 \end{vmatrix} = \begin{vmatrix} x_1 & y_1 & 1 \\ x_2 - x_1 & y_2 - y_1 & 0 \\ x_3 - x_1 & y_3 - y_1 & 0 \end{vmatrix} = \begin{vmatrix} x_2 - x_1 & y_2 - y_1 \\ x_3 - x_1 & y_3 - y_1 \end{vmatrix}$$

当三角形三个顶点 P_1, P_2, P_3 按逆时针方向排列时,上式恰好是向量 $\overrightarrow{P_1P_2}$ 和向量 $\overrightarrow{P_1P_3}$ 的外积取模(平行四边形面积).所以当 P_1, P_2, P_3 不共线时,三角形区域上的二元线性插值函数是存在唯一的.借用 Lagrange 插值基函数的思想,设

$$P(x,y) = l_1(x,y)z_1 + l_2(x,y)z_2 + l_3(x,y)z_3 \tag{5.8.2}$$

由于三角形面积由行列式计算表示,用行列式性质可构造出基函数如下:

$$l_1(x,y) = \frac{1}{D}\begin{vmatrix} x & y & 1 \\ x_2 & y_2 & 1 \\ x_3 & y_3 & 1 \end{vmatrix} \quad l_2(x,y) = \frac{1}{D}\begin{vmatrix} x_1 & y_1 & 1 \\ x & y & 1 \\ x_3 & y_3 & 1 \end{vmatrix} \quad l_3(x,y) = \frac{1}{D}\begin{vmatrix} x_1 & y_1 & 1 \\ x_2 & y_2 & 1 \\ x & y & 1 \end{vmatrix}$$

显然,三个基函数分别满足插值条件:

$$\begin{array}{lll} l_1(x_1, y_1) = 1 & l_1(x_2, y_2) = 0 & l_1(x_3, y_3) = 0 \\ l_2(x_1, y_1) = 0 & l_2(x_2, y_2) = 1 & l_2(x_3, y_3) = 0 \\ l_3(x_1, y_1) = 0 & l_3(x_2, y_2) = 0 & l_3(x_3, y_3) = 1 \end{array}$$

三角形区域上线性插值函数的图形是空间的一个三角形,空间三角形的顶点恰好是

$$(x_1, y_1, z_1) \qquad (x_2, y_2, z_2) \qquad (x_3, y_3, z_3)$$

而三个基函数的图形也分别是三个空间三角形,例如第一个基函数对应三角形顶点分别为

$$(x_1, y_1, 1) \qquad (x_2, y_2, 0) \qquad (x_3, y_3, 0)$$

5.9 数值实验

5.9.1 Lagrange 插值多项式

程序与实例:

例 5.9.1 已知数据如下:

x_i	0.56160	0.56280	0.56401	0.56521
y_i	0.82741	0.82659	0.82577	0.81495

试用 Lagrange 插值多项式求 $x=0.5626, 0.5635, 0.5645$ 时的函数近似值.

编写 Matlab 函数 M 文件 Lagrange 如下：

```
function yy=Lagrange(x,y,xi)
m=length(x);n=length(y);
if m~=n,error('向量 x 与 y 的长度必须一致');end
s=0;
for i=1:n
     z=ones(1,length(xi));
     for j=1:n
       if j~=i
       z=z.*(xi-x(j))/(x(i)-x(j));
     end
end
s=s+z*y(i);
end
yy=s;
```

在命令窗口调用函数 M 文件 Lagrange,输出结果如下：

```
>>x=[0.5610,0.56280,0.56401,0.56521];
>>y=[0.82741,0.82659,0.82577,0.82495];
>>xi=[0.5625,0.5635,0.5645];
>>yi=Lagrange(x,y,xi)
yi=
    0.8268  0.8261  0.8254
>>plot(x,y,'o',xi,yi,'g^')
```

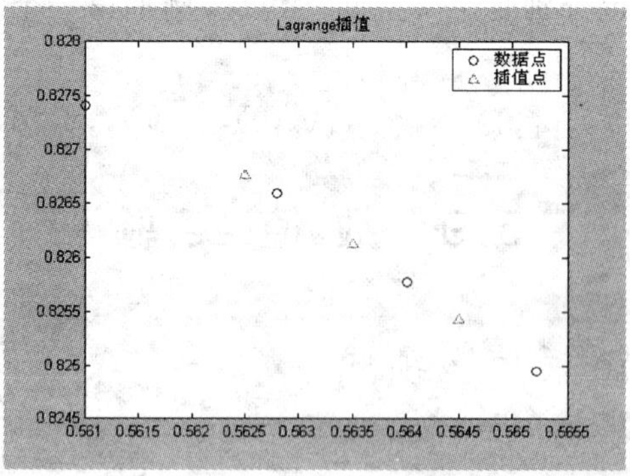

图 5.9.1

5.9.2 高次插值的 Runge 现象

例 5.9.2 在区间[−5,5]上取节点数 $n=11$,等距间隔 $h=1$ 的节点为插值点,对于函数 $f(x)=\dfrac{5}{1+x^2}$ 进行 Lagrange 插值,把 $f(x)$ 和插值多项式的曲线画在同一张图上.

在命令窗口编写程序如下(需要调用 Lagrange M 文件):

```
>>t=-5:0.1:5;
>>ft=5./(1+t.*t);
>>t1=-5:1:5;
>>ft1=5./(1+t 1.*t1);
>>y1=Lagrange(t1,ft1,t);
>>plot(t,ft,'b:',t,y1,'g+');
```

5.9.3 样条插值

三次样条数据插值,利用 spline 命令.

例 5.9.3 对离散地分布在 $y=e^x\sin x$ 函数曲线上的数据点进行样条插值计算.

```
>>x=[0,2,4,5,8,12,12.8,17.2,19.9,20];
>>y=exp (x).*sin(x);
>>xx=0:0.25:20;
>>yy=spline(x,y,xx);
>>plot(x,y,'ro',xx,yy)
```

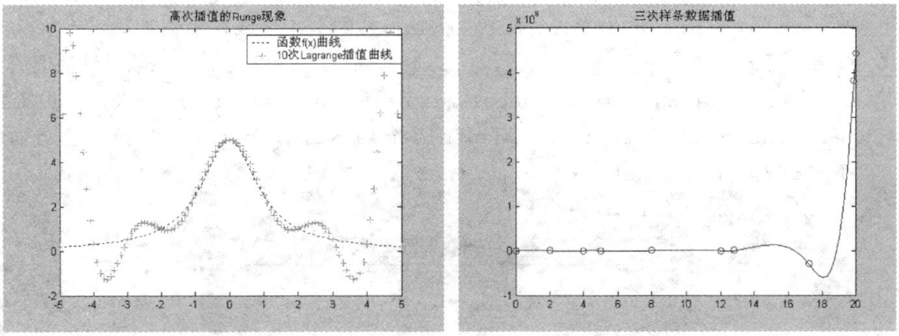

(a) (b)

图 5.9.2

5.9.4 多元插值

与一元函数类似,可以建立多元函数插值方法.设给定二元函数 $z=f(x,y)$ 在平面矩形格点上的函数值:

$$z_{ij}=f(x_i,y_j)\quad(i=0,1,\cdots,n;j=0,1,\cdots,m)$$

二元双线性插值公式为

$$P(x,y)=\sum_{i=1}^{m}\sum_{j=1}^{n}\left(\prod_{\substack{k=1\\k\neq i}}^{m}\frac{x-x_k}{x_i-x_k}\right)\left(\prod_{\substack{l=1\\l\neq j}}^{n}\frac{y-y_l}{y_j-y_l}\right)z_{ij}$$

二维插值是对双变量函数同时做插值. 这在工程计算和数据可视化方面有很重要的应用. Matlab 提供了 interp2()函数和 griddata()函数可进行二维插值.

下面以一个具体例子仅说明 interp2()函数的使用.

例 5.9.4 设人们对物理背景下的一平板上的温度分布估计感兴趣，给定的温度值取自平板表面均匀分布的格点. 假设采集了下列的数据：

```
>>width=1:5;
>>depth=1:3;
>>temps=[80 82 80 81 84;78 67 60 64 81;84 86 82 81 83]
temps=
      80  82  80  81  84
      78  67  60  64  81
      84  86  82  81  83
```

要求平板高度为 2 处各点的温度、平板的温度分布并绘制温度曲线.

下面分别用最近点插值法、线性插值法、双线性插值法、三次多项式插值法、双立方插值法 5 种插值方法，求平板的温度分布并绘制温度曲线.

(1) 先求平板高度为 2 处各点的温度，编程如下：

```
>>wi=1:0.2:5;
>>d=2;
>>znearest=interp2(width,depth,temps,wi,d,'nearest');%最近点插值法
>>zlinear=interp2(width,depth,temps,wi,d);%线性插值法
>>zbilinear=interp2(width,depth,temps,wi,d,'bilinear');%双线性插值法
>>zcubic=interp2(width,depth,temps,wi,d,'cubic');%三次多项式插值法
>>zbicubic=interp2(width,depth,temps,wi,d,'bicubic');%双立方插值法
>>plot(wi,znearest,'-',wi,zlinear,'o',wi,zbilinear,'*',wi,zcubic,
  ':',wi,zbicubic,'--');
```

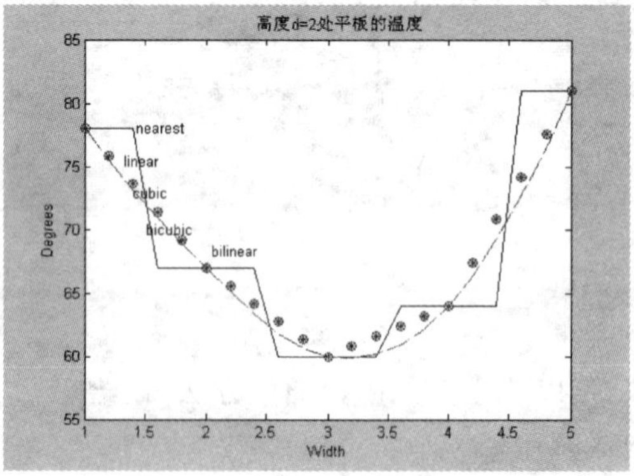

图 5.9.3

(2) 三次多项式插值法求平板温度分布,并与原始数据作比较.

```
>>width=1:5;
>>depth=1:3;
>>temps=[80 82 80 81 84;78 67 60 64 81;84 86 82 81 83];
>>dd=1:0.1:3;
>>ww=1:0.2:5;
>>[wi,di]=meshgrid(ww,dd);
>>zcubic=interp2(width,depth,temps,wi,di,'cubic');
>>mesh(width,depth,temps) %画原始数据图
>>pause
>>mesh(wi,di,zcubic);%画立方插值分布图
```

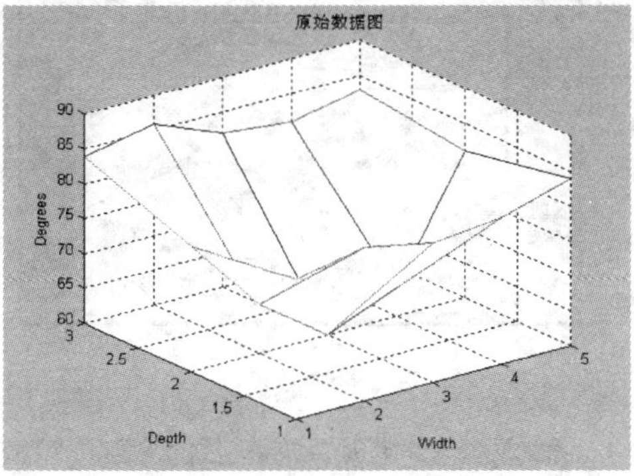

图 5.9.4

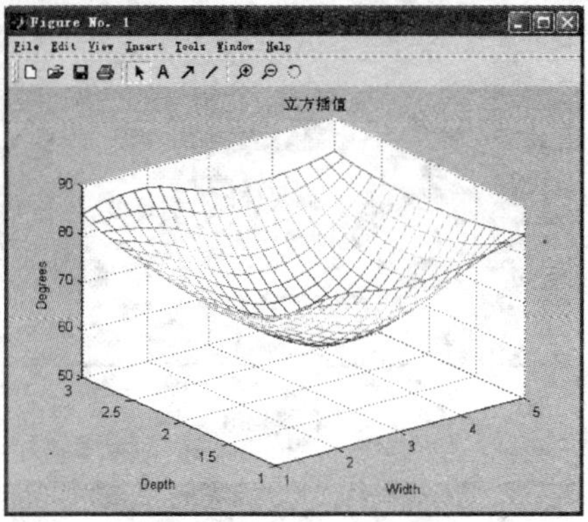

图 5.9.5

(3) 最近点插值法、线性插值法求平板温度分布.

```
>>width=1:5;
>>depth=1:3;
>>temps=[80 82 80 81 84;78 67 60 64 81;84 86 82 81 83];
>>dd=1:0.1:3;
>>ww=1:0.2:5;
>>[wi,di]=meshgrid(ww,dd);
>>znearest=interp2(width,depth,temps,wi,di,'nearest');
>>zlinear=interp2(width,depth,temps,wi,di);
>>mesh(wi,di,znearest);
>>pause;
>>mesh(wi,di,zlinear);
```

(4) 双立方插值法、双线性插值法求平板温度分布.

```
>>width=1:5;
>>depth=1:3;
>>temps=[80 82 80 81 84;78 67 60 64 81;84 86 82 81 83];
```

```
>>dd=1:0.1:3;
>>ww=1:0.2:5;
>>[wi,di]=meshgrid(ww,dd);
>>zbicubic=interp2(width,depth,temps,wi,di,'bicubic');
>>mesh(wi,di,zbicubic);
>>pause;
>>zbilinear=interp2(width,depth,temps,wi,di,'bilinear');
>>mesh(wi,di,zbilinear);
```

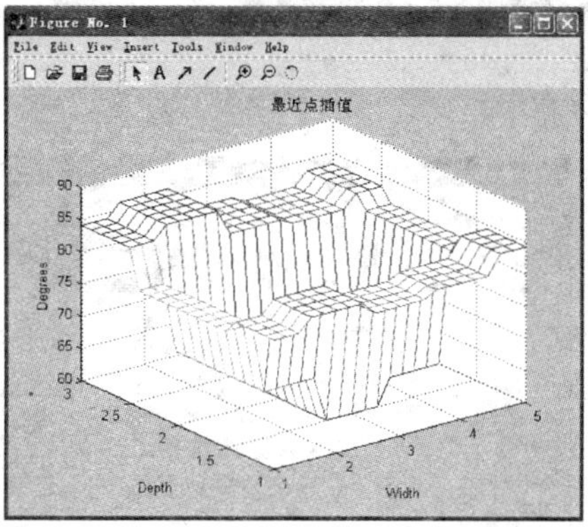

图 5.9.6

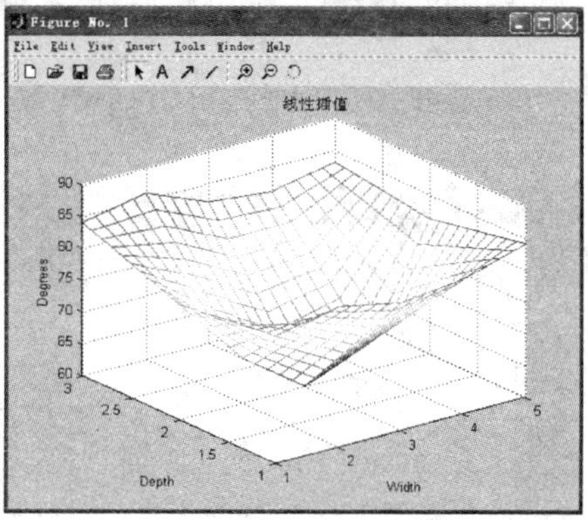

图 5.9.7

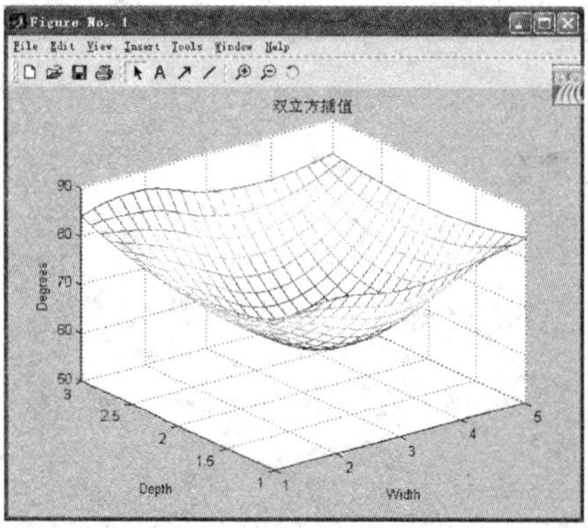

图 5.9.8

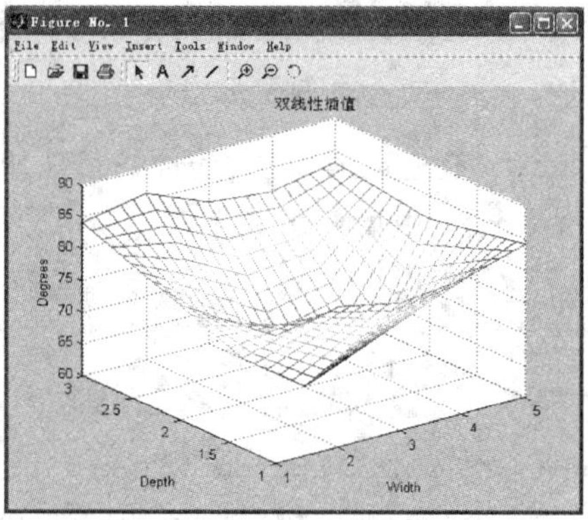

图 5.9.9

几点评注：

(1) 由图 5.9.4 可以看出由于仅知道其中较少的数据，原始数据绘制的图形还是很粗糙的. 而用三次多项式插值法求的平板温度分布图(图 5.9.5)可以看出，三次多项式插值法所得插值曲线很平滑，是理想的分布状况. 最近点插值法和线性插值法，结果如图 5.9.6、图 5.9.7 所示，显然最近点插值法所得曲面很粗糙、很不自然，线性插值法相对好些.

(2) 通过比较6个曲面可知道，双立方插值法绘制曲面效果最为理想，三次多项式插值法次之，接着是双线性插值法，然后是线性插值法，最近点插值法最差.

(3) 从上面的例子讨论可以看出，Matlab 提供的二维插值函数 interp2()能较好地进行二维插值运算. 但该函数有一个重要的缺陷，就是它只能处理以网格形式给出的数据，如果已知数据不是以网格形式给出的，则用该函数是无能为力的. 在实际应用中，大部分问题是以实测的多组点给出的，这要用更一般的 griddata()函数进行处理.

5.9.5 插值运算的 MATLAB 函数

1. interp1 函数

一维插值函数 interp1()的调用格式为

yi=interp1(x,y,xi,'method')

参数 x 为插值节点，y 为插值节点处的函数值，xi 为估计函数自变量，yi 为 xi 处的函数估计值，'method'是采用的插值方法，'method'有几种选择：'nearest'表示最邻近插值，'linear'表示分段线性插值，'spline'表示三次样条插值，'pchip'表示分段 Hermite 插值，'cubic'表示分段 Hermite 插值，缺省时表示分段线性插值.

例 5.9.5 在区间[0,10]画出 sin(x)的曲线，取插值节点 $x_k=k(k=0,1,\cdots,10)$ 和节点处的函数值 $y_k=\sin(x_k)$，作分段线性插值，并画出相应的折线图，将两图形绘在一张图上.

在命令窗口输入：

```
>>plot(x,y,'ro',xi,yi,'r-')
>>x=0:10;y=sin(x);
>>xi=0:0.2:10;yi=interp1(x,y,xi);
>>plot(x,y,'ko',xi,yi,'k-',xi,sin(xi),'k--','LineWidth',2);
>>xlabel('x');ylabel('sin(x)')
```

得到图形如图 5.9.10 所示

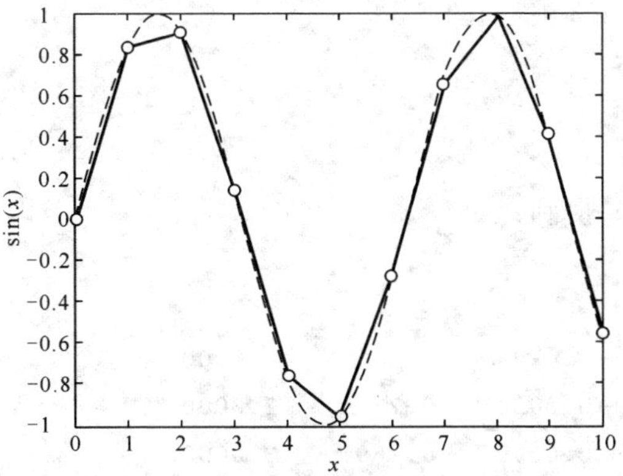

图 5.9.10

图 5.9.10 中实线是分段插值，虚线为 $\sin(x)$ 曲线，“∘”为插值节点.

2. csape 函数

csape()是三次样条插值函数，但可以输入边界条件，其调用格式为

pp=csape(x,y,CONDS,VALCONDS)

参数 x 为插值节点，y 为插值节点处的函数值，CONDS 为边界类型，其中

'complete'　为第一类边界条件（给定边界的一阶导数）；
'not-a-knot'　为“非扭结”边界条件；
'periodic'　为第三类边界条件（周期边界条件）；
'second'　为第二类边界条件（给定边界的二阶导数）；
'variational'　为自然边界条件（边界二阶导数为 0）.

例 5.9.6　已知平方根表如下：

x	1	4	9	16
$\sqrt{x}$	1	2	3	4

和第一类边界条件 $f'(1)=\frac{1}{2}$，$f'(16)=\frac{1}{8}$，求三次样条插值函数 $S(x)$，并计算 $\sqrt{5}$ 的近似值.

在命令窗口输入：

```
>>x=[1 4 9 16];y=[1 2 3 4];
>>pp=csape(x,y,'complete',[1/2,1/8])
```

就可得到：

```
pp=
    form:'pp'
  breaks:[1 4 9 16]
   coefs:[3x4 double]
  pieces:3
   order:4
     dim:1
```

再输入 pp.coefs 得到：

```
>>pp.coefs
ans=
   0.0078   -0.0790    0.5000    1.0000
   0.0002   -0.0086    0.2370    2.0000
   0.0002   -0.0049    0.1691    3.0000
```

因此，三次样条函数 $S(x)$ 为

$$S(x)=\begin{cases}0.0078(x-1)^3-0.0790(x-1)^2+0.5000(x-1)+1 & (1\leqslant x\leqslant 4)\\ 0.0002(x-4)^3-0.0086(x-4)^2+0.2370(x-4)+2 & (4\leqslant x\leqslant 9)\\ 0.0002(x-9)^3-0.0049(x-9)^2+0.1691(x-9)+3 & (9\leqslant x\leqslant 16)\end{cases}$$

可用函数 ppval()得到 $S(x)$在某点处的值，如 yi＝ppval(pp,5)，则得到 $y_i=2.2287$，即 $S(5)=2.2287$.

习　题

1. 试写出过 6 个插值节点的 Lagrange 多项式的基函数 $l_4(x)$.

2. 构造一个二次的 Lagrange 插值多项式 $L_2(x)$，使得

$$L_2(-1)=1 \qquad L_2(0)=-1 \qquad L_2(1)=1$$

3. 已知 $\sin(0.32)=0.314567$，$\sin(0.34)=0.333487$ 有 6 位有效数字.

(1) 用线性插值求 $\sin(0.33)$的近似值；

(2) 证明在$[0.32,0.34]$之间用线性插值计算 $\sin x$ 的近似值至少有 4 位有效数字.

4. 令 $x_0=0$，$x_1=1$，写出 $y(x)=\mathrm{e}^{-x}$ 的一次插值多项式 $L_1(x)$，并估计插值误差.

5. 取节点 $x_0=0$，$x_1=1$，$x_2=\dfrac{1}{2}$. 对 $y=\mathrm{e}^{-x}$ 建立 Lagrange 公式，并估计误差.

6. 已知多项式 $p(x)=x^4-x^3+x^2-x+1$ 通过下列点：

x	-2	-1	0	1	2	3
$p(x)$	31	5	1	1	11	61

试构造一多项式 $q(x)$通过下列各点：

x	-2	-1	0	1	2	3
$q(x)$	31	5	1	1	11	1

7. 对于任意实数 $\lambda\neq 0$ 以及任意正整数 r 和 s，$r+s$ 次多项式：

$$q(x)=\lambda(x-x_0)^r(x-x_1)^s+\frac{x-x_1}{x_0-x_1}f(x_0)+\frac{x-x_0}{x_1-x_0}f(x_1)$$

满足：

$$q(x_0)=f(x_0) \qquad q(x_1)=f(x_1)$$

它说明了什么问题？

8. 设 $x_0,x_1,\cdots,x_n$ 为 $n+1$ 个互异节点，$l_i(x)$ $(i=0,1,\cdots,n)$为这组节点上的 n 次 Lagrange 插值基函数，试证：

(1) $\sum\limits_{i=0}^{n} l_i(x)=1$；

(2) $\sum_{i=0}^{n} x_i^k l_i(x) \equiv x^k \ (k=0,1,\cdots,n)$；

(3) $\sum_{i=0}^{n} (x_i - x)^k l_i(x) \equiv 0 \ (k=1,2,\cdots,n)$；

(4) 设 $p(x)$ 是任意一个最高次项系数为 1 的 $n+1$ 次多项式，则

$$p(x) - \sum_{i=0}^{n} p(x_i) l_i(x) \equiv \omega_{n+1}(x) = \prod_{i=0}^{n} (x - x_i)$$

9. 给定数据：

x	0	1	2
$f(x)$	0	16	46

求二次 Newton 插值多项式.

10. 已知函数 $y=f(x)$ 的数据如下：

x	1	2	4	-5
y	3	4	1	0

(1) 求 y 的三次 Lagrange 插值多项式；

(2) 求 y 的三次 Newton 插值多项式；

(3) 写出插值余项.

11. 设 $f(x)=x^7+5x^3+1$，求差商 $f[2^0,2^1]$，$f[2^0,2^1,2^2]$，$f[2^0,2^1,\cdots,2^7]$ 和 $f[2^0,2^1,\cdots,2^7,2^8]$.

12. 设 $f(x)=(x-x_0)(x-x_1)\cdots(x-x_n)$，$x_i$ 互异，求差商 $f[x_0,x_1,\cdots,x_p]$ $(p\leqslant n+1)$.

13. 设 $f(x)=\dfrac{1}{a-x}$，$x_0,x_1,\cdots,x_n$ 互异且不等于 a，求 $f[x_0,x_1,\cdots,x_k]$ $(k=1,2,\cdots,n)$，并写出 $f(x)$ 的 n 次 Newton 插值多项式.

14. 设 $f(x)\in C^1[a,b]$，$x_0\in(a,b)$，定义：

$$f[x_0,x_0] = \lim_{x\to x_0} f[x,x_0]$$

证明：$f[x_0,x_0]=f'[x_0]$

15. 有如下函数表：

x_i	0	1	2	3	4
$f(x_i)$	3	6	11	18	27

试计算此列表函数的差分表，并利用 Newton 前插公式给出它的插值多项式.

16. 按下表求 Hermite 插值多项式：

x_i	0	1	2
y_i	0	1	1
y_i'	0	1	

17. 设已知函数 $f(x)$的如下值：

$$f(-1)=-2 \qquad f(0)=-1 \qquad f(1)=0 \qquad f'(0)=0$$

求不超过三次多的项式 $p_3(x)$，使得满足插值条件：

$$p_3(-1)=f(-1) \qquad p_3(0)=f(0) \qquad p_3(1)=f(1) \qquad p_3'(0)=f'(0)$$

18. 求作次数$\leqslant 4$的多项式 $p(x)$，使满足插值条件：

$$p(0)=-1 \qquad p'(0)=-2 \qquad p(1)=0 \qquad p'(1)=10 \qquad p''(1)=40$$

19. 给定函数数据：

x_i	0	1	2
$f(x_i)$	1	2	1
$f'(x_i)$		0	-1

且已知 $f(x)$在$[0,2]$上 5 阶连续可导，求 $f(x)$的 4 次 Hermite 插值多项式 $H_4(x)$，并写出余项$f(x)-H_4(x)$的表达式.

20. 求满足插值条件 $\alpha(x_0)=1,\alpha'(x_0)=0,\alpha(x_1)=0,\alpha'(x_1)=0$ 的三次插值多项式 $\alpha(x)$，以及满足插值条件 $\beta(x_0)=0,\beta'(x_0)=1,\beta(x_1)=0,\beta'(x_1)=0$ 的三次插值多项式 $\beta(x)$.

21. 给出 $f(x)=\cos x$ 的等距节点函数表，如用线性插值计算 $f(x)$的近似值，使其截断误差为$\frac{1}{2}\times10^{-5}$，则函数表的步长应取多大？

22. 已知函数 $f(x)$的三点处的值：

$$f(-1)=1 \qquad f(0)=0 \qquad f(1)=1$$

在区间$[-1,1]$上，求 $f(x)$在自然界条件下的三次样条插值多项式.

23. 试在$[0,1]$上求一个固支边界条件下的三次样条函数 $s(x)$，使它满足插值条件：

$$s(0)=0 \qquad s\left(\frac{1}{2}\right)=1 \qquad s(1)=1 \qquad s'(0)=2 \qquad s'(1)=1$$

24. 求满足下列数据的三次样条插值函数 $s(x)$：

x	-1	0	1
$f(x)$	-1	0	1
$f'(x)$	0		-1

25.（矩形区域分片插值问题）在 xOy 平面上给定一个矩形区域 $A_1A_2A_3A_4$，其顶点坐标 $A_i(x_i,y_i)$ 分别为域 $A_1(-1,-1)$，$A_2(1,-1)$，$A_3(1,1)$，$A_4(-1,1)$. 试作形如 $u(x,y)=a+bx+cy+dxy$ 的插值函数，使之满足：

$$u(x_i,y_i)=f(x_i,y_i)=f_i \quad (i=1,2,3,4)$$

26. 在平面上给出三个点，它们的坐标是 $x_1=\begin{pmatrix}1\\1\end{pmatrix}$，$x_2=\begin{pmatrix}2\\0\end{pmatrix}$，$x_3=\begin{pmatrix}1.5\\3\end{pmatrix}$，每个点对应一个函数值 $y_1=1.8$，$y_2=2.6$，$y_3=3.1$，找出一个平面通过这三个点.

实验题

1. 函数 $y=f(x)$ 由下列数据给出：

k	0	1	2	3	4	5	6	7	8
x_k	−1.00	−0.75	−0.50	−0.25	0.00	0.25	0.5	0.75	1.00
y_k	0.221	0.329	0.883	1.439	2.003	2.564	3.133	3.706	4.284

试用 (x_3,y_3)，(x_4,y_4)，(x_5,y_5)，(x_6,y_6) 构造三次多项式，求出 $y=f(x)$ 在 $x=0.13$ 处的近似值，并用 Matlab 中的 polyfit 命令验证结果.

2. 用等距插值点计算区间 $0\leqslant x\leqslant \pi/2$ 上函数 $x\sin x$ 的四阶 Lagrange 插值多项式. 每间隔 $\pi/16$ 计算一次插值误差，并画出图形.

3. 分别用五点和九点等距插值点计算区间 $0\leqslant x\leqslant 2\pi$ 上函数 $y=\sin x$ 的四阶和八阶 Lagrange 插值多项式，同时画出插值多项式和 $\sin x$ 的图形，观察误差分布.

4. 编写一个用 Newton 前插值公式计算函数值的程序，要求先输出差分表，再计算 x 点的函数值，并应用于下面的问题：

x_i	20	21	22	23	24
y_i	1.30103	1.32222	1.34242	1.36173	1.38021

求 $x=21.4$ 时的三次插值多项式的值.

5. 在某海域测得一些点 (x,y) 处的水深 z 见如下数据，在矩形 $[75,200]*[-50,150]$ 区域内画出海底曲面的图形.

x	129	140	103.5	88	185.5	195	105	157.5	107.5	77	81	162	162	117.5
y	7.5	141.5	23	147	22.5	137.5	85.5	−6.5	−81	3	56.5	−66.5	84	−33.5
z	4	8	6	8	6	8	8	9	9	8	8	9	4	9

第6章 曲线拟合、函数逼近初步

6.1 曲线拟合的最小二乘法

6.1.1 最小二乘法的发现历史

最小二乘法源于天文学和测地学的需要，在早期数理统计方法的发展中，这两门学科起了很大的作用，故丹麦统计学家霍尔把他们称为“数理统计学之母”. 现行的最小二乘法是 A. M. Legendre 于 1805 年在其著作《计算彗星轨道的新方法》中提出的，勒让德之所以能提出这个发现，是因为他没有延袭前人的想法——要设法构造出 k 个方程去求解，他认识到关键不在于使某一方程严格符合，而在于要使误差以一种更平衡的方式分配到各个方程. 具体地说，他寻求这样的 θ 值，使得

$$\sum_{i=1}^{n}(x_{i0}+x_{i1}\theta_1+\cdots+x_{ik}\theta_k)^2$$

达到最小. 为什么取平方，而不取绝对值、4 次方或其他函数？这就得从计算的观点来解释了，至少在 Legendre 时代，不可能知道从统计学的角度看，选择平方这个函数有何优点，这方面的研究是很久以后的事情了.

Legendre 发现最小二乘法可能是在他参加的一项测地学的工作中，即从 1792 年开始持续了 10 余年的测量巴黎子午线之长的工作. 现在看来，也许我们会觉得这个方法似乎平淡无奇，甚至是理所当然的，然而在当时，一些数学大家都未能在这个问题上有所突破，可以想象当时这个问题还是很困难的. 这正说明了创造性思维的可贵和不易. 欧拉、拉普拉斯在许多很困难的数学问题上有伟大的建树，但在这个问题上却未能成功. 除了在思想囿于“解方程”这一思维定势之外，也许还因为，这是一个实用性的问题而非纯数学的问题. 解这种问题，需要一种植根于实用而非纯数学精确性的思维，例如，按数学理论，容器做成球形最省，但基于实际以及美学上的原因，在现实中有各种形状的容器存在. 总之，从最小二乘法的发现历史中，我们对纯数学和应用数学思维之间的差别多少可以获得一些启示.

Legendre 在其著作中，对最小二乘法的优点有所阐述. 然而，这个方法仍有其不足之处，即它只是一个计算方法，缺少误差分析，我们不知道使用这个方法引起

的误差如何.要研究这些问题,就需要建立一种误差分析理论.经过研究发现,误差的大小对参数的估计值有重大影响,误差的概率性质决定了估计参数的统计性质,德国大数学家 Gauss 对误差的概率性质给予了适当的描述.他不从单纯的"把 f 作为一个函数而要设法找出一些条件去决定它"这个思维定势出发,而是直接假定:在多次观测中取平均是天然合理的.由此出发,再配合他的"极大似然"的想法,很容易决定出 f 应有

$$f(\varepsilon)=\frac{1}{\sqrt{2\pi}\sigma}\exp\left(-\frac{\varepsilon^2}{2\sigma^2}\right)$$

的形式.这就是概率论中最重要、最著名的正态分布,又称 Gauss 分布.而

$$x_{0i}+x_{1i}\theta_1+\cdots+x_{ki}\theta_k=\varepsilon_i \quad (1\leqslant i\leqslant n)$$

根据这个分布,则$(\varepsilon_1,\cdots,\varepsilon_n)$的联合密度为

$$L=(2\pi)^{-\frac{2}{n}}\sigma^{-n}\exp\left[-\frac{1}{2\sigma^2}\sum_{i=1}^{n}(x_{0i}+x_{1i}\theta_1+\cdots+x_{ki}\theta_k)^2\right]$$

为要使 L 达到最大(即极大似然),必须使

$$\sum_{i=1}^{n}(x_{0i}+x_{1i}\theta_1+\cdots+x_{ki}\theta_k)^2$$

达到最小,其意义在于:

(1) 无论从理论还是从实际看,正态误差都是合理的选择.

(2) 在正态误差下,有一套简洁的小样本理论,因而大大提高了最小二乘法在使用上的方便和广泛性.

可以说没有 Gauss 的正态误差理论配合,最小二乘法的意义和重要性可能还不到其现今所具有的十分之一,最小二乘法与 Gauss 理论的结合是数理统计史上的最重大的成就之一,其影响至今也尚未过时.

Gauss 的这些理论发表于其 1809 年的著作《关于绕日行星运动的理论》中.在该书中,他把最小二乘法称为"我们的方法",并声称他自 1799 年以来就使用这个方法,由此爆发了一场与 Legendre 的优先权之争.近代学者经过对原始文献的研究,认为两个人可能是独立发明了这个方法,但首先见于书面形式的,以 Legendre 的为早.然而现今教科书和著作中,多把这个发明权归功于 Gauss,其原因除了 Gauss 具有更大的名气外,主要可能是因为其正态误差理论对这个方法的重要意义.在德国,10 马克的钞票上有 Gauss 像,并配了一条正态曲线,从 Gauss 许多伟大的数学成就中挑选了这一条曲线,亦可见这一条曲线对世界文明的影响之深.

6.1.2 最小二乘法原理

在科学实验中,常常需要从一组测量数据中找出实验规律的数学表达式,例如经验公式.

已知 $x_1,\cdots,x_n$ 及 $y_i=f(x_i)\ (i=1,\cdots,n)$，在一类曲线 Φ 中求一曲线 $\varphi(x)$，使之与 $f(x)$ 在节点 $x_1,\cdots,x_n$ 的误差 $e_i=|y_i-\varphi(x_i)|\ (i=1,\cdots,n)$ 总体上最小. 这里一类曲线 Φ 可指全体直线、全体抛物线、全体不超过 n 次的多项式、全体指数函数 ae^{bx}、全体正弦函数 $a\sin(bx+c)$ 等. 上述 $e_i\ (i=1,\cdots,n)$"总体上最小"一般指向量 $\boldsymbol{e}=(e_1,\cdots,e_n)$ 的范数 $\|\boldsymbol{e}\|$ 最小. 在第 3 章中讨论的三种向量范数中，∞-范数会导致个别大误差数据点起主导作用，与常识显然不符，1-范数的光滑性差，不便于微分学应用，因此，在拟合算法中一般取 2-范数

$$\|\boldsymbol{e}\|_2=\sqrt{\sum_{i=1}^{n}e_i^2}=\sqrt{\sum_{i=1}^{n}[y_i-\varphi(x_i)]^2} \tag{6.1.1}$$

作为总体误差的定义，称为最小二乘法. 最小二乘拟合就是在一类曲线 Φ 中求一曲线 $\varphi(x)$，使之与被拟合曲线 $f(x)$ 在节点 $x_1,\cdots,x_n$ 的误差平方和 $\sum\limits_{i=1}^{n}[f(x_i)-\varphi(x_i)]^2$ 最小.

我们在第 5 章中讨论过插值问题，但插值函数曲线是通过所给全部插值节点的，这将使插值函数保留数据的全部测量误差；并如前所述，当插值函数的阶数较高时，曲线摆动很大，而求得的插值函数与实验规律可能偏离甚远，显然这种插值方法的效果是不理想的. 数据拟合构造的数学函数则能从整体上较好地逼近列表函数：

$$y_i=f(x_i)\quad (i=1,\cdots,n)$$

定义 6.1.1　设 $x_1,x_2,\cdots,x_n$ 为互不相同的点，$\varphi_0(x),\varphi_1(x),\cdots,\varphi_m(x)$ 是 $m+1$ 个已知函数. 如果存在不全为零的常数 $c_0,c_1,\cdots,c_m$，使得

$$c_0\varphi_0(x_j)+c_1\varphi_1(x_j)+\cdots+c_m\varphi_m(x_j)=0\quad (j=1,2,\cdots,n)$$

则称 $\varphi_0(x),\varphi_1(x),\cdots,\varphi_m(x)$（关于点 $x_1,x_2,\cdots,x_n$）是线性相关的，否则称为线性无关的.

定义 6.1.2　给定数据 $(x_j,y_j)\ (j=1,2,\cdots,n)$，假设拟合函数的形式为

$$p(x)=a_0\varphi_0(x)+a_1\varphi_1(x)+\cdots+a_m\varphi_m(x) \tag{6.1.2}$$

这里 $\{\varphi_k(x)\}_{k=0}^{m}$ 为已知的线性无关函数. 求系数 $a_0^*,a_1^*,\cdots,a_m^*$，使得

$$\varphi(a_0,a_1,\cdots,a_m)=\sum_{j=1}^{n}[p(x_j)-y_j]^2=\sum_{j=1}^{n}\left[\sum_{k=0}^{m}a_k\varphi_k(x_j)-y_j\right]^2$$

取最小值. 称 $p^*(x)=\sum\limits_{k=0}^{m}a_k^*\varphi_k(x)$ 为拟合函数或经验公式.

如果 $\varphi_k(x)=x^k\ (k=0,1,\cdots,m)$，则称 $p^*(x)=\sum\limits_{k=0}^{m}a_k^*\varphi_k(x)$ 为 m 次最小二乘拟合多项式.

下面我们分别采用多项式和多项式簇应用最小二乘法来构造拟合列表数据的数学函数. 最小二乘法拟合数据所得的多项式可看作列表函数 $y=f(x)$ 的近似表

示式，进而也可以用它来代替 $f(x)$ 进行求导和积分计算.

1. 多项式数据拟合

设用一个 m 次多项式

$$p_m(x) = a_0 + a_1 x + a_2 x^2 + \cdots + a_m x^m = \sum_{j=0}^{m} a_j x^j \tag{6.1.3}$$

来拟合一组数据 (x_i, y_i) $(i=0,1,\cdots,n)$. 在节点 x_i 处，$p_m(x_i)$ 的偏差设为

$$R_i = p_m(x_i) - y_i$$

最小二乘法的基本思想是对所有数据点，拟合函数式(6.1.3)的偏差 R_i 的平方和

$$\Phi = \sum_{i=0}^{n} R_i^2 = \sum_{i=0}^{n} [p_m(x_i) - y_i]^2 = \sum_{i=0}^{n} \left[\sum_{j=0}^{m} a_j x_i^j - y_i \right]^2 \tag{6.1.4}$$

取最小值.

由于 (x_i, y_i) 为已知，故将 Φ 视作 $p_m(x)$ 的系数 a_j $(j=0,1,\cdots,m)$ 的函数. 不同的拟合多项式，有不同的一组系数 a_j $(j=0,1,\cdots,m)$，因而有不同的 Φ 值，即

$$\Phi = \Phi(a_0, a_1, \cdots, a_m)$$

于是上述数据拟合问题便归结为求多元函数的极值问题，欲使 $\Phi = \Phi(a_0, a_1, \cdots, a_m)$ 取极小值，则 $a_0, a_1, \cdots, a_m$ 必须满足条件

$$\frac{\partial \Phi}{\partial a_k} = 0 \quad (k = 0,1,\cdots,m)$$

对式(6.1.4)求偏导数，可得

$$\begin{aligned} \frac{\partial \Phi}{\partial a_k} &= \sum_{i=0}^{n} 2[p_m(x_i) - y_i] \frac{\partial p_m(x_i)}{\partial a_k} \\ &= \sum_{i=0}^{n} 2[p_m(x_i) - y_i] x_i^k \\ &= 2\sum_{i=0}^{n} \left[\sum_{j=0}^{m} a_j x_i^{j+k} - y_i x_i^k \right] \\ &= 2\left\{ \sum_{j=0}^{m} a_j \sum_{i=0}^{n} x_i^{j+k} - \sum_{i=0}^{n} y_i x_i^k \right\} \quad (k = 0,1,\cdots,m) \end{aligned} \tag{6.1.5}$$

由式(6.1.5)等于零，有

$$\sum_{j=0}^{m} a_j \sum_{i=0}^{n} x_i^{j+k} - \sum_{i=0}^{n} y_i x_i^k = 0 \tag{6.1.6}$$

令

$$s_{j+k} = \sum_{i=0}^{n} x_i^{j+k} \qquad t_k = \sum_{i=0}^{n} y_i x_i^k$$

则式(6.1.6)可表示为

$$\sum_{j=0}^{m} a_j s_{j+k} = t_k \quad (k = 0,1,\cdots,m) \tag{6.1.7}$$

这是一个 $m+1$ 阶对称的线性方程组，称为正规(normal)方程组，具体写出来就是

$$\begin{cases} s_0a_0+s_1a_1+\cdots+s_ma_m=t_0 \\ s_1a_0+s_2a_1+\cdots+s_{m+1}a_m=t_1 \\ \cdots\cdots \\ s_ma_0+s_{m+1}a_1+\cdots+s_{2m}a_m=t_m \end{cases} \tag{6.1.8}$$

此方程组的系数行列式不为零，故它有唯一解. 将解得系数 $a_0,a_1,\cdots,a_m$ 代入式(6.1.3)即可得所要求的拟合多项式.

在实际应用中 $m<n$ 或 $m\ll n$，当 $m=n$ 所得的拟合多项式就是 Lagrange 或 Newton 插值多项式，这对于数据拟合效果并不好，此外，选择稍大的 m，即次数稍高的多项式作数据拟合. 方程组(6.1.8)的系数矩阵是病态的，为了克服病态带来计算上的困难，故一般求解正规方程组时应采用双精度计算，以便结果保留足够的有效位数.

在作数据拟合时，选样合适的拟合数学公式是很重要的. 通常最好先用所给数据预先作出列表函数的曲线图，再根据曲线的大致形状，选择和确定合适的拟合数学公式形状，一味采用多项式拟合并不一定可取.

数据分布接近于直线，宜采用线性拟合；数据分布接近于抛物线，可采用二次多项式 $\tilde{y}=a_0+a_1x+a_2x^2$ 拟合；数据分布特点是开始曲线上升较快，随后逐渐变慢，宜采用双曲线型函数 $\tilde{y}=\dfrac{x}{ax+b}$ 或指数型函数 $\tilde{y}=ae^{-\frac{b}{x}}$；数据分布特点是开始曲线下降较快，随后逐渐变慢，宜采用 $\tilde{y}=\dfrac{1}{a+bx}$ 或 $\tilde{y}=\dfrac{1}{a+bx^2}$ 或 $\tilde{y}=ae^{-bx}$ 等函数拟合.

2. 线性最小二乘法的一般形式

一般地，设定数据组 (x_i,y_i) $(i=1,2,\cdots,n)$，$\varphi_0(x),\varphi_1(x),\cdots,\varphi_m(x)$ 为已知的一组 $[a,b]$ 上线性无关的函数，选取近似函数为

$$\varphi(x)=a_0\varphi_0(x)+a_1\varphi_1(x)+\cdots+a_m\varphi_m(x) \tag{6.1.9}$$

使得

$$\sum_{i=1}^{n}\omega_i[y_i-\varphi(x_i)]^2=\sum_{i=1}^{n}\omega_i\left[y_i-\sum_{k=0}^{m}a_k\varphi_k(x_k)\right]^2=\min_{\psi\in H}\sum_{i=1}^{n}\omega_i[y_i-\psi(x_i)]^2 \tag{6.1.10}$$

其中，$\omega_i>0$ $(i=1,2,\cdots,n)$ 为权系数；H 为 $\varphi_0(x),\varphi_1(x),\cdots,\varphi_m(x)$ 的线性组合的全体. 这就是线性最小二乘法的一般形式，特别地，取 $\varphi_k(x)=x^k$ $(k=0,1,\cdots,m)$，就是多项式拟合.

与多项式拟合的讨论相似，上述问题的正规方程组为

$$\sum_{i=1}^{n}\omega_i[y_i-\varphi(x_i)]\varphi_j(x_i)=0 \quad (j=0,1,\cdots,m)$$

即

$$\sum_{k=0}^{m}a_k\left[\sum_{i=1}^{n}\omega_i\varphi_k(x_i)\varphi_j(x_i)\right]=\sum_{i=1}^{n}\omega_i y_i\varphi_j(x_i) \quad (j=0,1,\cdots,m) \tag{6.1.11}$$

如果记

$$(\varphi_k,\varphi_j)=\sum_{i=1}^{n}\omega_i\varphi_k(x_i)\varphi_j(x_i) \qquad (y,\varphi_j)=\sum_{i=1}^{n}\omega_i y_i\varphi_j(x_i)$$

方程组(6.1.11)可表成矩阵形式：

$$\begin{bmatrix}(\varphi_0,\varphi_0) & (\varphi_0,\varphi_1) & \cdots & (\varphi_0,\varphi_m)\\ (\varphi_1,\varphi_0) & (\varphi_1,\varphi_1) & \cdots & (\varphi_1,\varphi_m)\\ \vdots & \vdots & & \vdots\\ (\varphi_m,\varphi_0) & (\varphi_m,\varphi_1) & \cdots & (\varphi_m,\varphi_m)\end{bmatrix}\begin{bmatrix}a_0\\ a_1\\ \vdots\\ a_m\end{bmatrix}=\begin{bmatrix}(y,\varphi_0)\\ (y,\varphi_1)\\ \vdots\\ (y,\varphi_m)\end{bmatrix} \tag{6.1.12}$$

由 $\varphi_k(x)$ $(k=0,1,\cdots,n)$线性无关可导出(6.1.12)的系数矩阵非奇异，从而保证了方程组(6.1.11)的解存在唯一.

定理 6.1.1 设 $a_0,a_1,\cdots,a_m$ 为方程组(6.1.11)的解，则函数 $\varphi(x)=\sum_{k=0}^{m}a_k\varphi_k(x)$ 满足关系式(6.1.10)，即它是数据组(x_i,y_i) $(i=1,2,\cdots,n)$的最小二乘函数.

证 对任意 $\psi(x)=\sum_{k=0}^{m}c_k\varphi_k(x)\in H$，有

$$\begin{aligned}&\sum_{i=1}^{n}\omega_i[y_i-\psi(x_i)]^2\\ =&\sum_{i=1}^{n}\omega_i[y_i-\varphi(x_i)+\varphi(x_i)-\psi(x_i)]^2\\ =&\sum_{i=1}^{n}\omega_i[y-\varphi(x_i)]^2+2\sum_{i=1}^{n}\omega_i[y_i-\varphi(x_i)][\varphi(x_i)-\psi(x_i)]\\ &+\sum_{i=1}^{n}\omega_i[\varphi(x_i)-\psi(x_i)]^2\end{aligned}$$

由式(6.1.11)可得

$$\begin{aligned}&\sum_{i=1}^{n}\omega_i[y-\varphi(x_i)][\varphi(x_i)-\psi(x_i)]\\ =&\sum_{i=1}^{n}\omega_i[y_i-\varphi(x_i)]\left[\sum_{k=0}^{m}(a_k-c_k)\varphi_k(x_i)\right]\\ =&\sum_{k=0}^{m}(a_k-c_k)\left\{\sum_{i=1}^{n}\omega_i[y_i-\varphi(x_i)]\varphi_k(x_i)\right\}=0\end{aligned}$$

从而有

$$\sum_{i=1}^{n}\omega_i[y_i-\psi(x_i)]^2=\sum_{i=1}^{n}\omega_i[y_i-\varphi(x_i)]^2+\sum_{i=1}^{n}\omega_i[\varphi(x_i)-\psi(x_i)]^2$$
$$\geqslant\sum_{i=1}^{n}\omega_i[y_i-\varphi(x_i)]^2$$

即

$$\sum_{i=1}^{n}\omega_i[y_i-\varphi(x_i)]^2=\min_{\psi\in H}\sum_{i=1}^{n}\omega_i[y_i-\psi(x_i)]^2$$

所以 $\varphi(x)$是数据组(x_i,y_i) $(i=1,2,\cdots,n)$的最小二乘函数.

最小二乘法的正规方程组一般是病态的，当 m 较大时更是如此，这使得按上述过程求解时误差较大. 如果适当地选取 $\varphi_k(x)$ $(k=0,1,\cdots,m)$，使得

$$(\varphi_k,\varphi_k)=\sum_{i=1}^{n}\omega_i\varphi_k^2(x_i)>0\quad(k=0,1,\cdots,m)\tag{6.1.13}$$
$$(\varphi_k,\varphi_j)=0\quad(k\neq j)$$

则方程组(6.1.12)的系数矩阵成对角形，正规方程组(6.1.11)极易解出，其解为

$$a_k=\frac{(y,\varphi_k)}{(\varphi_k,\varphi_k)}=\frac{\sum_{i=1}^{n}\omega_iy_i\varphi_k(x_i)}{\sum_{i=1}^{n}\omega_i\varphi_k^2(x_i)}\quad(k=0,1,\cdots,m)\tag{6.1.14}$$

最小二乘函数为

$$\varphi(x)=\sum_{k=0}^{m}a_k\varphi_k(x)=\sum_{k=0}^{m}\frac{(y,\varphi_k)}{(\varphi_k,\varphi_k)}\varphi_k(x)\tag{6.1.15}$$

例 6.1.1　对某个长度，测量 n 次，得 n 个近似值 $x_1,x_2,\cdots,x_n$，通常取其平均值：

$$x=\frac{1}{n}(x_1+x_2+\cdots+x_n)$$

作为所求的长度值，试说明理由.

解　由误差方程组 $x-x_i=e_i$ $(i=1,2,\cdots,n)$，有

$$\varphi(x)=\sum_{i=1}^{n}e_i^2=\sum_{i=1}^{n}(x-x_i)^2$$

$$\frac{\mathrm{d}\varphi}{\mathrm{d}x}=2\sum_{i=1}^{n}(x-x_i)=0$$

故

$$x=\frac{1}{n}\sum_{i=1}^{n}x_i$$

这表明，所得结果在最小二乘法的意义下使误差最小.

例 6.1.2　已知数据表如下，试用二次多项式来拟合.

x_i	0	1	2	3	4	5	6
y_i	15	14	14	14	14	15	16

解　本题中的数据比较特殊,用平移变换将数据变得容易处理.

设 $y-14=\overline{y}$,$x-3=\overline{x}$,则上表可化为

$\overline{x}_i$	-3	-2	-1	0	1	2	3
$\overline{y}_i$	1	0	0	0	0	1	2

此时取

$$\varphi_0(\overline{x})=1 \qquad \varphi_1(\overline{x})=\overline{x} \qquad \varphi_2(\overline{x})=\overline{x}^2$$

并设所求二次多项式为

$$\varphi_2^*(\overline{x})=a_0^*\varphi_0(\overline{x})+a_1^*\varphi_1(\overline{x})+a_2^*\varphi_2(\overline{x})$$

容易得到

$$(\varphi_0,\varphi_0)=\sum_{i=-3}^{3}1^2=7 \qquad (\varphi_0,\varphi_1)=\sum_{i=-3}^{3}\overline{x}_i=0 \qquad (\varphi_1,\varphi_1)=\sum_{i=-3}^{3}\overline{x}_i^{\,2}=28$$

$$(\varphi_0,\varphi_2)=\sum_{i=-3}^{3}\overline{x}_i^{\,2}=28 \qquad (\varphi_2,\varphi_2)=\sum_{i=-3}^{3}\overline{x}_i^{\,4}=196 \qquad (\varphi_1,\varphi_2)=\sum_{i=-3}^{3}\overline{x}_i^{\,3}=0$$

$$(\varphi_0,\overline{y})=\sum_{i=-3}^{3}\overline{y}_i=4 \qquad (\varphi_1,\overline{y})=\sum_{i=-3}^{3}\overline{x}_i\,\overline{y}_i=5 \qquad (\varphi_2,\overline{y})=\sum_{i=-3}^{3}\overline{x}_i^{\,2}\,\overline{y}_i=31$$

得正规方程组如下:

$$\begin{cases}7a_0^*+28a_2^*=4\\28a_1^*=5\\28a_0^*+196a_2^*=31\end{cases}$$

解得

$$a_0^*=-\frac{1}{7} \qquad a_1^*=\frac{5}{28} \qquad a_2^*=\frac{5}{28}$$

故

$$\overline{y}=-\frac{1}{7}+\frac{5}{28}\overline{x}+\frac{5}{28}\overline{x}^2$$

亦即

$$y-14=-\frac{1}{7}+\frac{5}{28}(x-3)+\frac{5}{28}(x-3)^2$$

6.2　$\|\cdot\|_1$ 和 $\|\cdot\|_\infty$ 意义下的线性拟合

本节讨论残差向量 $\boldsymbol{e}$ 在 $\|\cdot\|_1$ 和 $\|\cdot\|_\infty$ 意义下的线性拟合问题.

6.2.1　$\|\cdot\|_1$ 意义下的线性拟合

给定数据(x_j,y_j) $(j=1,2,\cdots,m)$，假设拟合函数的形式为

$$p(x)=c_1\varphi_1(x)+c_2\varphi_2(x)+\cdots+c_n\varphi_n(x) \tag{6.2.1}$$

我们希望确定 $c_1,c_2,\cdots,c_n$，使残差向量 $\boldsymbol{e}$ 在 $\|\cdot\|_1$ 意义下最小，即

$$\|\boldsymbol{e}\|_1=\sum_{i=1}^{m}|y_i-p(x_i)|=\sum_{i=1}^{m}\left|y_i-\sum_{j=1}^{n}c_j\varphi_j(x_i)\right| \tag{6.2.2}$$

达到最小.

记 $\delta_i=|y_i-p(x_i)|$，这时数据拟合问题就归结为约束优化问题：

$$\begin{cases}\min\sum_{i=1}^{m}\delta_i\\ \text{s.t.}\ -\delta_i\leqslant y_i-p(x_i)\leqslant\delta_i\quad(i=1,2,\cdots,m)\end{cases}$$

可以用线性规划的方法求解.

6.2.2　$\|\cdot\|_\infty$意义下的线性拟合

类似地，如果希望确定 $c_1,c_2,\cdots,c_n$，使残差向量 $\boldsymbol{e}$ 在 $\|\cdot\|_\infty$意义下最小，即

$$\|\boldsymbol{e}\|_\infty=\max_{1\leqslant i\leqslant m}|y_i-p(x_i)|=\max_{1\leqslant i\leqslant m}\left|y_i-\sum_{j=1}^{n}c_j\varphi_j(x_i)\right| \tag{6.2.3}$$

最小.

记 $\delta=\max\limits_{1\leqslant i\leqslant m}|y_i-p(x_i)|$，这样数据拟合问题就变为

$$\begin{cases}\min\delta\\ \text{s.t.}\ -\delta\leqslant y_i-p(x_i)\leqslant\delta\quad(i=1,2,\cdots,m)\end{cases}$$

这是最优化问题中的极小-极大问题，也可以用线性规划方法求解.

例 6.2.1　给出一组数据：

x_i	−3	−2	−1	0	1	2	3
y_i	0	0	0	1	0	0	0

用线性函数 $p(x)=b_1+b_2x$ 拟合这组数据. 分别在 $\|\cdot\|_2$，$\|\cdot\|_1$ 和 $\|\cdot\|_\infty$ 意义下确定 b_1 和 b_2.

解　(1) 在 $\|\cdot\|_2$ 意义下，由 $p(x)=b_1+b_2x$，基函数为 $\varphi_1(x)=1$，$\varphi_2(x)=x$，容易得出关于 b_1,b_2 的二阶方程组：

$$\begin{bmatrix}7&0\\0&28\end{bmatrix}\begin{bmatrix}b_1\\b_2\end{bmatrix}=\begin{bmatrix}1\\0\end{bmatrix}$$

从而解得 $b_2=0, b_1=\frac{1}{7}$，即拟合直线是一条截距为 $\frac{1}{7}$ 且与 x 轴平行的直线.

(2) 在 $\|\cdot\|_1$ 意义下，有

$$\begin{aligned}\|\boldsymbol{e}\|_1 = &|b_1-3b_2|+|b_1-2b_2|+|b_1-b_2|+|b_1-1|+|b_1+b_2|\\ &+|b_1+2b_2|+|b_1+3b_2|\end{aligned}$$

由数据对称性容易看出，要使 $\|\boldsymbol{e}\|_1$ 最小，必有 $b_2=0$，这样，问题就可以转化为确定 b_1，使

$$6|b_1|+|b_1-1|$$

达到最小. 显然，应当有 $0\leqslant b_1\leqslant 1$，于是

$$6|b_1|+|b_1-1| = 6b_1+1-b_1 = 1+5b_1$$

即当 $b_1=0$ 时，$\|\boldsymbol{e}\|_1$ 达到最小. 这时，拟合函数 $p(x)\equiv 0$，与 x 轴重合.

(3) 在 $\|\cdot\|_\infty$ 意义下，有

$$\|\boldsymbol{e}\|_\infty=\max\{|b_1-3b_2|,|b_1-2b_2|,|b_1-b_2|,|b_1-1|,|b_1+b_2|,|b_1+2b_2|,|b_1+3b_2|\}$$

同样由数据对称性容易看出，要使 $\|\boldsymbol{e}\|_\infty$ 达到最小，有 $b_2=0$，这样问题就可以转化为求 b_1，使

$$\max\{|b_1|,|b_1-1|\}$$

达到最小，即 $b_1=\frac{1}{2}$，这时拟合直线是一条截距为 $\frac{1}{2}$ 且与 x 轴平行的直线.

注意这个例子给出的数据的特殊性，除了 $x=0$ 处，$y=1$ 以外，在其他观测点处的观测值均为 0. 结果表明，在 $\|\cdot\|_1$ 意义下，可以排除个别“坏点”的影响，使得到的 $p(x)$ 拟合得更好.

由于 $\|\boldsymbol{e}\|_2$ 是 $\boldsymbol{x}$ 的连续可微函数，可以把 $\|\cdot\|_2$ 意义下的线性拟合问题归结为线性最小二乘问题. 因此，在 $\|\cdot\|_2$ 意义下的曲线拟合最为常用.

6.3 超定方程组的最小二乘解

给定线性方程组：

$$\boldsymbol{Ax} = \boldsymbol{b} \tag{6.3.1}$$

式中：

$$\boldsymbol{A}=\begin{bmatrix}a_{11} & a_{12} & \cdots & a_{1n}\\ a_{21} & a_{22} & \cdots & a_{2n}\\ \vdots & \vdots & & \vdots\\ a_{m1} & a_{m2} & \cdots & a_{mn}\end{bmatrix}\quad \boldsymbol{b}=\begin{bmatrix}b_1\\ b_2\\ \vdots\\ b_m\end{bmatrix}\quad \boldsymbol{x}=\begin{bmatrix}x_1\\ x_2\\ \vdots\\ x_n\end{bmatrix}$$

当 $m>n$ 时，称为超定方程组. 在线性代数中，这种超定方程组，方程的个数超过未知量的个数，一般来说是没有解的，也就是说，对于任意一组数 $(x_1,x_2,\cdots,x_n)$，一

般来说

$$\delta_i = \sum_{j=1}^{n} a_{ij}x_j - b_i \quad (i = 1,2,\cdots,m)$$

不会全为零.我们设想去求一组数 $\boldsymbol{x}^* = (x_1^*, x_2^*, \cdots, x_n^*)$,使得

$$\varphi(x_1, x_2, \cdots, x_n) = \sum_{i=1}^{m} \delta_i^2 = \sum_{i=1}^{m} \Big(\sum_{j=1}^{n} a_{ij}x_j - b_i\Big)^2 \tag{6.3.2}$$

取最小值.利用多元函数求极值的方法,得

$$\frac{\partial \varphi}{\partial x_k} = 2\sum_{i=1}^{m}\sum_{j=1}^{n}(a_{ij}x_j - b_i)a_{ik} = 0 \quad (k = 1,2,\cdots,n)$$

即

$$\sum_{j=1}^{n}\Big(\sum_{i=1}^{m} a_{ij}a_{ik}\Big)x_j = \sum_{i=1}^{m} a_{ik}b_i \quad (k = 1,2,\cdots,n)$$

用矩阵形式给出,即

$$\boldsymbol{A}^{\mathrm{T}}\boldsymbol{A}\boldsymbol{x} = \boldsymbol{A}^{\mathrm{T}}\boldsymbol{b} \tag{6.3.3}$$

可以证明如果 $\boldsymbol{A}$ 是列满秩的,则方程组(6.3.3)存在唯一解,且该解使得由式(6.3.2)定义的 $\varphi(x_1, x_2, \cdots, x_n)$取得最小值.我们把方程组(6.3.3)的解称为超定方程组(6.3.1)的最小二乘解.

例 6.3.1　用最小二乘法解下列矛盾方程组:

$$\begin{cases} x_1 - x_2 = 1 \\ -x_1 + x_2 = 2 \\ 2x_1 - 2x_2 = 3 \\ -3x_1 + x_2 = 4 \end{cases}$$

解　**解法 1**　由法方程组 $\boldsymbol{A}^{\mathrm{T}}\boldsymbol{A}\boldsymbol{x} = \boldsymbol{A}^{\mathrm{T}}\boldsymbol{b}$ 求解.

由题设可知

$$\boldsymbol{A} = \begin{bmatrix} 1 & -1 \\ -1 & 1 \\ 2 & -2 \\ -3 & 1 \end{bmatrix} \quad \boldsymbol{b} = \begin{bmatrix} 1 \\ 2 \\ 3 \\ 4 \end{bmatrix}$$

故正规方程组的系数矩阵与右端项分别为

$$\boldsymbol{A}^{\mathrm{T}}\boldsymbol{A} = \begin{bmatrix} 15 & -9 \\ -9 & 7 \end{bmatrix} \quad \boldsymbol{A}^{\mathrm{T}}\boldsymbol{b} = \begin{bmatrix} -7 \\ -1 \end{bmatrix}$$

解正规方程组:

$$\begin{cases} 15x_1 - 9x_2 = -7 \\ -9x_1 + 7x_2 = -1 \end{cases}$$

得

$$\begin{cases} x_1 = -\dfrac{29}{12} \\ x_2 = -\dfrac{13}{4} \end{cases}$$

解法 2 用最小二乘原理求解.

误差的平方和为

$$Q(x_1,x_2)=(x_1-x_2-1)^2+(-x_1+x_2-2)^2 \\ +(2x_1-2x_2-3)^2+(-3x_1+x_2-4)^2$$

要使总残差达到最小,必有

$$\begin{cases} \dfrac{\partial Q}{\partial x_1}=0 \\ \dfrac{\partial Q}{\partial x_2}=0 \end{cases} \Longrightarrow \begin{cases} 15x_1-9x_2=-7 \\ -9x_1+7x_2=-1 \end{cases} \Longrightarrow \begin{cases} x_1=-\dfrac{29}{12} \\ x_2=-\dfrac{13}{4} \end{cases}$$

将解 $\boldsymbol{x}=(x_1,x_2)^{\mathrm{T}}$ 代入方程组,可得误差平方和为最小.

6.4 最佳平方逼近

6.4.1 最佳平方逼近问题的提法

从离散数据的最小二乘曲线拟合,可以很自然地(几乎是平行地)过渡到连续函数的最佳平方逼近.

设函数 $f\in C[a,b]$,函数类 $\Phi=\mathrm{Span}\{\varphi_0,\varphi_1,\cdots,\varphi_n\}\subset C[a,b]$,其中,$\forall s\in\Phi$,有

$$s(x)=\sum_{i=0}^{n}a_i\varphi_i(x) \tag{6.4.1}$$

如果存在 $s^*(x)\in\Phi$,使得

$$\| f-s^* \|_2^2=\int_a^b\rho(x)[f(x)-s^*(x)]^2\mathrm{d}x=\min_{s\in\Phi}\int_a^b\rho(x)[f(x)-s(x)]^2\mathrm{d}x$$

其中,$\rho(x)$是$[a,b]$上的权函数.这就是用 $s^*(x)$逼近 $f(x)$的最佳平方逼近问题.若 f 由离散函数表$(x_j,f(x_j))$ $(j=0,1,\cdots,m;m\geqslant n)$给出,则最佳平方逼近就是最小二乘拟合.更一般的定义可表述如下:

设 $f\in C[a,b]$,如果存在 $s^*(x)\in\Phi=\mathrm{Span}\{\varphi_0,\varphi_1,\cdots,\varphi_n\}$,使得

$$\| f-s^* \|_2^2=\inf_{s\in\Phi}\| f-s \|_2^2 \tag{6.4.2}$$

则称 s^* 为 f 在 Φ 中的最佳平方逼近函数.

6.4.2 最佳平方逼近的解法

由问题的提法可知,求解 $s^*(x)\in\Phi$ 等价于求解多元函数

$$F(a_0,a_1,\cdots,a_0)=\int_a^b\rho(x)\Big[f(x)-\sum_{i=0}^n a_i\varphi_i(x)\Big]^2\mathrm{d}x$$

的极小值点 $a_0^*,a_1^*,\cdots,a_n^*$. 而由多元函数极值的必要条件可得

$$\frac{\partial F}{\partial a_k}=2\int_a^b\rho(x)\Big[f(x)-\sum_{i=0}^n a_i\varphi_i(x)\Big]^2[-\varphi_k(x)]\mathrm{d}x\quad(k=0,1,2,\cdots,n)$$

从而利用内积记号得方程组：

$$\sum_{i=0}^n(\varphi_k,\varphi_i)a_i=(f,\varphi_k)\quad(k=0,1,\cdots,n)\tag{6.4.3}$$

其中，

$$(\varphi_k,\varphi_i)=\int_a^b\rho(x)\varphi_k(x)\varphi_i(x)\mathrm{d}x$$

$$(f,\varphi_k)=\int_a^b\rho(x)f(x)\varphi_k(x)\mathrm{d}x$$

也称方程组(6.4.3)为法方程组或正规方程组. 这里，由于 $\varphi_0,\varphi_1,\cdots,\varphi_n$ 是基函数，必线性无关，故根据内积空间中的基本性质，可知方程组(6.4.3)的系数矩阵

$$\boldsymbol{G}=\begin{bmatrix}(\varphi_0,\varphi_0)&(\varphi_0,\varphi_1)&\cdots&(\varphi_0,\varphi_n)\\(\varphi_1,\varphi_0)&(\varphi_1,\varphi_1)&\cdots&(\varphi_1,\varphi_n)\\\vdots&\vdots&&\vdots\\(\varphi_n,\varphi_0)&(\varphi_n,\varphi_1)&\cdots&(\varphi_n,\varphi_n)\end{bmatrix}$$

非奇异，从而法方程组(6.4.3)存在唯一解 $a_k=a_k^*$ $(k=0,1,\cdots,n)$，于是可得

$$s^*(x)=a_0^*\varphi_0(x)+a_1^*\varphi_1(x)+\cdots+a_n^*\varphi_n(x)$$

而且下面马上证明 s^* 满足式(6.4.2)，即对 $\forall s\in\Phi$，有

$$\|f-s^*\|_2^2\leqslant\|f-s\|_2^2\tag{6.4.4}$$

事实上，由于a^* $(i=0,1,\cdots,n)$为法方程组(6.4.3)的解，因此有

$$\Big(f-\sum_{i=0}^n a_i^*\varphi_i(x),\varphi_k\Big)=0\quad(k=0,1,\cdots,n)\tag{6.4.5}$$

而由式(6.4.1)和式(6.4.5)对 $k=0,1,\cdots,n$ 成立，故对任意 $s\in\Phi$，有

$$(f-s^*,s^*)=0\qquad(f-s^*,s)=0$$

从而也有

$$(f-s^*,s^*-s)=0$$

由此，对任意的 $s\in\Phi$，有

$$\begin{aligned}\|f-s\|_2^2&=\|f-s^*+s^*-s\|_2^2\\&=\|f-s^*\|_2^2+2(f-s^*,s^*-s)+\|s^*-s\|_2^2\\&=\|f-s^*\|_2^2+\|s^*-s\|_2^2\geqslant\|f-s^*\|_2^2\end{aligned}$$

这就证明了式(6.4.4)，从而也就证明了在 Φ 中最佳平方逼近存在唯一性.

记 $\delta(x)=f(x)-s^*(x)$，称 $\|\delta\|_2^2$ 为最佳平方逼近误差或简称平方误差，而

称 $\|\delta\|_2$ 为均方误差. 可以推导：

$$\|\delta\|_2^2=(f-s^*,f-s^*)=(f-s^*,f)=(f,f)-(s^*,f)$$
$$=\|f\|_2^2-\left(\sum_{i=0}^{n}a_i^*\varphi_i,f\right)=\|f\|_2^2-\sum_{i=0}^{n}a_i^*(\varphi_i,f)$$

例 6.4.1 求 $f(x)=\sqrt{x}$ 在 $[0,1]$ 上的一次最佳平方逼近多项式 $P_1(x)$.

解 令
$$p_1(x)=a_0+a_1x$$
即取
$$\varphi_0=1\qquad \varphi_1=x$$
计算：

$$(\varphi_0,\varphi_0)=\int_0^1 1\mathrm{d}x\qquad (\varphi_0,\varphi_1)=(\varphi_1,\varphi_0)=\int_0^1 x\mathrm{d}x=\frac{1}{2}\qquad (\varphi_1,\varphi_1)=\int_0^1 x^2\mathrm{d}x=\frac{1}{3}$$
$$(f,\varphi_0)=\int_0^1\sqrt{x}\mathrm{d}x=\frac{2}{3}\qquad (f,\varphi_1)=\int_0^1 x\sqrt{x}\mathrm{d}x=\int_0^1 x^{\frac{3}{2}}\mathrm{d}x=\frac{2}{5}$$

得法方程组：

$$\begin{cases}a_0+\dfrac{1}{2}a_1=\dfrac{2}{3}\\[2mm]\dfrac{1}{2}a_0+\dfrac{1}{3}a_1=\dfrac{2}{5}\end{cases}$$

解之得 $a_0^*=\dfrac{4}{15},a_1^*=\dfrac{12}{15}$，于是得一次最佳平方逼近多项式为

$$p_1(x)=\frac{4}{15}+\frac{12}{15}x\quad x\in[0,1]$$

平方误差：

$$\|\delta\|_2^2=\|f-p_1\|_2^2=\|f\|_2^2-\sum_{i=0}^{1}a_i^*(f,\varphi_i)=\int_0^1 x\mathrm{d}x-\sum_{i=0}^{1}a_i^*(f,\varphi_i)$$
$$=\frac{1}{2}-\frac{4}{15}\times\frac{2}{3}-\frac{12}{15}\times\frac{2}{5}=0.002222$$

6.5 最佳一致逼近

对于用多项式 $p_n(x)$ 一致逼近 $[a,b]$ 上的连续函数 $f(x)$，Weierstrass 给出了存在性定理，Bernstein 构造出一个具体的多项式（称为 Bernstein 多项式）：

$$B_n(f,x)=\sum_{k=0}^{n}f\left(\frac{k}{n}\right)p_k(x)\tag{6.5.1}$$

其中，$p_k(x)=\begin{pmatrix}n\\k\end{pmatrix}x^k(1-x)^{n-k}$，说明了 $\lim\limits_{n\to\infty}B_n(f,x)=f(x)$ 在 $[0,1]$ 上一致成立. 这不但证明了 Weierstrass 存在性定理，而且给出了 $f(x)$ 的一个逼近多项式 $B_n(f,x)$，它是稳定的，但收敛太慢.

Chebyshev 从另一观点研究一致逼近问题.他不让多项式 $p_n(x)$的次数 n 趋于∞,而是固定 n,在子空间

$$H_n = \text{span}\{1,x,\cdots,x^n\} \equiv \left\{p_n(x)\,\middle|\,p_n(x) = \sum_{i=0}^{n} c_i x^i, c_0, c_1, \cdots, c_n \in \mathbf{R}\right\}$$

中寻找最佳多项式 $p_n^*(x)$来逼近 $f(x)\in C[a,b]$,使其误差

$$\max_{a\leqslant x\leqslant b} |f(x) - p_n^*(x)| = \min_{p_n\in H_n} \max_{a\leqslant x\leqslant b} |f(x) - p_n(x)| \tag{6.5.2}$$

这称为最佳一致逼近或 Chebyshev 逼近问题.其中,

$$\Delta(f,p_n) = \|f - p_n\|_\infty = \max_{a\leqslant x\leqslant b} |f(x) - p_n(x)| \tag{6.5.3}$$

称为 $f(x)$与 $p_n(x)$在$[a,b]$上的偏差.记

$$E_n = \inf_{p_n\in H_n} \{\Delta(f,p_n)\} = \inf_{p_n\in H_n} \max_{a\leqslant x\leqslant b} |f(x) - p_n(x)| \tag{6.5.4}$$

于是,最佳一致逼近或 Chebyshev 逼近问题也可描述为寻找一个多项式 $p_n^*(x)$,使其对 $f(x)$在$[a,b]$上的偏差最小,即为 E_n,并称 $p_n^*(x)$为 $f(x)$在$[a,b]$上的最佳一致或最小偏差逼近多项式,也简称为最佳逼近多项式.

可以证明,这样的最佳逼近多项式是存在的.下面我们给出具体的求解过程.

定义 6.5.1　设 $f(x)\in C[a,b]$,$p(x)\in H_n$,若在 $x=x_0$ 处有

$$|f(x_0) - p(x_0)| = \max_{a\leqslant x\leqslant b} |f(x) - p(x)| \tag{6.5.5}$$

则称 x_0 为 $p(x)$的偏差点.当 $f(x_0)-p(x_0)>0$ 时,x_0 为"负"偏差点;当 $f(x_0)-p(x_0)<0$ 时,x_0 为"正"偏差点.

根据闭区间上连续函数的性质,$p(x)$的偏差点总是存在的.

定理 6.5.1　若 $p(x)\in H_n$ 是 $f(x)\in C[a,b]$的最佳逼近多项式,则 $p(x)$同时存在正、负偏差点.

定理 6.5.2　$p(x)\in H_n$ 是 $f(x)\in C[a,b]$的最佳逼近多项式的充分必要条件是:$p(x)$在$[a,b]$上至少有 $n+2$ 个轮流为"正"、"负"的偏差点.这样的点组称为 Chebyshev 交错点组.

推论 6.5.1　若 $f(x)\in C[a,b]$,则在 H_n 中存在唯一的最佳逼近多项式.

推论 6.5.2　若$f(x)\in C[a,b]$,则其最佳逼近多项式 $p_n^*(x)\in H_n$ 就是 $f(x)$的一个 Lagrange 插值多项式.

现在假定$f(x)\in C^2[a,b]$,且 $f''(x)$在(a,b)内不变号,我们寻求最佳一次逼近多项式$p_1(x)=c_0+c_1x$.根据定理 6.5.2,至少存在三个点 $a\leqslant x_1\leqslant x_2\leqslant x_3\leqslant b$,使

$$p_1(x_k) - f(x_k) = (-1)^k\sigma \max_{a\leqslant x\leqslant b} |p_1(x) - f(x)| \quad (k=1,2,3;\sigma=\pm 1)$$

又 $p_1(x)-f(x)$在点 x_1,x_2,x_3 处取得极值,不妨设 x_2 在(a,b)内,则有

$$p_1'(x_2) - f'(x_2) = c_1 - f'(x_2) = 0$$

即

$$c_1 = f'(x_2)$$

由于 $f''(x)$在(a,b)内不变号，故 $f'(x)$单调，$f'(x)-c_1$ 只有一个零点，即 x_2，从而可知其他两个偏差点必在区间端点，即有 $x_1=a,x_3=b$，且满足：

$$p_1(a)-f(a)=p_1(b)-f(b)=-[p_1(x_2)-f(x_2)]$$

由此求得

$$c_1=\frac{f(b)-f(a)}{b-a}=f'(x_2) \tag{6.5.6}$$

$$c_0=\frac{f(a)+f(x_2)}{2}-\frac{(a+x_2)c_1}{2} \tag{6.5.7}$$

将式(6.5.6)、(6.5.7)代入 $p_1(x)=c_0+c_1x$ 中，就得到最佳一次逼近多项式. 但当 $n\geqslant 2$ 时，求最佳逼近多项式是非常困难的，Remes 给出了计算 $f(x)\in C[a,b]$的 n 次最佳逼近多项式的近似算法，步骤如下：

(1) 选择近似偏差点 $x_k^{(0)}(k=1,2,\cdots,n+2)$，满足：

$$a=x_1^{(0)}<x_2^{(0)}<\cdots<x_{n+2}^{(0)}=b$$

(2) 求解关于 $a_0,a_1,\cdots,a_n$ 及 E_n 的线性方程组：

$$a_0+a_1x_k^{(0)}+a_2(x_k^{(0)})^2+\cdots+a_n(x_k^{(0)})^n-(-1)^kE_n=f(x_k^{(0)})\quad(k=1,2,\cdots,n+2)$$

从而得到初始逼近多项式 $p_n(x)=\sum\limits_{k=0}^{n}a_kx^k$ 及 E_n.

(3) 求函数 $p_n(x)-f(x)$的极值点（或近似极值点），不妨设有 $n+2$ 个点，满足：

$$a\leqslant x_1^{(1)}<x_2^{(1)}<\cdots<x_{n+2}^{(1)}\leqslant b$$

(4) 将 $x_k^{(1)}$ 代替 $x_k^{(0)}$，转向(2)，计算直到前后两组 a_k 的解满足精度要求为止.

通常用 Chebyshev 多项式 T_{n+1}的极值点作为初始近似偏差点 $x_k^{(0)}$ $(k=1,2,\cdots,n+2)$. 由于 Remes 算法的计算量太大，我们可用 Chebyshev 多项式良好的逼近性质求近似最佳逼近多项式. 下面是最常用的三种方法.

(1) Chebyshev 级数的截断. 由正交多项式序列$\{\varphi_k(x)\}_{k=0}^{n}$作基的法方程组(6.4.3)的解为

$$a_k\triangleq c_k=(f,\varphi_k)/(\varphi_k,\varphi_k) \tag{6.5.8}$$

于是，用正交多项式$\{\varphi_k(x)\}_{k=0}^{n}$作基逼近 $f(x)\in C[a,b]$的最佳平方逼近多项式为

$$S_n(x)=\sum_{k=0}^{n}\frac{(f,\varphi_k)}{(\varphi_k,\varphi_k)}\varphi_k(x)$$

现在，令 $n\to\infty$，系数 c_k $(k=0,1,2,\cdots)$仍按式(6.5.8)计算，则得到 $f(x)$按正交多项式序列$\{\varphi_k(x)\}_{k=0}^{\infty}$的展开式

$$f(x)\sim\sum_{k=0}^{\infty}c_k\varphi_k(x) \tag{6.5.9}$$

称之为广义 Fourier 级数，系数 c_k 称为广义 Fourier 系数.

如果 $f(x)\in C[-1,1]$，将 $f(x)$按 Chebyshev 正交多项式$\{T_k(x)\}$展开成广

义 Fourier 级数

$$f(x) \sim \frac{c_0}{2} + \sum_{k=0}^{\infty} c_k \varphi_k(x) \tag{6.5.10}$$

称之为[−1,1]上的 Chebyshev 级数. 由式(6.5.8),可得

$$c_k = \frac{2}{\pi}\int_{-1}^{1} \frac{f(x)T_k(x)}{\sqrt{1-x^2}}\mathrm{d}x \quad (k = 0,1,2,\cdots) \tag{6.5.11}$$

由于

$$T_k(x)=\cos(k\arccos x)$$

令

$$x=\cos\theta \quad (0\leqslant\theta\leqslant\pi)$$

则式(6.5.10)就是 $f(\cos\theta)$的 Fourier 级数,根据 Fourier 级数的理论,只要 $f'(x)$在[−1,1]上分段连续,则 Chebyshev 级数(6.5.10)一致收敛于$f(x)$,取其部分和

$$S_n(x) = \frac{c_0}{2} + \sum_{k=0}^{n} c_k T_k(x) \tag{6.5.12}$$

则其误差为

$$f(x) - S_n(x) \approx c_{n+1} T_{n+1}(x) \tag{6.5.13}$$

显然

$$\max_{-1\leqslant x\leqslant 1}\{|T_{n+1}(x)|\}=1$$

因而 $T_{n+1}(x)$有 $n+2$ 个轮流为“正”、“负”的偏差点

$$x_k=\cos\frac{k\pi}{n+1} \quad (k=0,1,\cdots,n+1)$$

亦即 $f(x)-S_n(x)$近似地有 $n+2$ 个偏差点,根据 Chebyshev 定理,$S_n(x)$可作为[−1,1]上的近似最佳逼近多项式.

(2) 插值余项的极小化. 根据 Chebyshev 多项式的一个性质,在区间[−1,1]上的所有最高项系数为 1 的 n 次多项式中,$\omega_n(x)=\frac{1}{2^{n-1}}T_n(x)$与零的偏差最小,其偏差为$\frac{1}{2^{n-1}}$. 我们以$T_n(x)$的 n 个零点

$$x_k=\cos\frac{2k-1}{2n}\pi \quad (k=1,2,\cdots,n)$$

作为插值节点,构造 Lagrange 插值多项式$L_{n-1}(x)$,则其余项为

$$\begin{aligned}&\max_{-1\leqslant x\leqslant 1} | f(x) - L_{n-1}(x) | \\ \leqslant &\frac{M}{n!}\max_{-1\leqslant x\leqslant 1} | (x - x_1)(x - x_2)\cdots(x - x_n) | \\ = &\frac{M}{n!}\max_{-1\leqslant x\leqslant 1}\left|\frac{1}{2^{n-1}}T_n(x)\right| = \frac{M}{2^{n-1}n!}\end{aligned} \tag{6.5.14}$$

其中,$M=\max\limits_{-1\leqslant x\leqslant 1}|f^{(n)}(\xi)|$. 可见,当 $n\to\infty$时,插值多项式 $L_{n-1}(x)$在[−1,1]上一致收敛于$f(x)$. 因此,对于某个 n,相应的插值多项式 $L_{n-1}(x)$可作为 $f(x)$的近似

最佳逼近多项式.

(3) Taylor 级数部分和的降阶. 设函数 $f(x)$在$[-1,1]$上的 Taylor 展开式的部分和

$$p_n(x) = a_0 + a_1 x + a_2 x^2 + \cdots + a_n x^n$$

满足给定的误差限 ε. 将其按照 Chebyshev 多项式重新组合，可得

$$p_n(x) = b_0 + b_1 T_1(x) + b_2 T_2(x) + \cdots + b_n T_n(x) \qquad (6.5.15)$$

由于$|T_k(x)| \leqslant 1$，我们总可以从(6.5.15)中删除若干项. 不妨设为 m 项，使得

$$\begin{aligned} M_{n-m}(x) &= b_0 + b_1 T_1(x) + b_2 T_2(x) + \cdots + b_{n-m} T_{n-m}(x) \\ &= c_0 + c_1 x + c_2 x^2 + \cdots + c_{n-m} x^{n-m} \end{aligned}$$

仍然满足给定的误差要求，从而得到一个新的最佳逼近多项式 $M_{n-m}(x)$.

6.6 数值实验

6.6.1 最小二乘法

已知数据对(x_j, y_j) $(j = 0,1,\cdots,n)$，求一个 m 次的多项式 $p_m(x) = \sum_{i=0}^{m} a_i x^i$ $(m \ll n)$，使得

$$\Phi(a_0, a_1, \cdots, a_m) = \sum_{j=1}^{n} \left[\sum_{i=0}^{m} a_i x_j^i - y_j \right]^2$$

为最小. 注意到此时 $\varphi_k(x) = x^k$ $(k=0,1,\cdots,m)$，多项式系数 $a_0, a_1, \cdots, a_m$ 满足下面的正规方程组：

$$\begin{cases} s_0 a_0 + s_1 a_1 + \cdots + s_m a_m = t_0 \\ s_1 a_0 + s_2 a_1 + \cdots + s_{m+1} a_m = t_1 \\ \cdots\cdots \\ s_m a_0 + s_{m+1} a_1 + \cdots + s_{2m} a_m = t_m \end{cases}$$

其中，

$$s_k = \sum_{j=1}^{n} x_j^k \quad (k = 0,1,2,\cdots,2m) \qquad t_k = \sum_{j=1}^{n} y_j x_j^k \quad (k = 0,1,2,\cdots,m)$$

例 6.6.1 设从某一实验中测得两个变量 x 和 y 的一组数据如下所示：

i	1	2	3	4	5	6	7	8	9
x_i	1	3	4	5	6	7	8	9	10
y_i	10	5	4	2	1	1	2	3	4

求一代数多项式曲线，使其最好地拟合这组给定数据.

(1) 画出数据分布趋势图.

```
>>xi=[1 3 4 5 6 7 8 9 10];
>>yi=[10 5 4 2 1 1 2 3 4];
>>plot(xi,yi,'o')
```

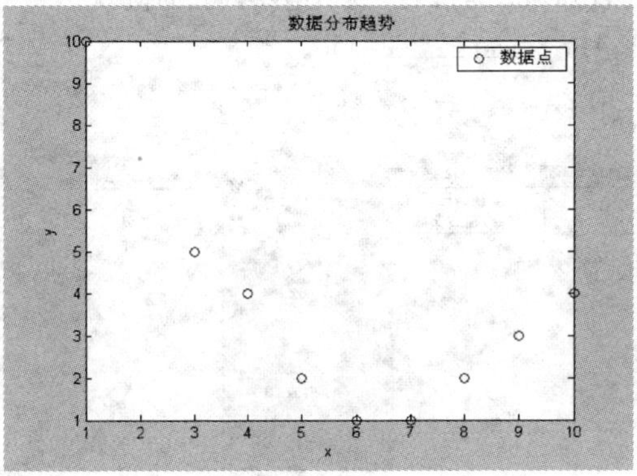

图 6.6.1

(2) 由图 6.6.1 观察知,可建立数学模型为 $y=a_0+a_1x+a_2x^2$. 建立超定方程组系数矩阵:

```
>>A=[ones(size(xi));xi;xi.^2]'
A=
   1   1    1
   1   3    9
   1   4   16
   1   5   25
   1   6   36
   1   7   49
   1   8   64
   1   9   81
   1  10  100
```

(3) 求超定方程组的最小二乘解.

```
>>a=A\yi'
a=
   13.4597
   -3.6053
    0.2676
```

(4) 求拟合曲线方程.

```
>>b=[0.2676 -3.6053 13.4597]
b=
```

```
  0.2676  -3.6053  13.4597
>>y=poly2str(b,'x')
y=
  0.2676 x^2-3.6053x+13.4597
>>f2=polyval(flipud(a),xi);%计算多项式的值
>>plot(xi,yi,'bo',xi,f2,'r-')
```

输出结果见图 6.6.2.

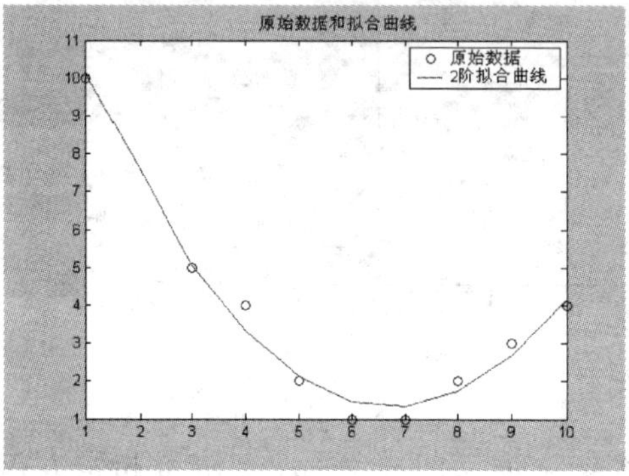

图 6.6.2

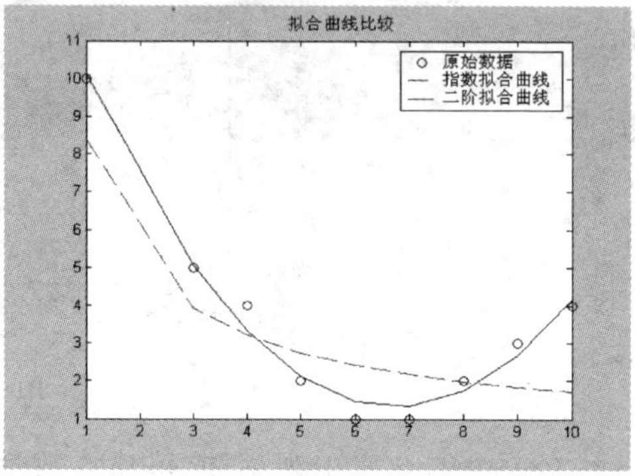

图 6.6.3

（5）如果选用指数模型方程拟合曲线，比如用方程 $y=ax^b$ 拟合.

```
>>x=[ones(size(xi));log(xi)];
>>aa=x'\log(yi)'
aa=
    2.1257
   -0.6913
```

于是代入 $y=ax^b$，得

$$y = e^{2.1257}x^{-0.6913}$$

```
>>yy=exp(2.1257)*xi.^(-0.6913)
>>plot(xi,yi,'bo',xi,yy,'r--',xi,f2,'b-')
```

上例中用了命令语句：`c=A\y` 解超定方程组，在 Matlab 中同样也可以用 polyfit 命令求解：`c=polyfit(x,y,1)`，其中：x，y 是拟合数据点；"1"代表拟合多项式的次数.

例 6.6.2 已知有如下数据：

x_i	0.1	0.4	0.5	0.7	0.7	0.9
y_i	0.61	0.92	0.99	1.52	1.47	2.03

要求利用 polyfit 命令作表中数据的拟合直线，再计算直线与数据的偏差.

编写命令 M 文件 chap6_1 如下：

```
fprintf(' i    x(i)    y(i)    y^=c_1x+c_2   偏差\n');
for i=1:6
x=[0.1,0.4,0.5,0.7,0.7,0.9];
y=[0.61,0.92,0.99,1.52,1.47,2.03];
c=polyfit(x,y,1);
error=y(i)-(c(1)*x(i)+c(2));
fprintf('%2d   %2.1f    %5.2f    %10.4f    %10.5f\n',i,x(i),y(i),c(1)*
x(i)+c(2),error);
end
```

在命令窗口调用 chap6_1：

```
>>chap6_1
i  x(i)  y(i)  y^=c_1x+c_2       偏差
1   0.1  0.61      0.4626       0.14738
2   0.4  0.92      0.9920      -0.07198
3   0.5  0.99      1.1684      -0.17844
4   0.7  1.52      1.5214      -0.00135
5   0.7  1.47      1.5214      -0.05135
6   0.9  2.03      1.8743       0.15574
```

6.6.2 函数线性组合曲线拟合法

可用已知函数的线性组合(包括多项式)作拟合曲线，形式如下：

$$g(x) = c_1 f_1(x) + c_2 f_2(x) + c_3 f_3(x) + \cdots + c_n f_n(x)$$

其中，$f_1, f_2, \cdots$是已知函数；$c_1, c_2, \cdots$是待定系数；n 是所用函数的个数. 用上式拟合数据得超定方程：

$$\boldsymbol{Ac} = \boldsymbol{y}$$

其中：

$$\boldsymbol{A} = \begin{bmatrix} f_1(x_1) & f_2(x_1) & \cdots & f_n(x_1) \\ f_1(x_2) & f_2(x_2) & \cdots & f_n(x_2) \\ \vdots & \vdots & & \vdots \\ f_1(x_l) & f_2(x_l) & \cdots & f_n(x_l) \end{bmatrix} \quad \boldsymbol{c} = \begin{bmatrix} c_1 \\ c_2 \\ \vdots \\ c_n \end{bmatrix} \quad \boldsymbol{y} = \begin{bmatrix} y_1 \\ y_2 \\ \vdots \\ y_l \end{bmatrix}$$

并且 $l>n$.

例 6.6.3 用函数

$$g(x)=c_1+c_2x+c_3\sin(\pi x)+c_4\sin(2\pi x)$$

拟合下面的数据，并作出图形.

i	1	2	3	4	5	6	7	8	9
x_i	0.1	0.2	0.3	0.4	0.5	0.6	0.7	0.8	0.9
y_i	0.0000	2.1220	3.0244	3.2568	3.1399	2.8579	2.5140	2.1639	1.8358

编写命令 M 文件 chap6_2 如下：

```
data=[    0.1    0.0000;
          0.2    2.1220;
          0.3    3.0244;
          0.4    3.2568;
          0.5    3.1399;
          0.6    2.8579;
          0.7    2.5140;
          0.8    2.1639;
          0.9    1.8358];

x=data(:,1);  y=data(:,2);
A(:,1)=ones(size(x));  A(:,2)=x;
A(:,3)=sin(pi*x);  A(:,4)=sin(2*pi*x);
c=A/y
xx=0:0.01:1;
g=c(1)*ones(size(xx))+c(2)*xx+c(3)*sin(pi*xx)+c(4)*sin(2*pi*xx);
plot(x,y,'*',xx,g);
```

在命令窗口调用 chap6_2：

```
>>chap6_2
c=
  -1.8576
   3.8144
   3.2419
   1.0941
```

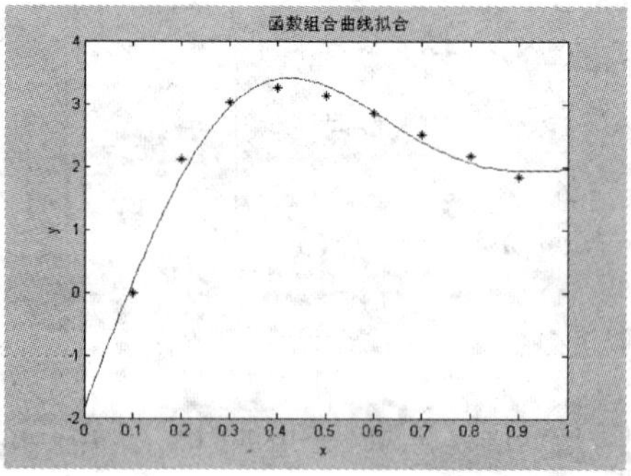

图 6.6.4

习 题

1. 求以下列数据做一次多项式 $y=ax+b$ 拟合的最小二乘拟合函数.

x_i	-2	-1	0	1	2
y_i	0	0.2	0.5	0.8	1

2. 已知(x_i,y_i) $(i=1,2,3,4)$的观测值为

x_i	1	2	3	4
y_i	1	2	4	9

用最小二乘法求与这些数据拟合的二次曲线 $f(x)=b_0+b_1x+b_2x^2$.

3. 在某个低温过程中,函数 y 依赖于温度θ(℃)的试验数据如下:

θ	1	2	3	4
y	0.8	1.5	1.8	2.0

已知经验公式的形式为 $y=a\theta+b\theta^2$,试用最小二乘法求出 a,b.

4. (线性化拟合)已知 $x_1,\cdots,x_n$ 及 $y_i=f(x_i)$ $(i=1,\cdots,n)$,用最小二乘法求 $f(x)$的拟合曲线 $\varphi(x)=a\mathrm{e}^{bx}$.

5. 求下列超定线性方程组的近似解:

(I) $\begin{cases}x_1+2x_2=1\\2x_1+x_2=0;\\x_1+x_2=0\end{cases}$ (II) $\begin{cases}2x+4y=11\\3x-5y=3\\x+2y=6\\2x+y=7\end{cases}$.

(1) 用最小二乘原理求解,并求其平方误差;

(2) 直接由法方程组 $\boldsymbol{A}^{\mathrm{T}}\boldsymbol{A}\boldsymbol{x}=\boldsymbol{A}^{\mathrm{T}}\boldsymbol{b}$ 求解.

6. 设 $f(x)=\sin(x)\ x\in\left[0,\dfrac{\pi}{2}\right]$.

(1) 试求 $f(x)$的一次最佳平方逼近多项式;

(2) 试求 $f(x)$的一次最佳一致逼近多项式.

7. 求函数 $f(x)=\sqrt{x}$在$\left[\dfrac{1}{4},1\right]$上的一次最佳一致逼近多项式 $p_1^*(x)=a_0^*+a_1^*x$.

8. 设 $\varphi_1=\operatorname{span}\{1,x\}$,$\varphi_2=\operatorname{span}\{x^{100},x^{101}\}$,分别在 φ_1 和 φ_2 中求$[0,1]$上的连续函数 $f(x)=x^2$ 的最佳平方逼近函数,并比较其结果.

9. 设 $H_n=\text{span}\{1,x,x^2,\cdots,x^n\}$.

(1) 试证：若 $f(x)\in C[a,b]$，则其最佳逼近多项式 $p_n^*(x)\in H_n$ 就是 $f(x)$ 的一个 Lagrange 插值多项式；

(2) 设 $f(x)\in C^2[a,b]$，$f''(x)$ 在 (a,b) 内不变号，试求最佳一次逼近多项式 $p_1(x)=a_0+a_1x$.

实验题

1. 从随机的数据中找出其规律性，给出其近似表达式的问题，在生产实践和科学实验中大量存在，通常利用数据的最小二乘法求得拟合曲线. 在某冶炼过程中，根据统计数据钢的含碳量与时间关系，试求含碳量 y 与时间 t 的拟合曲线.

t/min	0	5	10	15	20	25	30	35	40	45	50	55
$y/(\times 10^{-4}\ \text{t})$	0	1.27	2.16	2.86	3.44	3.87	4.15	4.37	4.51	4.58	4.02	4.64

要求：

(1) 用“plot”画出原始数据分布趋势图；

(2) 最小二乘法进行曲线拟合，近似解析表达式为 $\varphi(t)=a_1t+a_2t^2+a_3t^3$；

(3) 打印出拟合曲线 $\varphi(t)$；

(4) 另外选取一个近似表达式（比如 $\varphi(t)=ax^b$），尝试拟合效果的比较.

2. 用形如 $ae^x+b\sin(x)+c\ln(x)+d\cos(x)$ 的函数在最小二乘的意义下拟合数据表：

x	0.25	0.50	0.75	1.00	1.25	1.50	1.75	2.00	2.25	2.50
y	1.284	1.648	2.117	2.718	3.427	2.798	3.534	4.456	5.465	5.894

3. 拟合形如 $f(x)\approx\dfrac{a+bx}{1+cx}$ 的函数的一种快速方法是将最小二乘法用于下列问题：$f(x)\times(1+cx)\approx a+bx$，试用这一方法拟合下面给出的世界人口数据. 要求用 Matlab 语句写出上述最小二乘法确定系数 a,b,c 的程序.

年	人口/百万
1000	430
1650	545
1800	907
1900	1610
1950	2509
1970	3650

4.（钢包问题）炼钢厂出钢时所用的盛钢水的钢包，在使用过程中由于钢液及炉渣对包衬耐火材料的侵蚀，使其容积不断增大.经试验，钢包的容积与相应的使用次数的数据如下：

使用次数 x	容积 y	使用次数 x	容积 y
2	106.42	11	110.59
3	108.26	12	110.60
5	109.58	14	110.72
6	109.50	16	110.90
7	109.86	17	110.76
9	110.00	19	111.10
10	109.93	20	111.30

选用双曲线$\frac{1}{y}=a+b\frac{1}{x}$对数据进行拟合，使用最小二乘法求出拟合函数，作出拟合曲线图.

第 7 章 数值微积分

7.1 数值积分问题的提出

Newton-Leibniz 公式：

$$\int_a^b f(x)\mathrm{d}x = F(x)\mid_a^b = F(b) - F(a) \tag{7.1.1}$$

其中，$F(x)$是 $f(x)$的一个原函数（即 $F'(x)=f(x)$），可以用来计算定积分，但在工程技术和科学研究中，常遇到如下情况：

（1）找 $f(x)$的原函数 $F(x)$相当困难. 例如，$\sin x^2$，$\cos x^2$，$\dfrac{\sin x}{x}$，e^{-x^2} 等，它们的原函数都不能用初等函数表达成有限形式.

（2）$f(x)$的原函数 $F(x)$存在，但其表达式相当复杂，而且有时难以给出最后的数值结果. 如在积分表中可以查到不定积分的解析式：

$$\int \frac{x^2}{(1-x^4)\sqrt{1+x^4}}\mathrm{d}x = \frac{1}{4\sqrt{2}}\ln\frac{x\sqrt{2}+\sqrt{1+x^4}}{1-x^2} + \frac{1}{2\sqrt{2}}\arcsin\frac{x\sqrt{2}}{1+x^2} + C$$

当积分限 $x=\pm 1$ 时，原函数中第一项无定义，得不到定积分值.

（3）除一些特殊的无穷积分外，通常很难求无穷积分的值.

（4）被积函数没有有限的解析式，而以表格形式给出.

鉴于以上情况，采用数值的方法计算定积分就很必要且很有效. 对函数的微分也一样，以表格形式给出的函数，要求出其导数时，还是要依靠数值微分的方法.

对于积分：

$$I(f) = \int_a^b f(x)\mathrm{d}x \tag{7.1.2}$$

所谓用数值方法求式(7.1.2)的值，就是用被积函数 $f(x)$区间$[a,b]$上的一些节点 x_k 处的函数值$f(x_k)$的线性组合

$$I_n(f) = \sum_{k=0}^{n} A_k f(x_k) \tag{7.1.3}$$

去近似 $I(f)$. 其中，x_k 为求积节点；A_k 为相应的求积系数；$I_n(f)$为近似求积公式. 一旦 x_k 和 A_k 确定，则近似求积公式 I_n 也就确定了.

这种求积公式的特点是把求积过程(极限过程)转化为乘法与加法的代数运算.构造这种求积公式需要做的工作是:确定节点 x_k 和系数 A_k $(k=0,1,2,\cdots,n)$,估计余项 $R_n[f]$,并讨论公式的算法设计及其数值稳定性.

本章介绍用插值原理得到的常用的数值求积公式及它们的误差估计和代数精度,然后介绍数值微分.

7.2 插值型求积公式

7.2.1 插值型求积公式的导出

可以从不同角度出发通过各种途径来构造数值求积公式,但常用的一个方法是,利用插值多项式来构造数值求积公式,具体做法如下:

在积分区间$[a,b]$上取一组节点:$x_0,x_1,x_2,\cdots,x_n$ $(a\leqslant x_0<x_1\cdots<x_n\leqslant b)$.已知 $f(x_k)$的函数值,作 $f(x)$的 n 次插值多项式,则

$$f(x)=L_n(x)+R_n(x)=\sum_{k=0}^{n}f(x_k)l_k(x)+\frac{f^{(n+1)}(\xi)}{(n+1)!}\omega_{n+1}(x)$$

其中,$l_k(x)$ $(k=0,1,\cdots,n)$为 n 次插值基函数,则得

$$\begin{aligned}\int_a^b f(x)\mathrm{d}x&=\int_a^b L_n(x)\mathrm{d}x+\int_a^b R_n(x)\mathrm{d}x\\&=\int_a^b\sum_{k=0}^{n}[l_k(x)f(x_k)]\mathrm{d}x+\int_a^b\frac{f^{(n+1)}[\xi(x)]}{(n+1)!}\omega_{n+1}(x)\mathrm{d}x\\&=\sum_{k=0}^{n}\left[\int_a^b l_k(x)\mathrm{d}x\right]f(x_k)+\frac{1}{(n+1)!}\int_a^b f^{(n+1)}[\xi(x)]\omega_{n+1}(x)\mathrm{d}x\end{aligned}$$

公式写成一般形式:

$$\int_a^b f(x)\mathrm{d}x=\sum_{k=0}^{n}A_kf(x_k)+R_n[f] \tag{7.2.1}$$

若记:

$$A_k=\int_a^b l_k(x)\mathrm{d}x=\int_a^b\frac{(x-x_0)\cdots(x-x_{k-1})(x-x_{k+1})\cdots(x-x_n)}{(x_k-x_0)\cdots(x_k-x_{k-1})(x_k-x_{k+1})\cdots(x_k-x_n)}\mathrm{d}x \tag{7.2.2}$$

$$R_n[f]=\frac{1}{(n+1)!}\int_a^b f^{(n+1)}[\xi(x)]\omega_{n+1}(x)\mathrm{d}x \tag{7.2.3}$$

则得数值求积公式:

$$\int_a^b f(x)\mathrm{d}x\approx\sum_{k=0}^{n}A_kf(x_k) \tag{7.2.4}$$

形如式(7.2.4)的求积公式称为机械求积公式,其中,x_k 称为求积节点;A_k 称

为求积系数.如果公式(7.2.4)中求积系数 A_k 是由式(7.2.2)确定的，则称该求积公式为插值型求积公式.

注意 求积系数 A_k 仅与求积节点、求积区间有关，而与被积函数 $f(x)$ 的具体形式无关.

由上述定义，用余项公式可以衡量数值求积公式的精确程度.不过，由余项公式(7.2.3)可见，如果 f 为次数小于等于 n 的多项式，则 $R_n[f]$ 中有 $f^{(n+1)}(x)=0$，故 $R_n[f]=0$，从而公式(7.2.1)成为等式：

$$\int_a^b f(x)\mathrm{d}x = \sum_{k=0}^{n} A_k f(x_k)$$

这就是说，当被积函数 f 为次数小于等于 n 的多项式时，其相应的插值型求积公式不是近似公式，而是准确公式.

那么用什么标准来判断两个节点数相同的求积公式的"好"与"差"呢？通常用"代数精度"的高低作为求积公式"好"与"差"的一个标准.

7.2.2 求积公式的代数精度

定义 7.2.1 求积公式(7.2.4)对于任何次数不大于 m 的代数多项式 $f(x)$ 均精确成立，而对 $f(x)=x^{m+1}$ 不精确成立，则称该求积公式具有 m 次代数精度.

可以证明，求积公式

$$\int_a^b f(x)\mathrm{d}x \approx \sum_{k=0}^{n} A_k f(x_k)$$

具有 m 次代数精度的充要条件是它对 $f(x)=1,x,\cdots,x^m$ 都能准确成立，但对 $f(x)=x^{m+1}$，式 $\int_a^b f(x)\mathrm{d}x \approx \sum_{k=0}^{n} A_k f(x_k)$ 不准确成立.这一结论给出了判别一个求积公式的代数精度的常用方法.

例 7.2.1 梯形公式 $\int_a^b f(x)\mathrm{d}x \approx \frac{b-a}{2}[f(a)+f(b)]$ 的代数精度 $m=1$.

解 事实上，当 $f(x)=1$ 时，在梯形公式中：

$$左端=\int_a^b 1\mathrm{d}x=b-a$$

$$右端=\frac{b-a}{2}(1+1)=b-a$$

$$左端=右端$$

此即表明梯形公式对 $f(x)=1$ 精确成立.

当 $f(x)=x$ 时，在梯形公式中：

$$左端=\int_a^b x\mathrm{d}x=\frac{1}{2}(b^2-a^2)$$

$$右端=\frac{b-a}{2}(a+b)=\frac{1}{2}(b^2-a^2)$$

$$左端=右端$$

此即表明梯形公式对 $f(x)=x$ 精确成立.

当 $f(x)=x^2$ 时,梯形公式中:

$$左端=\int_a^b x^2\,dx=\frac{1}{3}(b^3-a^3)$$

$$右端=\frac{b-a}{2}(a^2+b^2)$$

$$左端\neq右端(设\ a\neq b)$$

故梯形公式的代数精度 $m=1$.

显然,一个求积公式的代数精度越高,它就能对更多的被积函数 $f(x)$准确(或较准确)地成立,从而具有更好的实际计算意义.

定理 7.2.1 含有 $n+1$ 个节点 x_k $(k=0,1,\cdots,n)$的插值型求积公式的代数精度至少为 n.

例 7.2.2 求积公式:

$$\int_0^1 f(x)\,dx\approx A_0f(0)+A_1f(1)+B_0f'(0)$$

已知其余项的表达式为

$$R[f]=kf'''(\xi)\quad \xi\in(0,1)$$

试确定系数 A_0,A_1,B_0,使该求积公式具有尽可能高的代数精度,并给出求积公式的余项和代数精度的次数.

解 令 $f(x)=1,x,x^2$,分别代入求积公式,有

$$f(x)=1\qquad A_0+A_1=1$$

$$f(x)=x\qquad A_1+B_0=\frac{1}{2}$$

$$f(x)=x^2\qquad A_1=\frac{1}{3}$$

求得

$$A_0=\frac{2}{3}\qquad A_1=\frac{1}{3}\qquad B_0=\frac{1}{6}$$

则有

$$\int_0^1 f(x)\,dx\approx\frac{2}{3}f(0)+\frac{1}{3}f(1)+\frac{1}{6}f'(0)$$

求积公式代数精度至少是 2,能否达到更高,需继续验证.令 $f(x)=x^3$,分别代入求积公式的左右两边,左边 $=\frac{1}{4}$,右边 $=\frac{1}{3}$,左$\neq$右,不能使求积公式准确成立,所以,该求积公式只有 2 次代数精确度.

考虑余项,当 $f(x)=x^3$ 时,代入积分等式:

$$\int_0^1 f(x)\,dx=A_0f(0)+A_1f(1)+B_0f'(0)+kf'''(\xi)$$

即$\frac{1}{4}=\frac{1}{3}+3!k$，得到$k=-\frac{1}{72}$，所以，余项

$$R[f]=-\frac{1}{72}f'''(\xi)\qquad \xi\in(0,1)$$

7.3 Newton-Cotes 公式

7.3.1 Newton-Cotes 公式的导出

前面介绍了插值型求积公式及其构造方法，在实际应用时，考虑到计算上的方便，常将积分区间等分，并取分点为求积节点，这样构造出来的插值型求积公式就称为 Newton-Cotes 公式. Newton-Cotes 公式是节点等距的插值型求积公式.

将$[a,b]$ n 等分，其节点为

$$x_k=a+kh\quad\left(h=\frac{b-a}{n},k=0,1,\cdots,n\right)$$

节点 x_k 处的函数值为$f(x_k)$，则 Newton-Cotes 公式为

$$\int_a^b f(x)\mathrm{d}x\approx\sum_{k=0}^{n}A_kf(x_k)$$

作变换：$x=a+th$，则插值型求积公式中系数 A_k 为

$$\begin{aligned}A_k&=\int_a^b l_k(x)\mathrm{d}x=\int_a^b\frac{(x-x_0)\cdots(x-x_{k-1})(x-x_{k+1})\cdots(x-x_n)}{(x_k-x_0)\cdots(x_k-x_{k-1})(x_k-x_{k+1})\cdots(x_k-x_n)}\mathrm{d}x\\&\xlongequal{x=a+th}h\int_0^n\frac{t(t-1)\cdots(t-k+1)(t-k-1)\cdots(t-n)}{k!(-1)^{n-k}(n-k)!}\mathrm{d}t\\&=\frac{b-a}{n}\cdot\frac{(-1)^{n-k}}{k!(n-k)!}\int_0^n t(t-1)\cdots(t-k+1)(t-k-1)\cdots(t-n)\mathrm{d}t\end{aligned}$$

记

$$C_k^{(n)}=\frac{(-1)^{n-k}}{n\cdot k!(n-k)!}\int_0^n t(t-1)\cdots(t-k+1)(t-k-1)\cdots(t-n)\mathrm{d}t\quad(k=0,1,\cdots,n)\tag{7.3.1}$$

则

$$A_k=(b-a)C_k^{(n)}$$

于是得等距节点的插值型的 Newton-Cotes 求积公式：

$$\int_a^b f(x)\mathrm{d}x\approx(b-a)\sum_{k=0}^{n}C_k^{(n)}f(x_k)\triangleq I_{\mathrm{NC}}^{*}\tag{7.3.2}$$

$C_k^{(n)}$ 称为 Cotes 系数.

当 $f(x)$是次数不超过 n 次的多项式时，$f(x)$的插值多项式就是 $f(x)$本身，此时，如果不计舍入误差，由于余项为零，积分公式是准确成立的，故对 $f(x)=1$，由

式(7.3.2)有

$$\int_a^b f(x)\mathrm{d}x = (b-a)\sum_{k=0}^{n} C_k^{(n)} f(x_k)$$

得

$$b-a = (b-a)\sum_{k=0}^{n} C_k^{(n)} \tag{7.3.3}$$

于是得 Cotes 系数所满足的重要关系式：

$$\sum_{k=0}^{n} C_k^{(n)} = 1 \quad (k=0,1,2,\cdots,n) \tag{7.3.4}$$

由式(7.3.1)看出，$C_k^{(n)}$ 的值与积分区间$[a,b]$及被积函数 $f(x)$均无关，仅与等分区间数 n 有关，只要给出了积分区间的等分数 n，就可算出 $C_k^{(n)}$.

$n=1$ 时，求积公式为梯形公式(两点公式)：

$$\int_a^b f(x)\mathrm{d}x \approx \frac{b-a}{2}[f(a)+f(b)] \tag{7.3.5}$$

$n=2$ 时，求积公式为 Simpson 公式(三点公式)：

$$\int_a^b f(x)\mathrm{d}x \approx \frac{b-a}{6}\left[f(a)+4f\left(\frac{a+b}{2}\right)+f(b)\right] \tag{7.3.6}$$

$n=4$ 时，求积公式为 Cotes 公式(五点公式)，但不常用：

$$\int_a^b f(x)\mathrm{d}x \approx \frac{b-a}{90}[7f(x_0)+32f(x_1)+12f(x_2)+32f(x_3)+7f(x_4)] \tag{7.3.7}$$

其中，

$$x_k = a + k\frac{b-a}{4} \quad (k=0,1,2,3,4)$$

7.3.2 误差分析

关于 Newton-Cotes 型求积公式的截断误差或称余项 $R[f]=\int_a^b f(x)\mathrm{d}x - I_{\mathrm{NC}}^*$ 的分析，有下列一般性定理.

定理 7.3.1 Newton-Cotes 公式(7.3.2)的余项 $R_n[f]$可表示为

(1) 对 n 为奇数的情形，设 $f\in C^{n+1}[a,b]$，则

$$R_n[f] = r_n h^{n+2} f^{(n+1)}(\eta) \quad \eta\in[a,b]$$

其中，

$$r_n = \frac{1}{(n+1)!}\int_0^n u(u-1)\cdots(u-n)\mathrm{d}u$$

(2) 对 n 为偶数的情形，设 $f\in C^{n+2}[a,b]$，则

$$R_n[f] = r_n h^{n+3} f^{(n+2)}(\eta) \quad \eta\in[a,b]$$

其中，

$$r_n=\frac{1}{(n+2)!}\int_0^n u^2(u-1)\cdots(u-n)\mathrm{d}u$$

定理的证明过程没有太大难度，只是比较冗长，这里从略.

由定理可知，Newton-Cotes 公式作为插值型公式的特例，当 n 为奇数时，保持至少 n 次代数精度不变，只在 n 为偶数时，代数精度才增加 1 次.

根据定理可得梯形公式具有 1 次代数精度，余项为

$$R_{\mathrm{T}}[f]=-\frac{(b-a)^3}{12}f''(\eta)\quad \eta\in[a,b] \tag{7.3.8}$$

Simpson 公式具有 3 次代数精度，余项为

$$R_{\mathrm{S}}[f]=-\frac{1}{90}\left(\frac{b-a}{2}\right)^5 f^{(4)}(\eta)\quad \eta\in[a,b] \tag{7.3.9}$$

Cotes 公式具有 5 次代数精度，余项为

$$R_{\mathrm{C}}[f]=-\frac{8}{945}\left(\frac{b-a}{4}\right)^7 f^{(6)}(\eta)\quad \eta\in[a,b] \tag{7.3.10}$$

可见，Simpson 公式比梯形公式的代数精度有“跳一级”的提高，而 Cotes 公式代数精度可跳到 5 次，但公式有 5 项，较复杂. 再者，当 n 较大时，Newton-Cotes 公式的数值稳定性还可能有问题，正因为如此，对 $n>2$ 的公式我们不感兴趣.

7.3.3 数值稳定性

假设用 n 阶的 Newton-Cotes 公式作实际计算，而且 $f(x_k)$ 可能使用近似值 $\tilde{f}(x_k)$，这时反映到计算上就有误差：

$$(b-a)\sum_{k=0}^n C_k^{(n)}f(x_k)-(b-a)\sum_{k=0}^n C_k^{(n)}\tilde{f}(x_k)=(b-a)\sum_{k=0}^n C_k^{(n)}[f(x_k)-\tilde{f}(x_k)]$$

记 $\varepsilon=\max\limits_{0\leqslant k\leqslant n}|f(x_k)-\tilde{f}(x_k)|$ 并略去 $(b-a)$，则有

$$\begin{aligned}\left|\sum_{k=0}^n C_k^{(n)}f(x_k)-\sum_{k=0}^n C_k^{(n)}\tilde{f}(x_k)\right| &\leqslant \sum_{k=0}^n |C_k^{(n)}|\cdot|f(x_k)-\tilde{f}(x_k)| \\ &\leqslant \varepsilon\sum_{k=0}^n |C_k^{(n)}|\end{aligned} \tag{7.3.11}$$

由此可见：

(1) 若 $C_k^{(n)}>0\ (k=0,1,2,\cdots,n)$，则 $\sum\limits_{k=0}^n |C_k^{(n)}|=\sum\limits_{k=0}^n C_k^{(n)}=1$，于是有

$$\left|\sum_{k=0}^n C_k^{(n)}f(x_k)-\sum_{k=0}^n C_k^{(n)}\tilde{f}(x_k)\right|\leqslant\varepsilon \tag{7.3.12}$$

即计算公式是数值稳定的.

(2) 若 $C_k^{(n)}$ 存在负值（比如 $n=8$ 时就出现负值），则有

$$\sum_{k=0}^{n} |C_k^{(n)}| > \sum_{k=0}^{n} C_k^{(n)} = 1$$

因而便不能导出式(7.3.12).这就是说,初始数据的误差有可能引起计算结果误差的增大,即计算的数值稳定性得不到保证.

为了方便以后应用,把上述论证的式(7.3.4)和式(7.3.4)归结为更一般的结果:

定理 7.3.2 插值型求积公式 $\sum_{k=0}^{n} A_k f(x_k)$ 的求积系数 A_k 之和为

$$\sum_{k=0}^{n} A_k = b - a$$

定理 7.3.3 插值型求积公式 $\sum_{k=0}^{n} A_k f(x_k)$ 中的所有系数 $A_k > 0\ (k = 0,1,\cdots,n)$,则该求积公式是数值稳定的.

7.3.4 复合 Newton-Cotes 公式

容易看出,当积分区间$[a,b]$较大时,直接使用 Newton-Cotes 公式所得积分近似值的精度是很难得到保证的,因此在实际应用中为了既能提高结果的精度,又使算法简便且易在计算机上实现,往往采用复合求积的方法.

所谓复合求积,就是先将积分区间分成几个小区间,并在每个小区上用低阶 Newton-Cotes 公式计算积分的近似值,然后对这些近似值求和,从而得到所求积分的近似值,由此得到一些具有更大实用价值的数值求积公式,统称为复合求积公式.

例 7.3.1 将$[a,b]$ n 等分,记分点为 $x_k = a + kh\ (k = 0,1,\cdots,n)$,其中,$h = \dfrac{b-a}{n}$称为步长.然后在每个小区间$[x_{k-1},x_k]$上应用梯形公式,即

$$\int_{x_{k-1}}^{x_k} f(x)\mathrm{d}x \approx \frac{h}{2}[f(x_{k-1}) + f(x_k)] \quad (k = 0,1,\cdots,n)$$

导出复合梯形公式:

$$\begin{aligned}\int_a^b f(x)\mathrm{d}x &= \sum_{k=1}^{n}\int_{x_{k-1}}^{x_k} f(x)\mathrm{d}x \approx \frac{h}{2}\sum_{k=1}^{n}[f(x_{k-1}) + f(x_k)] \\ &= \frac{h}{2}[f(x_0) + f(x_1) + f(x_1) + f(x_2) + f(x_2) + \cdots + f(x_{n-1}) + f(x_n)]\end{aligned}$$

若将所得积分近似值记为 T_n,并注意到 $x_0 = a$,$x_n = b$,则复合梯形公式为

$$\int_a^b f(x)\mathrm{d}x \approx T_n = \frac{h}{2}\left[f(a) + 2\sum_{k=1}^{n-1} f(x_k) + f(b)\right] \qquad (7.3.13)$$

其余项 R_{T_n} 由式(7.3.8)可知,当 $f \in C^2[a,b]$,有

$$R_{T_n}=-\frac{h^3}{12}\sum_{k=0}^{n-1}f''(\eta_k)\quad \eta_k\in[x_k,x_{k+1}]$$

$$=-\frac{(b-a)h^2}{12}\sum_{k=0}^{n-1}\frac{f''(\eta_k)}{n}=-\frac{(b-a)h^2}{12}f''(\eta)\quad \eta\in[a,b]\tag{7.3.14}$$

类似可得复合 Simpson 公式：

$$\int_a^b f(x)\mathrm{d}x\approx S_n=\frac{h}{6}\left[f(a)+4\sum_{k=0}^{n-1}f(x_{k+\frac{1}{2}})+2\sum_{k=1}^{n-1}f(x_k)+f(b)\right]\tag{7.3.15}$$

其中：$x_{k+\frac{1}{2}}=x_k+\frac{1}{2}h$. 其余项 R_S 由式(7.3.9)可知，当 $f\in C^4[a,b]$时，类似地可得

$$R_{S_n}=-\frac{b-a}{180}\left(\frac{h}{2}\right)^4 f^{(4)}(\eta)\quad \eta\in[a,b]\tag{7.3.16}$$

或

$$R_{S_n}=-\frac{b-a}{2880}h^4 f^{(4)}(\eta)\quad \eta\in[a,b]\tag{7.3.17}$$

例 7.3.2 已知 $f(x)$的函数值如下：

x	1.8	2.0	2.2	2.4	2.6
$f(x)$	3.1	4.4	6.0	8.0	10.0

用复合梯形公式和复合 Simpson 公式求$\int_{1.8}^{2.6}f(x)\mathrm{d}x$ 的近似值.

解 用复合梯形公式，小区间数 $n=4$，步长

$$h=\frac{1}{4}\times(2.6-1.8)=0.2$$

则

$$T_4=\frac{0.2}{2}[3.1+2(4.4+6.0+8.0)+10.0]=4.99$$

复合 Simpson 公式，小区间数 $n=2$，步长

$$h=\frac{1}{2}\times(2.6-1.8)=0.4$$

则

$$S_2=\frac{0.4}{6}[3.1+2\times6.0+4(4.4+8.0)+10.0]=4.98$$

7.4 Romberg 求积方法

7.4.1 Romberg 算法

Romberg 算法是在积分区间逐次分半的过程中，对用复合梯形法产生的近似

值进行加权平均，以获得准确程度较高的近似值的一种方法. 它具有公式简炼、使用方便、结果可靠等优点.

1. 步长的自动选择

在定步长积分方法中，n 确定后，h 由 $h=\frac{b-a}{n}$ 固定给出，这样会存在以下两个问题：

(1) 步长 h 由余项作出估计，但往往余项的估计非常困难(主要困难在于余项公式中包含有被积函数 $f(x)$ 的高阶导数，在具体计算时往往会遇到困难).

(2) 步长取得太大，计算精度难以保证；步长取得太小，计算量将会增大.

2. 对策

实际计算时，往往借助于计算机来完成积分步长的自动选择，即通常采用变步长求积方法. 具体地讲，在实际计算时将步长逐次折半，反复利用复合求积公式，比较相邻两次的结果，直到满足精度要求为止.

例 7.4.1　对梯形公式，假定区间为 n 等份时，由复合梯形公式算出的近似值为 T_n，则

$$I=T_n-\frac{b-a}{12}\left(\frac{b-a}{n}\right)^2 f''(\eta_1)$$

再把区间分半，成 $2n$ 等份，得近似值为 T_{2n}：

$$I=T_{2n}-\frac{b-a}{12}\left(\frac{b-a}{2n}\right)^2 f''(\eta_2)$$

由以上两式可得

$$\frac{I-T_n}{I-T_{2n}}\approx 4$$

或

$$I\approx T_{2n}+\frac{1}{3}(T_{2n}-T_n)=T_{2n}+\frac{1}{4-1}(T_{2n}-T_n)$$

上式说明以 T_{2n} 作为积分 I 的近似值，其误差近似于 $\frac{1}{3}(T_{2n}-T_n)$，计算时只要检验 $\frac{1}{3}|T_{2n}-T_n|<\varepsilon$ 是否满足，若不满足，则再把区间对分，直到满足结果为止.

通过类似推导，可得如下结论：

(1) 对于 Simpson 公式，假定 $f^{(4)}(x)$ 在 $[a,b]$ 上变化不大，则有

$$I\approx S_{2n}+\frac{1}{15}(S_{2n}-S_n)=S_{2n}+\frac{1}{4^2-1}(S_{2n}-S_n)$$

(2) 对于 Cotes 公式，假定 $f^{(6)}(x)$ 在 $[a,b]$ 上变化不大，则有

$$I\approx C_{2n}+\frac{1}{63}(C_{2n}-C_n)=C_{2n}+\frac{1}{4^3-1}(C_{2n}-C_n)$$

7.4.2 Romberg 求积公式

先看复合梯形公式，利用其公式计算 T_n 时，需要计算 $n+1$ 个点（它们是积分区间$[a,b]n$ 等分的分点，不妨简记为“n 分点”）上的函数值，当 T_n 不满足精度要求时，根据上面提供的计算方案，就将各小区间分半，计算出新近似值 T_{2n}. 若仍旧利用复合梯形公式计算 T_{2n}，就需要求出 $2n+1$ 个点（它们是“$2n$ 分点”）上的函数值. 而实际上，在这 $2n+1$ 个 $2n$ 分点中，包含有$n+1$个 n 分点，其对应的函数值在计算 T_n 时早已算出，现在重新计算这些点上的函数值，显然是极不合理的. 由复合梯形公式可知

$$T_{2n}=\frac{1}{2}\frac{b-a}{2n}\left[f(a)+2\sum_{k=1}^{2n-1}f\left(a+k\frac{b-a}{2n}\right)+f(b)\right]$$

注意到在 $2n$ 分点 $x_k=a+k\dfrac{b-a}{2n}$ $(k=1,2,\cdots,2n-1)$中，当 k 取偶数时是 n 分点，当 k 取奇数时才是新增加的分点，将新增加的分点处的函数值从求和记号中分离出来，就有

$$\begin{aligned}T_{2n}&=\frac{b-a}{4n}\left\{f(a)+2\sum_{k=1}^{n-1}f\left(a+2k\frac{b-a}{2n}\right)+2\sum_{k=1}^{n}f\left[a+(2k-1)\frac{b-a}{2n}\right]+f(b)\right\}\\&=\frac{b-a}{4n}\left[f(a)+2\sum_{k=1}^{n-1}f\left(a+k\frac{b-a}{n}\right)+f(b)\right]+\frac{b-a}{2n}\sum_{k=1}^{n}f\left[a+(2k-1)\frac{b-a}{2n}\right]\end{aligned}$$

即

$$T_{2n}=\frac{1}{2}T_n+\frac{b-a}{2n}\sum_{k=1}^{n}f\left[a+(2k-1)\frac{b-a}{2n}\right]$$

这表明在已经算出 T_n 的基础上，只要算出 n 个新增的分点

$$x_k=a+(2k-1)\frac{b-a}{2n}\quad(k=1,2,\cdots,n)$$

上的函数值就行了. 与直接用复合梯形公式算 T_{2n}相比较，计算工作量几乎节省了一半.

前面我们曾指出，用 T_{2n}作为积分真值 I 的近似值，其误差约为$\dfrac{1}{3}(T_{2n}-T_n)$. 此即启发我们，如果用$\dfrac{1}{3}(T_{2n}-T_n)$作为 T_{2n} 的一种补偿，可以期望得到新的近似值：

$$\overline{T}_n=T_{2n}+\frac{1}{3}(T_{2n}-T_n)\tag{7.4.1}$$

而$\overline{T}_n=\dfrac{4}{3}T_{2n}-\dfrac{1}{3}T_n$ 有可能比 T_{2n}更好地接近积分$\int_a^b f(x)\mathrm{d}x$ 的真值 I，其实质又是什么呢？通过直接验证，知$\overline{T}_n=S_n$，亦即

$$S_n = \frac{4}{3}T_{2n} - \frac{1}{3}T_n \tag{7.4.2}$$

事实上,我们有

$$\frac{4}{3}T_{2n} - \frac{1}{3}T_n = \frac{4}{3}\sum_{k=0}^{n-1}\left\{\frac{h}{4}[f(x_k)+f(x_{k+\frac{1}{2}})]+\frac{h}{4}[f(x_{k+\frac{1}{2}})+f(x_{k+1})]\right\}$$

$$-\frac{1}{3}\sum_{k=0}^{n-1}\frac{h}{2}[f(x_k)+f(x_{k+1})]$$

$$=\sum_{k=0}^{n-1}\left\{\frac{h}{3}[f(x_k)+2f(x_{k+\frac{1}{2}})+f(x_{k+1})]-\frac{h}{6}[f(x_k)+f(x_{k+1})]\right\}$$

$$=\sum_{k=0}^{n-1}\frac{h}{6}[f(x_k)+4f(x_{k+\frac{1}{2}})+f(x_{k+1})]=S_n$$

即式(7.4.2)成立.这就是说,用复合梯形公式算出的二分前后两个积分值 T_n 与 T_{2n},按照式(7.4.1)作线性组合,所得到的结果实际就是用复合 Simpson 公式求得的近似值 S_n.

此即表明在收敛速度缓慢的梯形序列$\{T_{2^k}\}$的基础上,若将 T_n 与 T_{2n},按上面作线性组合,就可产生收敛速度较快的 Simpson 序列$\{S_{2^k}\}$:$S_1, S_2, S_4, \cdots$.

同理,在 Simpson 序列$\{S_{2^k}\}$的基础上,将 S_n 与 S_{2n} 按线性组合式

$$C_n = \frac{16}{15}S_{2n} - \frac{1}{15}S_n$$

就可产生收敛速度更快的 Cotes 序列$\{C_{2^k}\}$:$C_1, C_2, C_4, \cdots$.这种加速过程还可继续下去,通过 C_n 与 C_{2n} 的线性组合式:

$$R_n = \frac{64}{63}C_{2n} - \frac{1}{63}C_n$$

可以在 Cotes 序列$\{C_{2^k}\}$基础上,产生一个称为 Romberg 序列的新序列$\{R_{2^k}\}$:$R_1, R_2, R_4, \cdots$.

综上所述,可以在积分区间逐次分半的过程中利用上述三个线性组合公式,将粗糙的近似值 T_n 逐步地"加工"成越来越精确的近似值:$S_n, C_n, R_n, \cdots$.也就是说,将收敛速度缓慢的梯形序列$\{T_{2^k}\}$逐步地"加工"成收敛速度越来越快的新序列$\{S_{2^k}\}, \{C_{2^k}\}, \{R_{2^k}\}, \cdots$.这种加速的方法就称为 Romberg 算法.

例 7.4.2 (1) 利用 Newton-Cotes 公式计算 $\pi = \int_0^1 \frac{4}{1+x^2}dx$ 的近似值;

(2) 利用递推公式

$$T_{2n} = \frac{1}{2}T_n + \frac{b-a}{2n}\sum_{k=1}^{n} f\left[a+(2k-1)\frac{b-a}{2n}\right]$$

重新计算 $\pi = \int_0^1 \frac{4}{1+x^2}dx$ 的近似值,使误差不超过 10^{-6};

(3) 利用三个线性组合公式

$$S_n=\frac{4}{3}T_{2n}-\frac{1}{3}T_n \qquad C_n=\frac{16}{15}S_{2n}-\frac{1}{15}S_n \qquad R_n=\frac{64}{63}C_{2n}-\frac{1}{63}C_n$$

“加工”(2) 中得到的 $\pi=\int_0^1\frac{4}{1+x^2}\mathrm{d}x$ 的近似值 T_1,T_2,T_4 和 T_8.

解 (1) 先将积分区间[0,1]8 等分(分点及分点处函数值见如下数据),用两种方法计算.

x	$f(x)=\frac{4}{1+x^2}$
0	4.00000000
1/8	3.93846154
1/4	3.76470588
3/8	3.50684932
1/2	3.20000000
5/8	2.87640449
3/4	2.56000000
7/8	2.26548673
1	2.000000

用复合梯形公式:

$$T_8=\frac{1}{16}\left\{f(0)+2\left[f\left(\frac{1}{8}\right)+f\left(\frac{1}{4}\right)+f\left(\frac{3}{8}\right)+f\left(\frac{1}{2}\right)+f\left(\frac{5}{8}\right)+f\left(\frac{3}{4}\right)+f\left(\frac{7}{8}\right)\right]+f(1)\right\}=3.138988$$

用复合 Simpson 公式:

$$S_4=\frac{1}{24}\left\{f(0)+4\left[f\left(\frac{1}{8}\right)+f\left(\frac{3}{8}\right)+f\left(\frac{5}{8}\right)+f\left(\frac{7}{8}\right)\right]+2\left[f\left(\frac{1}{4}\right)+f\left(\frac{1}{2}\right)+f\left(\frac{3}{4}\right)\right]+f(1)\right\}=3.141593$$

注意 两种方法都用到了数据中九个点上的函数值,计算工作量基本相同.但所得结果与积分真值 $\pi=3.14159265\cdots$ 相比较,复合 Simpson 公式所得近似值远比复合梯形公式所得近似值要精确.因此,在实际计算中,较多用复合 Simpson 公式.

(2) 在积分区间逐次分半的过程中顺次计算积分近似值 $T_1,T_2,T_4,\cdots$,并用是否满足不等式 $|T_{2n}-T_n|<3\varepsilon'$($\varepsilon'$ 为计算结果的允许误差,根据题意 $\varepsilon'=10^{-6}$)来判断计算过程是否继续下去.

① 先对整个区间[0,1]用梯形公式,得

$$T_1=\frac{1}{2}[f(0)+f(1)]=\frac{1}{2}(4+2)=3$$

n	T_n
1	3
2	3.1
4	3.13117647
8	3.13898849
16	3.14094161
32	3.14142989
64	3.14155196
128	3.14158248
256	3.14159011
512	3.14159202

② 然后将区间二等分,出现新的分点 $x=\frac{1}{2}$,由递推公式有

$$T_2=\frac{1}{2}T_1+\frac{1}{2}f\left(\frac{1}{2}\right)=3.1$$

③ 再将各小区间二等分,出现了两个新分点:$x=\frac{1}{4},x=\frac{3}{4}$,由递推公式有

$$T_4=\frac{1}{2}T_2+\frac{1}{4}\left[f\left(\frac{1}{4}\right)+f\left(\frac{3}{4}\right)\right]=3.13117647$$

……

最后计算结果如左上方数据所示. 因为$|T_{512}-T_{256}|<3\varepsilon'$, 故 $T_{512}=3.14159202$ 为满足精度要求的近似值.

(3) 计算结果见如下数据:

k	T_{2^k}	$S_{2^{k-1}}$	$C_{2^{k-2}}$	$R_{2^{k-3}}$
0	3			
1	3.1	3.133333		
2	3.131176	3.141569	3.142118	
3	3.138988	3.141593	3.141594	3.141588

从中可以看出,"加工"的效果非常显著,而"加工"的计算量,因只需做少量的四则运算,没有涉及求函数值,故可以忽略不计.

7.5 Gauss 求积公式

7.5.1 Gauss 积分问题的提出

建立 Newton-Cotes 公式时,为了简化计算,对节点 x_i 限定为等分的节点,再定求积系数,这种方法简单,但求积公式的精度受到了限制.

下面讨论怎样导出具有最高代数精度的求积公式.

已有定理:过 $n+1$ 个节点的插值型求积公式至少具有 n 次代数精度. 那么,最高的代数精度能达到多少?

定理 7.5.1 形如

$$\int_a^b f(x)\mathrm{d}x \approx \sum_{i=0}^{n} A_i f(x_i) \tag{7.5.1}$$

的插值型求积公式的代数精度最高不超过 $2n+1$ 次.

证 由代数精度定义:只要找到一个 $2n+2$ 次的多项式,使求积公式(7.5.1)不能精确成立即可. 因

$$\omega_{n+1}(x)=(x-x_0)(x-x_1)\cdots(x-x_n)$$

是 $n+1$ 次多项式,则取 $f(x)=[\omega_{n+1}(x)]^2$ 时,$f(x)$为 $2n+2$ 次多项式,且只在 $x_0, x_1, \cdots, x_n$ 处 $f(x)$为零,故

$$\int_a^b f(x)\mathrm{d}x = \int_a^b [\omega_{n+1}(x)]^2 \mathrm{d}x > 0$$

而$\sum\limits_{i=0}^{n} A_i f(x_i)=0$,因此,当取 $f(x)=[\omega_{n+1}(x)]^2$ 时,求积公式(7.5.1)不精确成立. 所以,求积公式(7.5.1)的代数精度不能超过 $2n+1$.

定义 7.5.1 若一组节点 $x_0, x_1, \cdots, x_n \in [a,b]$ 使插值型求积公式(7.5.1)具有 $2n+1$ 次代数精度，则称此组节点为 Gauss 点，并称相应的求积公式(7.5.1)为 Gauss 求积公式.

7.5.2 不带权的 Gauss 求积公式

1. Gauss 求积公式存在的条件

定理 7.5.2 在插值型求积公式(7.5.1)中，节点 x_i $(i=0,1,2,\cdots,n)$ 是 Gauss 点⇔在区间$[a,b]$上，以 x_i 为零点的 $n+1$ 次多项式

$$\omega_{n+1}=(x-x_0)(x-x_1)\cdots(x-x_n)$$

与所有次数不超过 n 的多项式 $p(x)$ 正交，即

$$\int_a^b p(x)\omega_{n+1}(x)\mathrm{d}x = 0.$$

证 充分性. 设 $p(x)$ 是任意一个次数不超过 n 的多项式，则 $p(x)\omega_{n+1}(x)$ 是次数不超过 $2n+1$ 的多项式，因此，若 $x_0, x_1, \cdots, x_n$ 是插值型求积公式

$$\int_a^b f(x)\mathrm{d}x \approx \sum_{i=0}^{n} A_i f(x_i)$$

的 Gauss 点，则求积公式(7.5.1)对于 $p(x)\omega_{n+1}(x)$ 精确成立，即有

$$\int_a^b p(x)\omega_{n+1}(x)\mathrm{d}x = \sum_{i=0}^{n} A_i p(x_i)\omega_{n+1}(x_i)$$

但 $\omega_{n+1}(x_i)=0$ $(i=0,1,2,\cdots,n)$，故 $\int_a^b p(x)\omega_{n+1}(x)\mathrm{d}x=0$ 成立.

必要性. 设 $f(x)$ 是任意给定次数不超过 $2n+1$ 次的多项式，用 $\omega_{n+1}(x)$ 除 $f(x)$，记商为 $p(x)$，余项为 $q(x)$，即

$$f(x) = p(x)\omega_{n+1}(x) + q(x)$$

其中，$p(x)$ 和 $q(x)$ 均为次数不超过 n 次的多项式，于是

$$\int_a^b f(x)\mathrm{d}x = \int_a^b p(x)\omega_{n+1}(x)\mathrm{d}x + \int_a^b q(x)\mathrm{d}x$$

由于

$$\int_a^b p(x)\omega_{n+1}(x)\mathrm{d}x = 0$$

故

$$\int_a^b f(x)\mathrm{d}x = \int_a^b q(x)\mathrm{d}x$$

由于所给求积公式是插值型求积公式，则它至少具有 n 次代数精度，从而对次数不超过 n 的多项式 $q(x)$ 能精确成立，即

$$\int_a^b q(x)\mathrm{d}x = \sum_{i=0}^{n} A_i q(x_i)$$

注意到

$$\omega_{n+1}(x_i)=0 \quad (i=0,1,2,\cdots,n)$$

故

$$f(x_i)=p(x_i)\omega_{n+1}(x_i)+q(x_i)=q(x_i)$$

从而有

$$\int_a^b q(x)\mathrm{d}x=\sum_{i=0}^{n}A_i f(x_i)$$

于是

$$\int_a^b f(x)\mathrm{d}x=\sum_{i=0}^{n}A_i f(x_i).$$

所以求积公式(7.5.1)对一切次数不超过 $2n+1$ 的多项式都精确成立,所以它是 Gauss 求积公式,其节点 $x_0,x_1,\cdots,x_n$ 是 Gauss 点.

由以上讨论知,Gauss 求积公式具有如下特点:

(1) 代数精度达到最高 $2n+1$(针对 $n+1$ 个节点而言).

(2) 节点是$[a,b]$上的 $n+1$ 次正交多项式的 $n+1$ 个零点.

2. Gauss-Legendre 求积公式的构造

(1) Legendre 多项式. 以 Gauss 点 x_k $(k=1,2,\cdots,n)$为零点的 n 次多项式

$$p_n(x)=(x-x_1)(x-x_2)\cdots(x-x_n) \tag{7.5.2}$$

称为 Legendre 多项式.

(2) Gauss-Legendre 求积公式. 以 Legendre 多项式 $p_n(x)$的 n 个实根为节点的插值求积公式为 Gauss-Legendre 求积公式.

先考虑$[-1,1]$上 Gauss 求积公式的构造.

① 一个节点. 一次 Legendre 多项式 $p_1(x)=x$,其零点 $x_0=0$,以 $x_0=0$ 为节点构造形如

$$\int_{-1}^{1}f(x)\mathrm{d}x\approx A_0 f(0)$$

的 Gauss 求积公式,可求得 $A_0=2$,构造出的 Gauss-Legendre 求积公式为

$$\int_{-1}^{1}f(x)\approx 2f(0) \tag{7.5.3}$$

即为中矩形公式;

② 二个节点. 二次 Legendre 正交多项式 $p_2(x)=\frac{1}{2}(3x^2-1)$,其零点为

$$x_0=-\frac{1}{\sqrt{3}} \qquad x_1=\frac{1}{\sqrt{3}}$$

以 $x_0=-\frac{1}{\sqrt{3}},x_1=\frac{1}{\sqrt{3}}$为节点构造形如

$$\int_{-1}^{1} f(x)\mathrm{d}x \approx A_0 f\left(-\frac{1}{\sqrt{3}}\right)+A_1 f\left(\frac{1}{\sqrt{3}}\right)$$

的求积公式，由于它的代数精度为 3，所以它对 $f(x)=1,x$ 精确成立，可得

$$\begin{cases} A_0+A_1=2 \\ A_0\left(-\frac{1}{\sqrt{3}}\right)+A_1\left(\frac{1}{\sqrt{3}}\right)=0 \end{cases} \Rightarrow \begin{cases} A_0=1 \\ A_1=1 \end{cases}$$

从而得到两点的 Gauss-Legendre 求积公式为

$$\int_{-1}^{1} f(x)\mathrm{d}x \approx f\left(-\frac{1}{\sqrt{3}}\right)+f\left(\frac{1}{\sqrt{3}}\right) \tag{7.5.4}$$

对于一般$[a,b]$区间上的积分，可先用变量替换：

$$x=\frac{a+b}{2}+\frac{b-a}{2}t$$

将$[a,b]$转化为$[-1,1]$，即

$$\int_{a}^{b} f(x)\mathrm{d}x=\frac{b-a}{2}\int_{-1}^{1} f\left(\frac{a+b}{2}+\frac{b-a}{2}t\right)\mathrm{d}t$$

然后用相应的 Gauss-Legendre 求积公式计算.

例 7.5.1 推导三点 Gauss 公式：

$$\int_{-1}^{1} f(x)\mathrm{d}x \approx \frac{1}{9}[5f(\sqrt{0.6})+8f(0)+5f(-\sqrt{0.6})]$$

并计算 $\int_{0}^{1}\frac{\sin x}{1+x}\mathrm{d}x$.

解 取三次 Legendre 多项式 $p_3(x)=\frac{1}{2}(5x^3-3x)$的三个根

$$x_1=-\sqrt{\frac{3}{5}} \qquad x_2=0 \qquad x_3=\sqrt{\frac{3}{5}}$$

作为节点：

$$A_1=\int_{-1}^{1}\frac{(x-x_2)(x-x_3)}{(x_1-x_2)(x_1-x_3)}\mathrm{d}x=\int_{-1}^{1}\frac{x\left(x-\sqrt{\frac{3}{5}}\right)}{\frac{6}{5}}\mathrm{d}x=\frac{5}{9}$$

$$A_2=\int_{-1}^{1}\frac{(x-x_1)(x-x_3)}{(x_2-x_1)(x_2-x_3)}\mathrm{d}x=\int_{-1}^{1}\frac{\left(x+\sqrt{\frac{3}{5}}\right)\left(x-\sqrt{\frac{3}{5}}\right)}{-\frac{3}{5}}\mathrm{d}x=\frac{8}{9}$$

$$A_3=\int_{-1}^{1}\frac{(x-x_1)(x-x_2)}{(x_3-x_1)(x_3-x_2)}\mathrm{d}x=\int_{-1}^{1}\frac{\left(x+\sqrt{\frac{3}{5}}\right)x}{\frac{6}{5}}\mathrm{d}x=\frac{5}{9}$$

故

$$\int_{-1}^{1} f(x)\mathrm{d}x \approx \frac{1}{9}\left[5f\left(-\sqrt{\frac{3}{5}}\right)+8f(0)+5f\left(\sqrt{\frac{3}{5}}\right)\right]$$

则

$$\int_0^1 \frac{\sin x}{1+x}\mathrm{d}x \xlongequal{x-\frac{1}{2}(t+1)} \frac{1}{2}\int_{-1}^{1}\frac{\sin\left(\frac{t+1}{2}\right)}{\frac{3}{2}+\frac{1}{2}t}\mathrm{d}t=\int_{-1}^{1}\frac{\sin\left(\frac{t}{2}+\frac{1}{2}\right)}{3+t}\mathrm{d}t$$

$$\approx \frac{1}{9}\left[5\cdot\frac{\sin\left(-\frac{\sqrt{0.6}}{2}+\frac{1}{2}\right)}{3-\sqrt{0.6}}+8\cdot\frac{\sin\frac{1}{2}}{3}+5\cdot\frac{\sin\left(\frac{\sqrt{0.6}}{2}+\frac{1}{2}\right)}{3+\sqrt{0.6}}\right]$$

$$=0.2842485$$

故

$$\int_0^1 \frac{\sin x}{1+x}\mathrm{d}x \approx 0.2842485$$

3. Gauss 求积公式的余项

定理 7.5.3 若 $f^{(2n+2)}(x)$ 在 $[a,b]$ 上连续，则 Gauss 求积公式的余项为

$$R[f]=\int_a^b f(x)\mathrm{d}x-\sum_{i=0}^{n}A_i f(x_i)=\frac{f^{(2n+2)}(\eta)}{(2n+2)!}\int_a^b[\omega_{n+1}(x)]^2\mathrm{d}x \quad \eta\in[a,b] \tag{7.5.5}$$

证 以 $x_0,x_1,\cdots,x_n$ 为节点构造 $f(x)$ 的次数不超过 $2n+1$ 次 Hermite 插值多项式 $H(x)$，使满足条件：

$$H(x_i)=f(x_i) \qquad H'(x_i)=f'(x_i) \quad (i=0,1,2,\cdots,n)$$

则由 Hermite 插值余项公式有

$$f(x)-H(x)=\frac{f^{(2n+2)}(\xi)}{(2n+2)!}[\omega_{n+1}(x)]^2$$

其中，$\xi\in[a,b]$.

由于 Gauss 求积公式 $\int_a^b f(x)\mathrm{d}x\approx\sum_{i=0}^{n}A_i f(x_i)$ 具有 $2n+1$ 次代数精度，所以它对 $2n+1$ 次 Hermite 插值多项式 $H(x)$ 能精确成立，即有

$$\int_a^b H(x)\mathrm{d}x=\sum_{i=0}^{n}A_i H(x_i)$$

由插值条件 $H(x_i)=f(x_i)$，有

$$\int_a^b H(x)\mathrm{d}x=\sum_{i=0}^{n}A_i f(x_i)$$

则 Gauss 求积公式的余项为

$$R[f]=\int_a^b f(x)\mathrm{d}x-\sum_{i=0}^{n}A_i f_i=\int_a^b f(x)\mathrm{d}x-\int_a^b H(x)\mathrm{d}x$$

$$=\int_a^b[f(x)-H(x)]\mathrm{d}x=\int_a^b \frac{f^{(2n+2)}(\xi)}{(2n+2)!}[\omega_{n+1}(x)]^2\mathrm{d}x$$

由于 $f^{(2n+2)}(x)$在$[a,b]$上连续，$[\omega_{n+1}(x)]^2\geqslant 0$，由积分中值定理知，必有 $\eta\in[a,b]$，使

$$R[f]=\frac{f^{(2n+2)}(\eta)}{(2n+2)!}\int_a^b[\omega_{n+1}(x)]^2\mathrm{d}x$$

4. Gauss 求积公式的稳定性和收敛性

事实上，与 Newton-Cotes 公式相比，Gauss 公式不但具有高精度，而且是数值稳定的求积公式，Gauss 公式的稳定性之所以能够得到保证，是由于它的求积系数具有非负性.

定理 7.5.4 Gauss 求积公式中的求积系数 A_i $(i=0,1,2,\cdots,n)$全部为正，且有

$$A_i=\int_a^b[l_i(x)]^2\mathrm{d}x\quad(i=0,1,2,\cdots,n)\tag{7.5.6}$$

其中，$l_i(x)$是 n 次 Lagrange 插值基函数.

证 因 $l_i(x)$是 n 次多项式，所以$[l_i(x)]^2$ 是 $2n$ 次多项式，而 Gauss 求积公式

$$\int_a^b f(x)\mathrm{d}x\approx\sum_{i=0}^{n}A_i f(x_i)$$

具有 $2n+1$ 次代数精度，则有

$$\int_a^b[l_i(x)]^2\mathrm{d}x=\sum_{k=0}^{n}A_k l_i^2(x_k)=A_i$$

即

$$A_i>0\quad(i=0,1,2,\cdots,n)$$

由于 Gauss 求积公式的系数 A_i 具有以下特点：

(1) $\sum_{i=0}^{n}A_i=b-a$.

(2) $A_i(i=0,1,2,\cdots,n)$全部为正.

所以，若 $f(x)$在 x_i 处有误差

$$f(x_i)-\tilde{f}(x_i)=e_i\quad(i=0,1,2,\cdots,n)$$

记 $e=\max\limits_{0\leqslant i\leqslant n}|e_i|$，则

$$|\delta|=\left|\sum_{i=0}^{n}A_i f(x_i)-\sum_{i=0}^{n}A_i\tilde{f}(x_i)\right|=\left|\sum_{i=0}^{n}A_i[f(x_i)-\tilde{f}(x_i)]\right|$$

$$\leqslant\sum_{i=0}^{n}|A_i|\cdot|f(x_i)-\tilde{f}(x_i)|\leqslant e\sum_{i=0}^{n}A_i=e(b-a)$$

此即表明，只要在各节点 x_i 处计算 $f(x_i)$ 的初始误差足够小，就能保证求积结果的误差也足够小，由此断言，Gauss 求积公式是稳定的.

关于收敛性，有结论：若 $f(x)$ 在 $[a,b]$ 上连续，那么，当 $n\to\infty$ 时，Gauss 求积公式

$$\int_a^b f(x)\mathrm{d}x \approx \sum_{i=0}^{n} A_i f_i$$

收敛，且收敛到积分值 $\int_a^b f(x)\mathrm{d}x$，即

$$\lim_{n\to\infty}\sum_{i=0}^{n} A_i f_i = \int_a^b f(x)\mathrm{d}x$$

7.5.3 带权的 Gauss 求积公式

若被积函数有某种坏的性态，例如在某一点函数值为无穷大，对这些积分，常常考虑有如下形式的所谓带权的积分：

$$I = \int_a^b \rho(x) f(x)\mathrm{d}x$$

其中，$\rho(x)\geqslant 0$ 是 $[a,b]$ 上的权函数.

可以仿照讨论普通积分的方法来讨论带权的积分，例如，若求积公式

$$\int_a^b \rho(x) f(x)\mathrm{d}x \approx \sum_{i=0}^{n} A_i f(x_i)$$

对于所有次数不超过 $2n+1$ 次的多项式均能精确成立，则称此求积公式为带权的 Gauss 求积公式，相应的求积节点 x_i $(i=0,1,2,\cdots,n)$ 仍称为 Gauss 点. 且不带权的 Gauss 求积公式的一些结论在这里也基本适用，只需要在前面讨论的积分号下加一个权函数 $\rho(x)$，并把“正交”改成“对权函数 $\rho(x)$ 正交”即可.

例如：当 $a=-1,b=1$，且取 $\rho(x)=\dfrac{1}{\sqrt{1-x^2}}$，则所建立的带权的 Gauss 型求积公式

$$\int_{-1}^{1} \frac{f(x)}{\sqrt{1-x^2}}\mathrm{d}x \approx \sum_{i=0}^{n} A_i f(x_i)$$

称为 Gauss-Chebyshev 求积公式.

由于在 $[-1,1]$ 上关于权函数 $\rho(x)=\dfrac{1}{\sqrt{1-x^2}}$ 的正交多项式是 Chebyshev 多项式，因此，该求积公式的 Gauss 点是 $n+1$ 次 Chebyshev 正交多项式的 $n+1$ 个零点，即

$$x_i = \cos\left[\frac{2i+1}{2(n+1)}\pi\right] \quad (i=0,1,2,\cdots,n)$$

由此，通过较复杂的计算可得 $A_i=\frac{\pi}{n+1}$ $(i=0,1,2,\cdots,n)$，于是得到 n 阶 Gauss-Chebyshev求积公式为

$$\int_{-1}^{1}\frac{f(x)}{\sqrt{1-x^2}}\mathrm{d}x\approx\frac{\pi}{n+1}\sum_{i=0}^{n}f\left\{\cos\left[\frac{2i+1}{2(n+1)}\right]\pi\right\}$$

例 7.5.2 求形如$\int_{-1}^{1}\frac{f(x)}{\sqrt{1-x^2}}\mathrm{d}x\approx A_0f(x_0)+A_1f(x_1)$的两点Gauss型求积公式.

解 由于求积节点 x_0,x_1 必是$[-1,1]$上带权 $\rho(x)=\frac{1}{\sqrt{1-x^2}}$的二次 Chebyshev 正交多项式的零点，为此，令

$$T_2(x)=2x^2-1=0$$

解得

$$x_0=-\frac{\sqrt{2}}{2}\qquad x_1=\frac{\sqrt{2}}{2}$$

则所求 Gauss 型求积公式形如

$$\int_{-1}^{1}\frac{f(x)}{\sqrt{1-x^2}}\mathrm{d}x\approx A_0f\left(-\frac{\sqrt{2}}{2}\right)+A_1f\left(\frac{\sqrt{2}}{2}\right)$$

由于该求积公式对 $f(x)=1,x$ 均精确成立，可得 A_0,A_1 应满足方程组：

$$\begin{cases}A_0+A_1=\pi\\ -\frac{\sqrt{2}}{2}A_0+\frac{\sqrt{2}}{2}A_1=0\end{cases}\Rightarrow\quad A_0=A_1=\frac{\pi}{2}$$

故

$$\int_{-1}^{1}\frac{f(x)}{\sqrt{1-x^2}}\mathrm{d}x\approx\frac{\pi}{2}\left[f\left(-\frac{\sqrt{2}}{2}\right)+f\left(\frac{\sqrt{2}}{2}\right)\right]$$

Gauss 求积公式的优点：

(1) 积分精度高，精度不够时可以复化.

(2) 计算上数值稳定，当被积函数 $f(x)$连续时，积分总是收敛的，且收敛速度快.

Causs 求积公式的缺点：节点无规律，且当积分精度不满足要求而需增加节点时，所用数据都要重新计算.

7.6 数值微分

如果函数 $f(x)$是以表格形式给出，近似地求出函数在某点的导数值，或者说

某点上函数的导数 $f'(x)$ 用该点附近节点上的函数近似表示，称为数值微分.

本节介绍两种构造数值微分的方法，即 Taylor 展开法和插值型求导法.

7.6.1 Taylor 展开法

这里用 Taylor 展开原理构造一阶导数和二阶导数的显式和隐式的数值微分公式，即

$$f(x_0+h)=f(x_0)+hf'(x_0)+\frac{h^2}{2}f''(x_0)+\frac{h^3}{6}f'''(x_0)+\frac{h^4}{24}f^{(4)}(x_0)+\frac{h^5}{120}f^{(5)}(x_0)+O(h^6) \tag{7.6.1}$$

$$f(x_0-h)=f(x_0)-hf'(x_0)+\frac{h^2}{2}f''(x_0)-\frac{h^3}{6}f'''(x_0)+\frac{h^4}{24}f^{(4)}(x_0)-\frac{h^5}{120}f^{(5)}(x_0)+O(h^6) \tag{7.6.2}$$

由式(7.6.1)，取两项并整理，有

$$f'(x_0)=\frac{f(x_0+h)-f(x_0)}{h}-\frac{h}{2}f''(\xi)\quad \xi\in(x_0,x_0+h)$$

由式(7.6.2)，取两项并整理，有

$$f'(x_0)=\frac{f(x_0)-f(x_0-h)}{h}+\frac{h}{2}f''(\xi)\quad \xi\in(x_0-h,x_0)$$

同理，分别由式(7.6.1)减式(7.6.2)及式(7.6.1)加式(7.6.2)，经整理得

$$f'(x_0)=\frac{f(x_0+h)-f(x_0-h)}{2h}-\frac{h^2}{6}f'''(x_0)-\frac{h^4}{120}f^{(5)}(x_0)+O(h^6) \tag{7.6.3}$$

$$f''(x_0)=\frac{f(x_0+h)-2f(x_0)+f(x_0-h)}{h^2}-\frac{h^2}{12}f^{(4)}(x_0)+O(h^5) \tag{7.6.4}$$

略去以上公式中右端的导数项或称为截断误差项，就得到 $f(x)$ 在 x_0 点的一阶和二阶导数的数值计算公式：

$$f'(x_0)\approx\frac{f(x_0+h)-f(x_0)}{h} \tag{7.6.5}$$

$$f'(x_0)\approx\frac{f(x_0)-f(x_0-h)}{h} \tag{7.6.6}$$

$$f'(x_0)\approx\frac{f(x_0+h)-f(x_0-h)}{2h} \tag{7.6.7}$$

$$f''(x_0)\approx\frac{f(x_0+h)-2f(x_0)+f(x_0-h)}{h^2} \tag{7.6.8}$$

分别称为它们为 $f(x)$的一阶导数的向前差商公式、向后差商公式、中心差商公式和二阶导数的中心差商公式. 前两个公式的精度为 $O(h)$，后两个公式的精度为 $O(h^2)$.

从截断误差看，截断误差中 h 的幂次越高，h 越小，计算精度就越高. 从数值计算稳定性角度看，h 越小，$f(x_0+h)$与 $f(x_0-h)$的值越接近，两个相近数相减其有效位数损失得越严重.

再考虑舍入误差，以式(7.6.7)为例，设 $f(x_0+h)$与 $f(x_0-h)$分别有舍入误差 ε_1 和 ε_2，令$\varepsilon=\max\{|\varepsilon_1|,|\varepsilon_2|\}$，则数值计算 $f'(x_0)$产生的误差为

$$\delta[f'(x_0)]=|f'(x_0)-\tilde{f}'(x_0)|\leqslant\frac{|\varepsilon_1|+|\varepsilon_2|}{2h}\leqslant\frac{\varepsilon}{h}$$

随着 h 趋于零而变得越来越大，这是一个病态问题. 因此，在实际计算时，步长 h 不宜取太小，也不宜取太大，应综合考虑截断误差和数值稳定性这两个重要因素.

下面用 Taylor 展开原理建立求一阶导数的隐式格式，具有 h^4 精度.

已知节点 $x_0,x_1,\cdots,x_n$ 的函数值 $f(x_0),f(x_1),\cdots,f(x_n)$和两端的边界条件 $f'(x_0)$和$f'(x_n)$，求 $f'(x_k)$ $(k=1,2,\cdots,n-1)$. 在 x_k 点上，用式(7.6.4)去表示式(7.6.3)中右端的第二项，则有

$$f'(x_k)\approx\frac{f(x_k+h)-f(x_k-h)}{2h}-\frac{h^2}{6}\frac{f'(x_k+h)-2f'(x_k)+f'(x_k-h)}{h^2}+O(h^4)$$

略去误差项，用 m_k 近似表示 $f'(x_k)$，那么得到

$$m_{k-1}+4m_k+m_{k+1}=\frac{3}{h}[f(x_{k+1})-f(x_{k-1})]\quad(k=1,2,\cdots,n-1)$$

这 $n-1$ 个方程组中有 $n+1$ 个未知量 $m_0,m_1,\cdots,m_n$，考虑还有两个边界条件 $m_0=f'(x_0)$，$m_n=f'(x_n)$，且令 $\delta f_k=f(x_{k+1})-f(x_{k-1})$，从而得到具有 h^4 精度的一阶导数隐式格式方程组：

$$\begin{bmatrix}4&1&&&\\1&4&1&&\\&1&\ddots&\ddots&\\&&\ddots&4&1\\&&&1&4\end{bmatrix}\begin{bmatrix}m_1\\m_2\\\vdots\\m_{n-2}\\m_{n-1}\end{bmatrix}=\begin{bmatrix}\frac{3}{h}\delta f_1-f'(x_0)\\\frac{3}{h}\delta f_2\\\vdots\\\frac{3}{h}\delta f_{n-2}\\\frac{3}{h}\delta f_{n-1}-f'(x_n)\end{bmatrix}\qquad(7.6.9)$$

简写为 $\boldsymbol{G}_1\boldsymbol{m}=\boldsymbol{f}_1$，其中，$\boldsymbol{G}_1\in\mathbf{R}^{(n-1)\times(n-1)}$；$\boldsymbol{m},\boldsymbol{f}_1\in\mathbf{R}^{n-1}$. 该方程组的系数矩阵是严格对角占优的，其解存在唯一，用追赶法求解是数值稳定的. 这就是求解各节点上一阶导数近似值的隐式方法.

二阶导数的隐式格式也具有 h^4 精度，请读者自行推导.

7.6.2 插值型求导公式

已知插值表：

x_0	x_1	…	x_n
$f(x_0)$	$f(x_1)$	…	$f(x_n)$

可建立 Lagrange 插值公式 $L_n(x)$，使

$$f(x)=L_n(x)+R_n(x) \tag{7.6.10}$$

其中：

$$L_n(x)=\sum_{k=0}^{n} l_k(x)f(x_k) \qquad R_n(x)=\frac{f^{(n+1)}[\xi(x)]}{(n+1)!}\omega_{n+1}(x)$$

这里，$\omega_{n+1}(x)=\prod_{j=0}^{n}(x-x_j)$ 略去余项，有

$$f'(x)\approx L_n'(x) \qquad f''(x)\approx L_n''(x)$$

等.应当指出，当 $L_n(x)$收敛于 $f(x)$时，$L_n'(x)$不一定收敛于 $f'(x)$. 当 h 减小时其截断误差减小，但舍入误差却会增加，所以，采用缩小 h 的办法不一定能达到提高精度的目的. 由于插值法求数值微分的不可靠性，计算时要注意误差分析.

对式(7.6.10)两边求导，得

$$f'(x)=L_n'(x)+\frac{f^{(n+1)}[\xi(x)]}{(n+1)!}\omega_{n+1}'(x)+\frac{\omega_{n+1}(x)}{(n+1)!}\frac{\mathrm{d}}{\mathrm{d}x}f^{(n+1)}[\xi(x)]$$

在此公式中，右端第二项很难作出估计. 若仅讨论节点 x_k 上的导数值，因为 $\omega_{n+1}(x_k)=0$，则有

$$f'(x_k)-L_n'(x)=\frac{f^{(n+1)}[\xi(x)]}{(n+1)!}\omega_{n+1}'(x_k) \tag{7.6.11}$$

称 $f'(x)\approx L_n'(x)$ 和 $f^{(m)}(x)=L_n^{(m)}(x)$ $(m=2,3,\cdots)$ 为插值型求导公式，称式(7.6.11)为求导公式在节点 x_k 的余项.

当 $n=1$ 时，即取两个插值节点，可求得线性插值公式 $L_1(x)$，用 $L_1'(x)\approx f'(x_0)$，于是得到式(7.6.5)和式(7.6.6).

当 $n=2$ 时，即已知

x_0	x_1	x_2
$f(x_0)$	$f(x_1)$	$f(x_2)$

作两次 Lagrange 插值公式：

$$L_2(x)=\frac{(x-x_1)(x-x_2)}{(x_0-x_1)(x_0-x_2)}f(x_0)+\frac{(x-x_0)(x-x_2)}{(x_1-x_0)(x_1-x_2)}f(x_1)$$
$$+\frac{(x-x_0)(x-x_1)}{(x_2-x_0)(x_2-x_1)}f(x_2)$$

两端对 x 求导，得到三点公式：

$$L_2'(x)=\frac{2x-x_1-x_2}{2h^2}f(x_0)-\frac{2x-x_0-x_2}{h^2}f(x_1)+\frac{2x-x_0-x_1}{2h^2}f(x_2) \tag{7.6.12}$$

从而有节点上的三点公式：

$$f'(x_0)\approx L_2'(x_0)=\frac{1}{2h}[-3f(x_0)+4f(x_1)-f(x_2)] \tag{7.6.13}$$

$$f'(x_1)\approx L_2'(x_1)=\frac{1}{2h}[-f(x_0)+f(x_2)] \tag{7.6.14}$$

$$f'(x_2)\approx L_2'(x_2)=\frac{1}{2h}[f(x_0)-4f(x_1)+3f(x_2)] \tag{7.6.15}$$

由式(7.6.11)求得余项：

$$f'(x_0)-L_2'(x_0)=\frac{h^2}{3}f'''(\xi_0)$$

$$f'(x_1)-L_2'(x_1)=-\frac{h^2}{6}f'''(\xi_1)$$

$$f'(x_2)-L_2'(x_2)=\frac{h^2}{3}f'''(\xi_2)$$

三点公式的截断误差均为 $O(h^2)$.

将式(7.6.12)两边再对 x 求导，有

$$L_2''(x)=\frac{1}{h^2}[f(x_0)-2f(x_1)+f(x_2)]$$

于是得到二阶导数的中心差分公式：

$$f''(x_1)\approx L_2''(x_1)=\frac{1}{h^2}[f(x_0)-2f(x_1)+f(x_2)]$$

其余项为

$$f''(x_1)-L_2''(x_1)=-\frac{h^2}{12}f^{(4)}(\xi)$$

注意　公式(7.6.14)的实质是用 $f(x)$ 在 x_1 处的中心差商作为 $f'(x_1)$ 的近似值，它与前、后两公式相比较，其优越性是显然的.

同理，取 $n=4$，即有插值：

x_{-2}	x_{-1}	x_0	x_1	x_2
$f(x_{-2})$	$f(x_{-1})$	$f(x_0)$	$f(x_1)$	$f(x_2)$

可导出常用的五点公式：

$$f'(x_0)\approx\frac{1}{12h}[f(x_{-2})-8f(x_{-1})+8f(x_1)-f(x_2)] \tag{7.6.16}$$

其余项为

$$f'(x_0)-L_4'(x_0)=\frac{h^2}{30}f^{(5)}(\xi)$$

例 7.6.1 用三点公式求 $f(x)=\frac{1}{(1+x)^2}$ 在 $x=1.0,1.1,1.2$ 处的导数值并估计误差，$f(x)$的函数值如下所示：

x_i	1.0	1.1	1.2
$f(x_i)$	0.25 000	0.226 757	0.206 612

解 将表中 $x_0=1.0,x_1=1.1,x_2=1.2$ 分别代入三点公式即可得导数的近似值. 由于

$$|f'''(\xi_i)|\leqslant\max_{1.0\leqslant x\leqslant 1.2}|f'''(x)|=\max_{1.0\leqslant x\leqslant 1.2}\left|\frac{-4!}{(1+x)^5}\right|=\frac{4!}{2^5}=0.75$$

故可得误差估计及导数值如下：

x	1.0	1.1	1.2
三点公式	−0.24 792	−0.21 694	−0.18 596
准确 $f'(x)$	−0.25 000	−0.21 596	−0.18 783
理论误差限	0.00 250	0.00 125	0.00 250
实际误差限	0.00 208	0.00 098	0.00 187

7.7 数值实验

7.7.1 复合求积

(1) 复合梯形公式.

$$I=\frac{h}{2}(f_1+2f_2+\cdots+2f_n+f_{n+1})+E$$

(2) 复合 Simpson 公式.

$$I=\frac{h}{3}(f_1+4f_2+2f_3+2f_4+\cdots+2f_{n-1}+4f_n+f_{n+1})+E$$

其中，

$$h=(b-a)/n$$
$$x_i=a+(i-1)/h$$
$$f_i=f(x_i)\quad(i=1,2,\cdots,n+1)$$

程序与实例：

例 7.7.1 计算：$\int_{15}^{30} \frac{2000u}{8.1u^2 + 1200} du$.

编写命令 M 文件 chap7_1 如下：

```
n_points=16;i=1:n_points;
h=(30-15)/(n_points-1);u=15+(i-1)*h;
f=2000*u./(8.1*u.^2+1200);
x=h*(sum(f)-(f(1)+f(length(f)))/2);
```

在命令窗口调用 chap7_1：

```
>>chap7_1
x=
    127.5040
```

例 7.7.2 用复合梯形公式、复合 Simpson 公式计算积分：

$$I = \int_0^1 \frac{4}{1+x^2} dx$$

并分析剖分区间数对误差的影响，取 $n=2,4,8,16,32,64,128,256,512$. 积分精确值 $I=\pi=3.141592653\cdots$.

1. 用复合梯形公式计算

编写命令 M 文件 chap7_2 如下：

```
Iexact=3.141592653;
a=0;b=1;
fprintf('\n      积分精确值 Iexact=3.141592653\n');
fprintf('\n    n             I                  Error\n');
n=1;
for k=1:9
    n=2*n;
    h=(b- a)/n;i=1:n+1;
    x=a+(i-1)*h;f=4./(1+x.^2);
    I=h*(sum(f)-(f(1)+f(length(f)))/2);
    fprintf('    %3.0f     %12.9f     %12.9f\n',...
                        n,    I,    Iexact -I);
end
```

在命令窗口调用 chap7_2：

```
>>chap7_2
```

积分精确值 Iexact=3.141592653

```
  n        I           Error
  2  3.100000000  0.041592653
  4  3.131176471  0.010416182
  8  3.138988494  0.002604159
 16  3.140941612  0.000651041
 32  3.141429893  0.000162760
 64  3.141551963  0.000040690
128  3.141582481  0.000010172
256  3.141590110  0.000002543
512  3.141592018  0.000000635
```

2. 复合 Simpson 公式计算

编写命令 M 文件 chap7_3 如下：

```
Iexact=3.141592653;
a=0;b=1;
fprintf('\n  Simpson 法计算积分\n');
fprintf('\n  精确值 Iexact=3.141592653;\n');
fprintf('  n          I           Error\n');
n=1;
for k=1:9;n=2*n;
    h=(b- a)/n;i=1:n+1;
    x=a+(i-1)*h;f=4./(1+x.^2);
    I=(h/3)*(f(1)+4*sum(f(2:2:n))+2*sum(f(3:2:n))+f(n+1));
    fprintf('%3.0f    %12.9f    %12.9f\n',n,I,Iexact-I);
end
```

在命令窗口调用 chap7_3：

```
>>chap7_3
```

Simpson 法计算积分：

精确值 Iexact＝3.141592653；

```
  n        I            Error
  2  3.133333333   0.008259320
  4  3.141568627   0.000024026
  8  3.141592502   0.000000151
 16  3.141592651   0.000000002
 32  3.141592654  -0.000000001
 64  3.141592654  -0.000000001
128  3.141592654  -0.000000001
256  3.141592654  -0.000000001
512  3.141592654  -0.000000001
```

7.7.2 Romberg 求积

$$T_{2n}=\frac{1}{2}\left[T_n+h_n\sum_{k=0}^{n-1}f(x_{k+1/2})\right]\quad\left(h_n=\frac{b-a}{n},x_{k+1/2}=(k+1/2)h_n\right)$$

$$S_n=T_{2n}+\frac{1}{3}(T_{2n}-T_n)\qquad C_n=S_{2n}+\frac{1}{15}(S_{2n}-S_n)$$

$$R_n=C_{2n}+\frac{1}{63}(C_{2n}-C_n)$$

用事后估计法控制精度 $|R_{2n}-R_n|<\varepsilon$.

例 7.7.3 用 Romberg 法求函数积分 $I=\int_0^1\frac{\sin x}{x}\mathrm{d}x$，精度为 0.5e－6.

编写函数 M 文件 Romberg 如下：

```
function t=Romberg(fname,a,b,e)
%Romberg 法求函数的积分
%fname 是被积函数,a 是上限,b 是下限,e 为精度(默认 1e-4)
if nargin<4,e=1e-4;
end
i=1;j=1;h=b-a;
T(i,1)=h/2*(feval(fname,a)+feval(fname,b));
T(i+1,1)=T(i,1)/2+sum(feval(fname,a+h/2:h:b-h/2+0.001*h))*h/2;
T(i+1,j+1)=4^j*T(i+1,j)/(4^j-1)-T(i,j)/(4^j-1);
while abs(T(i+1,i+1)-T(i,i))>e
    i=i+1;h=h/2;
    T(i+1,1)=T(i,1)/2+sum(feval(fname,a+h/2:h:b-h/2+0.001*h))*
h/2;
    for j=1:i
        T(i+1,j+1)=4^j*T(i+1,j)/(4^j-1)-T(i,j)/(4^j-1);
    end
end
T
t=T(i+1,j+1)
```

在命令窗口调用函数 M 文件 Romberg：

```
>>format long;Romberg(inline('sin(x)./x'),eps,1,0.5e- 6);format
short;
T=
  0.92073549240395                  0                  0                  0
  0.93979328480618   0.94614588227359                  0                  0
  0.94451352166539   0.94608693395179   0.94608300406367                  0
  0.94569086358270   0.94608331088847   0.94608306935092   0.94608307038722
```

```
t=
   0.94608307038722
```

7.7.3 广义积分

例 7.7.4 计算积分：

$$I=\int_{-\infty}^{\infty}\exp(\sin x-x^2/100)\mathrm{d}x$$

解 由于

$$I=\lim_{n\to\infty}\int_{-n}^{n}\exp(\sin x-x^2/100)\mathrm{d}x$$

于是先取一适当大的 n(如 $n=10$)，计算一个近似 I 值，然后将 n 以一适当倍数(如两倍)增加计算出新的 I 值，直至前后两次差异小于给定的精度为止.

编写 M 文件 chap7_4 如下(利用 Matlab 积分命令 quadl)：

```
n=10;
r=2;eps=1e-6;
fun=inline('exp(sin(x)-x.^2/100)');
t0=inf;t1=quadl(fun,-n,n);
fprintf('    n          I\n')
fprintf('%4d    %12.6f\n',n,t1)
while abs(t0-t1)>eps
     t0=t1;
     n=n*r;t1=quadl(fun,-n,n);
     fprintf('%4d    %12.6f\n',n,t1)
end
```

在命令窗口调用 M 文件 chap7_4，输出结果如下：

```
>>chap7_4
 n         I
10    18.824736
20    22.331190
40    22.440433
80    22.440433
```

习 题

1. 确定节点 x_1,x_2,x_3 和系数 A，使得下列形式的求积公式：

$$\int_{-1}^{1}f(x)\mathrm{d}x\approx A[f(x_1)+f(x_2)+f(x_3)]$$

具有三次代数精度.

2. 判别下列求积公式是否是插值型的，并指明其代数精度：

(1) $\int_0^3 f(x)\mathrm{d}x \approx \frac{3}{2}[f(1)+f(2)]$；

(2) $\int_{-1}^1 f(x)\mathrm{d}x \approx \frac{1}{2}[f(-1)+2f(0)+f(1)]$.

3. 数值积分公式形如：

$$\int_0^1 xf(x)\mathrm{d}x \approx S(x) = Af(0)+Bf(1)+Cf'(0)+Df'(1)$$

(1) 确定求积公式中的参数 A,B,C,D，使其代数精度尽量高；

(2) 设 $f\in C^4[0,1]$，推导余项表达式 $\int_0^1 xf(x)\mathrm{d}x - S(x)$.

4. 导出下列三种矩形求积公式：

(1) $\int_a^b f(x)\mathrm{d}x = (b-a)f(a)+\frac{1}{2}f'(\eta)(b-a)^2, \eta\in(a,b)$（左矩形公式）；

(2) $\int_a^b f(x)\mathrm{d}x = (b-a)f(b)-\frac{1}{2}f'(\eta)(b-a)^2, \eta\in(a,b)$（右矩形公式）；

(3) $\int_a^b f(x)\mathrm{d}x = (b-a)f\left(\frac{a+b}{2}\right)+\frac{1}{24}f''(\eta)(b-a)^3, \eta\in(a,b)$（中矩形公式）.

5. 试取 $n=1,2,3$ 的 Newton-Cotes 求积公式计算定积分：$\int_1^2 \frac{1}{x}\mathrm{d}x$.

6. 已知 $x_0=\frac{1}{4}, x_1=\frac{1}{2}, x_2=\frac{3}{4}$.

(1) 推导以这三个点作为求积节点在[0,1]上的插值型求积公式；

(2) 指明求积公式所具有的代数精度；

(3) 用所求公式计算 $\int_0^1 x^2\mathrm{d}x$.

(4) 指出所得公式与一般的 Newton-Cotes 型公式在形式上的重要区别.

7. 已知 $f(x)$ 的函数值如下：

x	-1	-0.5	0	0.5	1
$f(x)$	-1	0	0.5	1.5	2

用复合梯形公式和复合 Simpson 公式求 $\int_{-1}^1 f(x)\mathrm{d}x$ 的近似值.

8. 从地面发射一枚火箭，在最初 80 s 内记录其加速度 $a=a(t)$ 如下. 已知速度 $v(t)=\int_0^t a(t)\mathrm{d}t$，用复合 Simpson 公式计算 $t=80$ s 时的速度.

t/s	0	10	20	30	40	50	60	70	80
$a/(\mathrm{m}\cdot\mathrm{s}^{-2})$	30.00	31.63	33.44	35.47	37.75	40.33	43.29	46.69	50.67

9. 已知 $f(x)$ 的函数值如下：

x	$f(x)=\frac{\sin x}{x}$
0	1.0000000
0.125	0.9973978
0.25	0.9896158
0.375	0.9767267
0.5	0.9588510
0.625	0.9361556
0.75	0.9088516
0.875	0.8771925
1	0.8414709

(1) 利用复合梯形公式计算积分 $I=\int_0^1 \frac{\sin x}{x}\mathrm{d}x$，截断误差不超过 $\frac{1}{2}\times 10^{-3}$；

(2) 用同样的节点，改用复合 Simpson 公式计算 $I=\int_0^1 \frac{\sin x}{x}\mathrm{d}x$，并估计截断误差.

10. 给定积分 $\int_1^3 \mathrm{e}^x \sin x\mathrm{d}x$，当要求误差小于 10^{-6} 时，用复合梯形公式和复合 Simpson 公式计算时所需节点数及步长分别为多少？

11. 设 $f(x)$ 在 $[a,b]$ 上可积.

(1) 证明对于积分 $\int_a^b f(x)\mathrm{d}x$ 的复合梯形公式和复合 Simpson 公式当 $n\to\infty$ 时趋于积分值 $\int_a^b f(x)\mathrm{d}x$；

(2) 问能证明 Romberg 序列 $\{R_{2^k}\}_{n=0}^{\infty}$ 在 $k\to\infty$ 时趋于积分值 $\int_a^b f(x)\mathrm{d}x$ 吗？

12. $f(x)$ 在 $[-1,1]$ 具有二阶连续导数.

(1) 写出以 $x_0=-\frac{1}{\sqrt{3}},x_1=\frac{1}{\sqrt{3}}$ 为插值节点的 $f(x)$ 的线性插值多项式 $L_1(x)$；

(2) 设想要计算积分 $\int_{-1}^1 f(x)\mathrm{d}x$，以 $L_1(x)$ 代替 $f(x)$ 导出插值型求积公式；

(3) 所导出的插值型求积公式具有几次代数精度？是 Gauss 型求积公式吗？

13. 确定下列求积公式的求积系数 A_{-1},A_0,A_1：

$$\int_{-1}^1 f(x)\mathrm{d}x \approx A_{-1}f(-1)+A_0 f(0)+A_1 f(1)$$

使公式具有尽可能高的代数精度，并问所得公式是不是 Gauss 型公式？

14. 构造带权 $\rho(x)=\frac{1}{\sqrt{x}}$ 的如下 Gauss 型公式：

$$\int_0^1 \frac{1}{\sqrt{x}}f(x)\mathrm{d}x \approx A_0 f(x_0)+A_1 f(x_1)$$

15. 构造形如 $\int_0^1 \sqrt{x}f(x)\mathrm{d}x \approx w_0 f(x_0)+w_1 f(x_1)$ 的 Gauss 型求积公式.

16. 根据“重积分化为单重累次积分”的方法，可推广数值积分到重积分的情形.

(1) 试建立一种计算二重积分 $\int_c^d\int_a^b f(x,y)\mathrm{d}x\mathrm{d}y$ 的数值公式；

(2) 用上述方法计算积分 $\int_0^1\int_0^1 xy\mathrm{e}^{-xy^2}\mathrm{d}x\mathrm{d}y$（这个积分的准确值是 0.183940.）

17. 验证下列数值微分公式是插值型的：

$$f'(a)\approx\frac{1}{6h}[-11f(a)+18f(a+h)-9f(a+2h)+2f(a+3h)]$$

18. 求出如下数值微分公式的系数，使其对次数尽可能高的多项式精确成立：

$$f''(x_0)\approx a_1 f(x_0+h)+a_2 f(x_0)+a_3 f'(x_0)$$

并导出该数值微分公式的余项表达式.

19. 利用 $f(x)=\tan x$ 的下列数值：

x	1.36	1.38	1.40	1.42
$f(x)$	4.673441	5.177437	5.797884	6.581119

计算 $f'(1.4)$ 的近似值，并作误差估计.

20. 设 $f\in C^5[x_0-2h,x_0+2h]$ $(h>0)$，$x_k=x_0+kh$，$f_k=f(x_k)(k=0,\pm1,\pm2)$，求证：

$$f'(x_0)=\frac{1}{12h}(f_{-2}-8f_{-1}+8f_1-f_2)+O(h^4)$$

实验题

1. 用复合梯形公式计算下面积分，取 $n=2,4,8,25,100$：

$$I=\int_0^{\pi/2}\sin x\mathrm{d}x$$

并给出数值积分结果与精确值 1 之间的误差.

2. 用复合梯形公式计算下面积分，取 $h=0.4,0.2,0.1$：

$$\int_0^{0.8} f(x)\mathrm{d}x$$

被积函数值以下面表格形式给出：

x	0.0	0.1	0.2	0.3	0.4	0.5	0.6	0.7	0.8
$f(x)$	0	2.1220	3.0244	3.2568	3.1399	2.8579	2.5140	2.1639	1.8358

3. 复合 Simpson 公式计算积分 $I=\int_{0.1}^{0.5}\frac{\arctan(x)}{x^2}\mathrm{d}x$，取 $n=4,8,16,32$.

4. 函数数据如下：

i	1	2	3	4	5
x_i	0	0.25	0.5	0.75	1.0
$f(x_i)$	0.9162	0.8109	0.6931	0.5596	0.4055

(1) 用复合梯形公式计算积分 $I=\int_0^1 f(x)\mathrm{d}x$，取 $h=0.25,0.5$；

(2) 在(1) 的结果上进行 Romberg 积分.

5. 编写定步长 Gauss 法求函数积分的 M 文件(Gauss 点数取 1,2,3,4,5 即可)，并用于计算积分 $I=\int_0^1\frac{\sin x}{x}\mathrm{d}x$.

6. 计算无穷限广义积分 $I=\frac{1}{\sqrt{\pi}}\int_{-\infty}^{\infty}\mathrm{e}^{-x^2}\mathrm{d}x$，其精确值 $I=1$.

第8章 常微分方程数值解法

8.1 Euler 法

本章讨论常微分方程初值问题.

$$\begin{cases}\dfrac{\mathrm{d}y}{\mathrm{d}x}=f(x,y) \quad (a\leqslant x\leqslant b)\\ y(a)=y_0\end{cases} \quad 或 \quad \begin{cases}y'=f(x,y) \quad (a\leqslant x\leqslant b)\\ y(a)=y_0\end{cases} \tag{8.1.1}$$

的数值解法,要求 f 对 y 满足 Lipschitz 条件,即存在常数 $L>0$,使对 $\forall y_1,y_2\in\mathbf{R}^1$,有

$$|f(x,y_1)-f(x,y_2)|\leqslant L|y_1-y_2| \tag{8.1.2}$$

从而初值问题(8.1.1)的解 $y=y(x)$是存在且唯一的.若给出节点 $x_n=a+nh$ ($n=0,1,\cdots$),其中 h 为步长,设 $y(x_n)$代表方程式(8.1.1)的精确解在 x_n 的值,y_n 代表某种算法(忽略计算的舍入误差)得到的 $y(x_n)$近似值.所谓数值解法,就是寻求 $y(x)$在系列离散点

$$x_1<x_2<\cdots<x_n<x_{n+1}<\cdots$$

上的近似值 $y_1,y_2,\cdots,y_n,y_{n+1},\cdots$.求解过程是顺着节点的次序一步步地向前推进,即按递推公式由已知的 $y_1,y_2,\cdots,y_i$ 求出 y_{i+1}.

8.1.1 Euler 公式

将方程(8.1.1)在区间$[x_n,x_{n+1}]$上积分,得

$$y(x_{n+1})=y(x_n)+\int_{x_n}^{x_{n+1}}f(x,y(x))\mathrm{d}x \tag{8.1.3}$$

如果积分区间足够小,可认为被积函数在该区间上为一常数,取 $f(x,y(x))=f(x_n,y(x_n))$,可得

$$y(x_{n+1})\approx y(x_n)+hf(x_n,y(x_n))$$

用 y_n 代替 $y(x_n)$,用"="代替"≈",得到

$$y_{n+1}=y_n+hf(x_n,y_n) \quad (n=0,1,2,\cdots) \tag{8.1.4}$$

由 $y(x_0)=y_0$，可由式(8.1.4)依次得到 $y_1,y_2,\cdots,y_n,\cdots$. 式(8.1.4)称为 Euler 公式.

例 8.1.1　用 Euler 法计算下列初值问题(取步长 $h=0.2$)：

$$\begin{cases} y'=-y-xy^2 & (0\leqslant x\leqslant 0.6) \\ y(0)=1 \end{cases}$$

解　Euler 格式为

$$y_{n+1}=y_n+hf(x_n,y_n)=y_n+0.2(-y_n-x_ny_n^2)=0.8y_n-0.2x_ny_n^2 \quad (n=0,1,\cdots)$$

由 $y(0)=1$ 计算得(注意 $x_0=0$)

$$y(0.2)\approx y_1=0.8\times 1-0.2\times 0\times 1^2=0.8$$

$$y(0.4)\approx y_2=0.8\times 0.8-0.2\times 0.2\times 0.8^2=0.6144$$

$$y(0.6)\approx y_3=0.8\times 0.6144-0.2\times 0.4\times 0.6144^2=0.461321012$$

8.1.2　隐式 Euler 公式

在 x_{n+1} 点处列出式(8.1.1)中的常微分方程，有

$$y'(x_{n+1})=f(x_{n+1},y(x_{n+1})) \tag{8.1.5}$$

上式中用差商 $\dfrac{y(x_{n+1})-y(x_n)}{h}$ 代替导数 $y'(x_{n+1})$，可得

$$\frac{y(x_{n+1})-y(x_n)}{h}=f(x_{n+1},y(x_{n+1}))$$

设 $y(x_n)$ 的近似值 y_n 已知，用 y_{n+1} 代替 $y(x_{n+1})$，上式化简为

$$y_{n+1}=y_n+hf(x_{n+1},y_{n+1}) \tag{8.1.6}$$

式(8.1.6)称为隐式 Euler 公式.

隐式 Euler 公式和 Euler 公式有本质的区别，后者是关于 y_{n+1} 的一个直接公式，它右端不含未知量 y_{n+1}，y_{n+1} 的表达式是利用 x_n 和 y_n 显示给出的，这类公式称为显式公式，而隐式 Euler 公式的右端隐含有未知量 y_{n+1}，不能直接由 y_n 算出 y_{n+1}，它实际是关于 y_{n+1} 的一个函数方程，当 f 对 y 非线性时，求 y_{n+1} 要解非线性方程，这类公式称为隐式公式.

由于隐式 Euler 公式是隐式的，一般采用迭代法求解. 首先用 Euler 公式提供迭代初值，然后迭代计算：

$$\begin{cases} y_{n+1}^{(0)}=y_n+hf(x_n,y_n) \\ y_{n+1}^{(k+1)}=y_n+hf(x_{n+1},y_{n+1}^{(k)}) & (k=0,1,2,\cdots) \end{cases} \tag{8.1.7}$$

8.1.3　梯形公式

为了构造更高精度的积分公式，对式(8.1.3)中的积分运算，应用梯形积分公

式，可得如下求解公式：

$$y_{n+1}=y_n+\frac{h}{2}[f(x_n,y_n)+f(x_{n+1},y_{n+1})]\quad(n=0,1,2,\cdots)\tag{8.1.8}$$

式(8.1.8)称为梯形公式.

由于梯形公式是单步隐式公式，也需要迭代求解. 迭代公式如下：

$$\begin{cases}y_{n+1}^{(0)}=y_n+hf(x_n,y_n)\\ y_{n+1}^{(k+1)}=y_n+\frac{h}{2}[f(x_n,y_n)+f(x_{n+1},y_{n+1}^{(k)})]\quad(k=0,1,2,\cdots)\end{cases}\tag{8.1.9}$$

为了使上述迭代过程收敛，梯形公式的计算步长 h 必须满足：

$$\frac{hL}{2}<1$$

其中，L 为 $f(x,y)$关于 y 的 Lipschitz 常数.

例 8.1.2 对初值问题：

$$\begin{cases}\frac{\mathrm{d}y}{\mathrm{d}x}=-y\\ y(0)=1\end{cases}$$

证明：用梯形法求得的数值解为

$$y_n=\left(\frac{2-h}{2+h}\right)^n$$

并证明：当步长 $h\to0$ 时，y_n 收敛于初值问题的精确解 $y(x)=\mathrm{e}^{-x}$.

证 梯形公式：

$$y_{n+1}=y_n+\frac{h}{2}[f(x_n,y_n)+f(x_{n+1},y_{n+1})]$$

故

$$y_{n+1}=y_n+\frac{h}{2}(-y_n-y_{n+1})$$

整理得

$$y_{n+1}=\left(\frac{2-h}{2+h}\right)y_n$$

从而有

$$y_{n+1}=\left(\frac{2-h}{2+h}\right)y_n=\left(\frac{2-h}{2+h}\right)^2y_{n-1}=\cdots=\left(\frac{2-h}{2+h}\right)^{n+1}y_0$$

又 $y_0=1$，故用梯形法求得的数值解为

$$y_n=\left(\frac{2-h}{2+h}\right)^n$$

下证当 $h\to0$，有 $y_n\to\mathrm{e}^{-x}$，此处 $x=x_0+nh=0+nh=nh$.

$$\lim_{h\to 0}\left(\frac{2-h}{2+h}\right)^n=\lim_{h\to 0}\left(1-\frac{2h}{2+h}\right)^{\frac{x}{h}}=\lim_{h\to 0}\frac{1}{\left(1-\frac{2h}{2+h}\right)^{-\frac{x}{h}}}$$

$$=\lim_{h\to 0}\frac{1}{\left[\left(1-\frac{2h}{2+h}\right)^{-\frac{2+h}{2h}}\cdot\left(1-\frac{2h}{2+h}\right)^{\frac{1}{2}}\right]^x}=\frac{1}{e^x}=e^{-x}$$

定义 8.1.1 设 $y(x)$是初值问题(8.1.1)的精确解.通常在 y_n 为准确的前提下,即在 $y_n=y(x_n)$的前提下估计误差 $y(x_{n+1})-y_{n+1}$,此误差称为局部截断误差.如果局部截断误差为 $O(h^{p+1})$,则称这种数值算法的精度为 p 阶.由前面 k 个计算值 $y_1,y_2,\cdots,y_k$ 得到的 y_{k+1} 与微分方程的精确解之差$y(x_{k+1})-y_{k+1}$ 称为该方法的整体截断误差.

以下证明 Euler 法是一阶方法.

在 x_n 附近把 $y(x_{n+1})$展开成 Taylor 级数:

$$y(x_{n+1})=y(x_n+h)=y(x_n)+hy'(x_n)+\frac{h^2}{2}y''(\xi)$$

$$=y(x_n)+hf(x_n,y(x_n))+\frac{h^2}{2}y''(\xi)$$

其中,$\xi\in[x_n,x_{n+1}]$.根据局部截断误差定义,Euler 方法的局部截断误差为

$$y(x_{n+1})-\tilde{y}_{n+1}=\frac{h^2}{2}y''(\xi)\approx\frac{h^2}{2}y''(x_n) \tag{8.1.10}$$

即该方法是一阶方法.

类似可以证明隐式 Euler 法为一阶方法,梯形法是二阶方法.

8.1.4 两步 Euler 法

用中心差商$\frac{1}{2h}[y(x_{n+1})-y(x_{n-1})]$替代方程 $y'(x_n)=f(x_n,y(x_n))$中左端导数,离散化得下列格式:

$$y_{n+1}=y_{n-1}+2hf(x_n,y_n)\quad(n=0,1,\cdots) \tag{8.1.11}$$

式(8.1.11)称为两步 Euler 法.

两步 Euler 法也可如下导出:对微分方程(8.1.1)两端从 x_{n-1}到 x_{n+1}积分,得

$$y(x_{n+1})-y(x_{n-1})=\int_{x_{n-1}}^{x_{n+1}}f(x,y(x))\mathrm{d}x$$

若上式右端用中点求积公式:

$$\int_a^b f(x)\mathrm{d}x\approx(b-a)f\left(\frac{a+b}{2}\right)$$

忽略余项且离散化,也能得式(8.1.11).

8.1.5 改进的 Euler 法

Euler 法是显示算法，计算量小，但精度低；梯形法是隐式算法，须借助迭代求解，计算量大，但提高了精度.

综合使用上述两种方法，可得如下改进的 Euler 格式，又称 Euler 预测——校正公式：

$$\begin{cases} \bar{y}_{n+1} = y_n + hf(x_n, y_n) \\ y_{n+1} = y_n + \dfrac{h}{2}[f(x_n, y_n) + f(x_{n+1}, \bar{y}_{n+1})] \end{cases} \tag{8.1.12}$$

改进的 Euler 法是显示单步法，是二阶方法.

例 8.1.3 用改进 Euler 格式求解初值问题：

$$\begin{cases} y' + y + y^2 \sin x = 0 \\ y(1) = 1 \end{cases}$$

要求取步长 $h=0.2$，计算 $y(1.2)$ 及 $y(1.4)$ 的近似值，小数点后至少保留 5 位.

解 改进的 Euler 格式为

$$\begin{cases} \bar{y}_{n+1} = y_n + hf(x_n, y_n) \\ y_{n+1} = y_n + \dfrac{h}{2}[f(x_n, y_n) + f(x_{n+1}, \bar{y}_{n+1})] \end{cases}$$

于是有

$$\begin{cases} \bar{y}_{n+1} = y_n - 0.2(y_n + y_n^2 \sin x_n) \\ y_{n+1} = y_n - 0.1(y_n + y_n^2 \sin x_n + \bar{y}_{n+1} + \bar{y}_{n+1}^2 \sin x_{n+1}) \end{cases} \quad (n = 0, 1, 2, \cdots)$$

由 $y(1) = y_0 = 1$，计算得

$$\begin{cases} \bar{y}_1 = 1 - 0.2(1 + 1^2 \cdot \sin 1) = 0.63171 \\ y(1.2) \approx y_1 = 0.715488 \end{cases} \qquad \begin{cases} \bar{y}_2 = 0.47696 \\ y(1.4) \approx y_2 = 0.52611 \end{cases}$$

8.2 Runge-Kutta 方法

本节介绍求解初值问题一类高精度的单步法，即 Runge-Kutta 方法. 由于这类方法与 Taylor 展开有密切联系，所以下面我们先从简单的 Taylor 展开方法谈起.

8.2.1 Taylor 展开方法

利用 Taylor 展开的方法也是微分方程离散化的一个重要途径.

设初值问题：

$$\begin{cases} \dfrac{\mathrm{d}y}{\mathrm{d}x} = f(x, y) \\ y(a) = y_0 \end{cases} \tag{8.2.1}$$

在 $a\leqslant x\leqslant b$ 上有解 $y=y(x)$，将 $y(x_{n+1})$ 在 $x=x_n$ 处作 Taylor 展开，有

$$\begin{aligned} y(x_{n+1}) &= y(x_n+h) \\ &= y(x_n)+hy'(x_n)+\frac{h^2}{2!}y''(x_n)+\frac{h^3}{3!}y'''(x_n)+\cdots+\frac{h^p}{p!}y^{(p)}(x_n)+\cdots \end{aligned} \tag{8.2.2}$$

注意到 $y'=f(x,y)$，式(8.2.1)中 $y(x)$ 的各阶导数可以用函数 f 来表示，我们引进函数序列 $f^{(i)}(x,y)$ $(i=0,1,2,\cdots)$ 来描述求导过程，则有

$$\begin{aligned} y(x_{n+1}) = y(x_n)+hf^{(0)}(x_n,y(x_n))+\frac{h^2}{2!}f^{(1)}(x_n,y(x_n)) \\ +\cdots+\frac{h^p}{p!}f^{(p-1)}(x_n,y(x_n)) \end{aligned} \tag{8.2.3}$$

其中：

$$f^{(0)}(x_n,y(x_n)) = f(x_n,y(x_n)) = y'(x_n)$$

$$f^{(1)}(x_n,y(x_n)) = f_x(x_n,y(x_n)) + f_y(x_n,y(x_n))\cdot f(x_n,y(x_n)) = y''(x_n)$$

$$f^{(2)}(x_n,y(x_n)) = \frac{\partial f^{(1)}}{\partial x}+f\frac{\partial f^{(1)}}{\partial y} = y'''(x_n)$$

……

$$f^{(j-1)}(x_n,y(x_n)) = \frac{\partial f^{(j-2)}}{\partial x}+f\frac{\partial f^{(j-2)}}{\partial y} = y^{(j)}(x_n) \quad (j=2,3,\cdots)$$

在展开式(8.2.3)的右端截取若干项，例如一般截取 $p+1$ 项，并以 y_n, y_{n+1} 分别代替 $y(x_n), y(x_{n+1})$，则得下列 Taylor 公式：

$$y_{n+1} = y_n + hf^{(0)}(x_n,y_n)+\frac{h^2}{2!}f^{(1)}(x_n,y_n)+\cdots+\frac{h^p}{p!}f^{(p-1)}(x_n,y_n) \tag{8.2.4}$$

当 $p=1$ 时，Euler 公式为

$$y_{n+1} = y_n + hf(x_n,y_n)$$

当 $p=2$ 时，Euler 公式为

$$y_{n+1} = y_n + hf(x_n,y_n)+\frac{h^2}{2}[f_x(x_n,y_n)+f_y(x_n,y_n)\cdot f(x_n,y_n)]$$

显然，式(8.2.4)局部截断误差为 $O(h^{p+1})$，它是 Taylor 展开式得到的求解初值问题式(8.2.1)的 p 方法，而提高 Taylor 公式的阶 p，即可提高计算的精度. 从理论上讲，只要 $y(x)$ 充分光滑，Taylor 展开方法可以构造任意有限阶的计算公式，但事实上，具体构造这种公式往往是相当困难的，因为复合函数 $f(x,y(x))$ 的高阶导数常常是很烦琐的，因此 Taylor 展开方法一般不直接使用.

例 8.2.1 取步长 $h=0.1$，应用二阶及四阶的 Taylor 展开式求解初值问题：

$$\begin{cases} \dfrac{\mathrm{d}y}{\mathrm{d}x} = -y(x)+x+1 \\ y(0)=1 \end{cases} \quad (0\leqslant x\leqslant 1)$$

解 首先函数 $f(x,y(x))=-y(x)+x+1$ 的一阶、二阶及三阶的导数：

$$\frac{d}{dx}f(x,y)=y-x \qquad \frac{d^2}{dx^2}f(x,y)=-y+x \qquad \frac{d^3}{dx^3}f(x,y)=y-x$$

故可分别写出二阶及四阶 Taylor 格式：

$$\begin{cases} y_0=1 \\ y_{n+1}=y_n+h\left[\left(1-\frac{h}{2}\right)(x_n-y_n)+1\right] \end{cases}$$

及

$$\begin{cases} y_0=1 \\ y_{n+1}=y_n+h\left[\left(1-\frac{h}{2}+\frac{h^2}{6}-\frac{h^3}{24}\right)(x_n-y_n)+1\right] \end{cases}$$

具体计算格式分别为

$$\begin{cases} y_0=1 \\ y_{n+1}=0.905y_n+0.0095n+0.1 \quad (n=0,1,2,\cdots,9) \end{cases}$$

及

$$\begin{cases} y_0=1 \\ y_{n+1}=0.9048375y_n+0.00951625n+0.1 \quad (n=0,1,\cdots,9) \end{cases}$$

8.2.2 Runge-Kutta 方法的基本思想

对于一阶常微分方程

$$\begin{cases} y'=f(x,y) \\ y(x_0)=y_0 \end{cases}$$

的解 $y=y(x)$，可以利用微分中值定理(Lagrange 中值公式)，存在 $\xi\ (x_n<\xi<x_{n+1})$，使得

$$\frac{y(x_{n+1})-y(x_n)}{h}=y'(\xi)$$

即

$$y(x_{n+1})=y(x_n)+hy'(\xi)=y(x_n)+hf(\xi,y(\xi))$$

其中，记 $k^*=f(\xi,y(\xi))$，称为 $y=y(x)$ 在区间 $[x_n,x_{n+1}]$ 上的平均斜率，这样，Euler 方法相当于取 (x_n,y_n) 点上的斜率 $\left.\frac{dy}{dx}\right|_{x=x_n}=f(x_n,y_n)$ 作为平均斜率 k^* 的近似值，当然是十分粗糙的，因此精度必然很低.

下面再看改进的 Euler 格式，可作如下改写：

$$\begin{cases} y_{n+1}=y_n+\frac{h}{2}(k_1+k_2) \\ k_1=f(x_n,y_n) \\ k_2=f(x_{n+1},y_n+hk_1) \end{cases} \quad (n=0,1,2,\cdots)$$

因此,改进的 Euler 格式可理解为:相当于把(x_n,y_n)和$(x_{n+1},\bar{y}_{n+1})$两个点上的斜率 k_1 和 k_2 的算术平均作为平均斜率 k^* 的近似值,而其中 k_2 是通过已知信息 y_n 由 Euler 方法近似预测的.

由此可以设想,如果设法在$[x_n,x_{n+1}]$内多预报几个点的斜率值,然后将它们加权平均作为平均斜率 k^*,则有可能构建出具有更高精度的计算格式,这就是 Runge-Kutta 方法的基本思想.

8.2.3　二阶 Runge-Kutta 方法

先推广改进的 Euler 方法,取区间$[x_n,x_{n+1}]$内一点:

$$x_{n+p}=x_n+ph\quad(0<p\leqslant 1)$$

用(x_n,y_n),(x_{n+p},y_{n+p})两个点的斜率值 k_1 和 k_2 加权平均得到平均斜率 k^*,即

$$y_{n+1}=y_n+h[(1-\lambda)k_1+\lambda k_2]$$

其中,λ 为待定系数;$k_1=f(x_n,y_n)$.

仿照改进的 Euler 格式,用 Euler 方法提供 $y(x_{n+p})$的预报值

$$y_{n+p}=y_n+phk_1$$

然后用 y_{n+p}通过计算 f 产生斜率值

$$k_2=f(x_{n+p},y_{n+p})$$

这样设计的计算格式具有如下形式(注意 $x_{n+p}=x_n+ph$):

$$\begin{cases}y_{n+1}=y_n+h[(1-\lambda)k_1+\lambda k_2]\\ k_1=f(x_n,y_n)\\ k_2=f(x_n+ph,y_n+phk_1)\end{cases}\tag{8.2.5}$$

自然希望选取适当参数的值,使得上述格式具有较高的精度.

假定 $y_n=y(x_n)$,分别将 k_1 和 k_2 作 Taylor 展开.

$$\begin{aligned}k_1&=f(x_n,y_n)=y'(x_n)\\ k_2&=f(x_{n+p},y_n+phk_1)\\ &=f(x_n,y_n)+ph[f_x(x_n,y_n)+f(x_n,y_n)f_y(x_n,y_n)]+O(h^2)\\ &=y'(x_n)+phy''(x_n)+O(h^2)\end{aligned}$$

代入式(8.2.5)的计算格式,得

$$y_{n+1}=y(x_n)+hy'(x_n)+\lambda ph^2y''(x_n)+O(h^3)$$

把它与 $y(x_{n+1})$在 x_n 处的二阶 Taylor 展开式

$$y(x_{n+1})=y(x_n)+hy'(x_n)+\frac{h^2}{2}y''(x_n)+O(h^3)$$

进行比较系数可知,只需

$$\lambda p=\frac{1}{2}\tag{8.2.6}$$

成立.计算格式的截断误差为 $O(h^3)$，从而具有二阶精度.我们把满足条件(8.2.6)的一簇格式(8.2.5)统称为二阶 Runge-Kutta 格式.

特别地，取 $p=1,\lambda=\frac{1}{2}$ 时，二阶 Runge-Kutta 格式(8.2.5)就是改进的 Euler 格式；取 $p=\frac{1}{2},\lambda=1$ 时，二阶 Runge-Kutta 格式(8.2.5)就称为变形的 Euler 格式，其形式为

$$\begin{cases} y_{n+1}=y_n+hk_2 \\ k_1=f(x_n,y_n) \\ k_2=f\left(x_{n+\frac{1}{2}},y_n+\dfrac{h}{2}k_1\right) \end{cases} \tag{8.2.7}$$

注意到 $y_{n+\frac{1}{2}}=y_n+\frac{h}{2}k_1$ 是用 Euler 方法预报出的中点 $x_{n+\frac{1}{2}}$ 的近似解，而 $k_2=f(x_{n+\frac{1}{2}},y_{n+\frac{1}{2}})$ 近似地等于中点的斜率值 $f(x_{n+\frac{1}{2}},y(x_{n+\frac{1}{2}}))$.由于这个缘故，变形 Euler 格式(8.2.7)亦称为中点格式.

8.2.4 三阶 Runge-Kutta 方法

为了进一步提高精度，可在区间 $[x_n,x_{n+1}]$ 内取二个节点，即除了 x_{n+p} 外再取一点 $x_{n+q}=x_n+qh\ (p\leqslant q\leqslant 1)$，用三个点 x_n,x_{n+p},x_{n+q} 的斜率 k_1,k_2,k_3 加权平均得出平均斜率 k^* 的近似值，这时计算格式具体形式为

$$y_{n+1}=y_n+h[(1-\lambda-u)k_1+\lambda k_2+uk_3] \tag{8.2.8}$$

其中，k_1,k_2 沿用格式(8.2.5)所取的形式.

为了预报点 x_{n+q} 的斜率值 k_3，在区间 $[x_n,x_{n+q}]$ 内有两个斜率值 k_1 和 k_2 可以利用，我们将 k_1 与 k_2 加权平均得出 $[x_n,x_{n+q}]$ 上的平均斜率，从而得到 $y(x_{n+q})$ 的预报值

$$y_{n+q}=y_n+qh[(1-\alpha)k_1+\alpha k_2]$$

于是再通过计算 f，得到

$$k_3=f(x_{n+q},y_{n+q})$$

运用 Taylor 展开方法选择参数 p,q,λ,u,α，可以使格式(8.2.8)具有三阶精度，这类格式统称三阶 Runge-Kutta 格式.下列 Kutta 格式是其中一种：

$$\begin{cases} y_{n+1}=y_n+\dfrac{h}{6}(k_1+4k_2+k_3) \\ k_1=f(x_n,y_n) \\ k_2=f\left(x_{n+\frac{1}{2}},y_n+\dfrac{h}{2}k_1\right) \\ k_3=f(x_{n+1},y_n+h(-k_1+2k_2)) \end{cases} \tag{8.2.9}$$

8.2.5 四阶 Runge-Kutta 方法

继续推广上述处理过程，可得四阶 Runge-Kutta 格式，最常用的一种经典 Runge-Kutta 格式的具体形式如下：

$$\begin{cases} y_{n+1} = y_n + \dfrac{h}{6}(k_1 + 2k_2 + 2k_3 + k_4) \\ k_1 = f(x_n, y_n) \\ k_2 = f\left(x_{n+\frac{1}{2}}, y_n + \dfrac{h}{2}k_1\right) \quad x_{n+\frac{1}{2}} = x_n + \dfrac{1}{2}h \\ k_3 = f\left(x_{n+\frac{1}{2}}, y_n + \dfrac{h}{2}k_2\right) \\ k_4 = f(x_{n+1}, y_n + hk_3) \end{cases} \tag{8.2.10}$$

经典的 Runge-Kutta 格式(8.2.10)每一步需要 4 次计算函数值 f，可以直接验证它具有四阶精度，不过证明极其烦琐，这里略.

注意 Runge-Kutta 方法的推导是基于 Taylor 展开方法，因而它要求所求的解具有较好的光滑性质，如果解的光滑性差，那么，使用四阶 Runge-Kutta 方法求得的数值解，其精度可能反而不如改进的 Euler 方法.

例 8.2.2 取步长 $h=0.4$，写出用经典四阶 Runge-Kutta 方法求解初值问题

$$\begin{cases} \dfrac{dy}{dx} = x\sin(x + y) \\ y(1) = 0 \quad (1 \leqslant x \leqslant 9) \end{cases}$$

的计算公式.

解

$$x_n = x_0 + nh = 1 + n \times 0.4 = 1 + 0.4n \qquad y_0 = 0$$

$$\begin{cases} y_{n+1} = y_n + \dfrac{h}{6}(k_1 + 2k_2 + 2k_3 + k_4) \\ k_1 = f(x_n, y_n) \\ k_2 = f\left(x_n + \dfrac{h}{2}, y_n + \dfrac{1}{2}hk_1\right) \\ k_3 = f\left(x_n + \dfrac{h}{2}, y_n + \dfrac{1}{2}hk_2\right) \\ k_4 = f(x_n + h, y_n + hk_3) \end{cases}$$

取 $n=0,1,2,\cdots,20$，其经典四阶 Runge-Kutta 计算公式为

$$\begin{cases} y_{n+1} = y_n + \dfrac{0.4}{6}(k_1 + 2k_2 + 2k_3 + k_4) \\ k_1 = (1 + 0.4n)\sin(1 + 0.4n + y_n) \\ k_2 = (1.2 + 0.4n)\sin(1.2 + 0.4n + y_n + 0.2k_1) \\ k_3 = (1.2 + 0.4n)\sin(1.2 + 0.4n + y_n + 0.2k_2) \\ k_4 = (1.4 + 0.4n)\sin(1.4 + 0.4n + y_n + 0.4k_3) \end{cases} \quad (n = 0,1,2,\cdots,19)$$

8.2.6 变步长 Runge-Kutta 方法

在用数值法解微分方程的过程中，选取适当的步长是至关重要的，如果步长太大则达不到精度要求，步长太小则步数增多，不但会增加计算工作量，而且可能导致舍入误差的严重积累.尤其当微分方程的解 $y(x)$ 变化较剧烈时，步长的合理取法是在变化剧烈处步长应取得小些，在变化平缓处步长应取得大些，也就是采用自动选择步长的变步长方法，即依据精度要求先估计出下一步长的合理大小，然后按此来进行计算.

对经典的四阶 Runge-Kutta 公式(8.2.10)，从节点 x_n 出发，先以 h 为步长求出 $y(x_{n+1})$ 的一个近似值，记为 $y_{n+1}^{(h)}$，由于四阶 Runge-Kutta 公式局部截断误差为 $O(h^5)$，故有

$$y(x_{n+1}) - y_{n+1}^{(h)} \approx ch^5 \tag{8.2.11}$$

然后将步长折半，即取 $h/2$ 步长从 x_n 计算两步到 x_{n+1}，再求得一个新的近似值 $y_{n+1}^{(h/2)}$，每计算一步的局部误差是 $c\left(\frac{h}{2}\right)^5$，因此有

$$y(x_{n+1}) - y_{n+1}^{(h/2)} \approx 2c\left(\frac{h}{2}\right)^5 \tag{8.2.12}$$

从式(8.2.11)和式(8.2.12)可以看出，步长折半后，误差大约减少到 1/16，即

$$\frac{y(x_{n+1}) - y_{n+1}^{(h/2)}}{y(x_{n+1}) - y_{n+1}^{(h)}} \approx \frac{1}{16}$$

由此可得下列事后估计式：

$$y(x_{n+1}) - y_{n+1}^{(h/2)} \approx \frac{1}{15}(y_{n+1}^{(h/2)} - y_{n+1}^{(h)})$$

这样，我们可以通过检查步长折半前后两次计算结果的偏差

$$\Delta = | y_{n+1}^{(h/2)} - y_{n+1}^{(h)} |$$

来判定所选步长是否适合.具体计算中有如下两种情况：

(1) 对于给定的精度 ε，如果 $\Delta > \varepsilon$，可以反复将步长折半进行计算，直至 $\Delta < \varepsilon$ 为止，取最终得到的 $y_{n+1}^{(h/2)}$ 作为计算结果.

(2) 如果 $\Delta < \varepsilon$，为减少解常微分方程的总体计算量，可以反复将步长加倍，直到 $\Delta > \varepsilon$，这时再将步长折半一次，就得到满足精度要求的计算结果.

对于前面介绍的其他几种单步法(如 Euler 法、梯形法等)，同样可以构造它们的变步长算法.一般地，对于一个 p 阶的单步法，$y(x_{n+1})$ 在半分前的计算近似值 $y_{n+1}^{(h)}$ 和半分后的近似值 $y_{n+1}^{(h/2)}$ 存在如下关系：

$$y(x_{n+1}) - y_{n+1}^{(h/2)} \approx \frac{1}{2^p - 1}(y_{n+1}^{(h/2)} - y_{n+1}^{(k)})$$

8.3 线性多步法

8.3.1 线性多步法的基本思想

计算 y_{i+1} 之前,已经求出一系列的近似值 $y_0, y_1, \cdots, y_i$. 如果能充分利用第 $i+1$ 步前面已求得的多步信息来预测 y_{i+1},那么可以期望会获得较高的精度,这就是构造线性多步法的基本思想.

线性 r 步公式可表示为

$$y_{i+1} = \sum_{j=0}^{r-1} \alpha_j y_{i-j} + h \sum_{j=-1}^{r-1} \beta_j f(x_{i-j}, y_{i-j}) \tag{8.3.1}$$

其中,α_j 和 β_j 为常数;$|\alpha_{r-1}| + |\beta_{r-1}| \neq 0$. 当 $\beta_{-1} = 0$ 时,式(8.3.1)为显示格式;当 $\beta_{-1} \neq 0$ 时,式(8.3.1)为隐式格式. 式(8.3.1)的局部截断误差为

$$R_{i+1} = y(x_{i+1}) - \sum_{j=0}^{r-1} \alpha_j y(x_{i-j}) - h \sum_{j=-1}^{r-1} \beta_j f(x_{i-j}, y(x_{i-j})) \tag{8.3.2}$$

由微分方程知上式又可写为

$$R_{i+1} = y(x_{i+1}) - \sum_{j=0}^{r-1} \alpha_j y(x_{i-j}) - h \sum_{j=-1}^{r-1} \beta_j y'(x_{i-j}) \tag{8.3.3}$$

当 $R_{i+1} = O(h^{p+1})$ 时,称式(8.3.1)是一个 p 阶公式.

对于 $y' = f(x, y)$,它的解满足:

$$y(x_{i+1}) = y(x_i) + \int_{x_i}^{x_{i+1}} f(x, y(x)) \mathrm{d}x \tag{8.3.4}$$

对 $\int_{x_i}^{x_{i+1}} f(x, y(x)) \mathrm{d}x$ 可用左矩形公式和梯形公式 作数值积分,分别获得了求微分方程数值解的 Euler 公式和梯形公式. 若需再提高精度,可由对积分用更精确的求积方法来获得,即对被积函数用更高次的插值多项式来代替,选取不同的插值节点,就可得到不同的数值解法.

8.3.2 Adams 内插公式

取 $x_{i-2}, x_{i-1}, x_i, x_{i+1}$ 为插值节点,插值多项式为

$$\begin{aligned} L_3(x) = & \frac{(x - x_i)(x - x_{i-1})(x - x_{i-2})}{(x_{i+1} - x_i)(x_{i+1} - x_{i-1})(x_{i+1} - x_{i-2})} f(x_{i+1}, y(x_{i+1})) \\ & + \frac{(x - x_{i+1})(x - x_{i-1})(x - x_{i-2})}{(x_i - x_{i+1})(x_i - x_{i-1})(x_i - x_{i-2})} f(x_i, y(x_i)) \\ & + \frac{(x - x_{i+1})(x - x_i)(x - x_{i-2})}{(x_{i-1} - x_{i+1})(x_{i-1} - x_i)(x_{i-1} - x_{i-2})} f(x_{i-1}, y(x_{i-1})) \end{aligned}$$

$$+\frac{(x-x_{i+1})(x-x_i)(x-x_{i-1})}{(x_{i-2}-x_{i+1})(x_{i-2}-x_i)(x_{i-2}-x_{i-1})}f(x_{i-2},y(x_{i-2}))$$

$$=\sum_{j=-1}^{2}\left(\prod_{\substack{l=-1\\l\neq j}}^{2}\frac{x-x_{i-l}}{x_{i-j}-x_{i-l}}\right)f(x_{i-j},y(x_{i-j}))$$

由插值余项公式有

$$f(x,y(x))=L_3(x)+\frac{1}{4!}\frac{\mathrm{d}^4f(x,y(x))}{\mathrm{d}x^4}\bigg|_{x=\xi_i}\prod_{j=-1}^{2}(x-x_{i-j})$$

$$=L_3(x)+\frac{1}{4!}y^{(5)}(\xi_i)\prod_{j=-1}^{2}(x-x_{i-j})$$

将上式代入式(8.3.4)，并作代换 $x-x_i=th$，得

$$y(x_{i+1})=y(x_i)+\int_{x_i}^{x_{i+1}}L_3(x)\mathrm{d}x+\frac{1}{4!}\int_{x_i}^{x_{i+1}}y^{(5)}(\xi_i)\prod_{j=-1}^{2}(x-x_{i-j})\mathrm{d}x$$

$$=y(x_i)+\sum_{j=-1}^{2}f(x_{i-j},y(x_{i-j}))\int_{x_i}^{x_{i+1}}\prod_{\substack{l=-1\\l\neq j}}^{2}\frac{x-x_{i-l}}{x_{i-j}-x_{i-l}}\mathrm{d}x$$

$$+\frac{1}{4!}y^{(5)}(\eta_i)\int_{x_i}^{x_{i+1}}\prod_{j=-1}^{2}(x-x_{i-j})\mathrm{d}x$$

$$=y(x_i)+h\sum_{j=-1}^{2}f(x_{i-j},y(x_{i-j}))\int_0^1\prod_{\substack{l=-1\\l\neq j}}^{2}\frac{l+t}{l-j}\mathrm{d}t+\frac{1}{4!}h^5y^{(5)}(\eta_i)\int_0^1\prod_{j=-1}^{2}(t+j)\mathrm{d}t$$

$$=y(x_i)+\frac{h}{24}[9f(x_{i+1},y(x_{i+1}))+19f(x_i,y(x_i))$$

$$-5f(x_{i-1},y(x_{i-1}))+f(x_{i-2},y(x_{i-2}))]-\frac{19}{720}h^5y^{(5)}(\eta_i) \tag{8.3.5}$$

其中，$x_{i-2}<\eta_i<x_{i+1}$，在式(8.3.5)中略去

$$R_{i+1}=-\frac{19}{720}h^5y^{(5)}(\eta_i) \tag{8.3.6}$$

并用 y_i 代替 $y(x_i)$，便有

$$y_{i+1}=y_i+\frac{h}{24}[9f(x_{i+1},y_{i+1})+19f(x_i,y_i)-5f(x_{i-1},y_{i-1})+f(x_{i-2},y_{i-2})] \tag{8.3.7}$$

上述公式称为 Adams 内插公式，这是一个隐式公式，由局部截断误差的定义及式(8.3.5)可知式(8.3.7)的局部截断误差为式(8.3.6)，因而 Adams 内插公式是一个四阶公式. 式(8.3.7)是一个三步法，应用式(8.3.7)需提供初值 y_0，y_1 和 y_2，通常由经典 Runge-Kutta 公式提供.

8.3.3 Adams 外推公式

式(8.3.1)成为隐式方程是由于选取 x_{i+1} 作为插值节点的缘故，若不取 x_{i+1}，

而换作取 x_{i-3}，即取 $x_{i-3}, x_{i-2}, x_{i-1}$ 和 x_i 作为插值节点，此时

$$
\begin{aligned}
\widetilde{L}_3(x) = & \frac{(x-x_{i-1})(x-x_{i-2})(x-x_{i-3})}{(x_i-x_{i-1})(x_i-x_{i-2})(x_i-x_{i-3})} f(x_i, y(x_i)) \\
& + \frac{(x-x_i)(x-x_{i-2})(x-x_{i-3})}{(x_{i-1}-x_i)(x_{i-1}-x_{i-2})(x_{i-1}-x_{i-3})} f(x_{i-1}, y(x_{i-1})) \\
& + \frac{(x-x_i)(x-x_{i-1})(x-x_{i-3})}{(x_{i-2}-x_i)(x_{i-2}-x_{i-1})(x_{i-2}-x_{i-3})} f(x_{i-2}, y(x_{i-2})) \\
& + \frac{(x-x_i)(x-x_{i-1})(x-x_{i-2})}{(x_{i-3}-x_i)(x_{i-3}-x_{i-1})(x_{i-3}-x_{i-2})} f(x_{i-3}, y(x_{i-3})) \\
= & \sum_{j=0}^{3} \prod_{\substack{l=0 \\ l\neq j}}^{3} \frac{x-x_{i-l}}{x_{i-j}-x_{i-l}} f(x_{i-j}, y(x_{i-j}))
\end{aligned}
$$

由插值余项公式有

$$
\begin{aligned}
f(x, y(x)) &= \widetilde{L}_3(x) + \frac{1}{4!} \frac{\mathrm{d}^4 f(x, y(x))}{\mathrm{d}x^4} \bigg|_{x=\bar{\xi}_i} \prod_{j=0}^{3} (x - x_{i-j}) \\
&= \widetilde{L}_3(x) + \frac{1}{4!} y^{(5)}(\bar{\xi}_i) \prod_{j=0}^{3} (x - x_{i-j})
\end{aligned}
$$

将上式代入到式(8.3.4)，并作代换 $x-x_i=th$，得

$$
\begin{aligned}
y(x_{i+1}) &= y(x_i) + \int_{x_i}^{x_{i+1}} \widetilde{L}_3(x)\mathrm{d}x + \frac{1}{4!}\int_{x_i}^{x_{i+1}} y^{(5)}(\bar{\xi}_i) \prod_{j=0}^{3}(x-x_{i-j})\mathrm{d}x \\
&= y(x_i) + \sum_{j=0}^{3} f(x_{i-j}, y(x_{i-j})) \int_{x_i}^{x_{i+1}} \prod_{\substack{l=0 \\ l\neq j}}^{3} \frac{x-x_{i-l}}{x_{i-j}-x_{i-l}} \mathrm{d}x \\
&\quad + \frac{1}{4!} y^{(5)}(\bar{\eta}_i) \int_{x_i}^{x_{i+1}} \prod_{j=0}^{3} (x-x_{i-j})\mathrm{d}x \\
&= y(x_i) + h\sum_{j=0}^{3} f(x_{i-j}, y(x_{i-j})) \int_0^1 \prod_{\substack{l=0 \\ l\neq j}}^{3} \frac{l+t}{l-j}\mathrm{d}t + \frac{1}{4!} h^5 y^{(5)}(\bar{\eta}_i) \int_0^1 \prod_{j=0}^{3}(t+j)\mathrm{d}t \\
&= y(x_i) + \frac{h}{24}[55f(x_i, y(x_i)) - 59f(x_{i-1}, y(x_{i-1})) \\
&\quad + 37f(x_{i-2}, y(x_{i-2})) - 9f(x_{i-3}, y(x_{i-3}))] + \frac{251}{720}h^5 y^{(5)}(\bar{\eta}_i) \qquad (8.3.8)
\end{aligned}
$$

其中：$x_{i-3} < \bar{\eta}_i < x_{i+1}$. 在式(8.3.8)中略去

$$
\bar{R}_{i+1} = \frac{251}{720} h^5 y^{(5)}(\bar{\eta}_i) \qquad (8.3.9)
$$

并用 y_i 代替 $y(x_i)$，便有

$$
y_{i+1} = y_i + \frac{h}{24}[55f(x_i, y_i) - 59f(x_{i-1}, y_{i-1}) + 37f(x_{i-2}, y_{i-2}) - 9f(x_{i-3}, y_{i-3})] \qquad (8.3.10)
$$

上述公式称为 Adams 外推公式. 已知 y_{i-3}，y_{i-2}，y_{i-1} 和 y_i 将它们代入式(8.3.10)，可直接得 y_{i+1}，因此，Adams 外推公式为显式公式，由局部截断误差的定义及式(8.3.8)知式(8.3.10)的局部截断误差为式(8.3.9)，因而 Adams 外推公式也是一个四阶公式. 式(8.3.10)是一个 4 步方法，应用式(8.3.10)需提供 4 个初值：y_0，y_1，y_2 和 y_3，通常也由经典 Runge-Kutta 公式提供.

8.3.4 Adams 预测校正公式

Adams 外推公式为显式公式，计算方便；

Adams 内插公式为隐式公式，需迭代求解，计算麻烦，但内插公式与外推公式相比有两个优点：

(1) 内插公式的局部截断误差 R_{i+1} 比外推公式的局部截断误差 $\overline{R}_{i+1}$ 小得多，且 Adams 内插隐式公式计算比 Adams 显式公式计算稳定性好：

$$R_{i+1} \approx -\frac{19}{251}\overline{R}_{i+1}$$

(2) 内插公式的系数绝对值之和比外推公式的系数绝对值之和也小很多，因此，不单独使用外推公式，而是把它和内插公式结合起来用，形成如下预测——校正公式：

$$\begin{cases}\tilde{y}_{i+1}=y_i+\dfrac{h}{24}[55f(x_i,y_i)-59f(x_{i-1},y_{i-1})+37f(x_{i-2},y_{i-2})-9f(x_{i-3},y_{i-3})] \\ y_{i+1}=y_i+\dfrac{h}{24}[9f(x_{i+1},\tilde{y}_{i+1})+19f(x_i,y_i)-5f(x_{i-1},y_{i-1})+f(x_{i-2},y_{i-2})]\end{cases} \tag{8.3.11}$$

8.4 一阶方程组和高阶方程

8.4.1 一阶方程组

了解了单个方程 $y'=f(x,y)$ 的数值解法后，只要把 y 和 f 理解为向量，那么，前面所介绍的各种数值计算格式都可平行推广应用到一阶方程组的情况.

例 8.4.1 给定一阶方程组的初值问题：

$$\begin{cases}y' = 2z+3x \\ z' = 2y+z \\ y(0) = z(0) = 1\end{cases}$$

写出用改进的 Euler 格式解此初值问题的计算公式，并以 $h=0.1$ 为步长，计算 $y(0.1)$ 和 $z(0.1)$ 的近似值.

解 把原方程组写为矩阵形式：

$$\begin{pmatrix} y' \\ z' \end{pmatrix} = \begin{pmatrix} 0 & 2 \\ 2 & 1 \end{pmatrix}\begin{pmatrix} y \\ z \end{pmatrix} + \begin{pmatrix} 3x \\ 0 \end{pmatrix}$$

设

$$\boldsymbol{\varphi}(x) = \begin{pmatrix} y(x) \\ z(x) \end{pmatrix} \quad \boldsymbol{A} = \begin{pmatrix} 0 & 2 \\ 2 & 1 \end{pmatrix} \quad \boldsymbol{b}(x) = \begin{pmatrix} 3x \\ 0 \end{pmatrix}$$

则方程为

$$\boldsymbol{\varphi}' = \boldsymbol{f}(x, \boldsymbol{\varphi})$$

其中,

$$\boldsymbol{f}(x, \boldsymbol{\varphi}) = \boldsymbol{A\varphi} + \boldsymbol{b}(x)$$

初始条件为

$$\boldsymbol{\varphi}(0) = \boldsymbol{\varphi}_0 = \begin{pmatrix} 1 \\ 1 \end{pmatrix}$$

于是改进的 Euler 格式为

$$\begin{cases} \overline{\boldsymbol{\varphi}}_{n+1} = \boldsymbol{\varphi}_n + h\boldsymbol{f}(x_n, \boldsymbol{\varphi}_n) \\ \boldsymbol{\varphi}_{n+1} = \boldsymbol{\varphi}_n + \dfrac{h}{2}[\boldsymbol{f}(x_n, \boldsymbol{\varphi}_n) + \boldsymbol{f}(x_{n+1}, \overline{\boldsymbol{\varphi}}_{n+1})] \end{cases}$$

也就是

$$\begin{cases} \overline{\boldsymbol{\varphi}}_{n+1} = \boldsymbol{\varphi}_n + h[\boldsymbol{A\varphi}_n + \boldsymbol{b}(x_n)] \\ \boldsymbol{\varphi}_{n+1} = \boldsymbol{\varphi}_n + \dfrac{h}{2}\{[\boldsymbol{A\varphi}_n + \boldsymbol{b}(x_n)] + [\boldsymbol{A}\,\overline{\boldsymbol{\varphi}}_{n+1} + \boldsymbol{b}(x_{n+1})]\} \end{cases}$$

由 $\boldsymbol{\varphi}(0) = \boldsymbol{\varphi}_0 = \begin{pmatrix} 1 \\ 1 \end{pmatrix}$ 计算得

$$\overline{\boldsymbol{\varphi}}_1 = \boldsymbol{\varphi}_0 + 0.1[\boldsymbol{A\varphi}_0 + \boldsymbol{b}(x_0)] = \begin{pmatrix} 1 \\ 1 \end{pmatrix} + 0.1\left[\begin{pmatrix} 0 & 2 \\ 2 & 1 \end{pmatrix}\begin{pmatrix} 1 \\ 1 \end{pmatrix} + \begin{pmatrix} 0 \\ 0 \end{pmatrix}\right] = \begin{pmatrix} 1.2 \\ 1.3 \end{pmatrix}$$

从而

$$\begin{aligned} \boldsymbol{\varphi}(0.1) \approx \boldsymbol{\varphi}_1 &= \boldsymbol{\varphi}_0 + \frac{0.1}{2}[\boldsymbol{A\varphi}_0 + \boldsymbol{b}(x_0) + \boldsymbol{A}\,\overline{\boldsymbol{\varphi}}_1 + \boldsymbol{b}(x_1)] \\ &= \begin{pmatrix} 1 \\ 1 \end{pmatrix} + \frac{0.1}{2}\left[\begin{pmatrix} 0 & 2 \\ 2 & 1 \end{pmatrix}\begin{pmatrix} 1 \\ 1 \end{pmatrix} + \begin{pmatrix} 0 \\ 0 \end{pmatrix} + \begin{pmatrix} 0 & 2 \\ 2 & 1 \end{pmatrix}\begin{pmatrix} 1.2 \\ 1.3 \end{pmatrix} + \begin{pmatrix} 0.3 \\ 0 \end{pmatrix}\right] = \begin{pmatrix} 1.245 \\ 1.335 \end{pmatrix} \end{aligned}$$

故

$$y(0.1) \approx y_1 = 1.245$$
$$z(0.1) \approx z_1 = 1.335$$

8.4.2 化高阶方程为一阶方程组

为简便起见,我们以二阶方程为例加以说明,对于高于二阶的方程可作类似的处理.

例 8.4.2 （单摆摆动方程）单摆摆动是一个二阶初值问题：

$$\begin{cases}\dfrac{\mathrm{d}^2\theta}{\mathrm{d}t^2}+\dfrac{g}{L}\sin\theta=0\\ \theta\Big|_{t=t_0}=\theta_0\\ \dfrac{\mathrm{d}\theta}{\mathrm{d}t}\Big|_{t=t_0}=\theta_0'\end{cases}\tag{8.4.1}$$

其中，g 为重力加速度；L 为摆的长度；$\theta(t)$是摆与沿垂线的夹角，是随时间 t 变化的未知函数. 令

$$\begin{cases}y_1(t)=\theta(t)\\ y_2(t)=\theta'(t)\end{cases}\tag{8.4.2}$$

则初值问题(8.4.1)可化为

$$\begin{cases}y_1'=y_2\\ t>t_0\\ y_2'=-\dfrac{g}{L}\sin y_1\\ y_1(t_0)=\theta_0\\ y_2(t_0)=\theta_0'\end{cases}\tag{8.4.3}$$

可见一个二阶初值问题通过(8.4.2)形式的变换，可以化为由两个一阶方程组成的一阶方程组的初值问题. 类推可得，一个 n 阶初值问题，通过形如(8.4.2)形式的变换可以化为 n 个一阶方程组的初值问题：

$$\begin{cases}y_1'=f_1(x,y_1,y_2,\cdots,y_n)\\ y_2'=f_2(x,y_1,y_2,\cdots,y_n)\\ \cdots\cdots\\ y_n'=f_n(x,y_1,y_2,\cdots,y_n)\quad(x>x_0)\\ y_1(x_0)=y_1^{(0)}\\ y_2(x_0)=y_2^{(0)}\\ \cdots\cdots\\ y_n(x_0)=y_n^{(0)}\end{cases}\tag{8.4.4}$$

写成向量形式（在不引起混淆的情况下，向量也可以记为没有下标的同名小写字母）：

$$\begin{cases}\boldsymbol{y}'=\boldsymbol{f}(x,\boldsymbol{y})\\ \boldsymbol{y}(x_0)=\boldsymbol{y}_0\end{cases}\quad(x>x_0)\tag{8.4.5}$$

其中，$\boldsymbol{y}'$，$\boldsymbol{y}$，$\boldsymbol{f}$，$\boldsymbol{y}_0$ 为向量，x，x_0 为标量，则

$$\boldsymbol{y}' = \begin{bmatrix} y_1' \\ y_2' \\ \vdots \\ y_n' \end{bmatrix} \quad \boldsymbol{y} = \begin{bmatrix} y_1 \\ y_2 \\ \vdots \\ y_n \end{bmatrix} \quad \boldsymbol{f} = \begin{bmatrix} f_1 \\ f_2 \\ \vdots \\ f_n \end{bmatrix} \quad \boldsymbol{y}_0 = \begin{bmatrix} y_1^{(0)} \\ y_2^{(0)} \\ \vdots \\ y_n^{(0)} \end{bmatrix}$$

在实际处理时，把向量形式(8.4.5)“形式地”理解成标量形式

$$\begin{cases} y' = f(x,y) \\ y(x_0) = y_0 \end{cases} \quad (x > x_0) \tag{8.4.6}$$

对式(8.4.6)进行求解和讨论即可.

8.5　单步法的收敛性与稳定性

8.5.1　单步法的收敛性

求解微分方程初值问题的数值方法，实质上就是把初值问题以某种手段离散化，转为求解差分方程的解.

显式单步法(如 Euler 公式、Runge-Kutta 公式)统一表达为

$$y_{n+1} = y_n + h\varphi(x_n, y_n, h) \tag{8.5.1}$$

或写成

$$\frac{y_{n+1} - y_n}{h} = \varphi(x_n, y_n, h) \tag{8.5.2}$$

其中，$\varphi(x_n, y_n, h)$称为增量函数.

定义 8.5.1　由初值问题(8.1.1)的显式单步法(8.5.1)产生的近似解 y_n，如果对任一固定的 $x_n = x_0 + nh$，均有$\lim\limits_{\substack{h \to 0 \\ n \to \infty}} y_n = y(x_n)$，则称单步法(8.5.1)是收敛的.

定义也适用于隐式单步法. 注意定义中 x_n 是固定点，因而当 $h \to 0$ 的同时，有 $n \to \infty$. 显然，若方法是收敛的，则固定点 x_n 的整体截断误差 $E_n = y(x_n) - y_n$ 趋于零.

定理 8.5.1　设初值问题(8.1.1)的一种单步法(8.5.1)是 p $(p \geqslant 1)$阶的，且

(1) 函数 Φ 关于 y 满足 Lipschitz 条件，即存在常数 $L > 0$，使

$$|\Phi(x, y_1, h) - \Phi(x, y_2, h)| \leqslant L\,|y_1 - y_2|$$

对一切 y_1, y_2 成立；

(2) 问题(8.1.1)的初值是精确的，则方法(8.5.1)是收敛的，且整体截断误差

$$y(x_n) - y_n = O(h^p)$$

定理证明这里从略. 根据定理，可知一个单步法是否收敛就看它的增量函数 Φ 是否满足 Lipschitz 条件. 此外，定理还说明了一个方法的整体截断误差比局部截断误差低一阶.

例 8.5.1 研究解初值问题

$$\begin{cases} y' = ay \\ y(0) = y_0 \end{cases}$$

的 Euler 单步显式公式的收敛性. 此初值问题的精确解为 $y(x)=y_0 e^{ax}$.

解 上述初值问题的 Euler 公式为

$$y_{n+1} = y_n + hay_n = (1+ah)y_n$$

于是递推可得

$$y_n = (1+ah)^n y_0$$

现对任意固定的 $x=x_n=nh$（注意 $x_0=0$），有

$$y_n = y_0(1+ah)^{\frac{x_n}{h}} = y_0[(1+ah)^{\frac{1}{ah}}]^{ax_n}$$

令 $n\to\infty$ $(h\to 0)$，这是极限理论中的一个重要极限 $\lim\limits_{h\to 0}(1+ah)^{\frac{1}{ah}}=\mathrm{e}$，故可知当 $h\to 0$（即 $n\to\infty$）时，有 $\lim\limits_{h\to 0} y_n = y_0 e^{ax_n} = y(x_n)$. 这就证明 Euler 公式对上述初值问题是收敛的.

8.5.2 单步法的绝对稳定性

初值问题数值解是差分公式的计算，而计算中的初始误差和计算过程中舍入误差的影响总是不可避免的，因此，需要讨论差分公式计算中当步长 h 取定以后某一步产生的扰动值，在后面的计算中能否增长但可控制，就是稳定性问题. 这里，仅讨论对实际计算比较有意义的“绝对稳定性”.

定义 8.5.2 对初值问题(8.1.1)，如果有某一固定的步长 h，用某一数值方法进行计算时，在节点值 y_i（包括初始值 y_0）上产生的扰动为 δ_i，而仅由这个扰动引起的以后各节点值 y_j $(j>i)$ 的变化 δ_j 都不超过 δ_i，即 $|\delta_j|\leqslant|\delta_i|$，就称这个数值方法是绝对稳定的.

对于一般的初值问题，由于 $f(x,y)$ 往往比较复杂，讨论其绝对稳定性比较困难，因此，通常采用下列简单的“试验方程”（或称“模型方程”）来检验数值方法是否绝对稳定：

$$y' = \lambda y \quad (\lambda < 0) \tag{8.5.3}$$

其中，λ 是实数或复数，如果是复数，则必须实部 $\mathrm{Re}(\lambda)<0$. 这种做法的合理性可以有不同的理解. 直观地说，若一个数值方法连对如此简单的问题都不是绝对稳定的话，那么就难以用此数值方法来解一般的初值问题. 当然，对试验方程绝对稳定的方法对一般问题不一定也是绝对稳定，但试验方程在一定程度上还是反映了数值方法的特性. 从分析的层面上说，试验方程是一般方程的局部线性化形式，虽然我们不去推导这个结果，但作为稳定性这种定性分析的辅助工具，试验方程是足够的.

为了避免太抽象，下面通过具体的数值方法来说明绝对稳定性的意义.

例 8.5.2　用显式 Euler 公式解试验方程(8.5.3).

解　按公式：

$$y_{n+1} = y_n + hf(x_n, y_n) = y_n + h(\lambda y_n) = (1+\lambda h)y_n \quad (n = 0, 1, \cdots)$$

设 y_n 的计算值为$\tilde{y}_n$，且记 $\delta = y_n - \tilde{y}_n$，又 y_{n+1}的计算值为$\tilde{y}_{n+1}$，则

$$y_{n+1} - \tilde{y}_{n+1} = (1+\lambda h)y_n - (1+\lambda h)\tilde{y}_n = (1+\lambda h)(y_n - \tilde{y}_n) = (1+\lambda h)\delta$$

可见，要使 y_n 的舍入误差在下一步的计算值$\tilde{y}_{n+1}$中不增长，λh 必须满足：

$$|1+\lambda h| \leqslant 1 \quad 即 \quad -2 \leqslant \lambda h \leqslant 0$$

这就是说，在复平面 Z 上，乘积 λh 只要在以点$(-1,0)$为圆心的单位圆盘上，则显式 Euler 方法是绝对稳定的，这个圆盘就是显式 Euler 方法的绝对稳定区域，而它与实轴之交即区间$[-2,0]$是显式 Euler 方法的绝对稳定区间.

一般地，设一个单步法(8.5.1)用于试验方程(8.5.3)，从 y_n 计算一步得到 y_{n+1}，将它们的关系表示成形式：

$$y_{n+1} = E(\lambda h)y_n$$

其中，记号 $E(\lambda h)$与所选方法有关，则当$|E(\lambda h)| \leqslant 1$ 时，方法(8.5.1)就是绝对稳定的，而使得$|E(\lambda h)| \leqslant 1$的复变量 λh 所在的区域称为方法(8.5.1)的绝对稳定域，绝对稳定域与实轴之交称为绝对稳定区间. 对不同的单步法，$E(\lambda h)$有不同的表达式. 我们称方法 A 比方法 B 稳定，就是指 A 的绝对稳定域比 B 的绝对稳定域大.

需要指出的是，定义中$|E(\lambda h)| = 1$ 可认为误差不增长，故属于稳定性范围，但在线性多步法的稳定性讨论中却不包括等号的情形.

例 8.5.3　用梯形公式解试验方程(8.5.3).

解　按公式

$$y_{n+1} = y_n + \frac{h}{2}(\lambda y_n + \lambda y_{n+1})$$

解得

$$y_{n+1} = \frac{1+\lambda h/2}{1-\lambda h/2}y_n \qquad E(\lambda h) = \frac{1+\lambda h/2}{1-\lambda h/2}$$

可见，对于实数的 λ，显然由于 $\lambda < 0$，总有$|E(\lambda h)| \leqslant 1$ 成立；对于复数的 λ，同样也可推导出由于 $\mathrm{Re}(\lambda) < 0$ 时，不等式成立，故梯形公式的绝对稳定域是复平面的左半平面，绝对稳定区间是$-\infty < \lambda h \leqslant 0$.

梯形公式的这种稳定性也称为无条件稳定.

例 8.5.4　用 Euler 方法求解下列初值问题：

$$\begin{cases} y' = x - 5y \\ y(x_0) = y_0 \end{cases} \quad (x_0 \leqslant x \leqslant 100)$$

为了保证计算稳定,应如何取步长?

解 对试验方程 $y'=\lambda y$(其中 $\mathrm{Re}(\lambda)\leqslant 0$),由于这里 $\lambda=f'_y=-5$,因此

$$|E(h\lambda)|=|1+h\lambda|=|1-5h|\leqslant 1$$

即

$$0<h\leqslant 0.4$$

即步长 h 应取不超过 0.4.

8.6 数值实验

8.6.1 Euler 方法

算法:

解一阶常微分方程初值问题:

$$\begin{cases} y' = f(x,y) \\ y(x_0) = y_0 \end{cases} \quad (a\leqslant x\leqslant b)$$

将区间 $[a,b]$ 作 n 等分,取步长 $h=\dfrac{b-a}{n}$.

Euler 公式为

$$y_{i+1} = y_i + hf(x_i, y_i)$$

改进的 Euler 公式为

$$\begin{cases} y_p = y_i + hf(x_i, y_i) \\ y_c = y_i + hf(x_{i+1}, y_p) \\ y_{i+1} = \dfrac{1}{2}(y_p + y_c) \end{cases}$$

程序与实例:

例 8.6.1 用 Euler 方法解初值问题:

$$\begin{cases} y' = -2xy \\ y(0) = 0 \end{cases} \quad (0\leqslant x\leqslant 1.8)$$

取步长 $h=0.1$,问题的精确解为 $y=\mathrm{e}^{-x^2}$. 求初值问题数值解,估计误差,并将计算结果与精确解作比较(列表、画图).

编写命令 M 文件 chap8_1 如下:

```
x=0;n=0;y=1;
h=0.1;
x_(1)=x;y_(1)=y;
y_exact(1)=exp(-x_(n+1)^2);
error_(n+1)=abs(y_exact(1)-y);
```

```
fprintf('x_(i)      y_(i)     y_exact(i)     error_(i)\n')
fprintf('  %2.1f     %8.4f     %8.4f     %8.4f \n',
  x_(1),y_(1),y_exact(1),error_(1))
while x<=1.8
    n=n+1;
    y=y+h*((-2)*x*y);
    x=x+h;
    y_(n+1)=y;
    x_(n+1)=x;
    y_exact(n+1)=exp(-x_(n+1)^2);
    error_(n+ 1)=abs(y_exact(n+1)-y);
    fprintf('  %2.1f     %8.4f     %8.4f     %8.4f \n',
      x_(n+1),y_(n+1),y_exact(n+1),error_(n+1))
end
plot(x_,y_,'ro',x_,y_exact,'b*')
```

在命令窗口调用 M 文件 chap8_1：

```
>>chap8_1
x_(i)          y_(i)          y_exact(i)     error_(i)
0.0            1.0000         1.0000         0.0000
0.1            1.0000         0.9900         0.0100
0.2            0.9800         0.9608         0.0192
0.3            0.9408         0.9139         0.0269
0.4            0.8844         0.8521         0.0322
0.5            0.8136         0.7788         0.0348
0.6            0.7322         0.6977         0.0346
0.7            0.6444         0.6126         0.0317
0.8            0.5542         0.5273         0.0269
0.9            0.4655         0.4449         0.0206
1.0            0.3817         0.3679         0.0138
1.1            0.3054         0.2982         0.0072
1.2            0.2382         0.2369         0.0013
1.3            0.1810         0.1845         0.0035
1.4            0.1340         0.1409         0.0069
1.5            0.0964         0.1054         0.0090
1.6            0.0675         0.0773         0.0098
1.7            0.0459         0.0556         0.0097
1.8            0.0303         0.0392         0.0089
```

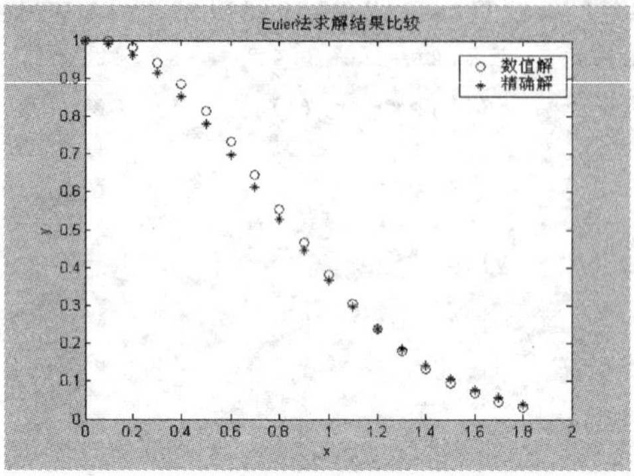

图 8.6.1

例 8.6.2 用改进 Euler 方法解初值问题：

$$\begin{cases} y' = -xy^2 \\ y(0) = 2 \end{cases} \quad (0 \leqslant x \leqslant 5)$$

取步长 $h=0.25$，并画出 $0 \leqslant x \leqslant 5$ 数值解曲线.

编写命令 M 文件 chap8_2 及函数 M 文件 fun1_chap8 如下：

```
y=2;
h=0.25;
n=0;
y_rec(1)=y;x_rec(1)=0;x=0;
fprintf('x[%2.0f]=%10.6f  y[%2.0f]=%10.6f\n',n,x_rec(1),n,y_rec
(1))
while x<5
    n=n+1;
    k1=h*fun1_chap8(x,y);
    x=n*h;
    k2=h*fun1_chap8(x,y+k1);
    y=y+0.5*(k1+k2);
    y_rec(n+1)=y;x_rec(n+1)=x;
    fprintf('x[%2.0f]=%10.6f    y[%2.0f]=%10.6f\n ,    n,x_rec(n+
      1),
      n,y_rec(n+ 1))
end
plot(x_rec,y_rec,'r')
function f=fun1_chap8(x,y)
f=-x*y^2;
```

在命令窗口调用 M 文件 chap8_2,输出结果:

```
>>chap8_2
x[ 0]=0.000000      y[ 0]=2.000000
x[ 1]=0.250000      y[ 1]=1.875000
x[ 2]=0.500000      y[ 2]=1.593891
x[ 3]=0.750000      y[ 3]=1.282390
x[ 4]=1.000000      y[ 4]=1.009621
x[ 5]=1.250000      y[ 5]=0.793188
x[ 6]=1.500000      y[ 6]=0.628151
x[ 7]=1.750000      y[ 7]=0.503730
x[ 8]=2.000000      y[ 8]=0.409667
x[ 9]=2.250000      y[ 9]=0.337865
x[10]=2.500000      y[10]=0.282357
x[11]=2.750000      y[11]=0.238857
x[12]=3.000000      y[12]=0.204300
x[13]=3.250000      y[13]=0.176490
x[14]=3.500000      y[14]=0.153836
x[15]=3.750000      y[15]=0.135175
x[16]=4.000000      y[16]=0.119642
x[17]=4.250000      y[17]=0.106592
x[18]=4.500000      y[18]=0.095530
x[19]=4.750000      y[19]=0.086080
x[20]=5.000000      y[20]=0.077948
```

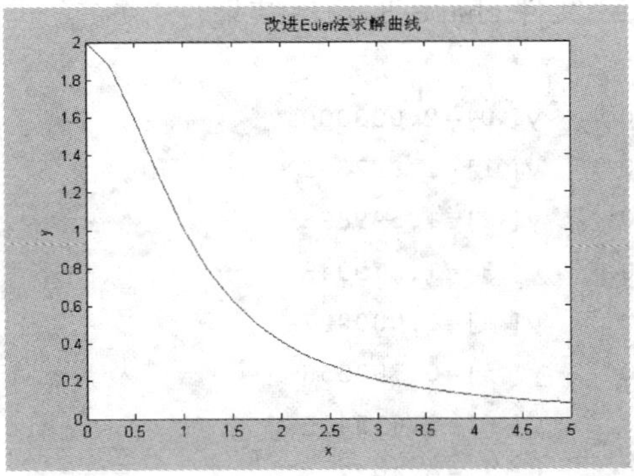

图 8.6.2

8.6.2 Runge-Kutta 方法

例 8.6.3 用经典 Runge-Kutta 格式求解例 8.6.2.

编写命令 M 文件 chap8_3：

```
a=0;y0=2;
h=0.25;
n=0;
x_rec(1)=a;y_rec(1)=y0;
fprintf('x[%2.0f]=%10.6f    y[%2.0f]=%10.6f\n',n,x_rec(1),n,y_rec(1))
x=a;y=y0;
while x<5
    n=n+1;
    k1=fun1_chap8(x,y);
    k2=fun1_chap8(x+h/2,y+h*k1/2);
    k3=fun1_chap8(x+h/2,y+h*k2/2);
    k4=fun1_chap8(x+h,y+h*k3);
    y=y+h*(k1+2*k2+2*k3+k4)/6;
    x=a+n*h;
    y_rec(n+1)=y;x_rec(n+1)=x;
    fprintf('x[%2.0f]=%10.6f    y[%2.0f]=%10.6\n',
                                n,x_rec(n+1),n,y_rec(n+1))
end
plot(x_rec,y_rec)
```

在命令窗口调用 M 文件 chap8_3，输出结果：

```
>>chap8_3
x[ 0]=0.000000     y[ 0]=2.000000
x[ 1]=0.250000     y[ 1]=1.882308
x[ 2]=0.500000     y[ 2]=1.599896
x[ 3]=0.750000     y[ 3]=1.279948
x[ 4]=1.000000     y[ 4]=1.000027
x[ 5]=1.250000     y[ 5]=0.780556
x[ 6]=1.500000     y[ 6]=0.615459
x[ 7]=1.750000     y[ 7]=0.492374
x[ 8]=2.000000     y[ 8]=0.400054
x[ 9]=2.250000     y[ 9]=0.329940
x[10]=2.500000     y[10]=0.275895
x[11]=2.750000     y[11]=0.233602
```

```
x[12]=3.000000     y[12]=0.200020
x[13]=3.250000     y[13]=0.172989
x[14]=3.500000     y[14]=0.150956
x[15]=3.750000     y[15]=0.132790
x[16]=4.000000     y[16]=0.117655
x[17]=4.250000     y[17]=0.104924
x[18]=4.500000     y[18]=0.094123
x[19]=4.750000     y[19]=0.084885
x[20]=5.000000     y[20]=0.076927
```

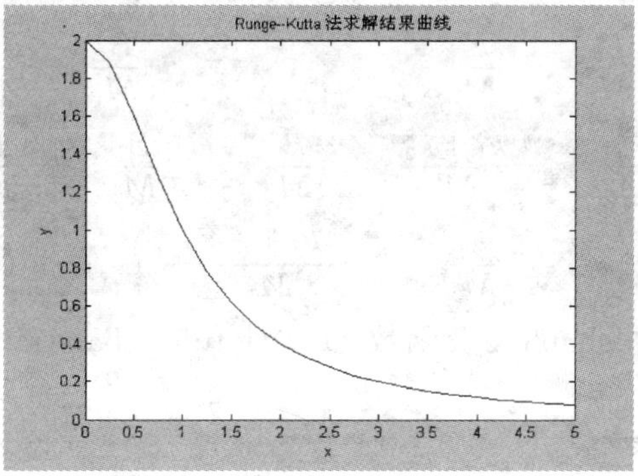

图 8.6.3

例 8.6.4 某重物-弹簧系统中三个物体的位移满足下列微分方程：

$$\begin{cases} M_1 y_1'' + B_1 y_1' + k_1 y_1 - B_1 y_2' - k_1 y_2 = F_1(t) \\ -B_1 y_1' - k_1 y_1 + M_2 y_2'' + B_1 y_2' + (k_1 + k_2) y_2 - k_2 y_3 = 0 \\ -k_2 y_2 + M_3 y_3'' + B_3 y_3' + (k_2 + k_3) y_3 = F_3(t) \end{cases} \qquad (*)$$

其中，y_1, y_2, y_3 代表位移. 常量及初始条件如下：

弹性系数	$k_1 = k_2 = k_3 = 1\ \text{N} \cdot \text{m}^{-1}$
质量	$M_1 = M_2 = M_3 = 1\ \text{kg}$
力	$F_1(t) = 0.01\ \text{N} \qquad F_3(t) = 0\ \text{N}$
阻力系数	$B_1 = B_3 = 0.1\ \text{Ns} \cdot \text{m}^{-1}$
初始位移	$y_1(0) = y_1'(0) = y_2(0) = 0\ \text{m}$
初始速度	$y_2'(0) = y_3'(0) = y_3'(0) = 0\ \text{m} \cdot \text{s}^{-1}$

用经典 Runge-Kutta 四阶方法求解上述方程：$0 < t \leqslant 30$ s，$h = 0.1$ s.

令 $y_4 = y_1'$，$y_5 = y_2'$，$y_6 = y_3'$，则方程组(＊)变为 6 个一阶常微分方程：

$$y_1' = y_4$$

$$y_2' = y_5$$

$$y_3' = y_6$$

$$y_4' = (-B_1y_4 - k_1y_1 + B_1y_5 + k_2y_2 + F_1)/M_1$$
$$y_5' = [B_1y_4 + k_1y_1 - B_1y_5 - (k_1 + k_2)y_2 + k_2y_3]/M_2$$
$$y_6' = [k_2y_2 - B_3y_6 - (k_2 + k_3)y_3 + F_3]/M_3$$

把上面的方程写成矩阵形式为

$$\boldsymbol{y}' = \boldsymbol{f}(\boldsymbol{y}, t)$$

其中，

$$\boldsymbol{y}' = \begin{bmatrix} y_1 \\ y_2 \\ y_3 \\ y_4 \\ y_5 \\ y_6 \end{bmatrix} \qquad \boldsymbol{f} = \begin{bmatrix} 0 & 0 & 0 & 1 & 0 & 0 \\ 0 & 0 & 0 & 0 & 1 & 0 \\ 0 & 0 & 0 & 0 & 0 & 1 \\ -\dfrac{k_1}{M_1} & \dfrac{k_2}{M_1} & 0 & -\dfrac{B_1}{M_1} & \dfrac{B_1}{M_1} & 0 \\ \dfrac{k_1}{M_2} & -\dfrac{k_1+k_2}{M_2} & \dfrac{k_3}{M_2} & \dfrac{B_1}{M_2} & -\dfrac{B_1}{M_2} & 0 \\ 0 & \dfrac{k_2}{M_3} & -\dfrac{k_2+k_3}{M_3} & 0 & 0 & -\dfrac{B_3}{M_3} \end{bmatrix} \boldsymbol{y} + \begin{bmatrix} 0 \\ 0 \\ 0 \\ \dfrac{F_1}{M_2} \\ 0 \\ \dfrac{F_3}{M_3} \end{bmatrix}$$

编写命令 M 文件 chap8_4 及函数 M 文件 fun2_chap8：

```
M1=1;M2=1;M3=1;
K1=1;K2=1;K3=1;
F1=1;F3=0;F=[0,0,0,F1/M1,0,F3/M3]';
B1=0.1;B3=0.1;
y=[0;0;0;0;0;0];
y_rec(:,1)=y;t_rec=0;n=0;
h=0.1;t=0;
C=[0,   0,   0,   1,   0,   0;...
   0,   0,   0,   0,   1,   0;...
   0,   0,   0,   0,   0,   1;...
   -K1/M1,  K2/M1,  0,  -B1/M1,   B1/M1,   0;...
   K1/M2,-(K1+K2)/M2,K2/M2,B1/M2,-B1/M2,0;...
   0,   K2/M3,-(K2+K3)/M3,0,   0,   -B3/M3];
while t<=30
   n=n+1;
   k1=h*fun2_chap8(y,C,F);
   k2=h*fun2_chap8(y+k1/2,C,F);
   k3=h*fun2_chap8(y+k2/2,C,F);
   k4=h*fun2_chap8(y+k3,C,F);
   y=y+(1/6)*(k1+2*k2+2*k3+k4);
   t_rec(n+1)=n*h;
   y_rec(:,n+1)=y;
   t=t+h;
```

```
end
plot(t_rec,y_rec(1:3,:))
function f=fun2_chap8(y,C,F)
f=C*y+F;
```

在命令窗口调用 M 文件 chap8_4：

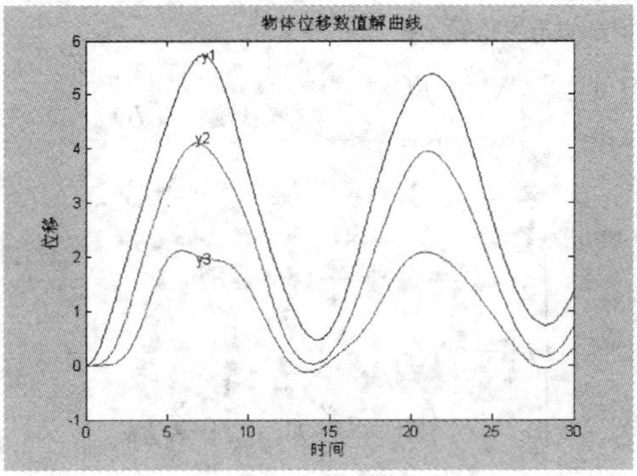

图 8.6.4

习　题

1. 用 Euler 方法求

$$\begin{cases} \dfrac{dy}{dx} = -\dfrac{0.9}{1+2x}y \\ y(0)=1 \end{cases} \quad (0 \leqslant x \leqslant 0.3)$$

的数值解，取步长 $h=0.1$.

2. 设初值问题：

$$\begin{cases} y' = x+y \\ y(0)=1 \end{cases} \quad (x>0)$$

(1) 写出用 Euler 方法、取步长 $h=0.1$ 解上述初值问题数值解的公式；

(2) 写出用改进 Euler 方法、取步长 $h=0.1$ 解上述初值问题数值解的公式；

(3) 用改进 Euler 方法、取步长 $h=0.1$ 求上述初值问题数值解 y_1, y_2.

3. 初值问题：

$$\begin{cases} y' = ax+b \\ y(0)=0 \end{cases} \quad (x>0)$$

有精确解

$$y(x) = \frac{1}{2}ax^2 + bx$$

试证明：

(1) 用 Euler 法以 h 为步长所得近似解 y_n 的整体截断误差为

$$\varepsilon_n = y(x_n) - y_n = \frac{1}{2}ahx_n$$

(2) 用改进的 Euler 法能准确地解上述问题.

4. 给定常微分方程初值问题

$$\begin{cases} y' = f(x,y) \\ y(a) = \eta \end{cases} \quad (a \leqslant x \leqslant b)$$

(1) 试证明

$$\begin{cases} y_{n+1} = y_n + \dfrac{h}{4}(k_1 + 3k_2) \\ k_1 = f(x_n, y_n) \\ k_2 = f\left(x_n + \dfrac{2}{3}h, y_n + \dfrac{2}{3}hk_1\right) \end{cases}$$

是一个二阶方法.

(2) 应用以上方法求

$$\begin{cases} y' = x^2 + y^2 \\ y(0) = 0 \end{cases} \quad (0 \leqslant x \leqslant 1)$$

的解 $y(x)$ 在 $x=0.1$ 处的近似值.

5. 写出用四阶经典 Runge-Kutta 方法求解初值问题：

$$\begin{cases} \dfrac{dy}{dx} = f(x,y,z) & y(x_0) = y_0 \\ \dfrac{dz}{dx} = g(x,y,z) & z(x_0) = z_0 \end{cases}$$

的计算公式.

6. 用经典四阶 Runge-Kutta 方法求解初值问题：

$$\begin{cases} y' = 8 - 3y \\ y(0) = 2 \end{cases} \quad (0 \leqslant x \leqslant 1)$$

取步长 $h=0.2$，计算 $y(0.4)$ 的近似值，小数点后保留 4 位.

7. 证明：对任意参数 t，下列 Runge-Kutta 公式是二阶的：

$$\begin{cases} y_{n+1} = y_n + \dfrac{1}{2}(k_2 + k_3) \\ k_1 = hf(x_n, y_n) \\ k_2 = hf(x_n + th, y_n + tk_1) \\ k_3 = hf(x_n + (1-t)h, y_n + (1-t)k_1) \end{cases}$$

8. 用数值积分方法导出求解初值问题

$$\begin{cases}\dfrac{\mathrm{d}y}{\mathrm{d}x} = f(x,y) \\ y(x_0) = y_0\end{cases}$$

的中矩形公式：

$$y_{n+1} = y_{n-1} + 2hf(x_n, y_n)$$

并估计其局部截断误差.

9. 初值问题：

$$\begin{cases}\dfrac{\mathrm{d}y}{\mathrm{d}x} =- y + x + 1 \\ y(0) = 1\end{cases} \quad (0 \leqslant x \leqslant 1)$$

分别写出用四阶 Adams 显式和 Adams 隐式公式求解此问题的计算公式，取步长 $h=0.1$.

10. 设方程组：

$$\begin{cases}y' = f(x,y,z) & y(x_0) = y_0 \\ z' = g(x,y,z) & z(x_0) = z_0\end{cases}$$

写出求解此方程组的四阶 Adams 外推公式.

11. 采用改进的 Euler 方法求解下列二阶常微分方程初值问题：

$$\begin{cases}y'' - 2y' + 2y = \mathrm{e}^{2x}\sin x \\ y(0) =- 0.4 \qquad y'(0) =- 0.6\end{cases} \quad (0 \leqslant x \leqslant 1)$$

取步长 $h=0.1$，计算 $y(0.1)$的近似值.（最后结果保留小数点后5位.）

12. 对于初值问题：

$$\begin{cases}y'' = f(x,y,y') \\ y(a) = \alpha \\ y'(a) = \beta\end{cases} \quad (a \leqslant x \leqslant b)$$

写出用 Euler 方法求解的计算公式.

13. 对试验方程 $y'=\lambda y$ $(\lambda<0)$，要求：

(1) 证明改进的 Euler 公式与中点公式两者的绝对稳定条件均为

$$\left|1 + \lambda h + \frac{(\lambda h)^2}{2}\right| \leqslant 1$$

(2) 求出其绝对稳定区间.

14. 对于初值问题：

$$\begin{cases}y' =- 1000[y - g(x)] + g'(x) \\ y(0) = g(0)\end{cases}$$

其中，$g(x)$为已知函数，其解 $y(x)=g(x)$.

(1) 若用显式 Euler 法求解，从稳定性考虑步长应在什么范围内选取？

(2) 若用隐式 Euler 法求解，从稳定性考虑，步长有没有限制？为什么？

(3) 若 $g(x)$ 为不超过一次的多项式，用显示 Euler 法求解此问题时，从精确阶考虑，步长的选择有无限制？为什么？

实验题

1. 编写经典 Runge-Kutta 四阶方法求解初值问题的函数 M 文件，并求解下列初值问题：(取 $h=0.01$.)

$$\begin{cases} y' = y + x \\ y(0) = 1 \end{cases} \quad (0 \leqslant x \leqslant 1)$$

2. 分别利用经典 Runge-Kutta 法和三步三阶显式 Adams 方法，求初值问题

$$\begin{cases} u' = 1 - \dfrac{2tu}{1+t^2} \\ u(0) = 0 \end{cases} \quad (0 \leqslant t \leqslant 2)$$

的数值解. 步长 $h=0.1$，计算结果取 7 位有效数字，并将计算结果与精确解做比较（列表、画图）. $\left(\text{已知精确解 } u(t) = \dfrac{t(3+t^2)}{3(1+t^2)}.\right)$

3. 用 Adams 预测——校正方法(取 $h=0.1$)求下列初值问题：(经典 Runge-Kutta 四阶方法提供初值.)

$$\begin{cases} y' = 0.1(x^3 + y^2) \\ y(0) = 1 \end{cases} \quad (0 \leqslant x \leqslant 1)$$

4. 用经典 Runge-Kutta 四阶方法求解微分方程组初值问题：(取 $h=0.1$.)

$$\begin{cases} u' = x + u + v & u(0) = 0 \\ v' = -x + u & v(0) = 1 \quad (0 \leqslant x \leqslant 1.0) \\ \omega' = u + \omega & \omega(0) = 1 \end{cases}$$

5. 小船渡过宽为 d 的河流 A-B，v_1 为河水流速，v_2 为静水速度，渡船时船头始终指向 B 点；

(1) 建立小船的航线方程，求其解析解；

(2) 设 $d=100\ \mathrm{m}$，$v_1=1\ \mathrm{m\cdot s^{-1}}$，$v_2=2\ \mathrm{m\cdot s^{-1}}$，用数值解法求渡河所需时间和任意时刻小船的位置及航行曲线，作图，并与解析解比较. 若流速 v_1 为 0，$0.5\ \mathrm{m\cdot s^{-1}}$，$1.5\ \mathrm{m\cdot s^{-1}}$，$2\ \mathrm{m\cdot s^{-1}}$，结果如何？

第9章 矩阵特征值与特征向量的计算

9.1 问题的提出

工程实践中的一些振动问题，如桥梁或建筑物的振动、飞机机翼的颤动、物理学中某些临界值的确定以及理论物理中的一些问题，归结为数学问题就是：

(1) 已知矩阵 $\boldsymbol{A}=(a_{ij})_{n\times n}$，要求代数方程 $\varphi(\lambda)=\det(\lambda\boldsymbol{I}-\boldsymbol{A})=0$ 的根，$\varphi(\lambda)$称为 $\boldsymbol{A}$ 的特征多项式，$\varphi(\lambda)$的根称为 $\boldsymbol{A}$ 的特征值，即求 $\boldsymbol{A}$ 的特征值.

(2) 设 λ 是 $\boldsymbol{A}$ 的特征值，要求齐次线性方程组$(\lambda\boldsymbol{I}-\boldsymbol{A})\boldsymbol{x}=\boldsymbol{0}$ 的非零解 $\boldsymbol{x}$，此非零解 $\boldsymbol{x}$ 就称为 $\boldsymbol{A}$ 的对应于 λ 的特征向量.

求矩阵特征值及特征向量的问题是线性代数中的一个重要课题. 但当矩阵 $\boldsymbol{A}$ 的阶数较高时，直接求解矩阵 $\boldsymbol{A}$ 的特征值及特征向量是困难的. 另外，在实际问题中，具体要求也有不同. 有些只要求矩阵 $\boldsymbol{A}$ 的按模最大的特征值和相应的特征向量，有的则要求出矩阵 $\boldsymbol{A}$ 的全部特征值和相应的特征向量，针对这两种不同要求，我们将选择不同的方法.

本章我们需要一些与特征值有关的结论：

定理 9.1.1 若 $\lambda_i(i=1,2,\cdots,n)$是矩阵 $\boldsymbol{A}$ 的特征值，则有

(1) $\sum\limits_{i=1}^{n}\lambda_i=\sum\limits_{i=1}^{n}a_{ii}=\mathrm{tr}(\boldsymbol{A})$.

(2) $\det(\boldsymbol{A})=\lambda_1\lambda_1\cdots\lambda_n$.

定理 9.1.2 若 $\boldsymbol{A}$ 与 $\boldsymbol{B}$ 相似，则 $\boldsymbol{A}$ 与 $\boldsymbol{B}$ 有相同的特征值.

定义 9.1.1 设 $\boldsymbol{A}$ 是 n 阶实对称阵，对于任一非零向量 $\boldsymbol{x}$，称 $R(\boldsymbol{x})=\dfrac{(\boldsymbol{Ax},\boldsymbol{x})}{(\boldsymbol{x},\boldsymbol{x})}$ 为关于向量 $\boldsymbol{x}$ 的 Rayleigh 商.

定理 9.1.3 设 $\boldsymbol{A}$ 为 n 阶实对称阵，对于任一非零向量 $\boldsymbol{x}$，有

$$\lambda_1\geqslant\frac{(\boldsymbol{Ax},\boldsymbol{x})}{(\boldsymbol{x},\boldsymbol{x})}\geqslant\lambda_n\qquad\lambda_1=\max_{\boldsymbol{x}\in\mathbf{R}^n,\boldsymbol{x}\neq\boldsymbol{0}}\frac{(\boldsymbol{Ax},\boldsymbol{x})}{(\boldsymbol{x},\boldsymbol{x})}\qquad\lambda_n=\min_{\boldsymbol{x}\in\mathbf{R}^n,\boldsymbol{x}\neq\boldsymbol{0}}\frac{(\boldsymbol{Ax},\boldsymbol{x})}{(\boldsymbol{x},\boldsymbol{x})}$$

其中，$\lambda_1\geqslant\lambda_2\geqslant\cdots\geqslant\lambda_n$ 为 $\boldsymbol{A}$ 的特征值.

证 因为 $\boldsymbol{A}$ 实对称，故有完全的特征向量系，设 $\boldsymbol{x}_1,\boldsymbol{x}_2,\cdots,\boldsymbol{x}_n$ 是 $\boldsymbol{A}$ 的规范化正

交组，即$(\boldsymbol{x}_i,\boldsymbol{x}_j)=\delta_{ij}$，则任一非零向量$\boldsymbol{x}$可表示为$\boldsymbol{x}=\sum_{i=1}^{n}\alpha_i\boldsymbol{x}_i$，于是

$$(\boldsymbol{x},\boldsymbol{x})=\left(\sum_{i=1}^{n}\alpha_i\boldsymbol{x}_i,\sum_{i=1}^{n}\alpha_i\boldsymbol{x}_i\right)=\sum_{i=1}^{n}\alpha_i^2$$

$$(\boldsymbol{A}\boldsymbol{x},\boldsymbol{x})=\left(\sum_{i=1}^{n}\boldsymbol{A}\alpha_i\boldsymbol{x}_i,\sum_{i=1}^{n}\alpha_i\boldsymbol{x}_i\right)=\left(\sum_{i=1}^{n}\alpha_i\lambda_i\boldsymbol{x}_i,\sum_{i=1}^{n}\alpha_i\boldsymbol{x}_i\right)=\sum_{i=1}^{n}\lambda_i\alpha_i^2$$

故

$$\frac{(\boldsymbol{A}\boldsymbol{x},\boldsymbol{x})}{(\boldsymbol{x},\boldsymbol{x})}=\frac{\sum_{i=1}^{n}\lambda_i\alpha_i^2}{\sum_{i=1}^{n}\alpha_i^2}\leqslant\frac{\lambda_i\sum_{i=1}^{n}\alpha_i^2}{\sum_{i=1}^{n}\alpha_i^2}=\lambda_1$$

同理可证：

$$\frac{(\boldsymbol{A}\boldsymbol{x},\boldsymbol{x})}{(\boldsymbol{x},\boldsymbol{x})}\geqslant\lambda_n$$

在 Rayleigh 商中，分别取$\boldsymbol{x}=\boldsymbol{x}_1$和$\boldsymbol{x}=\boldsymbol{x}_n$，则可达到 Rayleigh 商的最大值$\lambda_1$和最小$\lambda_n$，故

$$\lambda_1=\max_{x\in\mathbf{R}^n,x\neq\mathbf{0}}\frac{(\boldsymbol{A}\boldsymbol{x},\boldsymbol{x})}{(\boldsymbol{x},\boldsymbol{x})}\qquad\lambda_n=\min_{x\in\mathbf{R}^n,x\neq\mathbf{0}}\frac{(\boldsymbol{A}\boldsymbol{x},\boldsymbol{x})}{(\boldsymbol{x},\boldsymbol{x})}$$

例如，取$\boldsymbol{x}_1\neq\mathbf{0}$，则$\boldsymbol{A}\boldsymbol{x}_1=\lambda_1\boldsymbol{x}_1$，$R(\boldsymbol{x}_1)=\dfrac{\lambda_1(\boldsymbol{x}_1,\boldsymbol{x}_1)}{(\boldsymbol{x}_1,\boldsymbol{x}_1)}=\lambda_1$，即

$$\max_{x\neq0}\frac{(\boldsymbol{A}\boldsymbol{x},\boldsymbol{x})}{(\boldsymbol{x},\boldsymbol{x})}=\frac{(\boldsymbol{A}\boldsymbol{x}_1,\boldsymbol{x}_1)}{(\boldsymbol{x}_1,\boldsymbol{x}_1)}=\lambda_1$$

9.2 乘幂法和反幂法

9.2.1 乘幂法

乘幂法是一种计算实矩阵$\boldsymbol{A}$的按模最大的特征值及其对应的特征向量的方法.

假设：

(1) $\boldsymbol{A}$有n个线性无关特征向量$\boldsymbol{x}_1,\boldsymbol{x}_2,\cdots,\boldsymbol{x}_n$.

(2) $\boldsymbol{A}\boldsymbol{x}_i=\lambda_i\boldsymbol{x}_i\ (i=1,2,\cdots,n)$，满足$|\lambda_1|>|\lambda_2|\geqslant\cdots\geqslant|\lambda_n|$，且$\lambda_i$是实特征值.

由于$\boldsymbol{x}_1,\boldsymbol{x}_2,\cdots,\boldsymbol{x}_n$构成了$n$维向量空间$\mathbf{R}^n$的基底，故任意$\boldsymbol{v}_0\in\mathbf{R}^n$，有

$$\boldsymbol{v}_0=\alpha_1\boldsymbol{x}_1+\alpha_2\boldsymbol{x}_2+\cdots+\alpha_n\boldsymbol{x}_n\quad(\text{设 }\alpha_1\neq0)$$

则

$$\boldsymbol{v}_1=\boldsymbol{A}\boldsymbol{v}_0=\alpha_1\lambda_1\boldsymbol{x}_1+\alpha_2\lambda_2\boldsymbol{x}_2+\cdots+\alpha_n\lambda_n\boldsymbol{x}_n$$

$$\boldsymbol{v}_2=\boldsymbol{A}\boldsymbol{v}_1=\alpha_1\lambda_1^2\boldsymbol{x}_1+\alpha_2\lambda_2^2\boldsymbol{x}_2+\cdots+\alpha_n\lambda_n^2\boldsymbol{x}_n$$

……

一般有

$$\begin{aligned}\boldsymbol{v}_k &= \boldsymbol{A}\boldsymbol{v}_{k-1} = \alpha_1\lambda_1^k\boldsymbol{x}_1 + \alpha_2\lambda_2^k\boldsymbol{x}_2 + \cdots + \alpha_n\lambda_n^k\boldsymbol{x}_n \\ &= \lambda_1^k\left[\alpha_1\boldsymbol{x}_1 + \alpha_2\left(\frac{\lambda_2}{\lambda_1}\right)^k\boldsymbol{x}_2 + \cdots + \alpha_n\left(\frac{\lambda_n}{\lambda_1}\right)^k\boldsymbol{x}_n\right]\end{aligned} \tag{9.2.1}$$

当 k 足够大时，由于 $\left|\frac{\lambda_i}{\lambda_1}\right|<1\ (i=2,3,\cdots,n)$，故

$$\boldsymbol{v}_k \approx \lambda_1^k\alpha_1\boldsymbol{x}_1$$

$$\boldsymbol{v}_{k+1} \approx \lambda_1^{k+1}\alpha_1\boldsymbol{x}_1 \approx \lambda_1\boldsymbol{v}_k$$

而 $\boldsymbol{v}_{k+1}=\boldsymbol{A}\boldsymbol{v}_k$，故 $\boldsymbol{v}_k$ 可以近似地作为对应于 λ_1 的特征向量.

由 $\boldsymbol{v}_k\approx\lambda_1^k\alpha_1\boldsymbol{x}_1$ 知，当 $|\lambda_1|<1$ 时，$\boldsymbol{v}_k$ 的分量随 k 增大而趋于零；当 $|\lambda_1|>1$，各分量又趋于无穷，这在计算机里即所谓“下溢”和“上溢”. 实际计算时，为防止 $\boldsymbol{v}_k$ 的模过大或过小，以致产生计算机运算的上下溢出，通常每次迭代都对 $\boldsymbol{v}_k$ 进行归一化，使 $\|\boldsymbol{v}_k\|_\infty=1$，因此以上乘幂法公式改进为

$$\begin{cases}\boldsymbol{y}_{k-1} = \dfrac{\boldsymbol{v}_{k-1}}{\|\boldsymbol{v}_{k-1}\|_\infty} \\ \boldsymbol{v}_k = \boldsymbol{A}\boldsymbol{y}_{k-1}\end{cases} \quad (k=1,2,\cdots) \tag{9.2.2}$$

由迭代公式知

$$\begin{aligned}\boldsymbol{v}_k &= \frac{\boldsymbol{A}\boldsymbol{v}_{k-1}}{\|\boldsymbol{v}_{k-1}\|_\infty} = \frac{\boldsymbol{A}^2\boldsymbol{v}_{k-2}/\|\boldsymbol{v}_{k-2}\|_\infty}{\|\boldsymbol{A}\boldsymbol{v}_{k-2}/\|\boldsymbol{v}_{k-2}\|_\infty\|_\infty} \\ &= \frac{\boldsymbol{A}^2\boldsymbol{v}_{k-2}}{\|\boldsymbol{A}\boldsymbol{v}_{k-2}\|_\infty} = \cdots = \frac{\boldsymbol{A}^k\boldsymbol{v}_0}{\|\boldsymbol{A}^{k-1}\boldsymbol{v}_0\|_\infty}\end{aligned} \tag{9.2.3}$$

对比式(9.2.1)和式(9.2.3)，可知式(9.2.3)中的 $\boldsymbol{v}_k$ 仍收敛于 $\boldsymbol{A}$ 的对应于 λ_1 的特征向量.

当 k 足够大时，$\boldsymbol{v}_k$ 和 $\boldsymbol{v}_{k-1}$ 都可视为 λ_1 对应的特征向量.

下面讨论特征值 λ_1 的计算.

由

$$\boldsymbol{v}_k = \boldsymbol{A}\frac{\boldsymbol{v}_{k-1}}{\|\boldsymbol{v}_{k-1}\|_\infty} = \frac{\boldsymbol{A}\boldsymbol{v}_{k-1}}{\|\boldsymbol{v}_{k-1}\|_\infty} = \frac{\boldsymbol{v}_k}{\|\boldsymbol{v}_{k-1}\|_\infty} \tag{9.2.4}$$

有

$$\boldsymbol{v}_k = \lambda_1\frac{\boldsymbol{v}_{k-1}}{\|\boldsymbol{v}_{k-1}\|_\infty} \tag{9.2.5}$$

$$\|\boldsymbol{v}_k\|_\infty = |\lambda_1|\frac{\|\boldsymbol{v}_{k-1}\|_\infty}{\|\boldsymbol{v}_{k-1}\|_\infty} = |\lambda_1|$$

故 $|\lambda_1|$ 就是 $\|\boldsymbol{v}_k\|_\infty$，剩下的问题是确定 λ_1 的符号. $\|\boldsymbol{v}_k\|_\infty$ 是 $\boldsymbol{v}_k$ 的各分量绝对值之最大者，设 $\boldsymbol{v}_k$ 和 $\boldsymbol{v}_{k-1}$ 的绝对值最大的分量为 a_k 和 a_{k-1}. 由式(9.2.5)可得

$$a_k = \lambda_1\frac{a_{k-1}}{\|\boldsymbol{v}_{k-1}\|_\infty}$$

解得

$$\lambda_1 = \frac{a_k}{a_{k-1}} \| v_{k-1} \|_\infty$$

$$\operatorname{sgn}(\lambda_1) = \operatorname{sgn}\left(\frac{a_k}{a_{k-1}}\right) \tag{9.2.6}$$

即当按式(9.2.2)迭代时，发现 $\| v_k \|_\infty$ 稳定后，取 $|\lambda_1| = \| v_k \|_\infty$，$\lambda_1$ 的符号由如下原则确定：当相邻两次的 v_k 和 v_{k-1} 对应分量符号相同，取 λ_1 的符号为正；符号相反则为负.

例 9.2.1 用乘幂法计算矩阵：

$$A = \begin{bmatrix} -4 & 14 & 0 \\ -5 & 13 & 0 \\ -1 & 0 & 2 \end{bmatrix}$$

按模最大特征值和相应的特征向量. 取 $x^{(0)} = (1,1,1)^{\mathrm{T}}$，迭代两步即可.

解 (1) $x^{(0)} = (1,1,1)^{\mathrm{T}}$ $\| x^{(0)} \|_\infty = 1$

$$y^{(1)} = Ax^{(0)} = \begin{bmatrix} -4 & 14 & 0 \\ -5 & 13 & 0 \\ -1 & 0 & 2 \end{bmatrix}\begin{bmatrix} 1 \\ 1 \\ 1 \end{bmatrix} = \begin{bmatrix} 10 \\ 8 \\ 1 \end{bmatrix} \qquad \lambda^{(1)} = 10$$

(2) $x^{(1)} = \dfrac{y^{(1)}}{\| y^{(1)} \|_\infty} = (1, 0.8, 0.1)^{\mathrm{T}}$

$$y^{(2)} = Ax^{(1)} = \begin{bmatrix} -4 & 14 & 0 \\ -5 & 13 & 0 \\ -1 & 0 & 2 \end{bmatrix}\begin{bmatrix} 1 \\ 0.8 \\ 0.1 \end{bmatrix} = \begin{bmatrix} 7.2 \\ 5.4 \\ -0.8 \end{bmatrix} \qquad \lambda^{(2)} = 7.2$$

相应特征向量取为 $\dfrac{1}{7.2}\begin{bmatrix} 7.2 \\ 5.4 \\ -0.8 \end{bmatrix}$.

乘幂法程序的编制可采用如下算法，即对 $A_{n\times n}$ 任取非零向量 v_0，对 $k=1,2,\cdots$ 执行以下各步骤：

(1) $|a_r| = \max\limits_{1\leqslant i\leqslant n} |a_i|$，其中：$a_i$ 是 $v_{k-1} = (a_1, a_2, \cdots, a_n)^{\mathrm{T}}$ 的各分量.

(2) $y_{k-1} = \dfrac{v_{k-1}}{|a_r|}$.

(3) $v_k = Ay_{k-1}$.

(4) $t_k = \operatorname{sgn}(a_r) \times (v_k)_r$.

(5) 若 $|t_k - t_{k-1}| < \varepsilon$，令 $\lambda_1 = t_k$，$x_1 = y_{k-1}$，退出运算；否则返回(1)重做以上步骤.

9.2.2 乘幂法的其他复杂情况

以上推导过程中,我们做了一些假设,当这些假设不成立时,乘幂法会出现一些复杂情况,以下简单说明之.

(1) 我们假设了 $\boldsymbol{A}$ 具有完全的特征向量系,即 $\boldsymbol{A}$ 具有 n 个线性无关的特征向量. 当 $\boldsymbol{A}$ 不具有 n 个线性无关的特征向量时,乘幂法不适用,但事前往往无法判断这一点,因此在运用乘幂法时,发现不收敛或收敛很慢情况,要考虑此种可能.

(2) 我们假设在式(9.2.1)中,$\alpha_1 \neq 0$,这在选择 $\boldsymbol{v}_0$ 时,也无法判断,但这往往不影响乘幂法的成功使用. 因为若选 $\boldsymbol{v}_0$,使 $\alpha_1 = 0$,由于舍入误差的影响,在迭代某一步会产生 $\boldsymbol{v}_k$,它在 $\boldsymbol{x}_1$ 方向上的分量不为零,这时以后的迭代仍会收敛.

(3) 我们假设了 $|\lambda_1| > |\lambda_2| \geqslant |\lambda_3| \geqslant \cdots \geqslant |\lambda_n|$. 若不具备此条件,可能出现的情况有:

① $\lambda_1 = \lambda_2 = \cdots = \lambda_r$,$|\lambda_1| > |\lambda_{r+1}| \geqslant |\lambda_{r+2}| \geqslant \cdots \geqslant |\lambda_n|$;

② $\lambda_1 = -\lambda_2$;

③ λ_1 和 λ_2 为共轭复数,$\lambda_1 = \overline{\lambda_2}$.

对情况①,归一化乘幂法(9.2.2)仍适用,但选择不同的 $\boldsymbol{v}_0$ 得到特征向量 $\boldsymbol{v}_k$ 是不同的. 对情况②和情况③较复杂,(9.2.2)得到的序列不收敛,但可从序列中看出规律,推算出 λ_1, λ_2. 更详细的讨论见参考文献(武汉大学计算数学教研室,1979).

9.2.3 乘幂法的加速

乘幂法的收敛速度取决于比值 $\left|\dfrac{\lambda_2}{\lambda_1}\right|$,我们将着眼于减小 $\left|\dfrac{\lambda_2}{\lambda_1}\right|$ 的值和提高 $\left|\dfrac{\lambda_2}{\lambda_1}\right|^k$ 中的 k 的方次. 减小 $\left|\dfrac{\lambda_2}{\lambda_1}\right|$ 的值可采用原点移位法,提高 k 的方次可采用 Aitken 加速法和 Rayleigh 商加速法.

1. 原点位移法

设 $\boldsymbol{A}$ 的特征值 $\lambda_1 > \lambda_2 \geqslant \cdots \geqslant \lambda_n$,并有完全的特征向量系 $\boldsymbol{x}_1, \boldsymbol{x}_2, \cdots, \boldsymbol{x}_n$,则矩阵 $\boldsymbol{B} = \boldsymbol{A} - P\boldsymbol{I}$ 的特征值为 $\lambda_1 - P, \lambda_2 - P, \cdots, \lambda_n - P$,特征向量不变,仍为 $\boldsymbol{x}_1, \boldsymbol{x}_2, \cdots, \boldsymbol{x}_n$. 若设法取到数 P,使

$$\left|\frac{\lambda_2 - P}{\lambda_1 - P}\right| < \left|\frac{\lambda_2}{\lambda_1}\right|$$

然后对矩阵

$$\boldsymbol{B} = \boldsymbol{A} - P\boldsymbol{I}$$

作乘幂法，求得 $\boldsymbol{B}$ 的特征值 $\lambda_1(\boldsymbol{B})$，则 $\boldsymbol{A}$ 的特征值即为

$$\lambda_1=\lambda_1(\boldsymbol{B})+P$$

问题是如何取 P?

对于 $\boldsymbol{A}$ 的特征值 $\lambda_1>\lambda_2\geqslant\cdots\geqslant\lambda_n$ 来说，它的主特征值（即按模最大特征值）可能是 λ_1，也可能是 λ_n，则 $\boldsymbol{B}$ 的主特征值可能是 λ_1-P，也可能是 λ_n-P.

现假设 $|\lambda_1-P|>|\lambda_n-P|$，于是，在诸数 $\left|\frac{\lambda_2-P}{\lambda_1-P}\right|,\left|\frac{\lambda_3-P}{\lambda_1-P}\right|,\cdots,\left|\frac{\lambda_n-P}{\lambda_1-P}\right|$ 中，只可能是 $\left|\frac{\lambda_2-P}{\lambda_1-P}\right|$ 或 $\left|\frac{\lambda_n-P}{\lambda_1-P}\right|$ 最大，选取 P 要使数

$$\omega=\max\left\{\left|\frac{\lambda_2-P}{\lambda_1-P}\right|,\left|\frac{\lambda_n-P}{\lambda_1-P}\right|\right\}$$

尽可能得小（即 $=\min$）. 易知当

$$\lambda_2-P=-(\lambda_n-P)$$

即

$$P=\frac{\lambda_2+\lambda_n}{2}$$

时，数 ω 取值最小，此时矩阵 $\boldsymbol{B}$ 按乘幂法迭代最快.

下面再说明：在 $|\lambda_1|>|\lambda_n|$ 的条件下

$$0<\frac{\lambda_2-P}{\lambda_1-P}<\frac{\lambda_2}{\lambda_1}$$

由于 $|\lambda_1|>|\lambda_n|$，可知 $\lambda_1>0$，而且此数选择的

$$P=\frac{\lambda_2+\lambda_n}{2}$$

满足

$$0<P<\lambda_n$$

（因为 λ_2 与 λ_1 很靠近，否则，$\left|\frac{\lambda_2}{\lambda_1}\right|$ 就已足够小，不必再找 P），因此

$$\frac{\lambda_2-P}{\lambda_1-P}-\frac{\lambda_2}{\lambda_1}=\frac{\lambda_1\lambda_2-\lambda_2P-\lambda_1\lambda_2+\lambda_2P}{\lambda_1(\lambda_1-P)}=\frac{(\lambda_2-\lambda_1)P}{\lambda_1(\lambda_1-P)}<0$$

上述算法简单，且对矩阵原有的稀疏性也不破坏，但致命弱点是一般并不知道 λ_2，λ_n. 因为若知道 λ_2，λ_n，通常也就知道了 λ_1，也就不必再找 P，因此一般总是对 λ_2 和 λ_n 大约有个估计. 粗略估计一个值 P，在计算机上试算，看迭代加速效果如何?

2. Aitken 加速法

由乘幂法迭代公式及式(9.2.3)易知

$$\mu_k=\max(\boldsymbol{v}_k)=\lambda_1+O\left(\left|\frac{\lambda_2}{\lambda_1}\right|^k\right)$$

其中，$\max(\boldsymbol{v}_k)$ 表示 $\boldsymbol{v}_k$ 中取绝对值最大的分量.

即当 k 充分大时，$\exists c>0$，使

$$|\mu_k - \lambda_1| \approx c\left|\frac{\lambda_2}{\lambda_1}\right|^k$$

$$|\mu_{k+1} - \lambda_1| \approx c\left|\frac{\lambda_2}{\lambda_1}\right|^{k+1}$$

于是

$$\frac{|\mu_{k+1} - \lambda_1|}{|\mu_k - \lambda_1|} \approx c\left|\frac{\lambda_2}{\lambda_1}\right|$$

即$\{\mu_k\}$线性收敛于λ_1,此时有近似关系式:

$$\frac{\mu_{k+2} - \lambda_1}{\mu_{k+1} - \lambda_1} \approx \frac{\mu_{k+1} - \lambda_1}{\mu_k - \lambda_1}$$

从而

$$\lambda_1 = \frac{\mu_k\mu_{k+2} - \mu_{k+1}^2}{\mu_k - 2\mu_{k+1} + \mu_{k+2}} = \bar{\mu}_k \tag{9.2.7}$$

即由已知的三个迭代值$\mu_k, \mu_{k+1}, \mu_{k+2}$,可以算出新的特征估计值$\bar{\mu}_k$,这种加速方法称为Aitken加速法.

3. Rayleigh商加速

设$\boldsymbol{A}$为实的对称矩阵,当$|\lambda_1| > |\lambda_2| \geqslant |\lambda_3| \geqslant \cdots \geqslant |\lambda_n|$时,对应的特征向量为$\boldsymbol{x}_1, \boldsymbol{x}_2, \cdots, \boldsymbol{x}_n$,满足$(\boldsymbol{x}_i, \boldsymbol{x}_j) = \delta_{ij}$,用乘幂法计算$\boldsymbol{A}$的主特征值$\lambda_1$时,可以证明规范向量$\boldsymbol{v}_k$的Rayleigh商给出$\lambda_1$较好的近似:

$$\frac{(\boldsymbol{A}\boldsymbol{v}_k, \boldsymbol{v}_k)}{(\boldsymbol{v}_k, \boldsymbol{v}_k)} = \lambda_1 + O\left[\left(\frac{\lambda_2}{\lambda_1}\right)^{2k}\right] \tag{9.2.8}$$

9.2.4 反幂法(又称逆代法)

设$\boldsymbol{A}$非奇异,则零不是$\boldsymbol{A}$的特征值,并设$\boldsymbol{A}$的特征值有

$$|\lambda_1| \geqslant |\lambda_2| \geqslant \cdots \geqslant |\lambda_n| > 0$$

$\boldsymbol{A}^{-1}$存在,由

$$\boldsymbol{A}\boldsymbol{x}_j = \lambda_j\boldsymbol{x}_j \Longrightarrow \boldsymbol{A}^{-1}\boldsymbol{x}_j = \frac{1}{\lambda_j}\boldsymbol{x}_j$$

此即表明$\boldsymbol{A}^{-1}$的特征值为$\frac{1}{\lambda_j}$ $(j=1,2,\cdots,n)$,并有

$$\left|\frac{1}{\lambda_n}\right| \geqslant \left|\frac{1}{\lambda_{n-1}}\right| \geqslant \cdots \geqslant \left|\frac{1}{\lambda_1}\right|$$

而且$\boldsymbol{A}$对应于λ_j的特征向量$\boldsymbol{x}_j$就是$\boldsymbol{A}^{-1}$对应于$\frac{1}{\lambda_j}$的特征向量,如果对矩阵$\boldsymbol{A}^{-1}$应用乘幂法求主特征值$\frac{1}{\lambda_n}$及特征向量$\boldsymbol{x}_n$,就是对$\boldsymbol{A}$求按模最小的特征值及特征向量,用$\boldsymbol{A}^{-1}$代替$\boldsymbol{A}$做乘幂法计算就称为反幂法.

任取$\boldsymbol{v}_0 \neq \boldsymbol{0}$,做如下迭代:

$$\boldsymbol{v}_{k+1} = \boldsymbol{A}^{-1}\boldsymbol{y}_k \quad (k = 0,1,2,\cdots)$$

作此迭代须计算 $\boldsymbol{A}^{-1}$，这不是一件容易的事. 为了避免求逆阵，我们用解方程组的方法构造如下算法：

对任意初始向量 $\boldsymbol{v}_0 \neq \boldsymbol{0}$ 和 $k=1,2,\cdots$，作

$$\boldsymbol{y}_{k-1} = \frac{\boldsymbol{v}_{k-1}}{\|\boldsymbol{v}_{k-1}\|_\infty} \tag{9.2.9}$$

从 $\boldsymbol{A}\boldsymbol{v}_k = \boldsymbol{y}_{k-1}$ 解出 $\boldsymbol{v}_k$.

或写出如下实用算法：

(1) 对 $\boldsymbol{A}$ 进行 LU 分解，求出 $\boldsymbol{L},\boldsymbol{U}$.

(2) 对任意非零向量 $\boldsymbol{v}_0(k=1,2,\cdots)$，执行：

① $|a_r| = \max\limits_{1\leqslant i\leqslant n}|a_i|$，$a_i$ 是 $\boldsymbol{v}_{k-1}=(a_1,a_2,\cdots,a_n)^{\mathrm{T}}$ 的分量；

② $\boldsymbol{y}_{k-1} = \dfrac{\boldsymbol{v}_{k-1}}{|a_r|}$；

③ 解 $\begin{cases}\boldsymbol{L}\boldsymbol{x}_{k-1} = \boldsymbol{y}_{k-1} \\ \boldsymbol{U}\boldsymbol{v}_k = \boldsymbol{x}_{k-1}\end{cases}$，得到 $\boldsymbol{v}_k$；

④ $t_k = \dfrac{\operatorname{sgn}(a_r)}{(\boldsymbol{v}_k)_r}$；

⑤ 当 $|t_k - t_{k-1}| < \varepsilon$，令 $\lambda_n = t_k$，$\boldsymbol{x}_n = \boldsymbol{y}_{k-1}$ 退出运算，否则重做①～⑤.

由乘幂法知道，反幂法收敛速度取决于比值 $\left|\dfrac{\lambda_n}{\lambda_{n-1}}\right|$. 当 $\left|\dfrac{\lambda_n}{\lambda_{n-1}}\right|$ 越小时，收敛越快.

9.3 Jacobi 方法

9.3.1 Jacobi 方法的理论依据

对 n 阶实对称矩阵 $\boldsymbol{A}$，一定存在正交矩阵 $\boldsymbol{R}$，使

$$\boldsymbol{R}^{\mathrm{T}}\boldsymbol{A}\boldsymbol{R} = \boldsymbol{D} = \begin{bmatrix}\lambda_1 & & & \\ & \lambda_2 & & \\ & & \ddots & \\ & & & \lambda_n\end{bmatrix}$$

其中，λ_j $(j=1,2,\cdots,n)$ 为 $\boldsymbol{A}$ 的全部特征值，而 $\boldsymbol{R}$ 的第 j 列向量为对应于 λ_j 的特征向量. 根据这个定理，要求实对称矩阵的特征值关键在找到合适的正交矩阵 $\boldsymbol{R}$.

旋转矩阵：

$$\boldsymbol{U} = \begin{bmatrix}\cos\theta & -\sin\theta \\ \sin\theta & \cos\theta\end{bmatrix}$$

易验证它是正交矩阵.

考虑二阶对称矩阵：

$$\boldsymbol{A}=\begin{bmatrix}a_{11} & a_{12}\\ a_{12} & a_{22}\end{bmatrix}$$

$$\boldsymbol{U}^{\mathrm{T}}\boldsymbol{A}\boldsymbol{U}=\begin{bmatrix}\cos\theta & \sin\theta\\ -\sin\theta & \cos\theta\end{bmatrix}\begin{bmatrix}a_{11} & a_{12}\\ a_{12} & a_{22}\end{bmatrix}\begin{bmatrix}\cos\theta & -\sin\theta\\ \sin\theta & \cos\theta\end{bmatrix}=\begin{bmatrix}b_{11} & b_{12}\\ b_{21} & b_{22}\end{bmatrix}$$

其中：

$$b_{11}=a_{11}\cos^2\theta+a_{22}\sin^2\theta+a_{12}\sin 2\theta$$

$$b_{22}=a_{11}\sin^2\theta+a_{22}\cos^2\theta-a_{12}\sin 2\theta$$

$$b_{12}=b_{21}=\frac{1}{2}(a_{22}-a_{11})\sin 2\theta+a_{12}\cos 2\theta$$

如果取 θ，使得

$$\frac{1}{2}(a_{22}-a_{11})\sin 2\theta+a_{12}\cos 2\theta=0$$

就能使上述矩阵变为对角阵，从而求得 **A** 的特征值. 此时，应取 θ，使

$$\tan 2\theta=\frac{-2a_{12}}{a_{22}-a_{11}}=\frac{2a_{12}}{a_{11}-a_{22}}$$

A 的特征值为

$$\lambda_1=a_{11}\cos^2\theta+a_{22}\sin^2\theta+a_{12}\sin 2\theta$$

$$\lambda_2=a_{11}\sin^2\theta+a_{22}\cos^2\theta-a_{12}\sin 2\theta$$

对应的特征向量为

$$\boldsymbol{v}_1=(\cos\theta,\sin\theta)^{\mathrm{T}}\qquad \boldsymbol{v}_2=(-\sin\theta,\cos\theta)^{\mathrm{T}}$$

把上述结果推广到一般情况.

设 **A** 是 n 阶对称矩阵，其中非对角元 $a_{pq}\neq 0\ (p\neq q)$，我们想把它变为零元素，设变换：

$$\begin{cases}x_p=y_p\cos\theta-y_q\sin\theta\\ x_q=y_p\sin\theta+y_q\cos\theta\\ x_k=y_k\quad (k=1,2,\cdots,n;k\neq p,q)\end{cases}$$

写成矩阵形式为

$$\begin{bmatrix}x_1\\ \vdots\\ x_p\\ \vdots\\ x_q\\ \vdots\\ x_n\end{bmatrix}=\begin{bmatrix}1 & & & & \\ & \ddots & & & \\ & \cos\theta & \cdots & -\sin\theta & \\ & \vdots & & \vdots & \\ & \sin\theta & \cdots & \cos\theta & \\ & & & & \ddots & \\ & & & & & 1\end{bmatrix}\begin{bmatrix}y_1\\ \vdots\\ y_p\\ \vdots\\ y_q\\ \vdots\\ y_n\end{bmatrix}=\boldsymbol{U}_{pq}(\theta)\begin{bmatrix}y_1\\ \vdots\\ y_p\\ \vdots\\ y_q\\ \vdots\\ y_n\end{bmatrix}$$

记其中的变换矩阵为$\boldsymbol{U}_{pq}(\theta)$，容易验证：

$$\boldsymbol{U}_{pq}^{\mathrm{T}}(\theta)\boldsymbol{U}_{pq}(\theta)=\boldsymbol{I}_n$$

可知$\boldsymbol{U}_{pq}(\theta)$是正交矩阵. 记$\boldsymbol{B}=\boldsymbol{U}_{pq}^{\mathrm{T}}(\theta)\boldsymbol{A}\boldsymbol{U}_{pq}(\theta)=(b_{ij})_{n\times n}$.

与二阶情况类似，只要适当选择θ，可将$\boldsymbol{A}$中的a_{pq}化为零元素，此时：

$$\begin{cases}b_{pj}=a_{pj}\cos\theta+a_{qj}\sin\theta & (j\neq p,q)\\ b_{qj}=-a_{pj}\sin\theta+a_{qj}\cos\theta & (j\neq p,q)\\ b_{ip}=a_{ip}\cos\theta+a_{iq}\sin\theta & (i\neq p,q)\\ b_{iq}=-a_{ip}\sin\theta+a_{iq}\cos\theta & (i\neq p,q)\\ b_{ij}=a_{ij} & (i,j\neq p,q)\end{cases}\tag{9.3.1}$$

$$\begin{cases}b_{pp}=a_{pp}\cos^2\theta+a_{qq}\sin^2\theta+2a_{pq}\sin\theta\cos\theta\\ b_{qq}=a_{pp}\sin^2\theta+a_{qq}\cos^2\theta-2a_{pq}\sin\theta\cos\theta\\ b_{pq}=\dfrac{(a_{qq}-a_{pp})\sin2\theta}{2}+a_{pq}\cos2\theta\end{cases}\tag{9.3.2}$$

显然只要选择θ，使$b_{pq}=0$，即

$$\frac{(a_{qq}-a_{pp})\sin2\theta}{2}+a_{pq}\cos2\theta=0$$

也即

$$\tan2\theta=\frac{2a_{pq}}{a_{pp}-a_{qq}}\tag{9.3.3}$$

为避免分母为零，同时避开求反三角函数后又求$\sin\theta$和$\cos\theta$产生误差，常采用如下公式直接确定$\sin\theta$和$\cos\theta$.

当$a_{pp}=a_{qq}$，$a_{pq}>0$时，取$\theta=\frac{\pi}{4}$；当$a_{pp}=a_{qq}$，$a_{pq}<0$时，取$\theta=-\frac{\pi}{4}$；当$a_{pp}\neq a_{qq}$时，

$$\begin{cases}y=|a_{pp}-a_{qq}| & x=2a_{pq}\operatorname{sgn}(a_{pp}-a_{qq})\\ \sin2\theta=\dfrac{x}{\sqrt{x^2+y^2}} & \cos2\theta=\dfrac{y}{\sqrt{x^2+y^2}}\\ \sin\theta=\dfrac{\sin2\theta}{2\cos\theta} & \cos\theta=\sqrt{\dfrac{1}{2}(1+\cos2\theta)}\end{cases}\tag{9.3.4}$$

这样我们通过一次旋转变换，将某一对非对角元a_{ij}化为零，但不能认为将所有的非对角元都作一次旋转变换就可以化$\boldsymbol{A}$为对角阵. 这是因为在某次旋转变换中，以往被化为零的非对角元又可能非零. 三阶以上的矩阵$\boldsymbol{A}$化为对角阵一般不能通过有限次旋转变换实现，而是一个“此起彼伏”的无限过程. 下面对这个过程的收敛性进行讨论：

定理 9.3.1 如前$\boldsymbol{B}=\boldsymbol{U}^{\mathrm{T}}\boldsymbol{A}\boldsymbol{U}$，则

$$\sum_{i,j=1}^{n}b_{ij}^2=\sum_{i,j=1}^{n}a_{ij}^2$$

证明略,参考文献(武汉大学计算数学教研室,1979).

定理 9.3.2 如前 $\boldsymbol{B}=\boldsymbol{U}^{\mathrm{T}}\boldsymbol{A}\boldsymbol{U}$,则

$$\sum_{i=1}^{n} b_{ii}^2 = \sum_{i=1}^{n} a_{ii}^2 + 2a_{pq}^2$$

证 由式(9.3.1)和(9.3.2)直接计算可证.

定理 9.3.3 如前 $\boldsymbol{B}=\boldsymbol{U}^{\mathrm{T}}\boldsymbol{A}\boldsymbol{U}$,则

$$\sum_{\substack{i,j=1\\ i\neq j}}^{n} b_{ij}^2 = \sum_{\substack{i,j=1\\ i\neq j}}^{n} a_{ij}^2 - 2a_{pq}^2$$

证 由定理 9.3.1 和定理 9.3.2 直接推导可证.

定理 9.3.3 说明,每次旋转变换使非对角元的平方和减少 $2a_{pq}^2$.

例 9.3.1 椭球

$$3x_1^2+4x_1x_2+3x_2^2+2x_1x_3+x_3^2+x_2x_3=1 \tag{9.3.5}$$

与坐标平面 x_1Ox_2 的交线为

$$3x_1^2+4x_1x_2+3x_2^2=1$$

如果把 Ox_1,Ox_2 轴旋转 $\pi/4$,则可知二次曲线是一个椭圆,为此令

$$\begin{cases} x_1=\dfrac{1}{\sqrt{2}}(y_1-y_2) \\ x_2=\dfrac{1}{\sqrt{2}}(y_1+y_2) \\ x_3=y_3 \end{cases} \tag{9.3.6}$$

式(9.3.5)经过变换后,得新方程为

$$5y_1^2+y_2^2+y_3^2+\frac{3}{\sqrt{2}}y_1y_2-\frac{1}{\sqrt{2}}y_2y_3=1 \tag{9.3.7}$$

把式(9.3.5)和式(9.3.7)均写成矩阵形式,可知经过式(9.3.6)的变换,矩阵

$$\boldsymbol{A}_1=\begin{bmatrix} 3 & 2 & 1 \\ 2 & 3 & \dfrac{1}{2} \\ 1 & \dfrac{1}{2} & 1 \end{bmatrix}$$

变换为

$$\boldsymbol{A}_2=\begin{bmatrix} 5 & 0 & \dfrac{3}{2\sqrt{2}} \\ 0 & 1 & -\dfrac{1}{2\sqrt{2}} \\ \dfrac{3}{2\sqrt{2}} & -\dfrac{1}{2\sqrt{2}} & 1 \end{bmatrix}$$

即

$$U_1^{\mathrm{T}}\begin{bmatrix}3 & 2 & 1\\ 2 & 3 & \frac{1}{2}\\ 1 & \frac{1}{2} & 1\end{bmatrix}U_1=\begin{bmatrix}5 & 0 & \frac{3}{2\sqrt{2}}\\ 0 & 1 & -\frac{1}{2\sqrt{2}}\\ \frac{3}{2\sqrt{2}} & -\frac{1}{2\sqrt{2}} & 1\end{bmatrix}$$

其中：

$$U_1=\begin{bmatrix}\frac{1}{\sqrt{2}} & -\frac{1}{\sqrt{2}} & 0\\ \frac{1}{\sqrt{2}} & \frac{1}{\sqrt{2}} & 0\\ 0 & 0 & 1\end{bmatrix}$$

下面考察经过变换后，式(9.3.5)中矩阵 A_1 元素的变化情况.

(1) 对角线上元素的平方和由 19 增加到 27.

(2) 非对角线上元素的平方和由 $10\frac{1}{2}$减少到 $2\frac{1}{2}$，而矩阵所有元素的平方和未变.但在式(9.3.7)中仍然保留着 y_1y_2 与 y_2y_3 的乘积项，用类似的方法作一次变换：

$$\begin{cases}y_1=z_1\\ y_2=\frac{1}{\sqrt{2}}(z_2-z_3)\\ y_3=\frac{1}{\sqrt{2}}(z_2+z_3)\end{cases}$$

这时椭球方程化为

$$5z_1^2+\left(1-\frac{1}{2\sqrt{2}}\right)z_2^2+\left(1+\frac{1}{2\sqrt{2}}\right)z_3^2+\frac{3}{2}z_1z_2+\frac{3}{2}z_1z_3=1$$

该二次型的矩阵为

$$A_2=\begin{bmatrix}5 & \frac{3}{4} & \frac{3}{4}\\ \frac{3}{4} & 1-\frac{1}{2\sqrt{2}} & 0\\ \frac{3}{4} & 0 & 1+\frac{1}{2\sqrt{2}}\end{bmatrix}$$

这时对角线上元素的平方和达到 $27\frac{1}{4}$，而非对角线上的元素的平方和减小为 $2\frac{1}{4}$.

结论 实对称矩阵 A 经过正交变换后，对角线上的元素的平方和在不断增加，非对角线上的元素的平方和在不断减少，而矩阵所有元素的平方和是不改变的. 同时，也看到经过第二次变换后，上一次变换时已经化为零的元素又会变成非零元素. 但不管怎样，经过这样反复变换，总可达到目的：对角线上元素的平方和不断增大，而非对角线上元素平方和不断减小，这就是 Jacobi 方法的基本思想.

9.3.2 古典 Jacobi 方法

下面给出古典 Jacobi 方法：

(1) 在 $\boldsymbol{A}$ 中找出绝对值最大的非对角元 a_{pq}，若 $|a_{pq}|<\varepsilon$，ε 为已给出的误差限，则 $\boldsymbol{A}$ 已近似于对角阵，退出计算，输出特征值 $\lambda_i=a_{ii}$ $(i=1,2,\cdots,n)$，反之则进行(2).

(2) 用公式(9.3.4)确定 $\sin\theta$ 和 $\cos\theta$.

(3) 用公式(9.3.1)、式(9.3.2)计算 b_{ij} $(i,j=1,2,\cdots,n)$，确定出矩阵 $\boldsymbol{B}$.

(4) 令 $\boldsymbol{A}=\boldsymbol{B}$，返回(1).

这样通过若干次的旋转变换，就能将 $\boldsymbol{A}$ 化为相似的对角阵，求得足够精度的特征值 λ_i $(i=1,2,\cdots,n)$.

9.3.3 过关古典 Jacobi 方法

古典 Jacobi 方法每次选取矩阵中绝对值最大的非对角元素作为消去对象，需在所有非对角元中进行比较选取，这种比较选取的工作相当耗费机时，过关 Jacobi 方法是一种改进方案.

取一串正数，比如常取

$$V_k=\Big(\sum_{\substack{i,j=1\\ i\neq j}}^{n}a_{ij}^2\Big)^{\frac{1}{2}}\Big/n^k\quad(k=1,2,\cdots,r)$$

作为每次比较的阈值，也称为“关”. 按顺序检查矩阵的非对角元，凡绝对值小于 V_k 的就让其过“关”，不作处理；凡绝对值大于等于 V_k 的就利用旋转变换使之为零. 当所有非对角元绝对值都小于 V_k 时，将 V_k 除以 n 作为新的“关”，重复以上计算，直到需要的精度，即所有非对角元绝对值小于某一个 $V_r\leqslant\varepsilon$，这时也得到一个近似对角阵，其主对角元素就是所求特征值的近似值.

Jacobi 方法收敛较慢，尤其是对高阶矩阵收敛更慢. 它常用于求阶数不高的实对称矩阵的特征值和对应的特征向量.

9.4 QR 算法

QR 算法是求一般矩阵全部特征值的方法.

9.4.1 Householder 变换

定义 9.4.1 设 $\boldsymbol{v}$ 是 n 维向量，且 $\boldsymbol{v}^{\mathrm{T}}\boldsymbol{v}=1$，称 $\boldsymbol{H}=\boldsymbol{I}-2\boldsymbol{v}\boldsymbol{v}^{\mathrm{T}}$ 为 Householder 矩阵或镜像反射矩阵，也称为初等反射阵.

容易看出，$\boldsymbol{H}$ 是对称阵，还可以证明 $\boldsymbol{H}$ 是正交阵，因为

$$\boldsymbol{H}\boldsymbol{H}^{\mathrm{T}}=\boldsymbol{H}\boldsymbol{H}=(\boldsymbol{I}-2\boldsymbol{v}\boldsymbol{v}^{\mathrm{T}})(\boldsymbol{I}-2\boldsymbol{v}\boldsymbol{v}^{\mathrm{T}})=\boldsymbol{I}-4\boldsymbol{v}\boldsymbol{v}^{\mathrm{T}}+4\boldsymbol{v}(\boldsymbol{v}^{\mathrm{T}}\boldsymbol{v})\boldsymbol{v}^{\mathrm{T}}=\boldsymbol{I}$$

定理 9.4.1 设 $\boldsymbol{x}=\boldsymbol{w}+\boldsymbol{u}$，其中，$\boldsymbol{u}=c\boldsymbol{v}$（$c$ 为不为 0 的常数），$\boldsymbol{w}^{\mathrm{T}}\boldsymbol{v}=0$，$\boldsymbol{H}=\boldsymbol{I}-2\boldsymbol{v}\boldsymbol{v}^{\mathrm{T}}$，则 $\boldsymbol{H}\boldsymbol{x}=\boldsymbol{w}-\boldsymbol{u}$.

定理 9.4.1 的几何意义如下：将任一 n 维非零向量分解为 $\boldsymbol{u}$ 和 $\boldsymbol{w}$ 的和，$\boldsymbol{w}$ 和 $\boldsymbol{u}$ 垂直，在 u 上取单位长向量 $\boldsymbol{v}$. 用 $\boldsymbol{Q}$ 表示与 $\boldsymbol{v}$ 垂直的所有向量的集合，$\boldsymbol{Q}$ 是 $n-1$ 维子空间，用 $\boldsymbol{v}$ 构造 Householder 矩阵 $\boldsymbol{H}$，$\boldsymbol{H}\boldsymbol{x}$ 恰好是 $\boldsymbol{x}$ 关于“镜面”$\boldsymbol{Q}$ 的像.

以上分析告诉我们 $\boldsymbol{H}$ 作为线性变换是一种镜像变换，它不改变 $\boldsymbol{x}$ 的长度，但只要适当选择“镜面”$\boldsymbol{Q}$（实际上是选择 $\boldsymbol{Q}$ 的法向量 $\boldsymbol{v}$），总可以使 $\boldsymbol{H}\boldsymbol{x}$ 调整到任何方向.

如 $\boldsymbol{x}$ 是任一 n 维非零向量，$\boldsymbol{y}$ 为任一 n 维单位长向量，要使 $\boldsymbol{H}\boldsymbol{x}$ 平行于 $\boldsymbol{y}$，可按下列方式选择 $\boldsymbol{Q}$ 的法向量 $\boldsymbol{v}$（$\|\boldsymbol{v}\|_2=1$），从而构造出 $\boldsymbol{H}$ 矩阵.

令

$$|a|=\|\boldsymbol{x}\|_2 \tag{9.4.1}$$

$$\rho=\|\boldsymbol{x}-a\boldsymbol{y}\|_2 \tag{9.4.2}$$

$$\boldsymbol{v}=\frac{\boldsymbol{x}-a\boldsymbol{y}}{\rho} \tag{9.4.3}$$

显然 $\boldsymbol{v}$ 是 n 维单位长向量. 取

$$\boldsymbol{H}=\boldsymbol{I}-2\boldsymbol{v}\boldsymbol{v}^{\mathrm{T}} \tag{9.4.4}$$

这时

$$\boldsymbol{H}\boldsymbol{x}=(\boldsymbol{I}-2\boldsymbol{v}\boldsymbol{v}^{\mathrm{T}})\boldsymbol{x}=\boldsymbol{x}-\frac{2}{\rho}\boldsymbol{v}(\boldsymbol{x}-a\boldsymbol{y})^{\mathrm{T}}\boldsymbol{x}=\boldsymbol{x}-\frac{2}{\rho}\boldsymbol{v}(a^2-a\boldsymbol{y}^{\mathrm{T}}\boldsymbol{x})$$

由于

$$\rho^2=(\boldsymbol{x}-a\boldsymbol{y}^{\mathrm{T}})(\boldsymbol{x}-a\boldsymbol{y})=2(a^2-a\boldsymbol{y}^{\mathrm{T}}\boldsymbol{x}) \tag{9.4.5}$$

故

$$\boldsymbol{H}\boldsymbol{x}=\boldsymbol{x}-\rho\boldsymbol{v}=a\boldsymbol{y}$$

就达到了我们的目的.

以上计算过程中有 a 的符号确定问题，注意式(9.4.5)中，为避免减法运算（防止有效数位损失），当 $\boldsymbol{y}^{\mathrm{T}}\boldsymbol{x}\neq 0$ 时，取 $a=-\mathrm{sgn}(\boldsymbol{y}^{\mathrm{T}}\boldsymbol{x})\|\boldsymbol{x}\|_2$；当 $\boldsymbol{y}^{\mathrm{T}}\boldsymbol{x}=0$ 时，取 $a=\|\boldsymbol{x}\|_2$.

在用 QR 算法求矩阵特征值时，Householder 矩阵有两个作用：一是对 $\boldsymbol{A}$ 作正交相似变换，把 $\boldsymbol{A}$ 化为拟上三角矩阵；二是对矩阵作正交三角分解.

9.4.2　化一般矩阵为拟上三角矩阵

拟上三角矩阵也称上 Hessenberg 矩阵，其形式为

$$\begin{bmatrix} * & * & \cdots & * \\ * & * & \cdots & * \\ & \ddots & \ddots & \vdots \\ & & * & * \end{bmatrix}$$

设 $\boldsymbol{A}=(a_{ij}^{(1)})$ 是 $n\times n$ 实矩阵，取

$$\boldsymbol{x}=(0,a_{21}^{(1)},\cdots,a_{n1}^{(1)})^{\mathrm{T}} \qquad \boldsymbol{y}=(0,1,0,\cdots,0)^{\mathrm{T}}$$

记 $a_1=a$，按上述公式形成 Householder 矩阵 $\boldsymbol{H}_1$，则

$$\boldsymbol{H}_1=\begin{bmatrix} 1 & 0 & \cdots & 0 \\ 0 & * & \cdots & * \\ \vdots & \vdots & & \vdots \\ 0 & * & \cdots & * \end{bmatrix}$$

$\boldsymbol{H}_1\boldsymbol{A}$ 的第一列为

$$\boldsymbol{H}_1\begin{bmatrix} a_{11}^{(1)} \\ a_{21}^{(1)} \\ \vdots \\ a_{n1}^{(1)} \end{bmatrix}=\boldsymbol{H}_1\boldsymbol{x}+\boldsymbol{H}_1\begin{bmatrix} a_{11}^{(1)} \\ 0 \\ \vdots \\ 0 \end{bmatrix}=\boldsymbol{a}_1\boldsymbol{y}+\begin{bmatrix} a_{11}^{(1)} \\ 0 \\ \vdots \\ 0 \end{bmatrix}=\begin{bmatrix} a_{11}^{(1)} \\ a_1 \\ \vdots \\ 0 \end{bmatrix}$$

又因为用 $\boldsymbol{H}_1$ 右乘一个矩阵不改变后者的第一列，于是

$$\boldsymbol{A}_2=\boldsymbol{H}_1\boldsymbol{A}\boldsymbol{H}_1=\begin{bmatrix} a_{11}^{(1)} & a_{12}^{(2)} & \cdots & a_{1n}^{(2)} \\ a_1 & a_{22}^{(2)} & \cdots & a_{2n}^{(2)} \\ 0 & a_{32}^{(2)} & \cdots & a_{3n}^{(2)} \\ \vdots & \vdots & & \vdots \\ 0 & a_{n2}^{(2)} & \cdots & a_{nn}^{(2)} \end{bmatrix}$$

又取

$$\boldsymbol{x}=(0,0,a_{32}^{(2)},\cdots,a_{n2}^{(2)})^{\mathrm{T}} \qquad \boldsymbol{y}=(0,0,1,0,\cdots,0)^{\mathrm{T}}$$

记 $a_2=a$，形成 $\boldsymbol{H}_2$，则

$$\boldsymbol{H}_2=\begin{bmatrix} 1 & 0 & 0 & \cdots & 0 \\ 0 & 1 & 0 & \cdots & 0 \\ 0 & 0 & * & \cdots & * \\ \vdots & \vdots & \vdots & & \vdots \\ 0 & 0 & * & \cdots & * \end{bmatrix}$$

$\boldsymbol{H}_2\boldsymbol{A}_2$ 的第一列同 $\boldsymbol{A}_2$ 第一列，而 $\boldsymbol{H}_2\boldsymbol{A}_2$ 第二列变为

$$\boldsymbol{H}_2\boldsymbol{x}+\boldsymbol{H}_2\begin{bmatrix}a_{12}^{(2)}\\a_{22}^{(2)}\\0\\\vdots\\0\end{bmatrix}=a_2\boldsymbol{y}+\begin{bmatrix}a_{12}^{(2)}\\a_{22}^{(2)}\\0\\\vdots\\0\end{bmatrix}=\begin{bmatrix}a_{12}^{(2)}\\a_{22}^{(2)}\\a_2\\\vdots\\0\end{bmatrix}$$

而用 $\boldsymbol{H}_2$ 右乘一个矩阵不改变它的第一、二列，故

$$\boldsymbol{A}_3=\boldsymbol{H}_2\boldsymbol{A}\boldsymbol{H}_2=\begin{bmatrix}* & * & * & \cdots & *\\a_1 & * & * & \cdots & *\\0 & a_2 & * & \cdots & *\\0 & 0 & * & \cdots & *\\\vdots & \vdots & \vdots & & \vdots\\0 & 0 & * & \cdots & *\end{bmatrix}$$

由此下去，作 $n-2$ 次变换后，$\boldsymbol{A}$ 变化为拟上三角矩阵

$$\boldsymbol{A}_{n-1}=\boldsymbol{H}_{n-2}\boldsymbol{H}_{n-3}\cdots\boldsymbol{H}_2\boldsymbol{H}_1\boldsymbol{A}\boldsymbol{H}_1\boldsymbol{H}_2\cdots\boldsymbol{H}_{n-3}\boldsymbol{H}_{n-2}=\begin{bmatrix}* & * & * & * & \cdots & *\\a_1 & * & * & * & \cdots & *\\ & a_2 & * & * & \cdots & *\\ & & a_3 & * & \cdots & *\\ & & & \ddots & \ddots & \vdots\\ & & & & a_{n-1} & *\end{bmatrix}$$

如果 $\boldsymbol{A}$ 是对称矩阵，则 $\boldsymbol{A}_{n-1}$ 仍是对称矩阵，因此 $\boldsymbol{A}_{n-1}$ 将是对称三对角矩阵，则

$$\boldsymbol{A}_{n-1}=\begin{bmatrix}* & a_1 & & & & \\a_1 & * & a_2 & & & \\ & a_2 & * & a_3 & & \\ & & \ddots & \ddots & \ddots & \\ & & & \ddots & \ddots & a_{n-1}\\ & & & & a_{n-1} & *\end{bmatrix}$$

$\boldsymbol{A}_{n-1}$ 和 $\boldsymbol{A}$ 相似，它们具有相同的特征值.

9.4.3 矩阵的正交三角分解

设 $\boldsymbol{A}^{(1)}=\boldsymbol{A}=(a_{ij}^{(1)})$ 是 $n\times n$ 实矩阵，取

$$\boldsymbol{x}=(a_{11}^{(1)},a_{21}^{(1)},\cdots,a_{n1}^{(1)})^{\mathrm{T}}\qquad \boldsymbol{y}=(1,0,\cdots,0)^{\mathrm{T}}$$

并记 $a_1=a$，构造 H_1，则

$$\boldsymbol{A}^{(2)}=\boldsymbol{H}_1\boldsymbol{A}^{(1)}=\begin{bmatrix}a_1 & a_{12}^{(2)} & \cdots & a_{1n}^{(2)}\\0 & a_{22}^{(2)} & \cdots & a_{2n}^{(2)}\\\vdots & \vdots & & \vdots\\0 & a_{n2}^{(2)} & \cdots & a_{nn}^{(2)}\end{bmatrix}$$

又取

$$x=(0,a_{22}^{(2)},\cdots,a_{n2}^{(2)})^{\mathrm{T}} \qquad y=(0,1,\cdots,0)^{\mathrm{T}}$$

记 $a_2=a$，构造 $\boldsymbol{H}_2$，则

$$\boldsymbol{A}^{(3)}=\boldsymbol{H}_2\boldsymbol{A}^{(2)}=\begin{bmatrix} a_1 & a_{12}^{(2)} & a_{13}^{(2)} & \cdots & a_{1n}^{(2)} \\ 0 & a_2 & a_{23}^{(3)} & \cdots & a_{2n}^{(3)} \\ 0 & 0 & a_{33}^{(3)} & \cdots & a_{3n}^{(3)} \\ \vdots & \vdots & \vdots & & \vdots \\ 0 & 0 & a_{n3}^{(3)} & \cdots & a_{nn}^{(3)} \end{bmatrix}$$

作 $n-1$ 次变换后，$\boldsymbol{A}$ 被化为上三角阵 $\boldsymbol{A}^{(n)}$，则

$$\boldsymbol{A}^{(n)}=\boldsymbol{H}_{n-1}\boldsymbol{H}_{n-2}\cdots\boldsymbol{H}_1\boldsymbol{A}=\begin{bmatrix} a_1 & * & * & \cdots & * \\ & a_2 & * & \cdots & * \\ & & \ddots & \ddots & \vdots \\ & & & \ddots & * \\ 0 & & & & a_n \end{bmatrix}$$

令 $\boldsymbol{Q}=\boldsymbol{H}_1\boldsymbol{H}_2\cdots\boldsymbol{H}_{n-1}$，记 $\boldsymbol{R}=\boldsymbol{A}^{(n)}$，有 $\boldsymbol{A}=\boldsymbol{QR}$，因 $\boldsymbol{Q}$ 是正交阵的乘积，它也是正交阵，$\boldsymbol{R}$ 是上三角矩阵，这种分解称为 $\boldsymbol{A}$ 的正交三角分解，简称 $\boldsymbol{QR}$ 分解.

9.4.4　QR 算法

令 $\boldsymbol{A}_1=\boldsymbol{A}$，对 $\boldsymbol{A}_1$ 作 QR 分解：

$$\boldsymbol{A}_1=\boldsymbol{Q}_1\boldsymbol{R}_1$$

上式右端逆序相乘，有

$$\boldsymbol{A}_2=\boldsymbol{R}_1\boldsymbol{Q}_1$$

又对 $\boldsymbol{A}_2$ 作 QR 分解，有

$$\boldsymbol{A}_2=\boldsymbol{Q}_2\boldsymbol{R}_2$$

$$\boldsymbol{A}_3=\boldsymbol{R}_2\boldsymbol{Q}_2$$

这样可得到一个矩阵序列 $\boldsymbol{A}_k$，它由

$$\begin{cases} \boldsymbol{A}_1=\boldsymbol{A} \\ \boldsymbol{A}_k=\boldsymbol{Q}_k\boldsymbol{R}_k \\ \boldsymbol{A}_{k+1}=\boldsymbol{R}_k\boldsymbol{Q}_k \quad (k=1,2,\cdots) \end{cases} \tag{9.4.6}$$

产生，不难验证，这个矩阵序列中的每一个矩阵都与原矩阵 $\boldsymbol{A}_1$ 相似，因而具有相同特征值. 事实上，因为 $\boldsymbol{A}_{k+1}=\boldsymbol{R}_k\boldsymbol{Q}_k=\boldsymbol{Q}_k^{-1}\boldsymbol{A}_k\boldsymbol{Q}_k$，所以 $\boldsymbol{A}_{k+1}$ 与 $\boldsymbol{A}_k$ 相似，重复运用上述关系，则有

$$\begin{aligned}\boldsymbol{A}_{k+1}&=\boldsymbol{Q}_k^{-1}\boldsymbol{Q}_{k-1}^{-1}\cdots\boldsymbol{Q}_1^{-1}\boldsymbol{A}_1\boldsymbol{Q}_1\boldsymbol{Q}_2\cdots\boldsymbol{Q}_k \\ &=(\boldsymbol{Q}_1\boldsymbol{Q}_2\cdots\boldsymbol{Q}_k)^{-1}\boldsymbol{A}_1(\boldsymbol{Q}_1\boldsymbol{Q}_2\cdots\boldsymbol{Q}_k) \quad (k=1,2,\cdots)\end{aligned}$$

于是 A_{k+1} 与 A_1 相似，因此 A_{k+1} 与 A_1 有相同的特征根. 在一定条件下，$\{A_k\}$ 收敛于上三角阵（或分块上三角阵），其对角元（或分块）有确定的极限，如果收敛于上三角阵，则主对角元就是 A 的特征值；如收敛于分块，则这些分块的特征值也就是 A 的特征值.

当 A 是一般实矩阵时，$\{A_k\}$ 收敛较慢，因此在实用的 QR 算法中，通常先将 A 化为相似的拟上三角阵，再求特征值以加快收敛.

9.5 数值实验

9.5.1 乘幂法

算法见 9.2 节.

程序与实例：

例 9.5.1 用乘幂法计算矩阵

$$A=\begin{bmatrix}2&-1&0\\-1&2&-1\\0&-1&2\end{bmatrix}$$

模最大的特征值及其对应的特征向量. 列表输出迭代 10 步的结果即可.

编写命令 M 文件 chap9_1：

```
A=[2,-1,0;-1,2,-1;0,-1,2];
u0= [1;1;1];
u0max=max(u0);
u0min=min(u0);
if abs(u0max)>=abs(u0min)
    a=u0max;
else
    a=u0min;
end
y0=sign(a)*u0/abs(a);
u1=A*y0;
for i=1:3
    if(a==u0(i))
        r=i;
    end
end
k=0;
t1=sign(a)*u1(r);
```

```
lmda=t1;
fprintf('  k    u(k)_1    u(k)_2    u(k)_3    lamda\n')
fprintf('%2d  %12.9f  %12.9f  %12.9f  %12.9f\n',k,y0,lmda)
for k=1:10
u0=u1;
u0max=max(u0);
u0min=min(u0);
if abs(u0max)>=abs(u0min)
    a=u0max;
else
    a=u0min;
end
y0=sign(a)*u0/abs(a);
for i=1:3
    if(a==u0(i))
        r=i;
    end
end
u1=A*y0;
t1=sign(a)*u0(r);
lmda=t1;
x=y0;
fprintf('%2d %12.9f %12.9f %12.9f %12.9f\n',k,y0,lmda)
end
```

在命令窗口调用 M 文件 chap9_1,输出结果如下：

```
>>chap9_1
 k      u(k)_1        u(k)_2        u(k)_3        lamda
 0    1.000000000   1.000000000   1.000000000   1.000000000
 1    1.000000000   0.000000000   1.000000000   1.000000000
 2    1.000000000  -1.000000000   1.000000000   2.000000000
 3   -0.750000000   1.000000000  -0.750000000  -4.000000000
 4   -0.714285714   1.000000000  -0.714285714   3.500000000
 5   -0.708333333   1.000000000  -0.708333333   3.428571429
 6   -0.707317073   1.000000000  -0.707317073   3.416666667
 7   -0.707142857   1.000000000  -0.707142857   3.414634146
 8   -0.707112971   1.000000000  -0.707112971   3.414285714
 9   -0.707107843   1.000000000  -0.707107843   3.414225941
10   -0.707106963   1.000000000  -0.707106963   3.414215686
```

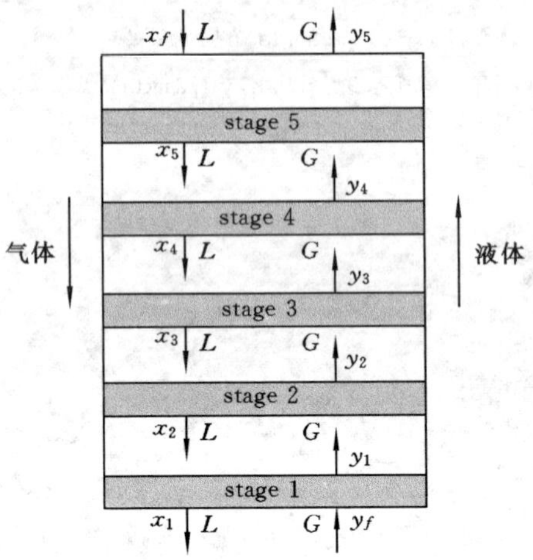

图 9.5.1　五步吸收过程

例 9.5.2　（化学吸收过程问题）化学吸收过程一般是由一系列的一种物质渗入另一种相互接触的物质而组成，如蒸馏、浓缩和吸收过程. 液体的吸收过程可以用来从燃烧气体中除去二氧化硫(SO_2). 图 9.5.1显示了具有 $n=5$ 步的吸收过程.

（1）液体从顶端以流速 L 注入，气体由底部以流速 G 导入. 设 x_k 和 y_k 分别表示在第 k 步被吸收于液体和气体中的某成分的量，且有

$$y_k = ax_k + b \quad (1 \leqslant k \leqslant n)$$

设 x_f 表示液体中吸收的某成分的量，y_f 表示气体中吸收的某成分的量，H 表示液体的量. 经简化假设，利用每一步中的分子平衡式，得到吸收过程的下列方程组：

$$\tau = \frac{\mathrm{d}x_1}{\mathrm{d}t} = K(y_f - b) - (1+\delta)x_1 + x_2$$

$$\tau = \frac{\mathrm{d}x_2}{\mathrm{d}t} = \delta x_1 - (1+\delta)x_2 + x_3$$

$$\tau = \frac{\mathrm{d}x_3}{\mathrm{d}t} = \delta x_2 - (1+\delta)x_3 + x_4$$

$$\tau = \frac{\mathrm{d}x_4}{\mathrm{d}t} = \delta x_3 - (1+\delta)x_4 + x_5$$

$$\tau = \frac{\mathrm{d}x_5}{\mathrm{d}t} = \delta x_4 - (1+\delta)x_5 + x_f$$

其中：$\tau = H/L$ 是在每一步液体的滞留时间；$\delta = aG/L$ 是除去因子；$K=G/L$ 是气体与液体之比. 为分析稳定态时的情况（即常数解），设 $\frac{\mathrm{d}x_k}{\mathrm{d}t}=0$ $(1\leqslant k\leqslant 5)$，$\boldsymbol{x}$ 表示液体总量，上述方程组可表示为线性方程组：

$$\begin{bmatrix} -(1+\delta) & 1 & 0 & 0 & 0 \\ \delta & -(1+\delta) & 1 & 0 & 0 \\ 0 & \delta & -(1+\delta) & 1 & 0 \\ 0 & 0 & \delta & -(1+\delta) & 1 \\ 0 & 0 & 0 & \delta & -(1+\delta) \end{bmatrix} \boldsymbol{x} = \begin{bmatrix} K(b-y_f) \\ 0 \\ 0 \\ 0 \\ -x_f \end{bmatrix}$$

其中，系数矩阵 $\mathbf{A}$ 是一个三对角矩阵. 不失一般性，设吸收过程的参数为 $a=0.72$，$b=0$，$K=1.63$，$x_f=0.01$，$y_f=0.006$. 可用追赶法计算各个阶段吸收于液体中的

某成分的量和各个阶段吸收于气体中的某成分的量.(请读者自己完成.)

(2) 由于在每一步中,液体吸收某成分的总量满足一阶常微方程组,这一微分方程组可用矩阵形式表示为

$$\frac{d\boldsymbol{x}}{dt}=\frac{1}{\tau}\begin{bmatrix}-(1+\delta) & 1 & 0 & 0 & 0\\ \delta & -(1+\delta) & 1 & 0 & 0\\ 0 & \delta & -(1+\delta) & 1 & 0\\ 0 & 0 & \delta & -(1+\delta) & 1\\ 0 & 0 & 0 & \delta & -(1+\delta)\end{bmatrix}\boldsymbol{x}+\frac{1}{\tau}\begin{bmatrix}K(b-y_f)\\ 0\\ 0\\ 0\\ -x_f\end{bmatrix}$$

在(1)的讨论中,我们假设导数向量$\frac{d\boldsymbol{x}}{dt}=0$,通过求解线性方程组,可获得稳定态时的吸收量,但这一静态分析不能提供关于吸收过程的有价值的信息.为了对整个吸收过程有一个全面的了解,我们需求解系数矩阵 $\boldsymbol{A}$ 的特征值.设 $\boldsymbol{\Lambda}=(\lambda_1,\lambda_2,\lambda_3,\lambda_4,\lambda_5)^{\mathrm{T}}$ 和 $\boldsymbol{U}=[\boldsymbol{u}^1,\boldsymbol{u}^2,\boldsymbol{u}^3,\boldsymbol{u}^4,\boldsymbol{u}^5]$分别表示矩阵 $\boldsymbol{A}$ 的特征值和特征向量,$\boldsymbol{x}^{\mathrm{s}}$ 表示稳定解.如果特征值已知,系统输入 x_f,y_f 是常数,则解可以表示为

$$\boldsymbol{x}(t)=\sum_{k=1}^{5}c_k\exp(\lambda_k t)\boldsymbol{u}^k+\boldsymbol{x}^{\mathrm{s}}$$

其中:向量 $\boldsymbol{c}=(c_1,c_2,c_3,c_4,c_5)^{\mathrm{T}}$ 依赖于初始条件 $\boldsymbol{x}(0)$.上述表达式的前四项称为系统的自然模,为解的瞬时部分.特别地,令 $t=0$,即得到向量 $\boldsymbol{c}$ 满足的线性方程组

$$\boldsymbol{Uc}=\boldsymbol{x}(0)-\boldsymbol{x}^{\mathrm{s}}.$$

设第 k 个特征根被表示为

$$\lambda_k=a_k+\mathrm{i}b_k\quad(k=1,2,3,4,5)$$

a_k,b_k 分别是实部和虚部.当时间增加时,要使解的瞬时部分趋于零,必须对于所有的 k,有$a_k<0$,即所有的特征值都必须位于复平面的左半平面内.进一步系统的解 $x(t)$趋于 $\boldsymbol{x}^{\mathrm{s}}$ 的速度也由特征值确定.若仅关心解的瞬时部分以怎样的速率衰变为初始值的 $p\%$.注意到第 k 个自然模以速率 $\exp(a_k)$趋于零,并假设解衰变到初值的 $p/100$,解得第 k 个自然模衰变时间:

$$T_k=\frac{\ln(0.01p)}{a_k}\quad(1\leqslant k\leqslant 5)$$

在整个吸收过程中,解趋于它的稳定解的速度由衰变时间的最大值 $T_{\max}=\{T_k\}$决定.

设 $\tau=1.86\mathrm{min}$,其他参数如上,并设瞬时衰变比例是 $p=1\%$,利用 QR 算法或直接调用库函数计算矩阵 $\boldsymbol{A}$ 的特征值和特征向量衰变时间.

编写命令 M 文件 chap9_2:

```
n=5;a=0.72;k=1.63;delta=a*k;tao=1.86;
A=zeros(n,n);
for i=1:n
    A(i,i)=-(1+delta);
```

```
    if i<n
        A(i,i+1)=1;A(i+1,i)=delta;
    end
end
A=A/tao
fprintf('矩阵的特征值结果');
eig(A)' %调用库函数计算矩阵的特征值
fprintf('矩阵的特征向量结果');
[V,D]=eig(A)
%计算衰变时间
for i=1:5
    T(i)=log(0.01)/D(i,i);
end
fprintf('衰变时间结果');
T
```

在命令窗口调用 M 文件 chap9_2,输出结果如下：

```
>>chap9_2
A =
   -1.1686    0.5376    0         0         0
    0.6310   -1.1686    0.5376    0         0
    0         0.6310   -1.1686    0.5376    0
    0         0         0.6310   -1.1686    0.5376
    0         0         0         0.6310   -1.1686
```

矩阵的特征值结果：

```
ans=
    -2.1774   -0.1598   -0.5862   -1.1686   -1.7510
```

矩阵的特征向量结果：

```
V=
  -0.2441  -0.2441  -0.4193  -0.4837  -0.4193
   0.4581  -0.4581  -0.4543  -0.0000   0.4543
  -0.5731  -0.5731  -0.0000   0.5677   0.0000
   0.5376  -0.5376   0.5331   0.0000  -0.5331
  -0.3363  -0.3363   0.5776  -0.6662   0.5776
D=
  -2.1774    0          0          0         0
   0        -0.1598     0          0         0
   0         0         -0.5862     0         0
   0         0          0         -1.1686    0
```

```
        0          0          0          0          -1.7510
```

衰变时间结果：

```
T=
    2.1150    28.8191    7.8564     3.9408     2.6300
```

由于上述特征值全为负，且第二个特征值的模最小，相应的衰变时间最长，在时刻 T(2)＝28.82min之后，瞬时部分衰变到初始值的 1%.若给出初始值 $\boldsymbol{x}(0)$，解线性方程组

$$\boldsymbol{Uc}=\boldsymbol{x}(0)-\boldsymbol{x}^{s}$$

得向量 $\boldsymbol{c}$，从而得解 $\boldsymbol{x}(t)$：

$$\boldsymbol{x}(t)=\sum_{k=1}^{5}c_k\exp(\lambda_k t)\boldsymbol{u}^k+\boldsymbol{x}^{s}$$

9.5.2 反幂法

反幂法算法见 9.2 节.

例 9.5.3 用反幂法计算矩阵

$$\boldsymbol{A}=\begin{bmatrix}2&-1&0\\-1&2&-1\\0&-1&2\end{bmatrix}$$

模最小的特征值及其对应的特征向量，取精度要求为 $\varepsilon=10^{-4}$.

编写 Matlab 函数 M 文件 pow_inv 如下：

```
function[m,u]=pow_inv(A,ep,it_max)
%A 为矩阵 ep 为精度;省却值为 1e-5;
%it_max 为最大迭代次数;省却为 100;
%m 为绝对值最大的特征值;u 为对应的特征向量.
if nargin<3 it_max=100;end
if nargin<2 ep=1e-5;end
n=length(A);u=ones(n,1);k=0;m1=0;
invA=inv(A);  %用 MATLAB 计算直接求逆
while k<=it_max
     v=invA*u;[vmax,i]=max(abs(v));
     m=v(i);u=v/m;
     if abs(m-m1)<ep break;end
     m1=m;k=k+1;
end
m=1/m;
```

在命令窗口输入：

```
>>A=[2 -1 0;-1 2 -1;0 -1 2];
>>[m,u]=pow_inv(A,1e-4)
```

得到结果

```
m=
    0.5858
u=
    0.7071
    1.0000
    0.7071
```

习　题

1. 用乘幂法求下列矩阵 $\boldsymbol{A}$ 的按模最大的特征值的近似值，取初始向量 $\boldsymbol{x}^{(0)}=(1,1,1)^{\mathrm{T}}$，迭代两步求得近似值 $\lambda^{(2)}$ 即可，其中，$\boldsymbol{A}=\begin{bmatrix}4&3&0\\5&2&0\\3&0&1\end{bmatrix}$.

2. 设矩阵 $\boldsymbol{A}=\begin{bmatrix}a_{11}&a_{12}\\a_{21}&a_{22}\end{bmatrix}$ 有两个互异的特征值 λ_1 和 λ_2，且 $|\lambda_1|>|\lambda_2|$，写出用乘幂法计算 λ_1 的算法，并证明算法的收敛性.

3. 证明：为求矩阵 $\boldsymbol{A}$ 的主特征值 λ_1 而进行原点平移，取 $P=\dfrac{\lambda_2+\lambda_n}{2}$ 时，乘幂法收敛最快.

4. 证明：对方阵 $\boldsymbol{A}_1=\begin{bmatrix}a_{11}&0&a_{13}\\0&a_{22}&0\\a_{13}&0&a_{33}\end{bmatrix}$，用 Jacobi 方法经过一次旋转变换后，可将 $\boldsymbol{A}_1$ 化为对角阵.

5. 用 Jacobi 法求实对称矩阵 $\boldsymbol{A}=\begin{bmatrix}2&1&1\\1&2&1\\1&1&2\end{bmatrix}$ 的全部特征值和对应的特征向量.

6. 利用初等反射阵将 $\boldsymbol{A}=\begin{bmatrix}1&3&4\\3&1&2\\4&2&1\end{bmatrix}$ 正交相似化为对称三角阵.

7. 用 QR 算法求矩阵 $\boldsymbol{A}=\begin{bmatrix}3&2\\4&5\end{bmatrix}$ 的全部特征值，精确至 4 位有效数.

8. 试用平面旋转变换把向量 $\boldsymbol{x}=(4,-3,-12)^{\mathrm{T}}$ 化为第一分量为正，其他分量为零的形式.

实验题

1. 用反幂法计算矩阵：

$$\boldsymbol{A}=\begin{bmatrix} 1 & -1 & 2 \\ -2 & 0 & 5 \\ 6 & -3 & 6 \end{bmatrix}$$

按模最小的特征值及其对应的特征向量，使 $|t_k-t_{k-1}|<10^{-5}$，精确解为 $\lambda_3=-1$，$x_3=(-0.5,-1,0)^{\mathrm{T}}$.

2. 对于实对称矩阵 $\boldsymbol{A}\in\mathbf{R}^{n\times n}$，用 QR 算法编写其程序，并用所编程序求下列矩阵的全部特征值：

$$\begin{bmatrix} 4 & -1 & & & & \\ -1 & 4 & -1 & & & \\ & -1 & 4 & -1 & & \\ & & -1 & 4 & -1 & \\ & & & -1 & 4 & -1 \\ & & & & -1 & 4 \end{bmatrix}$$

3. 考虑矩阵：

$$\boldsymbol{A}=\begin{bmatrix} 9 & 4.5 & 3 \\ -56 & -28 & -18 \\ 60 & 30 & 19 \end{bmatrix}$$

(1) 用 Matlab 的函数 eig 计算该矩阵的所有特征值；

(2) 将矩阵右下角的元素分别改为 18.95 和 19.05，再分别计算矩阵的所有特征值；

(3) 如上的计算中你得到怎样的结论？

习题答案与提示

第 2 章

1. x_1^* 有三位有效数字，$\varepsilon_r(x_1^*) = 0.0017$；$x_2^*$ 有三位有效数字，$\varepsilon_r(x_2^*) = 0.0017$；$x_3^*$ 有两位有效数字，$\varepsilon_r(x_3^*) = 0.017$；$x_4^*$ 有三位有效数字，$\varepsilon_r(x_4^*) = 0.0017$.

3. 因 $\sqrt{20}$ 规格化形式后的第一位数字 $a_1 = 4$，根据定理 2.2.2，当

$$|e_r(x)| \leqslant \frac{5}{a_1+1} \times 10^{-n}$$

成立时，x 有 n 位有效数字，而 $n = 2$ 时

$$e_r(x) = 0.5\% = \frac{5}{1000} = \frac{5}{9+1} \times 10^{-2} < \frac{5}{4+1} \times 10^{-2}$$

即近似数 x 至少有两位有效数.

4. (1) $\dfrac{2x^2}{(1+2x)(1+x)}$； (2) $2\sin^2\dfrac{x}{2}$； (3) $x + \dfrac{1}{2}x^2 + \dfrac{1}{6}x^3 + \dfrac{1}{24}x^4$

5.

$$y_0 = \sqrt{2} = 1.414\cdots, \qquad y_0^* = 1.41$$

$$|y_0 - y_0^*| \leqslant \frac{1}{2} \times 10^{-2} = \delta$$

$$|y_1 - y_1^*| = 10|y_0 - y_0^*| \leqslant 10\delta$$

$$|y_{10} - y_{10}^*| = 10|y_9 - y_9^*| = \cdots = 10^{10}|y_0 - y_0^*| \leqslant 10^{10}\delta$$

算法不稳定.

6. 由

$$4y_n + y_{n-1} = \int_0^1 \frac{4x^n + x^{n-1}}{4x+1}\mathrm{d}x = \int_0^1 x^{n-1}\mathrm{d}x = \frac{1}{n}$$

得到求 $y_n(n = 1,2,\cdots)$ 的递推公式：

$$y_n = \frac{1}{4n} - \frac{1}{4}y_{n-1} \quad n = 1,2,\cdots \qquad (*)$$

$$y_0 = \int_0^1 \frac{1}{4x+1}\mathrm{d}x = \frac{1}{4}[\ln(4x+1)]\Big|_0^1 = \frac{1}{4}\ln 5 \approx 0.40235$$

根据上述递推公式可以求 $y_n(n = 1,2,\cdots)$ 的近似值 y_n^*：

$$y_n^* = \frac{1}{4n} - \frac{1}{4}y_{n-1}^* \quad (n = 1,2,\cdots)$$

记 y_n^* 的绝对误差为 $\Delta_n = |y_n - y_n^*|$，则有

$$y_n - y_n^* = -\frac{1}{4}(y_{n-1} - y_{n-1}^*)$$

即

$$\Delta_n = \frac{1}{4}\Delta_{n-1} \quad (n = 1,2,\cdots)$$

由此可见，y_{n-1}^* 的误差将缩小$\frac{1}{4}$传播到 y_n^*，误差传播是逐步衰减的. 因而，递推算法(*)是数值稳定的.

7. 由

$$x_{k+1}-\sqrt{7}=\frac{1}{2}\left(x_k+\frac{7}{x_k}\right)-\sqrt{7}=\frac{1}{2x_k}(x_k-\sqrt{7})^2 \quad (k=0,1,\cdots)$$

和

$$x_0=2$$

得到

$$x_k \geqslant \sqrt{7} \quad (k=1,2,\cdots)$$

又

$$\frac{x_{k+1}}{x_k}=\frac{1}{2}\left(1+\frac{7}{x_k^2}\right)\leqslant\frac{1}{2}(1+1)=1$$

即 $x_{k+1}\leqslant x_k$，数列$\{x_k\}_{k=1}^{\infty}$ 单调不增. 故$\lim\limits_{k\to\infty}x_k$ 存在.

现设 x_k 是$\sqrt{7}$ 的具有 n 位有效数字的近似值，即有

$$|x_k-\sqrt{7}|\leqslant\frac{1}{2}\times 10^{-n+1}$$

于是，得

$$|x_{k+1}-\sqrt{7}|\leqslant\frac{1}{2\sqrt{7}}(x_k-\sqrt{7})^2\leqslant\frac{1}{2\sqrt{7}}\times\frac{1}{4}\times 10^{-2n+2}\leqslant\frac{1}{2}\times 10^{-2n+1}$$

可见，x_{k+1} 是$\sqrt{7}$ 的具有 $2n$ 位有效数字的近似值.

8.

	2	−3	5	−4
3		6	9	42
	2	3	14	38

，$p(3)=38$.

第 3 章

1. (1) $x_3=-1, x_2=1, x_1=1$； (2) $x_3=3, x_2=2, x_1=1$.

3. (1) $x_3=-1, x_2=2, x_1=2$； (2) $x_3=\frac{59}{2}, x_2=4, x_1=-\frac{11}{2}$.

4. (1) 因 A 对称正定，所以有

$$a_{ii}=(\boldsymbol{A}\boldsymbol{e}_i,\boldsymbol{e}_i)>0 \quad (i=1,2,\cdots,n)$$

其中 $\boldsymbol{e}_i=(0,\cdots 1,0\cdots,0)^{\mathrm{T}}$ 为第 i 个坐标向量.

(2) 先证 $\boldsymbol{A}_2$ 是对称矩阵，由 Gauss 消元法的计算公式，得矩阵 $\boldsymbol{A}_2$ 的元素为

$$a_{ij}^{(2)}=a_{ij}-\frac{a_{i1}}{a_{11}}a_{1j} \quad (i,j=2,3,\cdots,n)$$

又由于 $\boldsymbol{A}$ 是对称矩阵，故 $a_{ij}=a_{ji}$，则仍然有

$$a_{ij}^2=a_{ji}^2 \quad (i,j=2,3,\cdots,n)$$

即 A_2 是对称矩阵.

下面证明 A_2 正定. 先证 $\boldsymbol{A}$ 对称正定且 $\boldsymbol{L}$ 非奇异，则 $\boldsymbol{LAL}^{\mathrm{T}}$ 也对称正定. 对称是显然的. 因

$\forall x \neq 0, L^{\mathrm{T}} x \neq 0$. 且有

$$(\boldsymbol{x}, \boldsymbol{L}\boldsymbol{A}\boldsymbol{L}^{\mathrm{T}}\boldsymbol{x}) = (\boldsymbol{L}^{\mathrm{T}}\boldsymbol{x}, \boldsymbol{A}\boldsymbol{L}^{\mathrm{T}}\boldsymbol{x}) > 0 \quad (\text{因 } \boldsymbol{A} \text{ 正定})$$

故 $\boldsymbol{LAL}^{\mathrm{T}}$ 正定.

由于

$$\boldsymbol{A}^{(2)} = \begin{bmatrix} a_{11} & \alpha_1^{\mathrm{T}} \\ 0 & A_2 \end{bmatrix} = \boldsymbol{L}_1 \boldsymbol{A}$$

其中

$$\boldsymbol{L}_1 = \begin{bmatrix} 1 & & & \\ -\frac{a_{21}}{a_{11}} & 1 & & \\ \vdots & & \ddots & \\ -\frac{a_{n1}}{a_{11}} & \cdots & & 1 \end{bmatrix}$$

显然 $\boldsymbol{L}_1$ 非奇异，故

$$\boldsymbol{L}_1 \boldsymbol{A} \boldsymbol{L}_1^{\mathrm{T}} = \begin{bmatrix} a_{11} & 0 \\ 0 & \boldsymbol{A}_2 \end{bmatrix}$$

正定，而 $a_{11} > 0$，故 $\boldsymbol{A}_2$ 也正定.

(3) 因 $\boldsymbol{A}$ 对称正定，故 $a_{11} > 0$，于是有

$$a_{ii}^{(2)} = a_{ii} - \frac{a_{i1}}{a_{11}} a_{1i} = a_{ii} - \frac{a_{i1}^2}{a_{11}} \leqslant a_{ii} \quad (i = 1, 2, \cdots, n)$$

(4) 假设 A 的绝对值最大的元素不在对角线上，可设 $\left| a_{i_0 j_0 \atop i_0 \neq j_0}^{(2)} \right| = \max\limits_{2 \leqslant i,j \leqslant n} \left| a_{ij}^{(2)} \right|$，取

$$\boldsymbol{x} = (0, \cdots, 0, -1, 0, \cdots, 0, \mathrm{sign}(a_{i_0 j_0}^{(2)}), 0, \cdots, 0)^{\mathrm{T}}$$

则

$$\boldsymbol{x}^{\mathrm{T}} \boldsymbol{A}_2 \boldsymbol{x} = a_{i_0 j_0}^{(2)} - 2 \mid a_{i_0 j_0}^{(2)} \mid + a_{i_0 j_0}^{(2)} \leqslant 0$$

与 $\boldsymbol{A}_2$ 正定矛盾，即命题成立.

(5) 根据(4) 可知 $\max\limits_{2 \leqslant i,j \leqslant n} \mid a_{ij}^{(2)} \mid = \mid a_{i_0 j_0}^{(2)} \mid$，由(1) 和(3) 有

$$\mid a_{i_0 j_0}^{(2)} \mid = \max_{2 \leqslant i \leqslant n} \mid a_{ii}^{(2)} \mid \leqslant \max_{2 \leqslant i \leqslant n} a_{ii} = \max_{2 \leqslant i \leqslant n} \mid a_{ii} \mid = \max_{2 \leqslant i,j \leqslant n} \mid a_{ij} \mid$$

(6) 如果 $\mid a_{ij} \mid < 1$，表示矩阵任一元素的绝对值都小于 1，由条件(5) 知，矩阵 $\boldsymbol{A}_2$ 的任一元素的绝对值也都小于 1，依次类推，$\boldsymbol{A}_3, \boldsymbol{A}_4, \cdots, \boldsymbol{A}_n$ 的任一元素的绝对值也都小于 1.

5. $x_3 = 1, x_2 = 1, x_1 = 1$.

6. 利用 Doolittle 分解可得

$$\begin{bmatrix} 1 & 0 & 0 \\ \frac{2}{3} & 1 & 0 \\ 0 & \frac{3}{5} & 1 \end{bmatrix} \begin{bmatrix} 3 & 1 & 0 \\ 0 & \frac{3}{10} & 1 \\ 0 & 0 & \frac{5}{22} \end{bmatrix} \begin{bmatrix} x_1 \\ x_2 \\ x_3 \end{bmatrix} = \begin{bmatrix} -1 \\ 7 \\ 9 \end{bmatrix}$$

依次解下、上三角方程组得 $x_3 = 1, x_2 = 2, x_1 = -1$.

7. 系数矩阵的 Cholesky 分解为

$$A=\begin{bmatrix}1&1&1&\cdots&1\\1&2&2&\cdots&2\\1&2&3&\cdots&3\\\vdots&\vdots&\vdots&&\vdots\\1&2&3&\cdots&n\end{bmatrix}=\begin{bmatrix}1&&&&\\1&1&&&\\1&1&1&&\\\vdots&\vdots&\vdots&\ddots&\\1&1&1&\cdots&1\end{bmatrix}\begin{bmatrix}1&1&1&\cdots&1\\&1&1&\cdots&1\\&&1&\cdots&1\\&&&\ddots&\vdots\\&&&&1\end{bmatrix}$$

8. (1) 令 $\boldsymbol{A}=\boldsymbol{LDL}^{\mathrm{T}}$

$$\begin{bmatrix}3&3&5\\3&5&9\\5&9&17\end{bmatrix}=\begin{bmatrix}1&&\\l_{21}&1&\\l_{31}&l_{32}&1\end{bmatrix}\begin{bmatrix}d_1&&\\&d_2&\\&&d_3\end{bmatrix}\begin{bmatrix}1&l_{21}&l_{31}\\&1&l_{32}\\&&1\end{bmatrix}$$

由矩阵乘法并对比等式两边得

$$\begin{cases}d_1=3\\l_{21}=1\\l_{31}=\dfrac{5}{3}\end{cases}\quad\begin{cases}d_2=2\\l_{32}=2\end{cases}\quad d_3=\frac{2}{3}$$

依次解下、上三角方程组得 $x_3=2, x_2=-1, x_1=1$.

(2) $x_3=\dfrac{23}{9}, x_2=\dfrac{7}{9}, x_1=\dfrac{10}{9}$.

9. (1) $\|\boldsymbol{x}\|_1=17$，$\|\boldsymbol{x}\|_\infty=8$，$\|\boldsymbol{x}\|_2=3\sqrt{11}$；

(2) $\|\boldsymbol{A}\|_1=9$，$\|\boldsymbol{A}\|_\infty=7$，$\|\boldsymbol{A}\|_2=\sqrt{31+2\sqrt{130}}$.

10. $a>3$.

11. $\mathrm{Cond}_\infty(\boldsymbol{A})=3$. 系数矩阵 $\boldsymbol{A}$ 的条件数很小，所以对任意实数 $a\neq0$，线性方程组 $\boldsymbol{Ax}=\boldsymbol{b}$ 都是非病态的.

12. (1) $\boldsymbol{A}(\lambda)=\begin{bmatrix}2\lambda&\lambda\\1&1\end{bmatrix}\qquad|\boldsymbol{A}(\lambda)|=\lambda\qquad\boldsymbol{A}^{-1}(\lambda)=\dfrac{1}{\lambda}\begin{bmatrix}1&-\lambda\\-1&2\lambda\end{bmatrix}$

$$\|\boldsymbol{A}(\lambda)\|_\infty=\max\{3|\lambda|,2\}\qquad\|\boldsymbol{A}^{-1}(\lambda)\|_\infty=\frac{1}{|\lambda|}(1+2|\lambda|)=2+\frac{1}{|\lambda|}$$

$$\mathrm{Cond}\,(\boldsymbol{A}(\lambda))_\infty=\|\boldsymbol{A}(\lambda)\|_\infty\,\|\boldsymbol{A}^{-1}(\lambda)\|_\infty=\left(2+\frac{1}{|\lambda|}\right)\max\{3|\lambda|,2\};$$

(2) $$\mathrm{Cond}\,(\boldsymbol{A}(\lambda))_\infty=\begin{cases}\left(2+\dfrac{1}{|\lambda|}\right)\times3|\lambda|=6|\lambda|+3 & \left(|\lambda|\geqslant\dfrac{2}{3}\right)\\2\left(2+\dfrac{1}{|\lambda|}\right) & \left(|\lambda|<\dfrac{2}{3}\right)\end{cases}$$

$\mathrm{Cond}\,(\boldsymbol{A}(\lambda))_\infty$ 为 λ 的偶函数，仅需考虑 $\lambda>0$ 的情况.

当 $0<\lambda<\dfrac{2}{3}$ 时，$\mathrm{Cond}\,(\boldsymbol{A}(\lambda))_\infty$ 为减函数；当 $\lambda>\dfrac{2}{3}$ 时，$\mathrm{Cond}\,(\boldsymbol{A}(\lambda))_\infty$ 为增函数.

所以，当 $\lambda=\pm\dfrac{2}{3}$ 时，$\mathrm{Cond}\,(\boldsymbol{A}(\lambda))_\infty$ 达到最小值 7；

(3) 注意到 $\mathrm{Cond}(\boldsymbol{A}(1))=9$，本题结果说明对方程作变形可改变方程组的性态.

13. (1) 两种迭代格式的迭代矩阵及其 ∞- 范数分别为

$$\boldsymbol{B}_J=\boldsymbol{I}-\boldsymbol{D}^{-1}\boldsymbol{A}=\begin{pmatrix}0 & -\frac{3}{10} & -\frac{1}{10}\\ \frac{2}{10} & 0 & \frac{3}{10}\\ -\frac{1}{10} & -\frac{3}{10} & 0\end{pmatrix}$$

$$\|\boldsymbol{B}_J\|_\infty=\frac{2}{10}+\frac{3}{10}=0.5<1$$

$$\boldsymbol{B}_{G-S}=-(\boldsymbol{D}+\boldsymbol{L})^{-1}\boldsymbol{U}=-\begin{pmatrix}10 & 0 & 0\\ 2 & -10 & 0\\ 1 & 3 & 10\end{pmatrix}^{-1}\begin{pmatrix}0 & 3 & 1\\ 0 & 0 & 3\\ 0 & 0 & 0\end{pmatrix}$$

$$=\frac{1}{1000}\begin{pmatrix}-100 & 0 & 0\\ -20 & 100 & 0\\ 16 & -30 & -100\end{pmatrix}\begin{pmatrix}0 & 3 & 1\\ 0 & 0 & 3\\ 0 & 0 & 0\end{pmatrix}=\frac{1}{1000}\begin{pmatrix}0 & -300 & -100\\ 0 & -60 & 280\\ 0 & 48 & -84\end{pmatrix}$$

$\|\boldsymbol{B}_{G-S}\|_\infty=\frac{300}{1000}+\frac{100}{1000}=0.4<1$，两种迭代法均收敛.

（2）Jacobi 迭代法的分量形式：

$$\begin{cases}x_1^{(k+1)}=\dfrac{(14-3x_2^{(k)}-x_3^{(k)})}{10}\\ x_2^{(k+1)}=\dfrac{(-5-2x_1^{(k)}-3x_3^{(k)})}{(-10)}\\ x_3^{(k+1)}=\dfrac{(14-x_1^{(k)}-3x_2^{(k)})}{10}\end{cases}\quad(k=0,1,\cdots)$$

$$x^{(1)}=(1.4,0.5,1.4)^{\mathrm{T}}$$

Gauss-Seidel 迭代法的分量形式：

$$\begin{cases}x_1^{(k+1)}=\dfrac{(14-3x_2^{(k)}-x_3^{(k)})}{10}\\ x_2^{(k+1)}=\dfrac{(-5-2x_1^{(k+1)}-3x_3^{(k)})}{-10}\\ x_3^{(k+1)}=\dfrac{(14-x_1^{(k+1)}-3x_2^{(k+1)})}{10}\end{cases}\quad(k=0,1,\cdots)$$

$$x^{(1)}=(1.4,0.78,1.026)^{\mathrm{T}}$$

14. 将原方程组调整次序如下：

$$\begin{cases}3x_1+2x_2=4\\ x_1+2x_2=3\end{cases}$$

调整次序后的方程组为严格对角占优方程组，故可保证建立的 Jacobi 迭代格式和 Gauss-Seidel 迭代格式一定收敛.

收敛的 Jacobi 迭代格式为

$$\begin{cases}x_1^{(k+1)}=\dfrac{1}{3}(4-2x_2^{(k)})\\ x_2^{(k+1)}=\dfrac{1}{2}(3-x_1^{(k)})\end{cases}\quad(k=0,1,\cdots)$$

收敛的 Gauss-Seidel 迭代格式为

$$\begin{cases} x_1^{(k+1)} = \dfrac{1}{3}(4-2x_2^{(k)}) \\ x_2^{(k+1)} = \dfrac{1}{2}(3-x_1^{(k+1)}) \end{cases} \quad (k=0,1,\cdots)$$

$x^{(0)}=(0,0)^{\mathrm{T}}$,$k=0$迭代一次得$x^{(1)}=(1.33333,0.83334)^{\mathrm{T}}$;$k=1$迭代两次得$x^{(2)}=(0.77778,1.11111)^{\mathrm{T}}$.

17. 所给线性方程组的系数矩阵为 $\boldsymbol{A}=\begin{bmatrix}1 & 2\\ 3 & 1\end{bmatrix}$,Jacobi 迭代矩阵 $\boldsymbol{J}$ 的特征方程为

$$\begin{vmatrix}\lambda & 2\\ 3 & \lambda\end{vmatrix}=0 \Rightarrow \lambda^2-6=0 \Rightarrow \lambda_1=\sqrt{6},\lambda_2=-\sqrt{6}$$

于是 $\rho(\boldsymbol{J})=\sqrt{6}$,因而 Jacobi 迭代法发散;

Gauss-Seidel 迭代矩阵 $\boldsymbol{G}$ 的特征方程为

$$\begin{vmatrix}\lambda & 2\\ 3\lambda & \lambda\end{vmatrix}=0 \Rightarrow \lambda^2-6\lambda=0 \Rightarrow \lambda_1=6,\lambda_2=0$$

于是 $\rho(\boldsymbol{G})=6$,因而 Gauss-Seidel 迭代法发散.

18. (1) $|a|<1$; (2) $|a|<\sqrt{\dfrac{1}{2}}$.

19. 当 $-0.5<a<1$ 时,$\boldsymbol{A}$ 的三个顺序主子式均大于零,即

$$\Delta_1=1>0 \quad \Delta_2=\begin{vmatrix}1 & a\\ a & 1\end{vmatrix}=1-a^2>0 \quad \Delta_3=\begin{vmatrix}1 & a & a\\ a & 1 & a\\ a & a & 1\end{vmatrix}=1+2a^3-3a^2>0$$

所以,$\boldsymbol{A}$ 是对称正定的;当 $-0.5<a<0.5$ 时,$\boldsymbol{A}$ 为按行严格对角占优矩阵,用 Jacobi 迭代法求解 $\boldsymbol{Ax}=\boldsymbol{b}$ 是一定收敛的.

20. 把迭代公式写成基本形式

$$\boldsymbol{x}^{(k+1)}=(\boldsymbol{I}+\alpha\boldsymbol{A})\boldsymbol{x}^{(k)}+\alpha\boldsymbol{b} \quad (k=0,1,\cdots)$$

知迭代矩阵 $\boldsymbol{B}=\boldsymbol{I}+\alpha\boldsymbol{A}$,其中 $\boldsymbol{A}$ 的特征值 λ_A 可由

$$\begin{bmatrix}\lambda-1 & -2\\ -0.3 & \lambda-1\end{bmatrix}=(\lambda-1)^2-0.6=\lambda^2-2\lambda+0.4=0$$

求出 $\lambda_A=1\pm\sqrt{0.6}$,于是 $\boldsymbol{B}$ 的特征值 $\lambda_B=1+\alpha(1\pm\sqrt{0.6})$. 为使

$$\rho(\boldsymbol{B})=|1+\alpha(1\pm\sqrt{0.6})|<1$$

解之

$$\begin{aligned} -1<1+\alpha(1\pm\sqrt{0.6})<1 &\Longrightarrow -2<\alpha(1\pm\sqrt{0.6})<0 \\ &\Longrightarrow \frac{-2}{1\pm\sqrt{0.6}}<\alpha<0 \end{aligned}$$

取式中 + 号迭代公式收敛的 α 范围是 $-\dfrac{2}{1+\sqrt{0.6}}<\alpha<0$.

21. 由迭代公式

$$\boldsymbol{x}^{(k+1)}=\boldsymbol{x}^{(k)}+\omega(\boldsymbol{b}-\boldsymbol{Ax}^{(k)})$$

得
$$\boldsymbol{x}^{(k+1)}=(\boldsymbol{I}-\omega\boldsymbol{A})\boldsymbol{x}^{(k)}+\omega\boldsymbol{b}=\boldsymbol{B}_\omega\boldsymbol{x}^{(k)}+\omega\boldsymbol{b}$$

其中，$B_\omega = I - \omega A$. 当

$$\rho(B_\omega) = \max_i |1 - \omega\lambda_i(A)| < 1$$

时，迭代法收敛（$\lambda_i(A)$ 为 A 的任一特征值），此即

$$|1 - \omega\lambda_i(A)| < 1 \Rightarrow 0 < \omega\lambda_i(A) < 2$$

由于 A 是对称正定阵，且其特征值满足 $0 < \alpha \leqslant \lambda(A) \leqslant \beta$，又由设 $0 < \omega < \dfrac{2}{\beta}$，于是有

$$0 < \omega\alpha \leqslant \omega\lambda(A) \leqslant \omega\beta < 2$$

即 $0 < \omega\lambda(A) < 2$ 成立，所以，上述迭代法收敛.

22. (1) Jacobi 迭代格式：

① $\begin{cases} x_1^{(k+1)} = (-2x_2^{(k)} + 2x_3^{(k)}) + 1 \\ x_2^{(k+1)} = -(x_1^{(k)} + x_3^{(k)}) + 3 \\ x_3^{(k+1)} = -(2x_1^{(k)} + x_2^{(k)}) + 5 \end{cases} \quad (k = 0, 1, \cdots)$

② $\begin{cases} x_1^{(k+1)} = 0.5x_2^{(k)} - \dfrac{1}{\sqrt{2}}x_3^{(k)} - 0.5 \\ x_2^{(k+1)} = 0.5x_1^{(k)} + 0.5x_3^{(k)} + 1 \\ x_3^{(k+1)} = \dfrac{1}{\sqrt{2}}x_1^{(k)} + 0.5x_2^{(k)} - 0.5 \end{cases} \quad (k = 0, 1, \cdots)$

(2) 迭代结果

① $x^{(1)} = (1,3,5)^T$; $x^{(2)} = (5,-3,-3)^T$; $x^{(3)} = (1,1,1)^T$; $x^{(4)} = (1,1,1))^T$

② $x^{(1)} = (-0.5,1,-0.5)^T$; $x^{(2)} = \left(\dfrac{0.5}{\sqrt{2}}, 0.5, \dfrac{-0.5}{\sqrt{2}}\right)^T$; $x^{(3)} = (0,1,0)^T$; $x^{(4)} = (0,1,0)^T$

(3) 迭代矩阵谱半径：

① $B_{(1)} = \begin{bmatrix} 0 & -2 & 2 \\ -1 & 0 & -1 \\ -2 & 2 & 0 \end{bmatrix}$, $|\lambda I - B_{(1)}| = 0 \Rightarrow \rho(B_{(1)}) = 0$

② $B_{(2)} = \begin{bmatrix} 0 & 0.5 & -\dfrac{1}{\sqrt{2}} \\ \dfrac{1}{2} & 0 & \dfrac{1}{2} \\ \dfrac{1}{\sqrt{2}} & 0.5 & 0 \end{bmatrix}$, $|\lambda I - B_{(2)}| = 0 \Rightarrow \rho(B_{(2)}) = 0$

(4) 根据线性代数，B 与其 Jordan 标准形 J 相似，即存在可逆矩阵 P，使

$$B = P^{-1}JP$$

又由于 B 的特征值全为 0，故 J 一定有如下形式

$$J = \begin{bmatrix} 0 & 1 & & & \\ & 0 & 1 & & \\ & & \ddots & \ddots & \\ & & & 0 & 1 \\ & & & & 0 \end{bmatrix}_{n \times n}$$

注意到方程组 $\boldsymbol{x}=\boldsymbol{Bx}+\boldsymbol{f}$ 与方程组 $(\boldsymbol{I}-\boldsymbol{B})\boldsymbol{x}=\boldsymbol{f}$ 等价，且 $\lambda_B=0$，故 $\lambda_{I-B}=1\neq 0$，从而 $\boldsymbol{I}-\boldsymbol{B}$ 非奇异，即 $(\boldsymbol{I}-\boldsymbol{B})\boldsymbol{x}=\boldsymbol{f}$，有唯一解 $\boldsymbol{x}^*$，也即有

$$\boldsymbol{x}^*=\boldsymbol{Bx}^*+\boldsymbol{f}$$

与所给迭代公式相减得

$$\boldsymbol{x}^*-\boldsymbol{x}^{(k+1)}=\boldsymbol{B}(\boldsymbol{x}^*-\boldsymbol{x}^{(k)})\Rightarrow\boldsymbol{x}^*-\boldsymbol{x}^{(n)}=\boldsymbol{B}^n(\boldsymbol{x}^*-\boldsymbol{x}^{(0)})$$

再注意到 $\boldsymbol{J}$ 的形式，有 $\boldsymbol{J}^n=0$，于是

$$\boldsymbol{B}^n=\boldsymbol{P}^{-1}\boldsymbol{J}^n\boldsymbol{P}=0$$

即
$$\boldsymbol{x}^*-\boldsymbol{x}^{(n)}=0\Rightarrow\boldsymbol{x}^{(n)}=\boldsymbol{x}^*$$

这就表明当迭代矩阵的谱半径为 0 时，迭代 n 步，则 $x^{(n)}$ 就方程组的精确解 x^*.

24. (1) 由 $\boldsymbol{x}^*=\boldsymbol{Bx}^*+\boldsymbol{f}$ 减去迭代公式得

$$\boldsymbol{x}^*-\boldsymbol{x}^{(k+1)}=\boldsymbol{B}(x^*-\boldsymbol{x}^{(k)})=\cdots=\boldsymbol{B}^{k+1}(\boldsymbol{x}^*-\boldsymbol{x}^{(0)})$$

设与 $\boldsymbol{B}$ 的 λ 对应的特征向量为 $\boldsymbol{z}$，则有

$$\boldsymbol{Bz}=\lambda\boldsymbol{z}\qquad\boldsymbol{B}^{k+1}\boldsymbol{z}=\lambda^{k+1}\boldsymbol{z}$$

取初始向量 $\boldsymbol{x}^{(0)}=\boldsymbol{x}^*-\boldsymbol{z}$，于是有

$$\boldsymbol{x}^*-\boldsymbol{x}^{(k+1)}=\boldsymbol{B}^{k+1}\boldsymbol{z}=\lambda^{k+1}\boldsymbol{z}$$

对上式取范数并注意到 $|\lambda|<1$，有

$$\|\boldsymbol{x}^*-\boldsymbol{x}^{(k+1)}\|=|\lambda^{k+1}|\ \|\boldsymbol{z}\|=|\lambda|^{k+1}\|\boldsymbol{z}\|\to 0\quad(k\to\infty)$$

此即表明存在初始向量 $\boldsymbol{x}^{(0)}$，使相应迭代公式收敛.

(2) 根据迭代法收敛基本定理，对任意初始向量 $\boldsymbol{x}^{(0)}$，迭代序列 $\{x^{(k)}\}$ 收敛的充要条件为谱半径 $\rho(\boldsymbol{B})<1$. 这里已知 $\rho(\boldsymbol{B})>1$ 作为必要条件，应该说序列 $\{x^{(k)}\}$ 发散，但本题结论的意思是说不是对任意初始向量序列 $\{x^{(k)}\}$ 都收敛，也即可能存在使序列 $\{x^{(k)}\}$ 收敛的初始向量. 本题正是证明了这一点，所以并不矛盾.

25. (1)
$$\boldsymbol{x}^{(k+1)}=\boldsymbol{Bx}^{(k)}+\boldsymbol{f}\quad(k=0,1,2,\cdots)$$

其中迭代矩阵 $\boldsymbol{B}=\boldsymbol{D}^{-1}(\boldsymbol{D}-\omega\boldsymbol{A})$，$\boldsymbol{f}=\omega\boldsymbol{D}^{-1}\boldsymbol{b}$.

(2) 因为 A 是严格对角占优阵，即 $|a_{ii}|>\sum\limits_{\substack{j=1\\j\neq i}}^{n}|a_{ij}|$

所以
$$\begin{aligned}\rho(\boldsymbol{B})<\|\boldsymbol{B}\|_\infty&=\frac{1}{2}\max_{1\leqslant i\leqslant n}\sum_{j=1}^{n}\left|\frac{a_{ij}}{a_{ii}}\right|\\&=\frac{1}{2}\max_{1\leqslant i\leqslant n}\left(1+\sum_{\substack{j=1\\j\neq 1}}^{n}\left|\frac{a_{ij}}{a_{ii}}\right|\right)<\frac{1}{2}(1+1)=1\end{aligned}$$

所以此迭代格式收敛.

第 4 章

1. (1) 设 $f(x)=\mathrm{e}^x-4x$，则

$$f'(x)=\mathrm{e}^x-4$$

令

$$f'(x)=0\Rightarrow x=2\ln 2$$

为分界点，方程在其左右区间各有一个有根区间. 由

$$f(0) = 1 > 0 \qquad f(1) = e - 4 < 0$$

得有根区间[0,1]；由

$$f(2) = e^2 - 8 < 0 \qquad f(3) = e^3 - 12 > 0$$

得有根区间[2,3].

(2) 在[0,1]上，改写方程为 $x = \frac{1}{4}e^x$，即取 $\varphi(x) = \frac{1}{4}e^x$. 因 $x \in [0,1]$ 时，

$$\varphi(x) \in [\varphi(0), \varphi(1)] = \left[\frac{1}{4}, \frac{1}{4}e\right] \subset [0,1]$$

又

$$|\varphi'(x)| = \left|\frac{1}{4}e^x\right| \leqslant \left|\frac{1}{4}e\right| < 1$$

故对任意 $x_0 \in [0,1]$ 有收敛的迭代公式为

$$x_{k+1} = \frac{1}{4}e^{x_k} \quad (k = 0,1,\cdots)$$

在[2,3]上，改写方程为 $x = \ln 4x$，即取 $\phi(x) = \ln 4x$. 因 $x \in [2,3]$ 时，

$$\phi(x) \in [\phi(2), \phi(3)] = [\ln 8, \ln 12] \subset [2,3]$$

又 $|\phi'(x)| = \left|\frac{1}{x}\right| < 1$，故对任意 $x_0 \in [2,3]$ 有收敛的迭代公式为

$$x_{k+1} = \ln 4x_k \quad (k = 0,1,\cdots)$$

2. 将方程 $x = F(x)$ 写成等价形式 $x = F^{-1}(x)$ 构造收敛迭代格式

$$x_{k+1} = F^{-1}(x_k) \quad (k = 0,1,2,\cdots)$$

其中，$F^{-1}(x)$ 表示 $F(x)$ 的反函数.

3. 由 $x = \varphi(x)$，可得

$$x - 3x = \varphi(x) - 3x$$

即

$$x = -\frac{1}{2}(\varphi(x) - 3x)$$

令 $\psi(x) = -\frac{1}{2}(\varphi(x) - 3x)$，因 $\psi'(x) = -\frac{1}{2}(\varphi'(x) - 3)$，故

$$|\psi'(x)| = \frac{1}{2}|\varphi'(x) - 3| < \frac{1}{2} < 1$$

所以

$$x_{k+1} = \psi(x_k) = -\frac{1}{2}[\varphi(x_k) - 3x_k] \quad (k = 0,1,\cdots)$$

收敛.

4. 构造迭代公式为

$$\begin{cases} x_{k+1} = \sqrt{1 + x_k} \\ x_0 = 1 \end{cases}$$

相应的迭代函数是

$$\varphi(x) = \sqrt{1 + x}$$

易验证，当 $x \in [0,2]$ 时 $\varphi(x) \in [0,2]$，且成立

$$|\varphi'(x)| \leqslant \frac{1}{2} < 1$$

因此上述迭代过程收敛于方程

$$x^2 - x - 1 = 0$$

的正根 $x^* = \frac{1+\sqrt{5}}{2}$.

6. 由泰勒展开式得

$$f(x^*) = f(x_k) + f'(\xi_k)(x^* - x_k) = 0$$

其中 ξ_k 介于 x_k 和 x^* 之间. 由上式解得

$$x^* - x_k = -\frac{f(x_k)}{f'(\xi_k)}$$

两边取绝对值得到

$$|x_k - x^*| = \frac{|f(x_k)|}{|f'(\xi_k)|} \leqslant \frac{|f(x_k)|}{m}$$

7. (1) 收敛; (2) 发散; (3) 收敛.

8. 迭代函数

$$\varphi(x) = \frac{x}{2} + \frac{1}{x} \qquad \varphi'(x) = \frac{1}{2} - \frac{1}{x^2}$$

注意到

$$\left(\sqrt{\frac{x}{2}} - \frac{1}{\sqrt{x}}\right)^2 \geqslant 0$$

对于任意初值 $x > 0$ 成立

$$\varphi(x) = \frac{x}{2} + \frac{1}{x} \geqslant 2\sqrt{\frac{x}{2}} \cdot \frac{1}{\sqrt{x}} = \sqrt{2} > 1$$

而当时 $x \geqslant 1$ 有

$$|\varphi'(x)| \leqslant \frac{1}{2} < 1$$

因此,迭代公式 $x_k = \frac{x_k}{2} + \frac{1}{x_k}$ 对于任给初值 $x_0 \geqslant 1$ 均收敛于方程 $x^2 = 2$ 的正根 $\sqrt{2}$.

再注意到当 $0 < x_0 < 1$ 时有

$$x_1 = \frac{x_0}{2} + \frac{1}{x_0} > 1$$

因此, 这一迭代过程对于任给初值 $x_0 > 0$ 均收敛于 $\sqrt{2}$.

9. 记新格式的迭代函数为 $\Psi(x)$,它的表达式为

$$\Psi(x) = \frac{\lambda}{1+\lambda}x + \frac{1}{1+\lambda}\varphi(x)$$

将 $x = x^*$ 代入上式,并注意到 $\varphi(x^*) = x^*$,得 $\Psi(x^*) = x^*$,又

$$\Psi'(x) = \frac{\lambda}{1+\lambda} + \frac{1}{1+\lambda}\varphi'(x)$$

要想使新迭代格式具有比线性高的收敛阶次,需要使 $\Psi'(x^*) = 0$. 即要使

$$\frac{\lambda}{1+\lambda} + \frac{1}{1+\lambda}\varphi'(x^*) = 0$$

即

$$\lambda=\varphi(x^*)$$

对 $\Psi(x)$ 求二阶导数，得

$$\Psi''(x)=\frac{1}{1+\lambda}\varphi''(x)$$

由于一般情况下

$$\Psi''(x)=\frac{1}{1+\lambda}\varphi''(x)\neq 0$$

因此选择 $\lambda=\varphi(x^*)$ 将会使新迭代格式具有二阶收敛.

10. (1) $$x_{k+1}=x_k-\frac{(x_k^3-a)^2}{6x_k^2(x_k^3-a)}=\frac{5x_k}{6}+\frac{a}{6x_k^2}\quad(k=0,1,\cdots)$$

(2) 因迭代函数

$$\varphi(x)=\frac{5x}{6}+\frac{a}{6x^2}$$

而 $\varphi'(x)=\frac{5}{6}-\frac{a}{3}x^{-3}$，又 $x^*=\sqrt[3]{a}$，则

$$\varphi'(\sqrt[3]{a})=\frac{5}{6}-\frac{1}{3}(\sqrt[3]{a})^{-3}=\frac{5}{6}-\frac{1}{3}=\frac{1}{2}\neq 0.$$

故此迭代格式是线性收敛的.

11. (1) 由 $$f(x)=\begin{cases}\sqrt{x} & (x\geqslant 0)\\ -\sqrt{-x} & (x<0)\end{cases}$$

得到

$$f'(x)=\begin{cases}\dfrac{1}{2\sqrt{x}} & (x\geqslant 0)\\ \dfrac{1}{2\sqrt{-x}} & (x<0)\end{cases}$$

则牛顿法迭代格式

$$x_{k+1}=x_k-\frac{f(x_k)}{f'(x_k)}=x_k-\begin{cases}\sqrt{x_k}\times 2\sqrt{x_k} & (x_k\geqslant 0)\\ -\sqrt{-x_k}\times 2\sqrt{-x_k} & (x_k<0)\end{cases}=-x_k$$

因此 $\frac{x_{k+1}}{x_k}=-1$. 所以，序列 $\{x_k\}$ 是不收敛的，该迭代格式发散.

(2) 由 $$f(x)=\begin{cases}\sqrt[3]{x^2} & (x\geqslant 0)\\ -\sqrt[3]{x^2} & (x<0)\end{cases}$$

得到

$$f'(x)=\begin{cases}\dfrac{2}{3\sqrt[3]{x}} & (x\geqslant 0)\\ \dfrac{-2}{3\sqrt[3]{x}} & (x<0)\end{cases}$$

则牛顿法迭代格式

$$x_{k+1}=x_k-\frac{f(x_k)}{f'(x_k)}=x_k-\begin{cases}\dfrac{3x_k}{2} & (x_k\geqslant 0)\\[2mm] \dfrac{3x_k}{2} & (x_k<0)\end{cases}=-\frac{x_k}{2}$$

因此$\dfrac{x_{k+1}}{x_k}=-\dfrac{1}{2}$. 所以,序列$\{x_k\}$是收敛的,即$\lim\limits_{k\to\infty}x_k=0$.

根据收敛速度的定义

$$\frac{e_{k+1}}{e_k^p}=\frac{x_{k+1}-x^*}{(x_k-x^*)^p}=\frac{x_{k+1}}{x_k^p}\to C\quad(C\neq 0\text{ 为常数})$$

显然,$p=1$上式成立. 因此该迭代格式的收敛速度是线性的.

12. 考虑方程

$$f(x)=\frac{1}{x}-a=0\qquad(**)$$

则$\dfrac{1}{a}$为以上方程的根. $f'(x)=-\dfrac{1}{x^2}$.用牛顿方法求($**$)式的迭代公式为

$$x_{k+1}=x_k-\frac{f(x_k)}{f'(x_k)}=x_k(2-ax_k)\quad(k=0,1,\cdots)$$

迭代函数$\varphi(x)=x(2-ax)$中不含有除法运算.

$$1-ax_{k+1}=1-ax_k(2-ax_k)=(1-ax_k)^2\quad(k=0,1,2,\cdots)$$

递推可得

$$1-ax_k=(1-ax_0)^{2^k}\quad(k=0,1,2\cdots)$$

解得

$$x_k=\frac{1}{a}[1-(1-ax_0)^{2^k}]\quad(k=0,1,2\cdots)$$

$$\lim_{k\to\infty}x_k=\frac{1}{a}\Leftrightarrow\lim_{k\to\infty}(1-ax_0)^{2^k}=0\Leftrightarrow-1<1-ax_0<1\Leftrightarrow 0<x_0<\frac{2}{a}$$

13. 设x^*为$f(x)=0$的m重根($m\geqslant 2$),则

$$f(x)=(x-x^*)^m g(x)$$

且$g(x^*)\neq 0$.牛顿迭代法的迭代函数为

$$\begin{aligned}\varphi(x)&=x-\frac{f(x)}{f'(x)}=x-\frac{(x-x^*)^m g(x)}{m(x-x^*)^{m-1}g(x)+(x-x^*)^m g'(x)}\\&=x-\frac{(x-x^*)g(x)}{mg(x)+(x-x^*)g'(x)}\end{aligned}$$

所以$\lim\limits_{x\to x^*}\varphi(x)=x^*$.令$\varphi(x^*)\equiv x^*$,则

$$\begin{aligned}\lim_{x\to x^*}\frac{\varphi(x)-\varphi(x^*)}{x-x^*}&=\lim_{x\to x^*}\frac{x-\dfrac{(x-x^*)g(x)}{mg(x)+(x-x^*)g'(x)}-x^*}{x-x^*}\\&=\lim_{x\to x^*}\left[1-\frac{g(x)}{mg(x)+(x-x^*)g'(x)}\right]\\&=1-\frac{1}{m}=\varphi'(x^*)\end{aligned}$$

由于$0<\varphi'(x^*)<1$,所以当x^*是$f(x)=0$的多重根时,牛顿法是线性收敛的.

14. 迭代函数为

$$\varphi(x)=x-\frac{f(x)}{f(x)-f(x_0)}(x-x_0)$$

$$\varphi'(x)=1-\frac{[f(x)+(x-x_0)f'(x)][f(x)-f(x_0)]-(x-x_0)f(x)f'(x)}{[f(x)-f(x_0)]^2}$$

$$\varphi'(x^*)=1-\frac{(x^*-x_0)f'(x^*)][-f(x_0)]}{[-f(x_0)]^2}=\frac{f(x_0)+(x^*-x_0)f'(x^*)}{f(x_0)}$$

由泰勒展开

$$f(x_0)=f(x^*)+f'(x^*)(x_0-x^*)+\frac{1}{2}f''(\xi)(x_0-x^*)^2$$

其中 ξ 介于 x_0 与 x^* 之间，得

$$\varphi'(x^*)=\frac{\frac{1}{2}f''(\xi)(x_0-x^*)^2}{f'(x^*)(x_0-x^*)+\frac{1}{2}f''(\xi)(x_0-x^*)^2}$$

$$=\frac{f''(\xi)(x^*-x_0)}{2f'(x^*)+f''(\xi)(x_0-x^*)}$$

由于 $f''(x)$ 在 $[a,b]$ 上有界，且 $f'(x^*)\neq 0$，当 x_0 适当靠近 x^* 时，有 $|\varphi'(x^*)|<1$，由局部收敛性定理知单点割线法是局部收敛的，且收敛阶一般为 1.

15. (1) 迭代函数 $\varphi(x)=4+\frac{2}{3}\cos x$，对任意 $x\in\mathbf{R}$

$$-\infty<3\leqslant\varphi(x)\leqslant 5<+\infty$$

又

$$\varphi'(x)=-\frac{2}{3}\sin x\qquad L=\max_{-\infty<x<\infty}|\varphi'(x)|=\frac{2}{3}<1$$

故迭代公式在 $(-\infty,\infty)$ 满足收敛性定理，即 $\{x_k\}$ 收敛于方程的根 x^*.

(2) 由

$$\lim_{k\to\infty}\frac{x^*-x_{k+1}}{x^*-x_k}=\lim_{k\to\infty}\frac{\varphi(x^*)-\varphi(x_k)}{x^*-x_k}=\varphi'(x^*)=-\frac{2}{3}\sin x^*\neq 0$$

可知迭代线性收敛.

16. 由于 $f'(x)$ 连续且 $f'(x^*)\neq 0$，可设在 x^* 附近有

$$|f'(x)|\geqslant m>0$$

按收敛性定理，若有

$$|1+\lambda f'(x)|<1$$

则迭代公式收敛. 解之得

$$-2<\lambda f'(x)<0\to|\lambda f'(x)|<2$$

可见，若有(1)λ 与 $f'(x)$ 异号；(2) $|\lambda|<\frac{2}{|f'(x)|}\leqslant\frac{2}{m}$，则迭代公式收敛于 x^*. 至于要使收敛尽可能快，可使

$$|1+\lambda f'(x)|\approx 0$$

即使

$$\lambda\approx-\frac{1}{f'(x)}$$

对此，若取 $\lambda\approx-\frac{1}{f'(x_k)}$，则得迭代公式

$$x_{k+1}=x_k-\frac{f(x_k)}{f'(x_k)}\quad (k=0,1,\cdots)$$

这是有二阶收敛的 Newton 公式. 若 x_0 与 x^* 比较接近,则可取

$$\lambda\approx-\frac{1}{f'(x_0)}$$

则得迭代公式

$$x_{k+1}=x_k-\frac{f(x_k)}{f'(x_0)}\quad (k=0,1,\cdots)$$

(这个公式通常称为简化的 Newton 迭代公式.)

17. 由

$$\varphi'(x)=1+3x^2$$

当 $x\neq 0$ 时,有 $|\varphi'(x)|>1$;又由

$$|x_{k+1}-0|=|\varphi(x_k)-0|=|\varphi'(\xi)||x_k-0|$$

其中 ξ 在 x_k 与 0 之间,因此有 $|\varphi'(\xi)|>1$,从而有

$$|x_{k+1}|=|\varphi'(\xi)||\varphi'(\xi)||x_k||x_k|>|x_k|$$

可见,若 $x_0\neq 0$,迭代公式 $x_{k+1}=x_k+x_k^3\ (k=0,1,\cdots)$ 不收敛.

若改用 Steffensen 迭代公式,计算可得

$$x_{k+1}=x_k-\frac{x_k}{x_k^4+3x_k^2+3}$$

即

$$\varphi(x)=x-\frac{x}{x^4+3x^2+3}$$

从而

$$\varphi'(x)=1-\frac{(x^4+3x^2+3)-x(4x^3+6x)}{(x^4+3x^2+3)^2}$$

于是有 $\varphi'(0)=\frac{2}{3}<1$,根据局部收敛性定理,Steffensen 迭代序列收敛于 0.

18.

$$\boldsymbol{F}(x)=\begin{bmatrix}f_1(x_1,x_2)\\ f_2(x_1,x_2)\end{bmatrix}=\begin{bmatrix}x_1^2+x_2^2-5\\ (x_1+1)x_2-(3x_1+1)\end{bmatrix}$$

$$\boldsymbol{J}(x)=\begin{bmatrix}\frac{\partial f_1}{\partial x_1} & \frac{\partial f_1}{\partial x_2}\\ \frac{\partial f_2}{\partial x_1} & \frac{\partial f_2}{\partial x_2}\end{bmatrix}=\begin{bmatrix}2x_1 & 2x_2\\ x_2-3 & x_1+1\end{bmatrix}$$

取初始点 $x^{(0)}=\begin{bmatrix}1\\1\end{bmatrix}$,所以有

$$\boldsymbol{F}(x^{(0)})=\begin{bmatrix}-3\\-2\end{bmatrix}\qquad \boldsymbol{J}(x^{(0)})=\begin{bmatrix}2 & 2\\ -2 & 2\end{bmatrix}$$

解方程

$$\begin{bmatrix}2 & 2\\ -2 & 2\end{bmatrix}\begin{bmatrix}d_1\\ d_2\end{bmatrix}=-\begin{bmatrix}-3\\-2\end{bmatrix}$$

得到

$$d^{(0)}=\begin{bmatrix}0.25\\1.25\end{bmatrix}$$

于是

$$x^{(1)}=x^{(0)}+d^{(0)}=\begin{bmatrix}1\\1\end{bmatrix}+\begin{bmatrix}0.25\\1.25\end{bmatrix}=\begin{bmatrix}1.25\\2.25\end{bmatrix}$$

第 5 章

1. $l_4(x)=\dfrac{(x-x_0)(x-x_1)(x-x_2)(x-x_3)(x-x_5)}{(x_4-x_0)(x_4-x_1)(x_4-x_2)(x_4-x_3)(x_4-x_5)}$

2. $L_2(x)=\dfrac{x(x-1)}{2}+(x+1)(x-1)+\dfrac{x(x+1)}{2}$

3. (1) $\sin(0.33)\approx L_1(0.33)=\dfrac{0.33-0.34}{0.32-0.34}\times 0.314567+\dfrac{0.33-0.32}{0.34-0.32}\times 0.333487$

$$=0.324027$$

(2) 利用例 5.2.4 的结论：

$$|R_1(x)|=\left|\frac{\sin\xi}{2}(x-0.32)(x-0.34)\right|\leqslant\frac{0.333487}{8}(0.34-032)^2 \quad \xi\in[0.32,0.34]$$

$$\leqslant 0.000017$$

$$<\frac{1}{2}\times 10^{-4}\quad \forall x\in[0.32,0.34]$$

因此近似值至少有 4 位有效数字.

4.
$$L_1(x)=\frac{x-x_1}{x_0-x_1}y_0+\frac{x-x_0}{x_1-x_0}y_1$$

$$=\frac{x-1}{0-1}\times 1+\frac{x-0}{1-0}\times e^{-1}=1-x+e^{-1}x.$$

$$|R_1(x)|=|y(x)-L_1(x)|=\left|\frac{y''(\xi)}{2!}(x-0)(x-1)\right|\quad (0<\xi<1)$$

$$\leqslant\frac{1}{2}\max_{0\leqslant x\leqslant 1}|(x-0)(x-1)|$$

令 $h(x)=x(x-1)$，由 $h'(x)=0$，求得一个驻点得 $x_1=\dfrac{1}{2}$.

于是

$$\max_{0\leqslant x\leqslant 1}|h(x)|=\max_{0\leqslant x\leqslant 1}\{h(0),h(x_1),h(1)\}=\frac{1}{4}$$

所以有

$$|R_1(x)|=|y(x)-L_1(x)|\leqslant\frac{1}{2}\max_{0\leqslant x\leqslant 1}|h(x)|=\frac{1}{8}$$

5.
$$L_2(x)=2(x-1)\left(x-\frac{1}{2}\right)+2x\left(x-\frac{1}{2}\right)e^{-1}-4x(x-1)e^{-\frac{1}{2}}$$

$$|R_2(x)|=|y(x)-L_2(x)|$$

$$=\left|\frac{y'''(\xi)}{3!}(x-0)(x-0.5)(x-1)\right|\quad (0<\xi<1)$$

$$\leqslant\frac{1}{6}\max_{0\leqslant x\leqslant 1}|x(x-0.5)(x-1)|$$

令

$$h(x)=x(x-0.5)(x-1)$$

由 $h'(x)=0$，求得两个驻点得

$$x_1 = \frac{1}{2}\left(1+\frac{1}{\sqrt{3}}\right) \qquad x_2 = \frac{1}{2}\left(1-\frac{1}{\sqrt{3}}\right).$$

于是

$$\max_{0\leqslant x\leqslant 1} |h(x)| = \max_{0\leqslant x\leqslant 1}\{h(0),h(x_1),h(x_2),h(1)\} = \frac{1}{12\sqrt{3}}$$

所以有

$$|R_2(x)| = |y(x)-L_2(x)| \leqslant \frac{1}{6}\max_{0\leqslant x\leqslant 1}|h(x)| = \frac{1}{72\sqrt{3}} \approx 0.008019$$

6. 可直接用 Lagrange 插值法或 Newton 插值法构造多项式 $q(x)$. 注意到题目中待求 $q(x)$ 与 $p(x)$ 有 5 个相同点,如果确定出 $r(x)=p(x)-q(x)$ 后,便可得到 $q(x)$.

多项式 $r(x)=p(x)-q(x)$ 满足下列条件:

x	-2	-1	0	1	2	3
$r(x)$	0	0	0	0	0	60

由 Lagrange 插值多项式知

$$r(x) = L_5(x) = 60\times\frac{(x+2)(x+1)(x-0)(x-1)(x-2)}{(3+2)(3+1)(3-0)(3-1)(3-2)} = \frac{1}{2}x^5 - \frac{5}{2}x^3 + 2x$$

于是

$$q(x) = p(x) - r(x) = -\frac{1}{2}x^5 + x^4 + \frac{3}{2}x^3 + x^2 - 3x + 1$$

7. 说明了由两个插值条件

$$q(x_0) = f(x_0) \qquad q(x_1) = f(x_1)$$

构造大于 1 次的插值多项式,答案是不唯一的. 类似地,由 $n+1$ 插值条件构造大于 n 次的插值多项式,答案也是不唯一的.

8. (1) 由

$$f(x) = \sum_{i=0}^{n} l_i(x) f_i + \frac{1}{(n+1)!} f^{(n+1)}(\xi)\omega_{n+1}(x)$$

对 $f(x)\equiv 1$,有

$$f_i = 1 \quad (i=0,1,\cdots,n) \qquad 和 \qquad f^{(n+1)}(\xi) = 0 \quad (n\geqslant 0)$$

故上式成为 $1 = \sum\limits_{i=0}^{n} l_i(x)$.

(2) 对

$$f(x) = x^k \quad (k=0,1,\cdots n)$$

进行 n 次 Lagrange 插值,有

$$f^{(n+1)}(\xi) = 0 \quad (n\geqslant 0) \qquad f_i = x_i^k$$

则

$$f(x) = x^k = \sum_{i=0}^{n} l_i(x) f_i + \frac{1}{(n+1)!} f^{(n+1)}(\xi)\omega_{n+1}(x) = \sum_{i=0}^{n} l_i(x) x_i^k + 0$$

即

$$\sum_{i=0}^{n} l_i(x) x_i^k \equiv x^k \quad (k=0,1,\cdots,n)$$

(3) 构造函数

$$g(x)=(x-t)^k \quad (k=1,\cdots,n)$$

它以 $n+1$ 个互异节点 $x_0,x_1,\cdots,x_n$ 确定的 Lagrange 插值多项式为

$$L_n(x)=\sum_{i=0}^{n}(x_i-t)^k l_i(x)$$

对应的插值余项为

$$(x-t)^k-L_n(x)=\frac{g^{(n+1)}(\xi)}{(n+1)!}\omega_{n+1}(x)$$

当 $k=1,2,\cdots n$ 时，$g^{(n+1)}(x)\equiv 0$，有

$$(x-t)^k=L_n(x)=\sum_{i=0}^{n}(x_i-t)^k l_i(x)$$

令 $t=x$，即得

$$\sum_{i=0}^{n}(x_i-x)^k l_i(x)=(x-x)^k=0$$

(4) 由题述条件可知 $p^{(n+1)}(x)\equiv(n+1)!$

以 $x_i(i=0,1,\cdots n)$ 为节点，对 $p(x)$ 作 n 次 Lagrange 插值，余项为

$$p(x)-L_n(x)=\frac{p^{(n+1)}(\xi)}{(n+1)!}\omega_{n+1}(x)\equiv\frac{(n+1)!}{(n+1)!}\omega_{n+1}(x)=\omega_{n+1}(x)$$

9. $N_2(x)=16x+7x(x-1)$.

10. (1) 三次 Lagrange 插值多项式为

$$L_3(x)=3\times\frac{(x-2)(x-4)(x+5)}{(1-2)(1-4)(1+5)}+4\times\frac{(x-1)(x-4)(x+5)}{(2-1)(2-4)(2+5)}$$
$$+1\times\frac{(x-1)(x-2)(x+5)}{(4-1)(4-2)(4+5)}$$

(2) 作差商表

x_i	$f(x_i)$	$f[x_i,x_{i+1}]$	$f[x_i,x_{i+1},x_{i+2}]$	$f[x_i,x_{i+1},x_{i+2},x_{i+3}]$
1	3			
2	4	1		
4	1	$-\frac{3}{2}$	$-\frac{5}{6}$	
-5	0	$\frac{1}{9}$	$-\frac{29}{126}$	$-\frac{19}{186}$

三次 Newton 插值多项式为

$$N_3(x)=3+(x-1)-\frac{5}{6}(x-1)(x-2)-\frac{19}{189}(x-1)(x-2)(x-4)$$

(3) 插值余项

$$f(x)-L_3(x)=f(x)-N_3(x)$$
$$=\frac{f^{(4)}(\xi)}{4!}(x-1)(x-2)(x-4)(x+5)$$
$$\xi\in(\min\{x,-5\},\max\{4,x\})$$

11. $f[2^0,2^1,2^2,\cdots,2^7]=\frac{f^{(7)}(\xi)}{7!}=\frac{7!}{7!}=1$；$f[2^0,2^1,2^2,\cdots,2^8]=\frac{f^{(8)}(\xi)}{8!}=\frac{0}{8!}=0$.

12. 由差商性质

$$f[x_0,x_1,\cdots,x_p]=\sum_{j=0}^{p}\frac{f(x_j)}{\omega'_{p+1}(x_j)}$$

又

$$f(x_j)=0\quad(j=0,1,2,\cdots n)$$

这里

$$\omega_{n+1}(x)=(x-x_0)(x-x_1)\cdots(x-x_n)$$

则 $p\leqslant n$ 时，有

$$f[x_0,x_1,\cdots,x_p]=0$$

而 $p=n+1$ 时，有

$$f[x_0,x_1,\cdots,x_{n+1}]=\sum_{j=0}^{n+1}\frac{f(x_j)}{\omega'_{n+2}(x_j)}=\frac{f(x_{n+1})}{\omega'_{n+2}(x_{n+1})}=\frac{f(x_{n+1})}{f(x_{n+1})}=1$$

所以

$$f[x_0,x_1,\cdots,x_p]=\begin{cases}0 & p\leqslant n\\ 1 & p=n+1\end{cases}$$

13. 当 $k=1$ 时，有

$$\begin{aligned}f[x_0,x_1]&=\frac{1}{x_1-x_0}[f(x_1)-f(x_0)]\\&=\frac{1}{x_1-x_0}\left[\frac{1}{a-x_1}-\frac{1}{a-x_0}\right]\\&=\frac{1}{(a-x_0)(a-x_1)}\end{aligned}$$

当 $k=2$ 时，有

$$f[x_0,x_1,x_2]=\frac{1}{(a-x_0)(a-x_1)(a-x_2)}$$

设 $k=m$ 时，有

$$f[x_0,x_1,\cdots x_m]=\frac{1}{\prod_{i=0}^{m}(a-x_i)}$$

$$f[x_1,x_2\cdots x_{m+1}]=\frac{1}{\prod_{i=1}^{m+1}(a-x_i)}$$

则

$$\begin{aligned}f[x_0,x_1,\cdots,x_m,x_{m+1}]&=\frac{1}{x_{m+1}-x_0}(f[x_1,x_2,\cdots,x_{m+1}]-f[x_0,x_1,\cdots,x_m])\\&=\frac{1}{x_{m+1}-x_0}\left[\frac{1}{\prod_{i=1}^{m+1}(a-x_i)}-\frac{1}{\prod_{i-0}^{m}(a-x_i)}\right]\\&=\frac{1}{x_{m+1}-x_0}\times\frac{(a-x_0)-(a-x_{m+1})}{\prod_{i=0}^{m+1}(a-x_i)}\\&=\frac{1}{\prod_{i=0}^{m+1}(a-x_i)}\end{aligned}$$

故

$$f[x_0,x_1,\cdots,x_k]=\frac{1}{\prod\limits_{i=0}^{k}(a-x_i)}$$

$f(x)$ 以 $x_0,x_1,\cdots x_n$ 为节点的 n 次 Newton 插值多项式为

$$\begin{aligned}N_n(x)&=f[x_0]+f[x_0,x_1](x-x_0)+f[x_0,x_1,x_2](x-x_0)(x-x_1)+\cdots\\&\quad+f[x_0,x_1,x_2,\cdots,x_n](x-x_0)(x-x_1)\cdots(x-x_{n-1})\\&=\frac{1}{a-x_0}+\frac{x-x_0}{(a-x_0)(a-x_1)}+\cdots+\frac{(x-x_0)(x-x_1)\cdots(x-x_{n-1})}{(a-x_0)(a-x_1)\cdots(a-x_n)}\end{aligned}$$

14. 由微分中值定理，有

$$f[x,x_0]=\frac{f(x)-f(x_0)}{x-x_0}=f'(x_0+\theta(x-x_0))\quad(0<\theta<1)$$

$$f[x_0,x_0]=\lim_{x\to x_0}f[x,x_0]=\lim_{x\to x_0}f'(x_0+\theta(x-x_0))=f'(x_0)$$

15. 差分表为

x_i	f_i	Δf_i	$\Delta^2 f_i$	$\Delta^3 f_i$	$\Delta^4 f_i$
0	3				
1	6	3			
2	11	5	2		
3	18	7	2	0	
4	27	9	2	0	0

由 Newton 前插公式可知

$$N_4(x)=3+3x+\frac{x(x-1)}{2!}\times 2=3+3x+x(x-1)$$

16. 因为 $x=0$ 为二阶零点，故可直接设插值多项式为

$$H(x)=x^2(ax^2+bx+c)$$

代入插值条件 $H(1)=H(2)=H'(1)=1$，得方程组

$$a+b+c=1\qquad 16a+8b+4c=1\qquad 4a+3b+2c=1$$

解方程组可得

$$H_4(x)=\frac{9}{4}x^2-\frac{3}{2}x^3+\frac{1}{4}x^4$$

17. 记 $x_0=-1,x_1=0,x_2=1$，构造不超过三次的多项式

$$\begin{aligned}p_3(x)&=f(x_0)+f[x_0,x_1](x-x_0)+f[x_0,x_1,x_2](x-x_0)(x-x_1)\\&\quad+\alpha(x-x_0)(x-x_1)(x-x_2)\end{aligned}$$

其中，前三项是通过三个插值点的二次牛顿插值 $N_2(x)$，从而 $P_3(x)$ 满足三个函数值的插值条件. α 是待定常数，由 x_1 处的导数插值条件确定.

易知，其中的均差

$$f[x_0,x_1]=f[x_1,x_2]=1\qquad f[x_0,x_1,x_2]=0$$

从而

$$P_3(x)=-2+(x+1)+\alpha x(x^2-1)$$

由 $P'_3(0)=0$，得 $\alpha=1$，所以问题的解是 $P_3(x)=x^3-1$.

18. 利用待定系数法,可得

$$H_4(x) = -1 - 2x + 2x^2 - 4x^3 + 5x^4$$

19. 利用待定系数法.

20. $\alpha(x) = \left(1 + 2\dfrac{x - x_0}{x_1 - x_0}\right)\left(\dfrac{x - x_1}{x_0 - x_1}\right)^2$; $\beta(x) = (x - x_0)\left(\dfrac{x - x_1}{x_0 - x_1}\right)^2$.

21.
$$|f(x) - \tilde{L}_1(x)| \leqslant \frac{h^2}{8}\max|f''(x)|$$

即要求

$$\frac{h^2}{8} \leqslant \frac{1}{2} \times 10^{-5} \qquad h \leqslant 2\sqrt{10} \times 10^{-3}$$

22. 设所求函数为

$$S(x) = \begin{cases} a_1x^3 + b_1x^2 + c_1x + d_1 & x \in [-1,0) \\ a_2x^3 + b_2x^2 + c_2x + d_2 & x \in [0,1) \end{cases}$$

由插值条件和函数连续条件得

$$-a_1 + b_1 - c_1 + d_1 = 1 \quad d_1 = 0 \quad d_2 = 0 \quad a_2 + b_2 + c_2 + d_2 = 1$$

由自然边界条件得

$$-6a_1 + 2b_1 = 0 \qquad 6a_2 + 2b_2 = 0$$

联立上面 6 个等式的方程组求解得

$$a_1 = -a_2 = \frac{1}{2} \quad b_1 = b_2 = \frac{3}{2} \quad c_1 = c_2 = d_1 = d_2 = 0$$

故问题的解为

$$S(x) = \begin{cases} \dfrac{1}{2}x^3 + \dfrac{3}{2}x^2 & x \in [-1,0) \\ -\dfrac{1}{2}x^3 + \dfrac{3}{2}x^2 & x \in [0,1] \end{cases}$$

23. $S(x) = \begin{cases} -5x^5 + \dfrac{5}{2}x^2 + 2x & \left(0 \leqslant x \leqslant \dfrac{1}{2}\right) \\ 7x^3 - \dfrac{31}{2}x^2 + 11x - \dfrac{3}{2} & \left(\dfrac{1}{2} \leqslant x \leqslant 1\right) \end{cases}$

24. 解法 1 (分析推导)设 $S'(0) = m$,先求分段 Hermite 插值.

在$[-1,0]$上,易知二次函数 $p(x) = x^2 + 2x$ 满足

$$p(-1) = -1 \quad p(0) = 0 \quad p'(-1) = 0$$

为使得三次函数 $S(x)$ 满足

$$S(-1) = p(-1) = -1 \qquad S(0) = p(0) = 0$$

及

$$S'(-1) = p'(-1) = 0$$

令

$$S(x) = p(x) + cx(x+1)^2$$

则

$$S'(x) = 2x + 2 + c[2(x+1)x + (x+1)^2]$$

由

$$S'(0)=2+c=m$$

知 $c=m-2$ 从而

$$S(x)=x^2+2x+(m-2)(x+1)^2x$$

在[0,1]上，易得 $p(x)=-2x^2+3x$，满足

$$p(0)=0\quad p(1)=1\quad p'(1)=-1$$

令

$$S(x)=p(x)+cx\,(x-1)^2$$
$$S'(x)=-4x+3+c[(x-1)^2+2x(x-1)]$$

显然

$$S(0)=p(0)=0\quad S(1)=p(1)=1\quad S'(1)=p'(1)=-1$$

又由

$$S'(0)=3+c=m\Rightarrow c=m-3$$

从而

$$S(x)=-2x^2+3x+(m-3)x\,(x-1)^2$$

求导得

$$S'(x)=\begin{cases}2x+2+(m-2)[2(x+1)x+(x+1)^2] & (-1\leqslant x\leqslant 0)\\ -4x+3+(m-3)[(x-1)^2+2x(x-1)] & (0\leqslant x\leqslant 1)\end{cases}$$

$$S''(x)=\begin{cases}2+(m-2)[2x+4(x+1)] & (-1\leqslant x\leqslant 0)\\ -4+(m-3)[4(x-1)+2x] & (0\leqslant x\leqslant 1)\end{cases}$$

最后由

$$S''(0-0)=S''(0+0)$$

可推得

$$2+4(m-2)=-4-4(m-3)\qquad m=\frac{7}{4}$$

故

$$S(x)=\begin{cases}-\dfrac{1}{4}x^3+\dfrac{1}{2}x^2+\dfrac{7}{4}x & (-1\leqslant x\leqslant 0)\\ -\dfrac{5}{4}x^3+\dfrac{1}{2}x^2+\dfrac{7}{4}x & (0\leqslant x\leqslant 1)\end{cases}$$

解法 2 （待定系数法）设

$$S(x)=\begin{cases}a_0+a_1x+a_2x^2+a_3x^3 & (-1\leqslant x\leqslant 0)\\ b_0+b_1x+b_2x^2+b_3x^3 & (0\leqslant x\leqslant 1)\end{cases}$$

由插值条件和连接条件及边界条件列出 8 阶线性方程组

$$\begin{cases}a_0-a_1+a_2-a_3=-1\\ a_0=0\\ b_0+b_1+b_2+b_3=1\\ a_0=b_0\\ a_1=b_1\\ 2a_2=2b_2\\ a_1-2a_2+3a_3=0\\ b_1+2b_2+3b_3=-1\end{cases}$$

然后联立求解.

解法 3 (用计算公式)这里

$$x_0=-1\quad x_1=0\quad x_2=1\quad y_0=-1\quad y_1=0\quad y_2=1$$

$$m_0=0\quad m_2=-1\quad h_1=1\quad h_2=1$$

由公式

$$\lambda_j=\frac{h_{j+1}}{h_j+h_{j+1}}\quad \mu_j=1-\lambda_j=\frac{h_j}{h_j+h_{j+1}}\quad d_j=6f[x_{j-1},x_j,x_{j+1}]$$

得

$$\lambda_1=0.5\quad \mu_1=0.5\quad d_1=3.5\quad m_1=1.75$$

代入公式得解.

在这三种解法中解法一是完全按照推导样条插值公式的过程,对理解样条插值很有好处,待定系数法思路简单,计算方便.需要指出的是,解法一不适合编程,而解法二导致高阶线性方程组,计算量大,这两种方法都不适合数值计算.解法三尽管需要复杂的公式,不适合手工计算,但却是三阶样条插值计算机数值求解的有效算法.

25. 解法 1 通过求解方程组

$$a+bx_i+cy_i+dx_iy_i=f_i\quad (i=1,2,3,4)$$

来确定待定常数 a,b,c,d.

解法 2 构造形如 $u(x,y)=a+bx+cy+dxy$ 的基函数 $\varphi_i(x_j,y_j)\quad(i=1,2,3,4)$ 使之满足

$$\varphi_i(x_j,y_j)=\delta_{ij}=\begin{cases}0 & (i\neq j)\\ 1 & (i=j)\end{cases}$$

由

$$\varphi_1(A_2)=\varphi_1(A_3)=\varphi_1(A_4)=0$$

可将 $\varphi_1(x,y)$ 表示为

$$\varphi_1(x,y)=t(1-x)(1-y)$$

再根据条件 $\varphi_1(A_1)=1$,,得 $t=\frac{1}{4}$

故
$$\varphi_1(x,y)=\frac{1}{4}(1-x)(1-y)$$

类似地,可得

$$\varphi_2(x,y)=\frac{1}{4}(1+x)(1-y)\quad \varphi_3(x,y)=\frac{1}{4}(1+x)(1+y)$$

$$\varphi_4(x,y)=\frac{1}{4}(1-x)(1+y)$$

上述 4 个插值基函数可写成如下统一形式

$$\varphi_i(x,y)=\frac{1}{4}(1+x_ix)(1+y_iy)\quad (i=1,2,3,4)$$

于是,满足插值条件

$$u(x_i,y_i)=f(x_i,y_i)=f_i\quad (i=1,2,3,4)$$

的插值函数为

$$u(x,y)=\sum_{i=1}^{4}\frac{(1+x_ix)(1+y_iy)}{4}f_i$$

26. 这是一个二元Lagrange插值问题.假设所求平面方程是 $z=a+bx+cy$，把给定的点坐标和相应的函数值代入得到方程

$$\begin{cases}a+b+c=1.8\\a+2b=2.6\\a+1.5b+3c=3.1\end{cases}\Longrightarrow\begin{cases}a=0.28\\b=1.16\\c=0.36\end{cases}$$

所求平面方程为

$$z=0.28+1.16x+0.36y$$

第 6 章

1. 根据给定的数据，将 x_i 代入一次多项式并令其等于 y_i，可得超定方程组：

$$\begin{cases}-2a+b=0\\-a+b=0.2\\0a+b=0.5\\a+b=0.8\\2a+b=1\end{cases}$$

用最小二乘原理容易导出拟合函数 $y=ax+b$ 的系数 a,b 满足的正规方程组为

$$\begin{bmatrix}10&0\\0&5\end{bmatrix}\begin{bmatrix}a\\b\end{bmatrix}=\begin{bmatrix}2.6\\2.5\end{bmatrix}$$

解之，得
$$a=0.26\qquad b=0.5$$
故所求的最小二乘拟合函数为

$$y=0.26x+0.5$$

2. 将给定的数据 $(x_i,y_i)(i=1,2,3,4)$ 代入

$$f(x)=b_0+b_1x+b_2x^2$$

可得超定方程组：

$$\begin{cases}b_0+b_1+b_2=1\\b_0+2b_1+4b_2=2\\b_0+3b_1+9b_2=4\\b_0+4b_1+16b_2=9\end{cases}$$

可表示为 $\boldsymbol{Ab}=\boldsymbol{y}$，其中

$$\boldsymbol{A}=\begin{bmatrix}1&1&1\\1&2&4\\1&3&9\\1&4&16\end{bmatrix}\quad\boldsymbol{b}=\begin{bmatrix}b_1\\b_2\\b_3\end{bmatrix}\quad\boldsymbol{y}=\begin{bmatrix}1\\2\\4\\9\end{bmatrix}$$

$$\boldsymbol{A}^{\mathrm{T}}\boldsymbol{A}=\begin{bmatrix}4&10&30\\10&30&100\\30&100&354\end{bmatrix}\qquad\boldsymbol{A}^{\mathrm{T}}\boldsymbol{y}=\begin{bmatrix}16\\53\\189\end{bmatrix}$$

解正规方程 $\boldsymbol{A}^{\mathrm{T}}\boldsymbol{A}\boldsymbol{b}=\boldsymbol{A}^{\mathrm{T}}\boldsymbol{y}$,得

$$b_0=2.5 \quad b_1=-2.4 \quad b_2=1$$

故所求的最小二乘拟合函数二次曲线为

$$y=x^2-2.4x+2.5$$

3. 将给定的数据$(\theta_i,y_i)(i=1,2,3,4)$代入 $y=a\theta+b\theta^2$,可得超定方程组:

$$\begin{cases}a+b=0.8\\2a+4b=1.5\\3a+9b=1.8\\4a+16b=2.0\end{cases}$$

可表示为 $\boldsymbol{AX}=\boldsymbol{y}$,其中

$$\boldsymbol{A}=\begin{bmatrix}1&1\\2&4\\3&9\\4&16\end{bmatrix} \quad \boldsymbol{X}=\begin{bmatrix}a\\b\end{bmatrix} \quad \boldsymbol{y}=\begin{bmatrix}0.8\\1.5\\1.8\\2.0\end{bmatrix}$$

$$\boldsymbol{A}^{\mathrm{T}}\boldsymbol{A}=\begin{bmatrix}30&80\\80&100\end{bmatrix} \quad \boldsymbol{A}^{\mathrm{T}}\boldsymbol{y}=\begin{bmatrix}17.2\\55\end{bmatrix}$$

解正规方程 $\boldsymbol{A}^{\mathrm{T}}\boldsymbol{AX}=\boldsymbol{A}^{\mathrm{T}}\boldsymbol{y}$,得

$$a=0.9497 \qquad b=-0.1129$$

4. 记

$$g(a,b)=\sum_{i=1}^{n}[y_i-\varphi(x_i)]^2$$

则由

$$\frac{\partial g}{\partial a}=0 \qquad \frac{\partial g}{\partial b}=0$$

得到一非线性方程组,难以求解.为此,考虑使用对数将"曲线拉直".记

$$z_i=\ln y_i \quad (i=1,\cdots,n) \qquad \psi(x)=\ln\varphi(x)=\tilde{a}+bx \quad (\tilde{a}=\ln a)$$

则易求得 $\tilde{a}$ 及 b,从而

$$\varphi(x)=\mathrm{e}^{\psi(x)}=a\mathrm{e}^{bx} \quad (a=\mathrm{e}^{\tilde{a}})$$

5. (1) 解法 1

$$\boldsymbol{A}=\begin{bmatrix}1&2\\2&1\\1&1\end{bmatrix} \quad \boldsymbol{X}=\begin{bmatrix}x_1\\x_2\end{bmatrix} \quad \boldsymbol{y}=\begin{bmatrix}1\\0\\0\end{bmatrix}$$

$$\boldsymbol{A}^{\mathrm{T}}\boldsymbol{A}=\begin{bmatrix}6&5\\5&6\end{bmatrix} \quad \boldsymbol{A}^{\mathrm{T}}\boldsymbol{y}=\begin{bmatrix}1\\2\end{bmatrix}$$

解正规方程 $\boldsymbol{A}^{\mathrm{T}}\boldsymbol{AX}=\boldsymbol{A}^{\mathrm{T}}\boldsymbol{y}$,得

$$\begin{cases}x_1=-\dfrac{4}{11}\\[2mm]x_2=\dfrac{7}{11}\end{cases}$$

解法 2　　$Q(x_1,x_2)=(x_1+2x_2-1)^2+(2x_1+x_2)^2+(x_1+x_2)^2$

要使平方误差达到最小，必有

$$\begin{cases}\dfrac{\partial Q}{\partial x_1}=0\\[2mm]\dfrac{\partial Q}{\partial x_2}=0\end{cases}\Rightarrow\begin{cases}6x_1+5x_2-1=0\\5x_1+6x_2-2=0\end{cases}\Rightarrow\begin{cases}x_1=-\dfrac{4}{11}\\[2mm]x_2=\dfrac{7}{11}\end{cases}$$

误差平方和

$$\delta^2=\sum_{i=1}^{3}\delta_i{}^2=\left(-\frac{4}{11}+2\times\frac{7}{11}-1^2\right)+\left(-2\times\frac{4}{11}+\frac{7}{11}\right)^2+\left(-\frac{4}{11}+\frac{7}{11}\right)^2$$

$$=\frac{11}{11^2}=\frac{1}{11}$$

(2) 解法 1

$$\boldsymbol{A}=\begin{bmatrix}2&4\\3&-5\\1&2\\2&1\end{bmatrix}\quad\boldsymbol{X}=\begin{bmatrix}x\\y\end{bmatrix}\quad\boldsymbol{y}=\begin{bmatrix}11\\3\\6\\7\end{bmatrix}$$

$$\boldsymbol{A}^{\mathrm{T}}\boldsymbol{A}=\begin{bmatrix}18&-3\\-3&46\end{bmatrix}\qquad\boldsymbol{A}^{\mathrm{T}}\boldsymbol{y}=\begin{bmatrix}51\\48\end{bmatrix}$$

解正规方程 $\boldsymbol{A}^{\mathrm{T}}\boldsymbol{A}\boldsymbol{X}=\boldsymbol{A}^{\mathrm{T}}\boldsymbol{y}$，得

$$\begin{cases}x=\dfrac{830}{273}\\[2mm]y=\dfrac{113}{91}\end{cases}$$

解法 2　$Q(x,y)=(2x+4y-11)^2+(3x-5y-3)^2+(x+2y-6)^2+(2x+y-7)^2$

要使平方误差达到最小，必有

$$\begin{cases}\dfrac{\partial Q}{\partial x}=0\\[2mm]\dfrac{\partial Q}{\partial y}=0\end{cases}\Longrightarrow\begin{cases}18x-3y-51=0\\-3x+46y-48=0\end{cases}\Longrightarrow\begin{cases}x=\dfrac{830}{273}\\[2mm]y=\dfrac{113}{91}\end{cases}$$

误差平方和

$$\delta^2=\sum_{i=1}^{4}\delta_i{}^2=\left(2\times\frac{830}{273}+4\times\frac{113}{91}-11\right)^2+\left(3\times\frac{830}{273}-5\times\frac{119}{91}-3\right)^2$$

$$+\left(\frac{830}{273}+2\times\frac{113}{91}-6\right)^2+\left(2\times\frac{830}{273}+\frac{113}{91}-7\right)^2$$

$$=\frac{13^2+24^2+130^2+88^2}{273^2}=\frac{25389}{273^2}=\frac{31}{91}$$

6. (1) 解法 1　令 $p_1(x)=a_0+a_1x$，取 $\varphi_0=1,\varphi_1=x$，计算

$$(\varphi_0,\varphi_0)=\int_0^{\frac{\pi}{2}}1\mathrm{d}x=\frac{\pi}{2}\qquad(\varphi_0,\varphi_1)=\int_0^{\frac{\pi}{2}}x\mathrm{d}x=\frac{\pi^2}{8}=(\varphi_1,\varphi_0)$$

$$(\varphi_1,\varphi_1)=\int_0^{\frac{\pi}{2}}x^2\mathrm{d}x=\frac{\pi^3}{24}\quad(f,\varphi_0)=\int_0^{\frac{\pi}{2}}\sin x\mathrm{d}x=1\quad(f,\varphi_2)=\int_0^{\frac{\pi}{2}}x\sin x\mathrm{d}x=1$$

得法方程组：

$$\begin{cases}\dfrac{\pi}{2}a_0+\dfrac{\pi^2}{8}a_1=1\\[2mm]\dfrac{\pi^2}{8}a_0+\dfrac{\pi^3}{24}a_1=1\end{cases}$$

解之得

$$a_0=\frac{24(\pi-3)}{3\pi^2}\qquad a_1=\frac{96(4-\pi)}{4\pi^3}$$

即

$$p_1(x)=\frac{24(\pi-3)}{3\pi^2}+\frac{96(4-\pi)}{4\pi^3}x$$

为所求.

解法 2 令

$$p_1(x)=a+bx$$

$$\begin{aligned}I(a,b)&=\int_0^{\frac{\pi}{2}}(a+bx-\sin x)^2\mathrm{d}x\\&=\int_0^{\frac{\pi}{2}}(a^2+2abx+b^2x^2-2bx\sin x-2a\sin x+\sin^2x)\mathrm{d}x\\&=\frac{\pi}{2}a^2+\frac{\pi^2}{4}ab+\frac{\pi^3}{24}b^2-2b-2a+\frac{\pi}{4}\end{aligned}$$

令

$$\begin{cases}\dfrac{\partial I}{\partial a}=0\\[2mm]\dfrac{\partial I}{\partial b}=0\end{cases}\Longrightarrow\begin{cases}\pi a+\dfrac{\pi^2}{4}b-2=0\\[2mm]\dfrac{\pi^2}{4}a+\dfrac{\pi^3}{12}b-2=0\end{cases}\Longrightarrow\begin{cases}a=\dfrac{24(\pi-3)}{3\pi^2}\\[2mm]b=\dfrac{96(4-\pi)}{4\pi^3}\end{cases}$$

即

$$p_1(x)=\frac{24(\pi-3)}{3\pi^2}+\frac{96(4-\pi)}{4\pi^3}x$$

为所求.

(2) $f(x)$ 的最佳一次逼近多项式为

$$p_1(x)=-0.10526+\frac{2}{\pi}x\quad x\in\left[0,\frac{\pi}{2}\right]$$

7. 显然 $f''(x)$ 在 $\left[\frac{1}{4},1\right]$ 上不变号,($f''(x)<0$)

故

$$x_1=\frac{1}{4}\qquad x_3=1$$

由

$$a_1^*=\frac{f(b)-f(a)}{b-a}=f'(x_2)$$

得

$$a_1^*=\frac{\sqrt{1}-\sqrt{\frac{1}{4}}}{1-\frac{1}{4}}=\frac{2}{3}$$

由

$$f'(x)=\frac{1}{2\sqrt{x}}$$

得

$$\frac{1}{2\sqrt{x_2}}=\frac{2}{3}$$

所以 $$x_2=\frac{9}{16}$$

再由

$$a_0^*=\frac{f(a)+f(x_2)}{2}-a_1^*\,\frac{a+x_2}{2}$$

得

$$a_0^*=\frac{1}{2}\left[\frac{1}{2}+\frac{3}{4}-\frac{2}{3}\left(\frac{1}{4}+\frac{9}{16}\right)\right]=\frac{17}{48}$$

故函数

$$p_1^*(x)=\frac{2}{3}x+\frac{17}{48}$$

这就是函数 $f(x)=\sqrt{x}$ 在区间 $\left[\frac{1}{4},1\right]$ 上的一次最佳一致逼近多项式.

8. (1) 设 $$\varphi_1^*=a_0^*+a_1^*x$$

因为

$$(\varphi_0,\varphi_0)=\int_0^1 1^2\,\mathrm{d}x=1 \qquad (\varphi_0,\varphi_1)=\int_0^1 x\,\mathrm{d}x=\frac{1}{2}$$

$$(\varphi_1,\varphi_1)=\int_0^1 x^2\,\mathrm{d}x=\frac{1}{3} \qquad (\varphi_1,\varphi_0)=\frac{1}{2}$$

$$(f,\varphi_0)=\int_0^1 x^2\cdot 1\,\mathrm{d}x=\frac{1}{3} \qquad (f,\varphi_1)=\int_0^1 x^2\cdot x\,\mathrm{d}x=\frac{1}{4}$$

$$\Longrightarrow\begin{cases}a_0^*+\dfrac{1}{2}a_1^*=\dfrac{1}{3}\\[2mm] \dfrac{1}{2}a_0^*+\dfrac{1}{3}a_1^*=\dfrac{1}{4}\end{cases}\Longrightarrow\begin{cases}a_0^*=-\dfrac{1}{6}\\[2mm] a_1^*=1\end{cases}\Longrightarrow\varphi_1^*(x)=-\frac{1}{6}+x$$

故 $$\|\delta_1\|_2^2=\|f\|_2^2-\sum_{k=0}^{1}a_k^*(f,\varphi_k)\approx 0.00556$$

(2) 设 $$\varphi_2^*(x)=b_0^*x^{100}+b_1^*x^{101}$$

因为

$$(\varphi_0,\varphi_0)=\int_0^1 (x^{100})^2\,\mathrm{d}x=\frac{1}{201} \qquad (\varphi_0,\varphi_1)=(\varphi_1,\varphi_0)=\int_0^1 x^{100}\cdot x^{101}\,\mathrm{d}x=\frac{1}{202}$$

$$(\varphi_1,\varphi_1)=\int_0^1 (x^{101})^2\,\mathrm{d}x=\frac{1}{203} \quad (f,\varphi_0)=\int_0^1 x^{102}\,\mathrm{d}x=\frac{1}{103} \quad (f,\varphi_1)=\int_0^1 x^{103}\,\mathrm{d}x=\frac{1}{104}$$

$$\Longrightarrow\begin{cases}\dfrac{1}{201}b_0^*+\dfrac{1}{202}b_1^*=\dfrac{1}{103}\\[2mm] \dfrac{1}{202}b_0^*+\dfrac{1}{203}b_1^*=\dfrac{1}{104}\end{cases}\Longrightarrow\begin{cases}b_0^*\approx 375.24253\\ b_1^*\approx -375.14825\end{cases}$$

$$\Rightarrow\varphi_2^*(x)=375.24253x^{100}-375.14825x^{101}$$

故

$$\|\delta_2\|_2^2=\|f\|_2^2-\sum_{k=0}^{1}b_k^*(f,\varphi_k)$$

$$=\int_0^1 x^4\,\mathrm{d}x-\left[375.24253\times\frac{1}{103}-375.14825\times\frac{1}{104}\right]\approx 0.16406$$

由结果知(1) 比(2) 好.

9. (1) 根据最佳逼近多项式的性质，$f(x)-P_n^*(x)$ 在$[a,b]$上或者恒为零，或者至少有 $n+2$ 个轮流去“正”、“负”的偏差点 $x_k(0,1,\cdots,n+1)$，于是，存在 $n+1$ 个点 $\bar{x}_k$，满足

$$x_k \leqslant \bar{x}_k \leqslant x_{k+1} \quad (k=0,1,\cdots,n)$$

使

$$f(\bar{x}_k)-P_n^*(\bar{x}_k)=0$$

这意味着：$P_n^*(x)\in H_n$ 就是 $f(x)$ 以 $\bar{x}_k\ (k=0,1,\cdots,n)$ 为插值节点的一个 Lagrange 插值多项式.

(2) 根据最佳逼近多项式的性质，对最佳一次逼近多项式 $P_1(x)=a_0+a_1x$，至少存在三个点

$$a\leqslant x_1\leqslant x_2\leqslant x_3\leqslant b$$

使

$$P_1(x_k)-f(x_k)=(-1)^k\sigma\max_{a\leqslant x\leqslant b}|P_1(x)-f(x)| \quad (k=1,2,3,\sigma=\pm 1)$$

这意味着：$P_1(x)-f(x)$ 在点 x_1,x_2,x_3 处取得极值，不妨设 x_2 在(a,b)内，则有

$$P_1'(x_2)-f'(x_2)=a_1-f'(x_2)=0$$

即

$$a_1=f'(x_2)$$

由于 $f(x)\in C^2[a,b]$，且 $f''(x)$ 在(a,b)内不变号，故 $f'(x)$ 单调，$f'(x)-a_1$ 只有一个零点，即 x_2，从而可知：其他两个偏差点必在区间端点，即有

$$x_1=a \qquad x_3=b$$

且满足

$$P_1(a)-f(a)=P_1(b)-f(b)=-[P_1(x_2)-f(x_2)]$$

由此求得

$$a_1=\frac{f(b)-f(a)}{b-a}=f'(x_2) \qquad a_0=\frac{f(a)+f(x_2)}{2}-\frac{(a+x_2)a_1}{2}$$

将求得的 a_0,a_1 值代入 $p_1(x)=a_0+a_1x$ 中，就得到最佳一次逼近多项式.

第 7 章

1. 不妨设 $x_1<x_2<x_3$，当 $f(x)=1$ 时，左边 $=2$，右边 $=A(1+1+1)=3A$，当 $f(x)=x$ 时，左边 $=0$，右边 $=A(x_1+x_2+x_3)$；当 $f(x)=x^2$ 时，左边 $=\frac{2}{3}$，右边 $=A(x_1^2+x_2^2+x_3^2)$；当 $f(x)=x^3$ 时，左边 $=0$，右边 $=A(x_1^3+x_2^3+x_3^3)$.

要使求积公式至少具有三次代数精度，当且仅当 A,x_1,x_2,x_3 满足如下线性代数方程组

$$\begin{cases}3A=2\\A(x_1+x_2+x_3)=0\\A(x_1^2+x_2^2+x_3^2)=\dfrac{2}{3}\\A(x_1^3+x_2^3+x_3^3)=0\end{cases}$$

由以上可知 $A=\frac{2}{3}$，故有

$$\begin{cases} x_1+x_2+x_3=0 \\ x_1^2+x_2^2+x_3^2=1 \\ x_1^3+x_2^3+x_3^3=0 \end{cases}$$

即有 $x_2=-(x_1+x_3)$，代入上式有

$$\begin{cases} x_1^2+(x_1+x_3)^2+x_3^2=1 \\ x_1^3-(x_1+x_3)^3+x_3^3=0 \end{cases}$$

即

$$\begin{cases} x_1^2+x_1x_3+x_3^2=\dfrac{1}{2} \\ x_1x_3(x_1+x_3)=0 \end{cases}$$

得

$$x_1=0 \quad 或 \quad x_3=0 \quad 或 \quad x_1+x_3=0$$

当 $x_1=0$ 时，有

$$x_3=\frac{1}{\sqrt{2}} \qquad x_2=-\frac{1}{\sqrt{2}}$$

与 $x_1<x_2$ 矛盾；当 $x_3=0$ 时，有

$$x_1=-\frac{1}{\sqrt{2}} \qquad x_2=\frac{1}{\sqrt{2}}$$

与 $x_2<x_3$ 矛盾；当 $x_1+x_3=0$ 时，有

$$x_3=\frac{1}{\sqrt{2}} \quad x_1=-\frac{1}{\sqrt{2}} \quad x_2=0$$

综上，我们得到要使求积公式至少具有三次精度，当且仅当取

$$A=\frac{2}{3} \quad x_1=-\frac{1}{\sqrt{2}} \quad x_2=0 \quad x_3=\frac{1}{\sqrt{2}}$$

此时求积公式为

$$\int_{-1}^{1} f(x)\mathrm{d}x \approx \frac{2}{3}\left[f\left(-\frac{1}{\sqrt{2}}\right)+f(0)+f\left(\frac{1}{\sqrt{2}}\right)\right]$$

当 $f(x)=x^4$ 时，

$$左边=\int_{-1}^{1} x^4\mathrm{d}x=\frac{2}{5} \qquad 右边=\frac{2}{3}\left[\left(-\frac{1}{\sqrt{2}}\right)^4+0^4+\left(\frac{1}{\sqrt{2}}\right)^4\right]=\frac{1}{3}$$

左边 $\neq$ 右边，所以求积公式的代数精度为 3.

2. (1) 是插值型的，有 1 阶代数精度；(2) 略.

3. 分别令 $f(x)=1, x, x^2, x^3$，分别代入求积公式，使求积公式精确成立，即得

$$\begin{cases} A+B=\dfrac{1}{2} \\ B+C+D=\dfrac{1}{3} \\ B+2D=\dfrac{1}{4} \\ B+3D=\dfrac{1}{5} \end{cases}$$

$$\Longrightarrow A=\frac{3}{20} \quad B=\frac{7}{20} \quad C=\frac{1}{30} \quad D=-\frac{1}{20}$$

故求积公式为

$$\int_0^1 xf(x)\mathrm{d}x \approx \frac{1}{60}[9f(0)+21f(1)+2f'(0)-3f'(1)]$$

又取 $f(x)=x^4$,代入上式得

$$左边=\frac{1}{6} \qquad 右边=\frac{1}{60}[9\times 0+21\times 1+2\times 0-3\times 4\times 1]=\frac{3}{20}$$

此时,左边 $\neq$ 右边,故求积公式具有三次代数精度.

(2) 由于求积公式具有三次代数精度,可设

$$\int_0^1 xf(x)\mathrm{d}x - S(x) = kf^{(4)}(\xi) \quad \xi\in(0,1)$$

其中 k 为待定系数. 将 $f(x)=x^4$,代入

$$\int_0^1 xf(x)\mathrm{d}x - S(x) = kf^{(4)}(\xi)$$

中,得

$$\frac{1}{6}-\frac{3}{20}=4!k \quad \Rightarrow k=\frac{1}{1440}$$

从而得

$$\int_0^1 xf(x)\mathrm{d}x - S(x) = \frac{1}{1440}f^{(4)}(\xi) \quad \xi\in(0,1)$$

4. 分析:本题三个求积公式都只有一个求积节点,且求积系数与节点都已知,对只有一个节点的情形,用插值法是行不通的. 可将被积函数 $f(x)$ 在所给节点作 Taylor 展开,然后积分即得:

(1) 将 $f(x)$ 在 a 处展开并积分得

$$\begin{aligned}\int_a^b f(x) &= \int_a^b f(a)\mathrm{d}x + \int_a^b f'(\xi)(x-a)\mathrm{d}x \\ &= (b-a)f(a) + \int_a^b f'(\xi)(x-a)\mathrm{d}x \quad \xi\in[a,x]\end{aligned}$$

由于 $(x-a)$ 在 $[a,b]$ 上不变号,故由积分中值定理有 $\eta\in[a,b]$,使

$$\begin{aligned}\int_a^b f(x)\mathrm{d}x &= (b-a)f(a) + f'(\eta)\int_a^b (x-a)\mathrm{d}x \\ &= (b-a)f(a) + \frac{1}{2}f'(\eta)(b-a)^2 \quad \eta\in[a.b]\end{aligned}$$

(2) 将 $f(x)$ 在 b 处 Taylor 展开,并积分,即得

$$\int_a^b f(x)\mathrm{d}x = (b-a)f(b) - \frac{1}{2}f'(\eta)(b-a)^2 \quad \eta\in[a,b]$$

(3) 将 $f(x)$ 在 $\frac{a+b}{2}$ 处 Taylor 展开,得

$$f(x) = f\left(\frac{a+b}{2}\right) + f'\left(\frac{a+b}{2}\right)\left(x-\frac{a+b}{2}\right) + \frac{1}{2}f''(\xi)\left(x-\frac{a+b}{2}\right)^2 \quad \xi\in[a.b]$$

两边积分,得

$$\int_a^b f(x)\mathrm{d}x = (b-a)f\left(\frac{a+b}{2}\right)+f'\left(\frac{a+b}{2}\right)\int_a^b\left(x-\frac{a+b}{2}\right)\mathrm{d}x$$

$$+\frac{1}{2}\int_a^b f''(\xi)\left(x-\frac{a+b}{2}\right)^2\mathrm{d}x$$

$$=(b-a)f\left(\frac{a+b}{2}\right)+\frac{1}{2}f''(\eta)\int_a^b\left(x-\frac{a+b}{2}\right)^2\mathrm{d}x$$

$$=(b-a)f\left(\frac{a+b}{2}\right)+\frac{1}{24}f''(\eta)(b-a)^3\quad \eta\in[a,b]$$

6. (1) 过这三个点的插值多项式

$$p_2(x)=\frac{(x-x_1)(x-x_2)}{(x_0-x_1)(x_0-x_2)}f(x_0)+\frac{(x-x_0)(x-x_2)}{(x_1-x_0)(x_1-x_2)}f(x_1)$$

$$+\frac{(x-x_1)(x-x_0)}{(x_2-x_1)(x_2-x_0)}f(x_2)$$

故

$$\int_0^1 f(x)\mathrm{d}x\approx\int_0^1 p_2(x)\mathrm{d}x=\sum_{k=0}^{2}A_k f(x_k)$$

其中，

$$A_0=\int_0^1\frac{(x-x_1)(x-x_2)}{(x_0-x_1)(x_0-x_2)}\mathrm{d}x=\int_0^1\frac{\left(x-\frac{1}{2}\right)\left(x-\frac{3}{4}\right)}{\left(\frac{1}{4}-\frac{1}{2}\right)\left(\frac{1}{4}-\frac{3}{4}\right)}\mathrm{d}x=\frac{2}{3}$$

$$A_1=\int_0^1\frac{(x-x_0)(x-x_2)}{(x_1-x_0)(x_1-x_2)}\mathrm{d}x=\int_0^1\frac{\left(x-\frac{1}{4}\right)\left(x-\frac{3}{4}\right)}{\left(\frac{1}{2}-\frac{1}{4}\right)\left(\frac{1}{2}-\frac{3}{4}\right)}\mathrm{d}x=-\frac{1}{3}$$

$$A_2=\int_0^1\frac{(x-x_0)(x-x_1)}{(x_2-x_0)(x_2-x_1)}\mathrm{d}x=\int_0^1\frac{\left(x-\frac{1}{4}\right)\left(x-\frac{1}{2}\right)}{\left(\frac{3}{4}-\frac{1}{4}\right)\left(\frac{3}{4}-\frac{1}{2}\right)}\mathrm{d}x=\frac{2}{3}$$

所求的插值型求积公式为

$$\int_0^1 f(x)\mathrm{d}x\approx\frac{1}{3}\left[2f\left(\frac{1}{4}\right)-f\left(\frac{1}{2}\right)+2f\left(\frac{3}{4}\right)\right]$$

(2) 上述求积公式是由二次插值函数积分而来的，所以至少具有二次代数精度，再将 $f(x)=x^3,x^4$ 代入上述求积公式，有

$$\frac{1}{4}=\int_0^1 x^3\mathrm{d}x=\frac{1}{3}\left[2\left(\frac{1}{4}\right)^3-\left(\frac{1}{2}\right)^3+2\left(\frac{3}{4}\right)^3\right]$$

$$\frac{1}{5}=\int_0^1 x^4\mathrm{d}x\neq\frac{1}{3}\left[2\left(\frac{1}{4}\right)^4-\left(\frac{1}{2}\right)^4+2\left(\frac{3}{4}\right)^4\right]$$

故上述求积公式具有三次代数精确度

(3)
$$\int_0^1 x^2\mathrm{d}x=\frac{1}{3}\left[2\left(\frac{1}{4}\right)^2-\left(\frac{1}{2}\right)^2+2\left(\frac{3}{4}\right)^2\right]=\frac{1}{3}$$

(4) 新构造的求积公式的节点不包含积分区间的两个端点，即公式不需要在积分区间的两个端点处计算函数值，这称为开型求积公式；相应地，一般的 N-C 型公式包含积分区间的两个端点作为节点，这称为闭型求积公式.

7. 用复合梯形公式，小区间数 $n=4$，步长

$$h=\frac{1}{4}\times[1-(-1)]=0.5$$

$$T_4=\frac{1/2}{2}[-1+2(0+0.5+1.5)+2]=1.25$$

用复合 Simpson 公式. 小区间数 $n=2$，步长

$$h=\frac{1}{2}\times[1-(-1)]=1$$

$$S_2=\frac{1}{6}[-1+2\times 0.5+4(0+1.5)+2]=\frac{8}{6}\approx 1.33$$

8. 因为火箭是从地面向上发射的，所以 $v(0)=0$. 又

$$n=4 \qquad h=\frac{80}{4}=20$$

于是

$$\begin{aligned} v(80)&=v(0)+\int_0^{80}a(t)\,\mathrm{d}t=\int_0^{80}a(t)\,\mathrm{d}t\approx S_4 \\ &=\frac{20}{6}\{a(0)+4[a(10)+a(30)+a(50)+a(70)] \\ &\quad +2[a(20)+a(40)+a(60)]+a(80)\} \\ &=3087.033\ (\mathrm{m}\cdot\mathrm{s}^{-1}) \end{aligned}$$

故火箭在 $t=80$ s 时的速度为 3087.033 ($\mathrm{m}\cdot\mathrm{s}^{-1}$).

9. (1) 复合梯形公式计算积分 $\quad I=\int_0^1\frac{\sin x}{x}\mathrm{d}x$

截断误差不超过 $\frac{1}{2}\times 10^{-3}$，即要求

$$|R_{T_n}[f]|=\left|-\frac{b-a}{12}h^2f''(\eta)\right|\leqslant\frac{1}{12}(h)^2\,|f''(\eta)|\leqslant\frac{1}{2}\times 10^{-3}$$

注意到

$$f(x)=\frac{\sin x}{x}=\int_0^1\cos(xt)\,\mathrm{d}t \quad f^{(k)}(x)=\int_0^1\frac{\mathrm{d}^k}{\mathrm{d}x^k}\cos(xt)\,\mathrm{d}t=\int_0^1 t^k\cos\left(xt+\frac{k\pi}{2}\right)\mathrm{d}t$$

故

$$|f^{(k)}(x)|\leqslant\int_0^1 t^k\left|\cos\left(xt+\frac{kt}{2}\right)\right|\mathrm{d}t\leqslant\int_0^1 t^k\,\mathrm{d}t=\frac{1}{k+1}$$

于是

$$|R_{T_n}[f]|=\left|-\frac{b-a}{12}h^2f''(\eta)\right|\leqslant\frac{1}{12}(h)^2\frac{1}{2+1}\leqslant\frac{1}{2}\times 10^{-3}$$

即

$$h\leqslant 0.1342 \quad 或 \quad n\geqslant\frac{b-a}{0.1342}\approx 7.4516$$

只需要取 8 等分点的复合梯形公式计算上述积分，由公式

$$T_8=\frac{1/8}{2}\left[f(0)+2\sum_{k=1}^{7}f(x_k)+f(1)\right]=0.9456911$$

$$(2)\ S_4 = \frac{1/4}{6}\times[f(0)+4\times(f(0.125)+f(0.375)+f(0.625)+f(0.8757))$$
$$+2\times(f(0.25)+f(0.5)+f(0.75))+f(1)]$$
$$=0.9460832$$

估计误差

$$|R_{S_n}[f]| = \left|-\frac{b-a}{2880}h^4 f^{(4)}(\eta)\right| \leqslant \frac{1}{2880}\cdot\left(\frac{1}{4}\right)^4\cdot\frac{1}{4+1} = 0.271\times 10^{-6}$$

将上述两个结果与积分准确值（即每一位数字均为有效数字的积分值）$I=0.9460831$ 做比较，同样用了 9 个点的函数值，但 T_n 只有 2 位有效数字，S_n 有 6 位有效数字.

10. 设

$$f(x)=e^x\sin x \quad a=1 \quad b=3 \quad \varepsilon=10^{-6} \quad I(f)=\int_a^b f(x)\mathrm{d}x$$

将区间 [1,3] 做 n 等分 $h=\frac{2}{n}$，则

$$I(f)-T_n(f) = -\frac{b-a}{12}h^2 f''(\eta) = -\frac{2}{3n^2}f''(\eta)$$

$$I(f)-S_n(f) = \frac{b-a}{180}\left(\frac{h}{2}\right)^4 f^{(4)}(\eta) = -\frac{1}{90n^4}f^{(4)}(\eta)$$

对 $f(x)$ 求导得

$$f'(x) = e^x(\sin x+\cos x) = \sqrt{2}e^x\sin\left(x+\frac{\pi}{4}\right)$$

$$f''(x) = \sqrt{2}e^x\left[\sin\left(x+\frac{\pi}{4}\right)+\cos\left(x+\frac{\pi}{4}\right)\right] = 2e^x\cos x$$

$$f'''(x) = 2e^x\left[\sin\left(x+\frac{\pi}{2}\right)+\cos\left(x+\frac{\pi}{2}\right)\right] = (\sqrt{2})^3 e^x\sin\left(x+\frac{3\pi}{4}\right)$$

$$f^{(4)}(x) = (\sqrt{2})^3 e^x\left[\sin\left(x+\frac{3\pi}{4}\right)+\cos\left(x+\frac{3\pi}{4}\right)\right] = -4e^x\sin x$$

因而

$$\max_{1\leqslant x\leqslant 3}|f''(x)|\leqslant 2e^3 \qquad \max_{1\leqslant x\leqslant 3}|f^{(4)}(x)|\leqslant 4e^3$$

于是

$$|I(f)-T_n(f)|\leqslant\frac{2}{3}\times\frac{1}{n^2}\times 2e^3 = \frac{4e^3}{3n^2}$$

当 $\frac{4e^3}{3n^2}<\varepsilon$ 时，$|I(f)-T_n(f)|<\varepsilon$，由此解得

$$n>\sqrt{\frac{4e^3}{3\varepsilon}} = 2e\sqrt{\frac{e}{3}}\times 10^3 = 4926.04$$

因而取 $n=4927$，即取 4928 个节点，步长为 $\frac{2}{4927}$ 时，可用复化梯形公式计算误差小于 10^{-6}.

由
$$|I(f)-S_n(f)|\leqslant\frac{1}{90}\times\frac{1}{n^4}\times 4e^3$$

当 $\frac{2e^3}{45n^2}<\varepsilon$ 时，有

$$|I(f)-S_n(f)|\leqslant\varepsilon$$

解之得

$$n > \sqrt{\frac{2e^3}{45\varepsilon}} = 30.74$$

因而取 $n = 31$，即取 32 个节点，步长为 $\frac{2}{31}$，可用复合 Simpson 公式计算误差小于10^{-6}.

11. (1) 将$[a,b]$ n 等分，记

$$h = \frac{b-a}{n} \quad x_i = a + ih \quad 0 \leqslant i \leqslant n$$

则

$$T_n = \sum_{i=0}^{n-1} \frac{h}{2}[f(x_i) + f(x_{i+1})]$$

$$S_n = \frac{4}{3}T_{2n} - \frac{1}{3}T_n$$

由定积分定义知

$$\lim_{n\to\infty} h\sum_{i=0}^{n-1} f(x_i) = \int_a^b f(x)\mathrm{d}x \quad \lim_{n\to\infty} h\sum_{i=1}^{n} f(x_i) = \int_a^b f(x)\mathrm{d}x$$

所以

$$\begin{aligned}\lim_{n\to\infty} T_n &= \lim_{n\to\infty}\sum_{i=0}^{n-1} \frac{h}{2}[f(x_i) + f(x_{i+1})] \\ &= \frac{1}{2}\left[\lim_{n\to\infty} h\sum_{i=0}^{n-1} f(x_i) + \lim_{n\to\infty} h\sum_{i=1}^{n} f(x_{i+1})\right] \qquad (*) \\ &= \frac{1}{2}\left[\int_a^b f(x)\mathrm{d}x + \int_a^b f(x)\mathrm{d}x\right] = \int_a^b f(x)\mathrm{d}x\end{aligned}$$

应用(*)式有

$$\begin{aligned}\lim_{n\to\infty} S_n &= \lim_{n\to\infty}\left(\frac{4}{3}T_{2n} - \frac{1}{3}T_n\right) = \frac{4}{3}\lim_{n\to\infty} T_{2n} - \frac{1}{3}\lim_{n\to\infty} T_n \\ &= \frac{4}{3}\int_a^b f(x)\mathrm{d}x - \frac{1}{3}\int_a^b f(x)\mathrm{d}x = \int_a^b f(x)\mathrm{d}x\end{aligned} \qquad (**)$$

(2)

$$R_{2^k} = \frac{64}{63}C_{2^{k+1}} - \frac{1}{63}C_{2^k}$$

其中

$$C_{2^k} = \frac{16}{15}S_{2^{k+1}} - \frac{1}{15}S_{2^k}$$

由(**)式有

$$\begin{aligned}\lim_{k\to\infty} C_{2^k} &= \frac{16}{15}\lim_{k\to\infty} S_{2^{k+1}} - \frac{1}{15}\lim_{k\to\infty} S_{2^k} = \frac{16}{15}\int_a^b f(x)\mathrm{d}x - \frac{1}{15}\int_a^b f(x)\mathrm{d}x \\ &= \int_a^b f(x)\mathrm{d}x\end{aligned}$$

因而

$$\begin{aligned}\lim_{k\to\infty} R_{2^k} &= \lim_{k\to\infty}\left(\frac{64}{63}C_{2^{k+1}} - \frac{1}{63}C_{2^k}\right) = \frac{64}{63}\lim_{k\to\infty} C_{2^{k+1}} - \frac{1}{63}\lim_{k\to\infty} C_{2^k} \\ &= \frac{64}{63}\int_a^b f(x)\mathrm{d}x - \frac{1}{63}\int_a^b f(x)\mathrm{d}x \\ &= \int_a^b f(x)\mathrm{d}x\end{aligned}$$

12.（1）

$$L_1(x)=f(x_0)\frac{x-x_1}{x_0-x_1}+f(x_1)\frac{x-x_0}{x_1-x_0}$$

$$=f\left(-\frac{1}{\sqrt{3}}\right)\frac{x-\frac{1}{\sqrt{3}}}{-\frac{2}{\sqrt{3}}}+f\left(\frac{1}{\sqrt{3}}\right)\frac{x+\frac{1}{\sqrt{3}}}{\frac{2}{\sqrt{3}}}$$

（2）

$$\int_{-1}^{1}f(x)\mathrm{d}x\approx\int_{-1}^{1}L_1(x)\mathrm{d}x$$

$$=-\frac{\sqrt{3}}{2}f\left(-\frac{1}{\sqrt{3}}\right)\int_{-1}^{1}\left(x-\frac{1}{\sqrt{3}}\right)\mathrm{d}x+\frac{\sqrt{3}}{2}f\left(\frac{1}{\sqrt{3}}\right)\int_{-1}^{1}\left(x+\frac{1}{\sqrt{3}}\right)\mathrm{d}x$$

$$=f\left(-\frac{1}{\sqrt{3}}\right)+f\left(\frac{1}{\sqrt{3}}\right)$$

（3）分别令 $f(x)$ 为 $1,x,x^2,x^3$ 代入(2)中求积公式，左 = 右，精确成立，将 $f(x)=x^4$ 代入求积公式得，左 $\neq$ 右，故所得的求积公式代数精度为3.导出的求积公式节点为 x_0,x_1 且代数精度为3，是Gauss型求积公式.

13. 令 $f(x)=1,x,x^2$，代入公式的两端并令其相等，得

$$\begin{cases}A_{-1}+A_0+A_1=2\\-\frac{1}{2}A_{-1}+\frac{1}{2}A_1=0\\\frac{1}{4}A_{-1}+\frac{1}{4}A_1=\frac{2}{3}\end{cases}$$

解得

$$A_{-1}=A_1=\frac{1}{3}\quad A_0=\frac{4}{3}$$

对 $f(x)=x^3$，公式精确成立；对 $f(x)=x^4$，公式不再精确成立.故知求积公式最高具有三次代数精度，所得公式不是Gauss型求积公式.

14. 令 $f(x)=1,x,x^2,x^3$，代入求积公式的两端并令其相等，得

$$\begin{cases}A_0+A_1=2\\A_0x_0+A_1x_1=\frac{2}{3}\\A_0x_0^2+A_1x_1^2=\frac{2}{5}\\A_0x_0^3+A_1x_1^3=\frac{2}{7}\end{cases}$$

$$\Rightarrow A_0=1+\frac{1}{3}\sqrt{\frac{5}{6}}\quad A_1=1-\frac{1}{3}\sqrt{\frac{5}{6}}$$

$$x_0=\frac{1}{7}\left(3-2\sqrt{\frac{6}{5}}\right)\quad x_1=\frac{1}{7}\left(3+2\sqrt{\frac{6}{5}}\right)$$

则求积公式为

$$\int_0^1\frac{1}{\sqrt{x}}f(x)\mathrm{d}x\approx\left(1+\frac{1}{3}\sqrt{\frac{5}{6}}\right)f\left(\frac{3}{7}-\frac{2}{7}\sqrt{\frac{6}{5}}\right)+\left(1-\frac{1}{3}\sqrt{\frac{5}{6}}\right)f\left(\frac{3}{7}+\frac{2}{7}\sqrt{\frac{6}{5}}\right)$$

15. 权函数 $\rho(x)=\sqrt{x}$，是两个节点的 Gauss 型求积公式，所以代数精度为 3，令求积公式对 $f(x)=1,x,x^2,x^3$ 精确成立得

$$\begin{cases} w_0+w_1=\dfrac{2}{3} & (1)\\ x_0w_0+x_1w_1=\dfrac{2}{5} & (2)\\ x_0^2w_0+x_1^2w_1=\dfrac{2}{7} & (3)\\ x_0^3w_0+x_1^3w_1=\dfrac{2}{9} & (4)\end{cases}$$

由式(2) 得

$$x_0w_0+x_1w_1=x_0(w_0+w_1)+(x_1-x_0)w_1$$

利用式(1)、式(2) 化为

$$\frac{2}{3}x_0+(x_1-x_0)w_1=\frac{2}{5} \tag{5}$$

同样地，利用式(2) 化式(3)，利用式(3) 化式(4) 分别可得

$$\frac{2}{5}x_0+(x_1-x_0)x_1w_1=\frac{2}{7} \tag{6}$$

$$\frac{2}{7}x_0+(x_1-x_0)x_1^2w_1=\frac{2}{9} \tag{7}$$

从式(5)、式(6)、式(7) 中消去 $(x_1-x_0)w_1$ 有

$$\begin{cases}\dfrac{2}{5}x_0+\left(\dfrac{2}{5}-\dfrac{2}{3}x_0\right)x_1=\dfrac{2}{7}\\ \dfrac{2}{7}x_0+\left(\dfrac{2}{7}-\dfrac{2}{5}x_0\right)x_1^2=\dfrac{2}{9}\end{cases}$$

进一步整理得

$$\begin{cases}\dfrac{2}{5}(x_0+x_1)-\dfrac{2}{3}x_0x_1=\dfrac{2}{7}\\ \dfrac{2}{7}(x_0+x_1)-\dfrac{2}{5}x_0x_1=\dfrac{2}{9}\end{cases}$$

由此解出

$$x_0x_1=\frac{5}{21}\qquad x_0+x_1=\frac{10}{9}$$

从而可解出

$$x_0=0.821162\qquad x_1=0.289949$$
$$w_0=0.389111\qquad w_1=0.277556$$

所求 Gauss 型求积公式为

$$\int_0^1\sqrt{x}f(x)\mathrm{d}x\approx 0.389111f(0.821162)+0.277556f(0.289949)$$

16. (1) 利用单重数值积分的 Simpson 公式有

$$
\begin{aligned}
&\int_c^d \int_a^b f(x,y)\mathrm{d}x\mathrm{d}y \\
&\approx \int_c^d \left[\frac{b-a}{6}\left(f(a,y)+4f\left(\frac{a+b}{2},y\right)+f(b,y)\right)\right]\mathrm{d}y \\
&= \frac{b-a}{6}\left[\int_c^d f(a,y)\mathrm{d}y + 4\int_c^d f\left(\frac{a+b}{2},y\right)\mathrm{d}y + \int_c^d f(b,y)\mathrm{d}y\right] \\
&\approx \frac{b-a}{6}\left\{\frac{d-c}{6}\left[f(a,c)+4f\left(a,\frac{c+d}{2}\right)+f(a,d)\right]\right. \\
&\quad + 4\,\frac{d-c}{6}\left[f\left(\frac{a+b}{2},c\right)+4f\left(\frac{a+b}{2},\frac{c+d}{2}\right)+f\left(\frac{a+b}{2},d\right)\right] \\
&\quad \left. + \frac{d-c}{6}\left[f(b,c)+4f\left(b,\frac{c+d}{2}\right)+f(b,d)\right]\right\}
\end{aligned}
$$

于是可得二重数值积分 Simpson 的公式

$$
\begin{aligned}
\int_c^d \int_a^b f(x,y)\mathrm{d}x\mathrm{d}y \approx \frac{b-a}{6}\cdot\frac{d-c}{6}&\left\{f(a,c)+f(a,d)+f(b,c)+f(b,d)\right. \\
&+4\left[f\left(\frac{a+b}{2},c\right)+f\left(\frac{a+b}{2},d\right)+f\left(a,\frac{c+d}{2}\right)\right. \\
&\left.\left.+f\left(b,\frac{c+d}{2}\right)+4f\left(\frac{a+b}{2},\frac{c+d}{2}\right)\right]\right\}
\end{aligned}
$$

(2) 应用于求$\int_0^1\int_0^1 xy\mathrm{e}^{-xy^2}\mathrm{d}x\mathrm{d}y$ 有

$$
\begin{aligned}
&\int_0^1\int_0^1 xy\mathrm{e}^{-xy^2}\mathrm{d}x\mathrm{d}y \\
&\approx \frac{1}{6}\cdot\frac{1}{6}\left[0+0+0+\mathrm{e}^{-1}+4\left(\frac{1}{2}\mathrm{e}^{-\frac{1}{2}}+\frac{1}{2}\mathrm{e}^{-\frac{1}{4}}+4\times\frac{1}{2}\times\frac{1}{2}\mathrm{e}^{-\frac{1}{8}}\right)\right] \\
&= 0.185237
\end{aligned}
$$

18. $f''(x_0)\approx\dfrac{2}{(x_1-x_0)^2}[f(x_0+h)-f(x_0)-(x_1-x_0)f'(x_0)]$.

19. $h=0.02$，用精度略高的中点数值微分公式计算.

$$
f'(1.4)\approx\frac{\tan 1.42-\tan 1.38}{2\times 0.02}=\frac{6.58119-5.177437}{0.04}=35.09205
$$

截断误差

$$
R=-\frac{f'''(\xi)}{6}h^2
$$

由

$$
f'''(x)=2(1+\tan^2 x)(1+3\tan^2 x)
$$

有

$$
|R|\leqslant\frac{0.02^2}{6}\times 2(1+\tan^2 1.42)(1+3\tan^2 1.42)=0.773574
$$

与准确值

$$
f'(1.4)=1+\tan^2 1.4=34.615548\cdots
$$

比较，实际误差约 -0.476592.

20. 由 Taylor 公式知

$$f(x_0 \pm 2h) = f(x_0) \pm 2hf'(x_0) + \frac{1}{2!}(2h)^2 f''(x_0)$$
$$\pm \frac{1}{3!}(2h)^3 f'''(x_0) + \frac{1}{4!}(2h)^4 f^{(4)}(x_0) + O(h^5)$$
$$f(x_0 \pm h) = f(x_0) \pm hf'(x_0) + \frac{1}{2!}h^2 f''(x_0)$$
$$\pm \frac{1}{3!}h^3 f'''(x_0) + \frac{1}{4!}h^4 f^{(4)}(x_0) + O(h^5)$$

所以

$$f(x_0 - 2h) - f(x_0 - h) + 8f(x_0 + h) - f(x_0 + 2h) = 12hf'(x_0) + O(h^5)$$

即

$$f'(x_0) = \frac{1}{12h}[f_{-2} - 8f_{-1} + 8f_1 - f_2] + O(h^4)$$

第 8 章

2. (1) $y_{n+1} = y_n + hf(x_n, y_n) = y_n + 0.1 \times (x_n + y_n) \qquad y_0 = 1 \quad (n = 0, 1, \cdots)$

(2) $\begin{cases} \bar{y}_{n+1} = y_n + 0.1 \times (x_n + y_n) \\ y_{n+1} = y_n + \dfrac{0.1}{2}(x_n + y_n + x_{n+1} + \bar{y}_{n+1}) \end{cases} \quad y_0 = 1 \quad (n = 0, 1, \cdots)$

(3) $y_1 = 1.11 \qquad y_2 = 1.24205.$

3. (1) Euler 公式为

$$y_n = y_{n-1} + hf(x_{n-1}, y_{n-1})$$

代入 $f(x, y) = ax + b$ 得

$$y_n = y_{n-1} + h(ax_{n-1} + b)$$

由 $y(0) = y_0 = 0$ 得

$$\begin{aligned} y_1 &= y_0 + h(ax_0 + b) = bh \\ y_2 &= y_1 + h(ax_1 + b) = 2bh + ahx_1 \\ y_3 &= y_2 + h(ax_2 + b) = 3bh + ah(x_1 + x_2) \\ &\cdots\cdots \\ y_n &= y_{n-1} + h(ax_{n-1} + b) = nbh + ah(x_1 + x_2 + \cdots + x_{n-1}) \end{aligned}$$

因 $x_n = nh$，于是

$$\begin{aligned} y_n &= bx_n + ah^2[1 + 2 + \cdots + (n-1)] \\ &= bx_n + ah^2 \frac{(n-1)n}{2} \\ &= \frac{a}{2}x_n x_{n-1} + bx_n \end{aligned}$$

所以

$$\begin{aligned} \varepsilon_n &= y(x_n) - y_n \\ &= \frac{1}{2}ax_n^2 + bx_n - \left(\frac{a}{2}x_n x_{n-1} + bx_n\right) \\ &= \frac{a}{2}(x_n - x_{n-1})x_n \\ &= \frac{a}{2}hx_n = \frac{1}{2}anh^2 \end{aligned}$$

(2) 记

$$f(x,y)=ax+b \qquad x_i=ih \quad (i=0,1,2,\cdots)$$

由改进的 Euler 公式得

$$\begin{cases} y_{i+1}=y_i+\dfrac{h}{2}[(ax_i+b)+(ax_{i+1}+b)] & (i=0,1,2,\cdots) \\ y_0=0 \end{cases}$$

将上式两边对 i 从 0 到 $n-1$ 求和并利用 $y_0=0$ 得

$$\begin{aligned} y_n &= \sum_{i=0}^{n-1}\frac{h}{2}[(ax_i+b)+(ax_{i+1}+b)] \\ &= \frac{ah}{2}\sum_{i=0}^{n-1}\frac{h}{2}(x_i+x_{i+1})+bnh \\ &= \frac{ah^2}{2}\sum_{i=0}^{n-1}\frac{h}{2}[i+(i+1)]+bnh \\ &= \frac{ah^2}{2}\left[\frac{1}{2}n(n-1)+\frac{1}{2}n(n+1)\right]+bnh \\ &= \frac{1}{2}a\,(nh)^2+bnh \\ &= \frac{1}{2}ax_n^2+bx_n=y(x_n) \end{aligned}$$

所以改进的 Euler 方法能求出精确解.

4. (1) 局部截断误差

$$\begin{aligned} R_{n+1} &= y(x_{n+1})-y(x_n)-\frac{h}{4}\left[f(x_n,y(x_n))+3f\left(x_n+\frac{2}{3}h,y(x_n)+\frac{2}{3}hf(x_n,y(x_n))\right)\right] \\ &= y(x_n)+hy'(x_n)+\frac{h^2}{2}y''(x_n)+O(h^3)-y(x_n) \\ &\quad -\frac{h}{4}\left[y'(x_n)+3f\left(x_n+\frac{2}{3}h,y(x_n)+\frac{2}{3}hy'(x_n)\right)\right] \\ &= hy'(x_n)+\frac{h^2}{2}y''(x_n)+O(h^3) \\ &\quad -\frac{h}{4}\left[y'(x_n)+3(f(x_n,y(x_n))+\frac{2}{3}h\frac{\partial f(x_n,y(x_n))}{\partial x}+\frac{2}{3}hy'(x_n)\frac{\partial f(x_n,y(x_n))}{\partial y}+O(h^2)\right] \\ &= hy'(x_n)+\frac{h^2}{2}y''(x_n)+O(h^3)-\frac{h}{4}[4y'(x_n)+2hy''(x_n)+O(h^2)] \\ &= O(h^3) \end{aligned}$$

故所给方法是二阶的.

(2) 取 $h=0.1$，由

$$f(x,y)=x^2+y^2 \quad y_0=0 \quad x_0=0$$

得

$$\begin{aligned} y_1 &= y_0+\frac{h}{4}(k_1+3k_2) \\ k_1 &= f(x_0,y_0)=x_0^2+y_0^2=0 \\ k_2 &= f\left(x_0+\frac{2}{3}h,y_0+\frac{2}{3}k_1\right)=f\left(\frac{2}{3}h,\frac{2}{3}k_1\right) \\ &= \left(\frac{2}{3}h\right)^2+0^2=\frac{4}{9}\times 0.01 \end{aligned}$$

所以 $y(0.1)\approx y_1=0+\frac{h}{4}\left(0+3\times\frac{4}{9}\times0.01\right)=\frac{1}{3}\times0.001=0.00033$

5. 参照一阶常微分方程的四阶经典 Runge-Kutta 公式，可得

$$\begin{cases}y_{n+1}=y_n+\frac{h}{6}(K_1+2K_2+2K_3+K_4) & y(x_0)=y_0\\ z_{n+1}=z_n+\frac{h}{6}(L_1+2L_2+2L_3+L_4) & z(x_0)=z_0\end{cases}$$

其中

$$\begin{cases}K_1=f(x_n,y_n,z_n)\\ K_2=f\left(x_n+\frac{h}{2},y_n+\frac{h}{2}K_1,z_n+\frac{h}{2}L_1\right)\\ K_3=f\left(x_n+\frac{h}{2},y_n+\frac{h}{2}K_2,z_n+\frac{h}{2}L_2\right)\\ K_4=f(x_n+h,y_n+hK_3,z_n+hL_3)\end{cases}$$

$$\begin{cases}L_1=g(x_n,y_n,z_n)\\ L_2=g\left(x_n+\frac{h}{2},y_n+\frac{h}{2}K_1,z_n+\frac{h}{2}L_1\right)\\ L_3=g\left(x_n+\frac{h}{2},y_n+\frac{h}{2}K_2,z_n+\frac{h}{2}L_2\right)\\ L_4=g(x_n+h,y_n+hK_3,z_n+hL_3)\end{cases}$$

6. 由经典 Runge-Kutta 格式得

$$\begin{cases}y_{n+1}=y_n+\frac{h}{6}(k_1+2k_2+2k_3+k_4)\\ k_1=f(x_n,y_n)=8-3y_n\\ k_2=f\left(x_n+\frac{h}{2},y_n+\frac{1}{2}hk_1\right)=5.6-2.1y_n\\ k_3=f\left(x_n+\frac{h}{2},y_n+\frac{1}{2}hk_2\right)=6.32-2.37y_n\\ k_4=f(x_n+h,y_n+hk_3)=4.208-1.578y_n\end{cases}$$

故

$$y_{n+1}=1.2016+0.5494y_n \qquad y(0)=y_0=2$$

计算得

$$y(0.2)\approx y_1=2.3004 \qquad y(0.4)\approx y_2=2.4654$$

7. 把 k_2,k_3 代入 $y_{n+1}=y_n+\frac{1}{2}(k_2+k_3)$，并在 (x_n,y_n) 处作二元函数的 Taylor 展开，有

$$\begin{aligned}y_{n+1}&=y_n+\frac{1}{2}hf(x_n+th,y_n+thf(x_n,y_n))\\&\quad+\frac{1}{2}hf(x_n+(1-t)h,y_n+(1-t)hf(x_n,y_n))\\&=y_n+\frac{1}{2}h\left[f(x_n,y_n)+th\frac{\partial f_n}{\partial x}+thf_n\frac{\partial f_n}{\partial y}\right]+O(h^2)\\&\quad+\frac{1}{2h}\left[f(x_n,y_n)+\frac{\partial f_n}{\partial x}(1-t)h+(1-t)hf_n\frac{\partial f_n}{\partial y}+O(h^2)\right]\\&=y_n+hf(x_n,y_n)+\frac{1}{2}h^2\frac{\partial f_n}{\partial x}+\frac{1}{2}h^2\frac{\partial f_n}{\partial y}f_n+O(h^3)\end{aligned}$$

而由一元函数的 Taylor 展开，有

$$y(x_{n+1}) = y(x_n + h) = y(x_n) + hf(x_n, y_n) + \frac{1}{2}h^2 \frac{\partial f_n}{\partial x} + \frac{1}{2}h^2 \frac{\partial f_n}{\partial y} f_n + O(h^3)$$

设 $y(x_n) = y_n$，则 $y(x_{n+1}) - y_{n+1} = O(h^3)$，即对于任意参数 t，题中的 R-K 公式的局部截断误差为 $O(h^3)$，也就是说，它是一个二阶的 R-K 公式.

8. 设

$$h = x_n - x_{n-1} = x_{n+1} - x_n$$

对 $\frac{\mathrm{d}y}{\mathrm{d}x} = f(x, y)$ 在区间 $[x_{n-1}, x_{n+1}]$ 上积分，得

$$\begin{aligned} y(x_{n+1}) &= y(x_{n-1}) + \int_{x_{n-1}}^{x_{n+1}} f(x, y(x))\mathrm{d}x \\ &= y(x_{n-1}) + \int_{x_{n-1}}^{x_{n+1}} y'(x)\mathrm{d}x \\ &= y(x_{n-1}) + \int_{x_{n-1}}^{x_{n+1}} \left[y'(x_n) + (x - x_n)y''(x_n) + \frac{(x - x_n)^2}{2} y'''(\xi) \right] \mathrm{d}x \\ &= y(x_{n-1}) + y'(x_n)x \Big|_{x_{n-1}}^{x_{n+1}} + \frac{(x - x_n)^2}{2} y(x_n) \Big|_{x_{n-1}}^{x_{n+1}} + y'''(\eta)\int_{x_{n-1}}^{x_{n+1}} \frac{(x - x_n)^2}{2}\mathrm{d}x \end{aligned}$$

分别用 y_{n-1}, y_n, y_{n+1} 替代上式中的 $y(x_{n-1}), y(x_n), y(x_{n+1})$ 得

$$y_{n+1} = y_{n-1} + 2hy'(x_n) + \frac{h^3}{3} y'''(\eta)$$

则得到求解初值问题的中矩形公式：

$$y_{n+1} = y_{n-1} + 2hf(x_n, y_n)$$

其局部截断误差为

$$R = \frac{1}{3}h^3 y'''(\eta) = O(h^3) \quad \eta \in (x_{n-1}, x_{n+1})$$

所以，中矩形公式具有二阶精度.

9. 由经典四阶 Runge-Kutta 方法求出

$$y_0 = 1 \quad y_1 = 1.0048375 \quad y_2 = 1.0187309 \quad y_3 = 1.0408184$$

作为四步显示方法初始点的数值，四阶四步 Adams 显式格式为

$$y_{i+1} = y_i + \frac{h}{24}(55f_i - 59f_{i-1} + 37f_{i-2} - 9f_{i-3})$$

已知

$$f_i = f(x_i, y_i) = x_i - y_i + 1 \quad h = 0.1 \quad x_i = 0.1i$$

那么

$$\begin{aligned} y_{i+4} &= y_{i+3} + \frac{h}{24}[55f_{i+3} - 59f_{i+2} + 37f_{i+1} - 9f_i] \\ &= \frac{1}{24}[18.5y_{i+3} + 5.9y_{i+2} - 3.7y_{i+1} + 0.9y_i + 0.24i + 3.24] \quad (i = 0,1,2,\cdots,6) \end{aligned}$$

三步隐式方法为

$$\begin{aligned} y_{i+3} &= y_{i+2} + \frac{h}{24}[9f_{i+3} + 19f_{i+2} - 5f_{i+1} + f_i] \\ &= \frac{1}{24.9}[22.1y_{i+2} + 0.5y_{i+1} - 0.1y_i + 0.24i + 3.0] \quad (i = 0,1,2,\cdots,7) \end{aligned}$$

11. 令 $z(x)=y'(x)$，则所给微分方程的初值问题等价于

$$\begin{cases} y'=z \\ z'=-2y+2z+e^{2x}\sin x \\ y(0)=-0.4 \quad z(0)=-0.6 \end{cases}$$

解该一阶微分方程组.改进的 Euler 公式为

$$\begin{cases} \bar{y}_{n+1}=y_n+hz_n \\ \bar{z}_{n+1}=z_n+h(-2y_n+2z_n+e^{2x_n}\sin x_n) \\ y_{n+1}=y_n+\dfrac{h}{2}(z_n+\bar{z}_{n+1}) \\ z_{n+1}=z_n+\dfrac{h}{2}(-2y_n+2z_n+e^{2x_n}\sin x_n-2\bar{y}_{n+1}+2\bar{z}_{n+1}+e^{2x_{n+1}}\sin x_{n+1}) \end{cases}$$

代入

$$h=0.1 \quad y_0=-0.4 \quad z_0=-0.6 \quad x_0=-0.0$$

计算得

$$\begin{cases} \bar{y}_1=y_0+0.1z_0=-0.4-0.1\times 0.6=-0.46000 \\ \bar{z}_1=z_0+h(-2y_0+2z_0+e^{2x_0}\sin x_0)=-0.6+0.1\times(0.8-1.2+0) \\ \quad =-0.64000 \\ y_1=y_0+\dfrac{h}{2}[z_0+\bar{z}_1]=-0.4+0.05(-0.6-0.64)=-0.46200 \\ z_1=z_0+\dfrac{h}{2}(-2y_0+2z_0+e^{2x_0}\sin x_0-2\bar{y}_1+2\bar{z}_1+e^{2x_1}\sin x_1) \end{cases}$$

解之得

$$y(0.1)\approx y_1=-0.46200$$

12. 令 $z=y'$，则

$$\begin{cases} y'=z \\ z'=f(x,y,z) \\ y(a)=\alpha \\ z(a)=\beta \end{cases} \quad (a\leqslant x\leqslant b)$$

用 Euler 方法求解的计算公式为

$$\begin{cases} y_{i+1}=y_i+hz_i \\ z_{i+1}=z_i+hf(x_i,y_i,z_i) \\ y_0=\alpha \\ z_0=\beta \end{cases} \quad (0\leqslant i\leqslant n-1) \qquad (*)$$

$$y_1=y_0+hz_0=\alpha+h\beta \qquad z_i=\frac{y_{i+1}-y_i}{h}$$

将上式代入(*)得

$$\frac{y_{i+2}-y_{i+1}}{h}=\frac{y_{i+1}-y_i}{h}+hf\left(x_i,y_i,\frac{y_{i+1}-y_i}{h}\right)$$

或

$$y_{i+1}=2y_i-y_{i-1}+h^2f\left(x_{i-1},y_{i-1},\frac{y_i-y_{i-1}}{h}\right) \quad (i=1,2,\cdots,n-1)$$

于是得到用 Euler 方法的计算公式为

$$\begin{cases} y_{i+1} = 2y_i - y_{i-1} + h^2 f\left(x_{i-1}, y_{i-1}, \dfrac{y_i - y_{i-1}}{h}\right) & (i = 1,2,\cdots,n-1) \\ y_0 = \alpha \\ y_1 = \alpha + h\beta \end{cases}$$

13. (1) 根据单步法稳定性的定义，将试验方程用改进的 Euler 方法求解，则得

$$y_{n+1} = y_n + \frac{h}{2}(\lambda y_n + \lambda h y_n) = \left[1 + \lambda h + \frac{1}{2}(\lambda h)^2\right] y_n$$

当 $\left|1 + \lambda h + \frac{1}{2}(\lambda h)^2\right| \leqslant 1$ 时，存在 $|y_{n+1}| \leqslant |y_n|$，故方法绝对稳定.

(2) 条件

$$\left|1 + \lambda h + \frac{1}{2}(\lambda h)^2\right| \leqslant 1$$

等价于

$$-1 \leqslant 1 + \lambda h + \frac{1}{2}(\lambda h)^2 \leqslant 1$$

从该不等式解得

$$-2 \leqslant \lambda h \leqslant 0$$

上式即为改进的 Euler 方法的绝对稳定区间.

14. (1) 若用显示 Euler 法求解，由于显示 Euler 法的绝对稳定性区间是 $-2 \leqslant \lambda h < 0$，而所给方程的 $\lambda = -1000$，所以步长 h 应该满足 $0 < h \leqslant 0.002$；

(2) 若用隐式 Euler 法求解，其绝对稳定性区间是 $0 < h < +\infty$，又因 $f(x, y)$ 对于 y 是线性的，故不需要迭代求解，对 h 仍无限制；

(3) 用显示 Euler 法求解此问题时，计算公式为

$$y_{n+1} = y_n + h\{-1000[y_n - g(x_n)] + g'(x_n)\}$$

又 $g(x)$ 为不超过一次的多项式，故可设 $g(x) = ax + b$，将其代入迭代公式中，有

$$y_{n+1} = y_n + h\{-1000[y_n - ax_n - b)] + a\}$$

将初值 $y_0 = y(0) = g(0) = b$ 代入上式，可得

$$\begin{aligned} y_1 &= y_0 + h\{-1000[y_0 - ax_0 - b)] + a\} \\ &= b + h\{-1000[b - a \cdot 0 - b] + a\} = ah + b \\ y_2 &= y_1 + h\{-1000[y_1 - ax_1 - b)] + a\} \\ &= ah + b + h\{-1000[ah + b - ah - b] + a\} = a(2h) + b \end{aligned}$$

同理可得

$$y_3 = a(3h) + b = y(x_3)$$

$$\cdots\cdots$$

$$y_n = a(nh) + b = y(x_n)$$

这也就是说，显示 Euler 方法总能得到该问题的真解，因此，从精确阶考虑，该问题的步长选择无限制.

第 9 章

1. $\boldsymbol{x}^{(0)} = (1,1,1)^{\mathrm{T}}$ $\|\boldsymbol{x}^{(0)}\|_\infty = 1$ $\boldsymbol{y}^{(1)} = \boldsymbol{A}\boldsymbol{x}^{(0)} = (7,7,4)^{\mathrm{T}}$ $\lambda^{(1)} = \max(\boldsymbol{y}^{(1)}) = 7$

从而得

$$x^{(1)} = \frac{y^{(1)}}{\| y^{(1)} \|_\infty} = \left(1, 1, \frac{4}{7}\right)^T$$

$$y^{(2)} = Ax^{(1)} = \left(7, 7, \frac{25}{7}\right)^T \quad \lambda^{(2)} = \max(y^{(2)}) = 7$$

2. 设与 λ_1 和 λ_2 相应的特征向量为 x_1 和 x_2，则有

$$Ax_1 = \lambda_1 x_1 \qquad Ax_2 = \lambda_2 x_2$$

计算 λ_1 的乘幂法算法为，取

$$v_k = Au_{k-1} \quad m_k = \max(v_k) \quad u_k = \frac{v_k}{m_k} \quad (k = 1, 2, \cdots)$$

其中 $\max(v_k)$ 表示 v_k 中首次出现的绝对值最大的分量. 有结论

$$\lambda_1 = \max_{k \to \infty} m_k$$

结论证明如下：

$$u_k = \frac{1}{m_k} A u_{k-1} = \frac{1}{m_k} \frac{1}{m_{k-1}} A^2 u_{k-2} = \cdots \frac{1}{m_k m_{k-1} \cdots m_1} A^k u_0 = \frac{A^k u_0}{\max(A^k u_0)}$$

$$v_k = Au_{k-1} = A \frac{A^{k-1} u_0}{\max(A^{k-1} u_0)} = \frac{A^k u_0}{\max(A^{k-1} u_0)}$$

设 $u_0 = \alpha_1 x_1 + \alpha_2 x_2$，且 $\alpha_1 \neq 0$. 则

$$A^k u_0 = A^k(\alpha_1 x_1 + \alpha_2 x_2) = \alpha_1 \lambda_1^k x_1 + \alpha_2 \lambda_2^k x_2$$

$$m_k = \frac{\max(A^k u_0)}{\max(A^{k-1} u_0)} = \frac{\max(\alpha_1 \lambda_1^k x_1 + \alpha_2 \lambda_2^k x_2)}{\max(\alpha_1 \lambda_1^{k-1} x_1 + \alpha_2 \lambda_2^{k-1} x_2)}$$

$$= \lambda_1 \frac{\max\left(x_1 + \frac{\alpha_2}{\alpha_1} \left(\frac{\lambda_2}{\lambda_1}\right)^k x_2\right)}{\max\left(x_1 + \frac{\alpha_2}{\alpha_1} \left(\frac{\lambda_2}{\lambda_1}\right)^{k-1} x_2\right)}$$

由于 $\left|\frac{\lambda_2}{\lambda_1}\right| < 1$，故

$$\max_{k \to \infty} m_k = \lambda_1$$

3. 令 $B = A - PI$，则矩阵 B 的特征值为 $\lambda_1 - P, \lambda_2 - P, \cdots, \lambda_n - P$，必须选择 P 满足

$$| \lambda_1 - P | > | \lambda_i - P | \quad (i = 2, 3, \cdots, n)$$

要使乘幂法收敛最快，应取满足关系式

$$\max\left\{ \left| \frac{\lambda_2 - P}{\lambda_1 - P} \right|, \left| \frac{\lambda_n - P}{\lambda_1 - P} \right| \right\} = \min$$

的 P 才行，于是由

$$\lambda_2 - P = -(\lambda_n - P)$$

解得

$$P = \frac{\lambda_2 + \lambda_n}{2}$$

此时

$$\left|\frac{\lambda_2-P}{\lambda_1-P}\right|=\frac{\frac{1}{2}(\lambda_2-\lambda_n)}{\left|\lambda_1-\frac{1}{2}(\lambda_2+\lambda_n)\right|}==\frac{\frac{1}{2}(\lambda_2-\lambda_n)}{\frac{1}{2}(\lambda_1-\lambda_2)+\frac{1}{2}(\lambda_1-\lambda_n)}<1$$

$$\left|\frac{\lambda_n-P}{\lambda_1-P}\right|=\frac{\frac{1}{2}(\lambda_2-\lambda_n)}{\left|\lambda_1-\frac{1}{2}(\lambda_2+\lambda_n)\right|}==\frac{\frac{1}{2}(\lambda_2-\lambda_n)}{\frac{1}{2}(\lambda_1-\lambda_2)+\frac{1}{2}(\lambda_1-\lambda_n)}<1$$

故取 $P=\frac{\lambda_2+\lambda_n}{2}$ 时，乘幂法求 λ_1 收敛最快.

4. 令

$$\theta=\begin{cases}\frac{1}{2}\arctan\frac{2a_{13}}{a_{11}-a_{33}} & (a_{11}\neq a_{33})\\ \frac{\pi}{4} & (a_{11}=a_{33},a_{13}>0)\\ -\frac{\pi}{4} & (a_{11}=a_{33},a_{13}<0)\end{cases}$$

则

$$a_{13}\cos 2\theta+\frac{1}{2}(a_{33}-a_{11})\sin 2\theta=0$$

记

$$\boldsymbol{R}=\begin{pmatrix}\cos\theta & 0 & -\sin\theta\\ 0 & 1 & 0\\ \sin\theta & 0 & \cos\theta\end{pmatrix}$$

则

$$\boldsymbol{R}^{\mathrm{T}}\boldsymbol{A}_1\boldsymbol{R}=\begin{pmatrix}\cos\theta & 0 & \sin\theta\\ 0 & 1 & 0\\ -\sin\theta & 0 & \cos\theta\end{pmatrix}\begin{pmatrix}a_{11} & 0 & a_{13}\\ 0 & a_{22} & 0\\ a_{13} & 0 & a_{33}\end{pmatrix}\begin{pmatrix}\cos\theta & 0 & -\sin\theta\\ 0 & 1 & 0\\ \sin\theta & 0 & \cos\theta\end{pmatrix}$$

$$=\begin{pmatrix}a_{11}\cos^2\theta+a_{33}\sin^2\theta+a_{13}\sin 2\theta & 0 & a_{13}\cos 2\theta+\frac{1}{2}(a_{33}-a_{11})\sin 2\theta\\ 0 & a_{22} & 0\\ a_{13}\cos 2\theta+\frac{1}{2}(a_{13}-a_{11})\sin 2\theta & 0 & a_{11}\sin^2\theta+a_{33}\cos^2\theta-a_{13}\sin 2\theta\end{pmatrix}$$

$$=\begin{pmatrix}a_{11}\cos^2\theta+a_{33}\sin^2\theta+a_{13}\sin 2\theta & 0 & 0\\ 0 & a_{22} & 0\\ 0 & 0 & a_{11}\sin^2\theta+a_{33}\cos^2\theta-a_{13}\sin 2\theta\end{pmatrix}$$

5. (1) $a_{11}=2\quad a_{22}=2\quad a_{12}=1\quad \theta=\frac{\pi}{4}$

$$\boldsymbol{R}_1=\begin{pmatrix}\frac{\sqrt{2}}{2} & -\frac{\sqrt{2}}{2} & 0\\ \frac{\sqrt{2}}{2} & \frac{\sqrt{2}}{2} & 0\\ 0 & 0 & 1\end{pmatrix}$$

$$A_1 = R_1^{\mathrm T} A R_1 = \begin{pmatrix} \frac{\sqrt2}{2} & \frac{\sqrt2}{2} & 0 \\ -\frac{\sqrt2}{2} & \frac{\sqrt2}{2} & 0 \\ 0 & 0 & 1 \end{pmatrix} \begin{pmatrix} 2 & 1 & 1 \\ 1 & 2 & 1 \\ 1 & 1 & 2 \end{pmatrix} \begin{pmatrix} \frac{\sqrt2}{2} & -\frac{\sqrt2}{2} & 0 \\ \frac{\sqrt2}{2} & \frac{\sqrt2}{2} & 0 \\ 0 & 0 & 1 \end{pmatrix} = \begin{pmatrix} 3 & 0 & \sqrt2 \\ 0 & 1 & 0 \\ \sqrt2 & 0 & 2 \end{pmatrix}$$

(2) $a_{11}^{(1)} = 3 \quad a_{33}^{(1)} = 2 \quad a_{13}^{(1)} = \sqrt2 \quad y = |a_{11}^{(1)} - a_{33}^{(1)}| = |3-2| = 1$

$$x = 2a_{13}^{(1)} \operatorname{sign}(a_{11}^{(1)} - a_{33}^{(1)}) = 2\sqrt2$$

$$\cos 2\theta = \frac{y}{\sqrt{x^2+y^2}} = \frac{1}{\sqrt{(2\sqrt2)^2+1^2}} = \frac13$$

$$\cos\theta = \sqrt{\frac12(1+\cos 2\theta)} = \sqrt{\frac12\left(1+\frac13\right)} = \sqrt{\frac23}$$

$$\sin 2\theta = \frac{x}{\sqrt{x^2+y^2}} = \frac{2\sqrt2}{\sqrt{(2\sqrt2)^2+1^2}} = \frac23\sqrt2$$

$$\sin\theta = \frac{\sin 2\theta}{2\cos\theta} = \frac{\frac23\sqrt2}{2\sqrt{\frac23}} = \sqrt{\frac13}$$

$$R_2 = \begin{pmatrix} \cos\theta & 0 & -\sin\theta \\ 0 & 1 & 0 \\ \sin\theta & 0 & \cos\theta \end{pmatrix} = \begin{pmatrix} \sqrt{\frac23} & 0 & -\sqrt{\frac13} \\ 0 & 1 & 0 \\ \sqrt{\frac13} & 0 & \sqrt{\frac23} \end{pmatrix}$$

$$A_2 = R_2^{\mathrm T} A_1 R_2 = \begin{pmatrix} \sqrt{\frac23} & 0 & \sqrt{\frac13} \\ 0 & 1 & 0 \\ -\sqrt{\frac13} & 0 & \sqrt{\frac23} \end{pmatrix} \begin{pmatrix} 3 & 0 & \sqrt2 \\ 0 & 1 & 0 \\ \sqrt2 & 0 & 2 \end{pmatrix} \begin{pmatrix} \sqrt{\frac23} & 0 & -\sqrt{\frac13} \\ 0 & 1 & 0 \\ \sqrt{\frac13} & 0 & \sqrt{\frac23} \end{pmatrix} = \begin{pmatrix} 4 & 0 & 0 \\ 0 & 1 & 0 \\ 0 & 0 & 1 \end{pmatrix}$$

$$R_1 R_2 = \begin{pmatrix} \frac{\sqrt2}{2} & -\frac{\sqrt2}{2} & 0 \\ \frac{\sqrt2}{2} & \frac{\sqrt2}{2} & 0 \\ 0 & 0 & 1 \end{pmatrix} \begin{pmatrix} \sqrt{\frac23} & 0 & -\sqrt{\frac13} \\ 0 & 1 & 0 \\ \sqrt{\frac13} & 0 & \sqrt{\frac23} \end{pmatrix} = \begin{pmatrix} \sqrt{\frac13} & -\sqrt{\frac12} & -\sqrt{\frac16} \\ \sqrt{\frac13} & \sqrt{\frac12} & -\sqrt{\frac16} \\ \sqrt{\frac13} & 0 & \sqrt{\frac23} \end{pmatrix}$$

所以 $\boldsymbol{A}$ 的三个特征值为 4,1,1,相应的特征向量为

$$\left(\sqrt{\frac13} \quad \sqrt{\frac13} \quad \sqrt{\frac13}\right)^{\mathrm T} \quad \left(-\sqrt{\frac12} \quad \sqrt{\frac12} \quad 0\right)^{\mathrm T} \quad \left(-\sqrt{\frac16} \quad -\sqrt{\frac16} \quad \sqrt{\frac23}\right)^{\mathrm T}$$

6. 对向量 $(3,4)^{\mathrm T}$ 作反射变换,使其变得与 $\mathbf{e}_1^{\mathrm T} = (1,0)$ 平行. 此时

$$\sigma = \sqrt{3^2+4^2} = 5 \quad \boldsymbol{u} = (8,4)^{\mathrm T} \quad \beta = \frac12 \|\boldsymbol{u}\|_2^2 = \sigma(\sigma+3) = 40$$

$$H_2 = I_2 - \frac{1}{40}\begin{pmatrix} 8 \\ 4 \end{pmatrix}(8 \quad 4) = \begin{bmatrix} -\frac35 & -\frac45 \\ -\frac45 & \frac35 \end{bmatrix}$$

所以,所求的反射阵为

$$\boldsymbol{H}=\begin{bmatrix}1 & 0 & 0\\ 0 & -\frac{3}{5} & -\frac{4}{5}\\ 0 & -\frac{4}{5} & \frac{3}{5}\end{bmatrix}$$

且

$$\boldsymbol{HAH}=\begin{bmatrix}1 & -5 & 0\\ -5 & \frac{73}{25} & \frac{14}{25}\\ 0 & \frac{14}{25} & -\frac{23}{25}\end{bmatrix}$$

8. 取

$$\boldsymbol{R}_1=\begin{bmatrix}\frac{4}{5} & -\frac{3}{5} & 0\\ \frac{3}{5} & \frac{4}{5} & 0\\ 0 & 0 & 1\end{bmatrix}$$

则

$$\boldsymbol{R}_1\boldsymbol{x}=\begin{bmatrix}5\\ 0\\ -12\end{bmatrix}$$

再取

$$\boldsymbol{R}_2=\begin{bmatrix}\frac{5}{13} & 0 & -\frac{12}{13}\\ 0 & 1 & 0\\ \frac{12}{13} & 0 & \frac{5}{13}\end{bmatrix}$$

则

$$\boldsymbol{R}_2\boldsymbol{R}_1\boldsymbol{x}=\begin{bmatrix}13\\ 0\\ 0\end{bmatrix}$$

参考文献

丁丽娟. 2002. 数值计算方法. 北京:北京理工大学出版社.

邓建中,葛仁杰. 1995. 计算方法. 西安:西安交通大学出版社.

封建湖,车刚明. 2000. 计算方法典型题分析解集. 第二版. 西安:西北工业大学出版社.

关治,陈景良. 1990. 数值计算方法. 北京:清华大学出版社.

高培旺,雷勇军. 2003. 计算方法典型例题与解法. 长沙:国防科技大学出版社.

黄友谦,李岳生. 1987. 数值逼近. 第2版. 北京:高等教育出版社.

姜健飞,胡良剑,唐俭. 2004. 数值分析及其 Matlab 实验. 北京:科学出版社.

李庆扬,关治,白峰杉. 2000. 数值计算原理. 北京:清华大学出版社.

李庆扬,王能超,易大义. 1986. 数值分析. 第3版. 武汉:华中科技大学出版社.

李有法. 1996. 数值计算方法. 北京:高等教育出版社.

李红,许长发. 2001. 数值分析学习辅导·习题解析. 武汉:华中科技大学出版社.

陆宁. 2000. Matlab 语言即学即会. 北京:机械工业出版社.

施妙根,顾丽珍. 1999. 科学和工程计算基础. 北京:清华大学出版社.

孙志忠. 2001. 计算方法典型例题分析. 北京:科学出版社.

苏金明,阮沈勇. 2002. Matlab 6.1 实用指南. 北京:电子工业出版社.

同济大学计算数学教研室. 1998. 数值分析基础. 上海:同济大学出版社.

王能超. 1984. 数值分析简明教程. 北京:高等教育出版社.

武汉大学,山东大学计算数学教研室. 1979. 计算方法. 北京:人民教育出版社.

王沫然. 2001. Matlab 6.0 与科学计算. 北京:电子工业出版社.

许树方. 1995. 矩阵计算的理论与方法. 北京:北京大学出版社.

袁慰平,等. 2000. 计算方法与实习. 第3版. 南京:东南大学出版社.

郑彗饶,等. 2002. 数值计算方法. 武汉:武汉大学出版社.

张善杰,唐汉,高端章. 2000. 实用计算方法. 南京:南京大学出版社.

钟尔杰,黄廷祝. 2004. 数值分析. 北京:高等教育出版社.

郑咸义. 2003. 计算方法. 广州:华南理工大学出版社.

张志涌,等. 1997. 掌握和精通 Matlab. 北京:北京航空航天大学出版社.

Steoer K, Bulirsch R. 1995. 数值分析引论. 孙文瑜等译. 南京:南京大学出版社.

Shoichiro Nakamura. 2002. Numerical Analysis and Graphic Visualization with Matlab. 2nd. ed. 北京:电子工业出版社.

Stoer J, Bulirsch R. 1980. Introduction to Numerical Analysis. New York: Springer-Verlag.